中等职业教育国家规划教材
全国中等职业教育教材审定委员会审定
全国建设行业中等职业教育推荐教材

市政工程力学与结构

(市政工程施工专业)

主　编　杨石军
责任主审　刘伟庆
审　稿　蒋　桐　黄绮华

中国建筑工业出版社

图书在版编目（CIP）数据

市政工程力学与结构/杨石军主编.—北京：中国建筑工业出版社，2003
中等职业教育国家规划教材.市政工程施工专业
ISBN 978-7-112-05291-2

Ⅰ.市... Ⅱ.杨... Ⅲ.①市政工程-工程力学-专业学校-教材②市政工程-工程结构-专业学校-教材 Ⅳ.TU99

中国版本图书馆 CIP 数据核字（2003）第 001093 号

中等职业教育国家规划教材
全国中等职业教育教材审定委员会审定
全国建设行业中等职业教育推荐教材

市政工程力学与结构
（市政工程施工专业）

主　编　杨石军
责任主审　刘伟庆
审　稿　蒋　桐　黄绮华

*

中国建筑工业出版社出版、发行（北京西郊百万庄）
各地新华书店、建筑书店经销
北京建筑工业印刷厂印刷

*

开本：787×1092毫米　1/16　印张：21$\frac{1}{2}$　字数：523千字
2003年3月第一版　2011年10月第八次印刷
定价：30.00元
ISBN 978-7-112-05291-2
(17189)

版权所有　翻印必究
如有印装质量问题，可寄本社退换
（邮政编码 100037）

中等职业教育国家规划教材出版说明

为了贯彻《中共中央国务院关于深化教育改革全面推进素质教育的决定》精神，落实《面向21世纪教育振兴行动计划》中提出的职业教育课程改革和教材建设规划，根据教育部关于《中等职业教育国家规划教材申报、立项及管理意见》（教职成［2001］1号）的精神，我们组织力量对实现中等职业教育培养目标和保证基本教学规格起保障作用的德育课程、文化基础课程、专业技术基础课程和80个重点建设专业主干课程的教材进行了规划和编写，从2001年秋季开学起，国家规划教材将陆续提供给各类中等职业学校选用。

国家规划教材是根据教育部最新颁布的德育课程、文化基础课程、专业技术基础课程和80个重点建设专业主干课程的教学大纲（课程教学基本要求）编写，并经全国中等职业教育教材审定委员会审定。新教材全面贯彻素质教育思想，从社会发展对高素质劳动者和中初级专门人才需要的实际出发，注重对学生的创新精神和实践能力的培养。新教材在理论体系、组织结构和阐述方法等方面均作了一些新的尝试。新教材实行一纲多本，努力为教材选用提供比较和选择，满足不同学制、不同专业和不同办学条件的教学需要。

希望各地、各部门积极推广和选用国家规划教材，并在使用过程中，注意总结经验，及时提出修改意见和建议，使之不断完善和提高。

教育部职业教育与成人教育司
2002年10月

前　　言

根据建设部人教司关于《中等职业学校三年制市政工程施工专业整体教学改革方案研究》报告精神，按照《中等职业学校市政工程施工专业培养方案》及《市政工程施工专业大纲》，建设部中等职业学校市政工程施工与给排水专业指导委员会于2001年10月太原第三届会议上布置了本书的编写任务。

本书将传统的理论力学、材料力学、结构力学、钢筋混凝土结构、土力学及地基基础统编在一起，形成了《市政工程力学与结构》教材。全书共三篇：第一篇，工程力学；第二篇，钢筋混凝土结构与砖石结构；第三篇，土力学与地基基础。

为培养出适应社会需要的中职市政施工专业基层技术工作人员和中职应用型专门人才，体现中等职业教育的特色，本书从中职教育的实际出发，遵照"以应用为目的，以必要、够用为度，以讲清概念、强化应用为重点"的原则进行编写，并加强了针对性和实用性，具体表现为：

1．为便于自学，每一章都有小结、习题。以帮助读者掌握内容，了解重点与难点，加强对自学的指导。

2．在教学内容上采用模块式编排。每章分基础模块、选用模块和实践性模块；实践性模块又分基本试验和选做试验。在组织教学时，保证对课程基本模块的完整实施及对选用模块的灵活选用。

3．为在有限的学时内掌握好市政工程力学与结构基础知识。书中尽量编入一些简单工程实例，加强了针对性和实用性。

4．本书编写力求做到简明扼要，着重公式原理的应用，在概念叙述时，尽量略去某些复杂的理论推导，着重培养学生分析问题和解决问题的能力。

5．书中既保持了三部分内容各自相对的独立性和系统性，又注意了它们的相互联系和融合，使全书前后呼应，协调一致，成为整体。

本书总课时为180学时，基本课时144学时，各校可根据本校及当地实际情况酌情取舍。

参加本书编写工作的有：湖北城建学校钟红（第1、2、3、7章），衡阳铁路工程学校朱耀淮（第4、5、6章），石家庄职工建设中等职业学校陈向红（第8、9、12章），衡阳铁路工程学校杨石军（第10、11、13、14、15章）；全书由杨石军担任主编，辽宁城建学校谭禾丰担任主审。在编写过程中，得到广州市政建设学校高级讲师陈思平的大力支持和帮助，在此表示感谢。

由于编者水平有限，编写时间仓促，书中难免有不足之处，恳望读者批评指正。

编者
2002年6月

目 录

第一篇 工程力学

第1章 静力学基础 ……………………………………………………………… 1
    1.1 静力学基本概念和公理 …………………………………………………… 1
    1.2 荷载与约束反力 …………………………………………………………… 5
    1.3 结构的计算简图 …………………………………………………………… 9
    1.4 受力图 ……………………………………………………………………… 11
    1.5 物体系统的受力图 ………………………………………………………… 12
    小结 ……………………………………………………………………………… 13
    习题 ……………………………………………………………………………… 14

第2章 力系的合成与平衡 ……………………………………………………… 16
    2.1 几何法讨论平面汇交力系的合成与平衡 ………………………………… 16
    2.2 解析法讨论平面汇交力系的合成与平衡 ………………………………… 18
    2.3 平面力偶系的合成与平衡 ………………………………………………… 22
    2.4 平面一般力系的简化和平衡 ……………………………………………… 23
    2.5 平面平行力系的平衡 ……………………………………………………… 28
    2.6 重心和形心 ………………………………………………………………… 29
    小结 ……………………………………………………………………………… 32
    习题 ……………………………………………………………………………… 33

第3章 平面体系的几何组成分析 ……………………………………………… 37
    3.1 几何不变体系和几何可变体系 …………………………………………… 37
    3.2 几何组成分析的基本方法 ………………………………………………… 38
    3.3 多跨静定梁受力分析 ……………………………………………………… 41
    小结 ……………………………………………………………………………… 43
    习题 ……………………………………………………………………………… 44

第4章 轴向拉伸和压缩构件 …………………………………………………… 46
    4.1 轴向拉（压）杆的内力和内力图 ………………………………………… 46
    4.2 拉（压）杆的截面应力 …………………………………………………… 48
    4.3 拉（压）杆的变形虎克定律 ……………………………………………… 50
    4.4 材料在拉伸及压缩时的力学性质 ………………………………………… 53
    4.5 拉（压）杆的强度计算 …………………………………………………… 57
    4.6 压杆稳定 …………………………………………………………………… 60
    4.7 压杆的稳定计算 …………………………………………………………… 64

  小结 ·· 68
  习题 ·· 70

第5章　剪切和挤压 ·· 74
 5.1　剪切的概念 ·· 74
 5.2　剪切和挤压强度的实用计算 ·· 74
  小结 ·· 78
  习题 ·· 78

第6章　梁的弯曲 ·· 81
 6.1　梁弯曲的概念 ·· 81
 6.2　梁弯曲时的内力 ·· 83
 6.3　梁的内力图 ·· 88
 6.4　截面几何性质 ·· 93
 6.5　梁弯曲时的应力 ·· 98
 6.6　梁受弯时强度问题 ·· 102
 6.7　梁的变形与梁的刚度 ·· 106
  小结 ··· 110
  习题 ··· 112

第7章　影响线和内力包络图 ·· 116
 7.1　单跨静定梁的影响线 ·· 116
 7.2　影响线的应用 ··· 120
 7.3　连续梁内力包络图的概念 ··· 127
  小结 ··· 128
  习题 ··· 129

第二篇　钢筋混凝土结构与砖石结构

第8章　钢筋混凝土结构基本知识 ·· 131
 8.1　钢筋混凝土力学性能 ·· 131
 8.2　结构的功能要求和极限状态 ······································· 141
  小结 ··· 145
  习题 ··· 145

第9章　钢筋混凝土构件设计计算 ·· 147
 9.1　受弯构件正截面强度计算 ··· 147
 9.2　受弯构件斜截面强度计算 ··· 166
 9.3　受弯构件的构造要求 ·· 174
 9.4　轴心受压构件及构造要求 ··· 179
 9.5　受弯构件裂缝宽度和挠度验算 ···································· 184
 9.6　钢筋的代换 ··· 190
  小结 ··· 191
  习题 ··· 192

第10章 预应力混凝土结构 ... 193
10.1 概述 ... 193
10.2 混凝土预应力的施加方法及设备 ... 194
10.3 预应力混凝土的材料 ... 200
10.4 受弯构件的基本构造 ... 201
10.5 其他预应力混凝土简介 ... 205
小结 ... 207
习题 ... 207

第11章 砖石及混凝土结构 ... 209
11.1 砖石及混凝土结构材料 ... 209
11.2 圬工砌体的主要力学性能 ... 211
11.3 砖石及混凝土构件的强度计算 ... 216
小结 ... 221
习题 ... 221

第12章 工程结构计算软件介绍 ... 223
12.1 概述 ... 223
12.2 结构CAD的任务 ... 223
12.3 结构CAD系统构造 ... 224
12.4 程序设计简述 ... 225
12.5 钢筋混凝土结构计算机辅助设计 ... 229

第三篇 土力学与地基基础

第13章 土力学基本知识 ... 235
13.1 土的组成与结构 ... 235
13.2 土的物理性质指标 ... 238
13.3 土的工程分类 ... 244
13.4 土中应力 ... 246
13.5 地基抗剪强度及容许承载力 ... 251
小结 ... 260
习题 ... 261

第14章 土压力与土坡稳定 ... 263
14.1 土压力 ... 263
14.2 挡土墙设计 ... 274
14.3 土坡稳定性分析 ... 278
小结 ... 280
习题 ... 281

第15章 地基与基础 ... 283
15.1 概述 ... 283
15.2 地基与桥梁基础的分类 ... 284

  15.3 刚性浅基础的设计与计算 …………………………………………… 287
  15.4 人工地基 ……………………………………………………………… 295
  15.5 桩基础 ………………………………………………………………… 300
  小结 …………………………………………………………………………… 305
  习题 …………………………………………………………………………… 305
材料力学试验 …………………………………………………………………… 307
  试验一 材料拉伸时力学性能的测定 ……………………………………… 307
  试验二 压缩试验 ……………………………………………………………… 309
  试验三 直梁纯弯曲正应力测定 …………………………………………… 310
附录 ……………………………………………………………………………… 324
参考文献 ………………………………………………………………………… 336

第一篇 工 程 力 学

第1章 静力学基础

1.1 静力学基本概念和公理

1.1.1 力的概念

在长期的生产实践中，人们通过观察和分析，逐步形成并建立了力的概念。例如，大桥在车辆和人群的作用下发生弯曲变形；手拉弹簧时，弹簧伸长，同时手也会感觉到强烈的作用；空中的物体在地球的吸引作用下，自由下落。无数的现象都反映出力的特征。

1．力的定义

力是物体之间的相互的机械作用，力的作用效果是使物体的运动状态或形状发生改变，其中，物体的运动状态发生改变是力的外效应，物体的形状发生改变是力的内效应。

2．力的三要素

力的作用效果取决于三个要素：力的大小、力的方向、力的作用点（作用线），其中有任何一个要素改变时，力的作用效果就会改变。

3．力的图示

力是矢量，它既有大小，也有方向，它可以用一段带箭头的线段来表示。如图1.1所示，有向线段$\overline{AB}$代表一个力矢量，按照一定的比例尺，其矢量的长度表示力的大小，箭头的指向表示力的方向，线段的起点表示力的作用点，线段所在的直线是力的作用线。

一般用黑体字如 F 表示力的矢量，而用普通字母 F 只表示力的大小。在实际书写时，常用细体字上加上一箭头表示，如$\vec{F}$。力的大小，除了数值之外，还有单位。按照国际单位制的规定，力的单位用牛顿（N）或千牛（kN）表示。如图1.1所示的有向线段$\overline{AB}$，表示一个力矢量，其中力的大小等于50N，作用点是 A，沿与 X 轴成30°夹角的右上方方向。

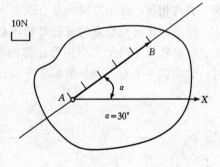

图1.1

1.1.2 刚体的概念

在任何外力的作用下，大小和形状保持不变的物体，称为刚体。在静力学部分，所讨论的物体均视为刚体，刚体是一个理想化的力学模型，实际中并不存在。任何物体在力的作用下，大小和形状都会产生不同程度的改变。但是，在研究物体的平衡问题时，微小的变形是可以忽略不计的。这种针对某些特定的问题，采取抓住主要矛盾，撇开次要矛盾的方法，是科学的抽象，并不会影响问题的讨论结果，在科学研究的过程中经常要用到此方法。

需要指出的是，刚体模型只限于静力学研究领域，否则，这个模型便不再适用。例如，在研究结构的内力和变形时，就必须将物体视为变形体，即物体的变形不能被忽略。

1.1.3 平衡的概念

一般情况下，当物体相对于地球处于相对静止或匀速直线运动状态时，称物体处于平衡状态。实际工程中大多是处于平衡状态的结构。

在本书中，物体的平衡状态均是相对于地球而言的，多数情况下，也称平衡状态为静止状态。

思考题 1.1

日常生活中所见到的物体，有哪些处于平衡状态？举几个例子。

1.1.4 静力学公理

1. 作用力与反作用力公理（公理 1）

力的出现，总是同时伴随着施力体与受力体，而且，它们之间的相互作用力分别作用在两个物体上，同时产生，同时存在，同时消失。这两个力大小相等，方向相反，作用线在同一条直线上。

思考题 1.2

当两个人玩击掌游戏时，两个人均能感到手掌的疼痛，请联系此公理作出解释，并再举一些日常生活中类似的例子，说明其原因。

2. 二力平衡公理（公理 2）

作用在某一刚体上的两个力，使物体保持平衡的充分必要条件是：这两个力大小相等、方向相反，作用在同一条直线上。

注意：该公理成立的前提是物体必须是能够视为刚体，否则，该公理便不成立了。例如，一根软绳受两个大小相等，方向相反的拉力时，可以平衡，但这两个力改变为压力时，软绳就不平衡了，如图 1.2 所示。

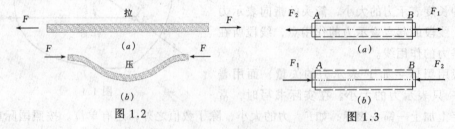

图 1.2　　　　　　　　　　　图 1.3

思考题 1.3

公理 1 与公理 2 的最大区别是什么？比较它们的异同。

3. 加减平衡力系公理

在已知力系上加上或者减去任意的平衡力系不会改变原力系对刚体的效应。

推论：力的可传性原理

作用在刚体上某点的力，沿其作用线移动到刚体内其他点，不会改变它对刚体的作用。

注意：该公理和推论都只适用于刚体。如果物体不能视为刚体，必须考虑其变形时它们就不能适用了。例如：图 1.3（a）中 AB 杆，若要考虑其变形，则当沿其轴线受一对拉力作用时，此杆会伸长。如果两个力分别移到另一个作用点时，就会变成图 1.3（b）中的所示的状态，AB 杆就会被压缩。

4．力的平行四边形公理

作用于刚体上同一点的两个力，可以将其合成为一个力，该力称为原来两个力的合力，合力的作用点也在该点，它的大小和方向由原来两个力的矢量为邻边所构成的平行四边形的对角线来表示，如图 1.4（a）所示。

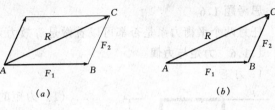

图 1.4

为了简化做图，也可以如图 1.4（b）所示，以 F_1、F_2 的交点 A 为起点，将 F_1、F_2 分别保持大小、方向不变，首尾相接，最后连接 A 点与最后的终点 C 并从 A 点指向 C 点，则 $\overline{AC}$ 代表的矢量即为 F_1、F_2 的合力 R，这一过程称为力的三角形法则。

如果两个以上的力汇交于一点，各力两两之间依次按照上述三角形法则，也可以同样求出合力，称为力的多边形法则，如图 1.5 所示，详见 2.1～2.2 节。

我们可以利用力的平行四边形公理将两个汇交于一点的力合成为一个力，也可以某一个力分解为两个力，这两个力称为原来那个力的分力，如图 1.6 所示。

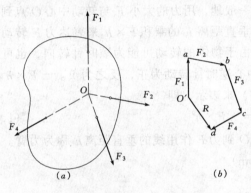

图 1.5

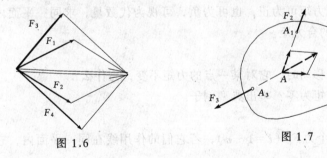

图 1.6

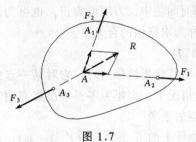

图 1.7

思考题 1.4

在一个力分解为两个力时，在什么情况下，其解才是惟一的？

推论：三力平衡汇交定理

一刚体受同一平面内的三个力作用而处于平衡状态时，这三个的作用线必汇交于一点，如图 1.7 所示。

思考题 1.5

你如何根据前面的内容，证明此推论？

提示：(1) 力的可传性原理；(2) 平行四边形公理（求合力）；(3) 二力平衡公理。

1.1.5 力系、平衡力系、等效力系

作用于同一物体上的两个以上的一簇力称为一个力系。如果在某力系的作用下，物体处于平衡状态，则称该力系为平衡力系。作用在物体上的一个力系，如果能用另一个力系来代替而效果不变，则称这两个力系互为等效力系。

思考题 1.6

任意两个平衡力系是否都可以看做是等效力系？

1.1.6 力矩与力偶

1. 力矩

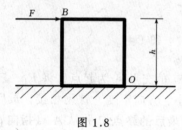

图 1.8

(1) 力矩的概念与简单计算

力对物体的外效应有两种：平动效应与转动效应。

如图 1.8 所示，光滑桌面上，力 F 作用于 B 点，则物体一方面沿桌面滑动，另一方面，也可能发生翻转（即转动）。一般地，用力的大小 F 与转动中心 O 点到力的作用线的垂直距离 h 的乘积 $F \times h$ 来表达力 F 转动效应的程度。由于物体的转动可能为顺时针转向，也可能是逆时针转向。习惯规定，力使物体绕转动中心逆时针转动为正，反之为负。$\pm F \times h$ 称为 F 对 O 点的矩。简称力矩，用符号 $M_o(F)$ 来表示，即

$$M_o(F) = \pm F \times h \tag{1.1}$$

其中 O 点称为矩心，或转动中心。矩心 O 到力 F 作用线的垂直距离 h 称为力臂。力矩的单位是牛顿米（N·m）或千牛顿米（kN·m）。

注意：

1) 同一个力对不同矩心的力臂不同，其力矩也就不同，说明力矩时必须指明矩心，否则就没有意义。

2) 在平面问题中，力矩可为正，也可为负，可视为代数量，求同一平面内几个力矩的代数和，称为求它们的合力矩。

思考题 1.7

1) 当力沿其作用线移动时，它对某一点的力矩不变，为什么？

2) 哪些情况下，力矩为零？举出典型例子。

(2) 力矩的平衡

作用于物体上的 n 个力 F_i（$i=1 \sim n$），若它们的作用线在同一平面内，它们使物体绕点 O 的转动效果为零，则有 $\sum_{i=1}^{n} M_o(F_i) = 0$，反之也成立，即上式成立，则物体绕 O 点不会转动。此式也称为力矩平衡条件或力矩平衡方程。

(3) 合力矩定理

合力对某一点的矩等于各分力对同一点的矩的代数和，即

$$M_o(F) = \sum_{i=1}^{n} M_o(F_i)$$

其中：F_1、F_2、……F_n 的合力是 F，这就是平面汇交力系的合力矩定理，它可以简化力矩的计算。

例：如图 1.9 所示，F_x、F_y 是力 F 分别沿水平及竖直方向上的分力，若求合力 F 对 O 点的力矩 $M_O(F)$，可先分别求出力 F_x、F_y 对 O 点的力矩 $M_O(F_x)$ 及 $M_O(F_y)$，则

$$M_O(F) = M_O(F_x) + M_O(F_y)$$

若用定义式求 $M_O(F)$，力臂不易找出，而力矩 $M_O(F_x)$、$M_O(F_y)$ 较易求，因为它们对应的力臂均已知，故利用合力矩定理可以大大简化计算。

思考题 1.8

试利用合力矩定理，求出图 1.9 中 $M_O(F)$？

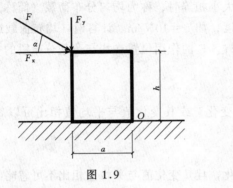

图 1.9

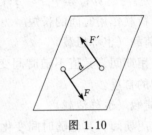

图 1.10

2．力偶的概念

如图 1.10 所示，作用在物体上的两个力 F 与 F' 大小相等，方向相反，作用线平行，它们只能使物体产生单纯的转动而不使物体产生平移，这一对力称为力偶，记作(F、F')。

这两个力的作用线之间的垂直距离称为力偶臂，用 d 表示。力偶所在的平面称为力偶作用面，力偶使物体发生转动的效应用力偶矩来表达。

$$M = \pm F \times d = \pm F' \times d$$

其中正负号的规定及单位均与力矩相同。

注意：

(1) 力偶与力均是力学研究中的基本元素，各有其自身的特性。

(2) 平面力偶的力偶矩是一个代数量。

思考题 1.9

(1) 在日常生活中，有哪些典型例子体现力偶的作用？

(2) 举例说明力的作用效果与力偶的作用效果之间的区别。

1.2　荷载与约束反力

1.2.1　荷载的概念及分类

作用于物体上的力一般可分为两类，一类是迫使物体运动或使物体有运动趋势的力，称为主动力，例如重力、水压力、土压力、风力、地震力等等。在工程上，习惯称主动力为荷载。另一类是受主动力的影响而产生的阻碍物体运动趋势的力，称为被动力，也称为约束反力或简称反力。它的方向总是与物体的运动趋势方向相反。

一般地，主动力的大小是已知的，而约束反力的大小是未知的。在静力学问题中，主动力和约束反力组成平衡力系，利用平衡条件（平衡方程）可以求约束反力。

工程上的荷载（主动力）有以下几种分类方法：

（1）根据荷载的表现形式

1）集中荷载

若荷载作用面积远小于结构的几何尺寸时，可视荷载是作用于一点的集中荷载，一般用单个箭头表示。

2）分布荷载

若荷载作用面与结构的尺寸相比，不能忽略时，视为分布荷载。例如作用在楼板或横梁上的自重。当荷载在分布面上各处大小相等时，称为均匀分布荷载（简称为均布荷载）。以每单位长度的力来表示均布荷载集度，如 $q=10\text{N/m}$。计算时，均布荷载通常需要简化为集中荷载 F 参与运算，其中 $F=q\cdot l$，F 的作用位置在均布荷载分布段的中点。

（2）根据荷载作用时间的长短

1）永久荷载（也称恒载）

在结构使用期间，其值不随时间变化，或其变化值与平均值相比可以忽略不计的荷载。例如结构的自重。

2）可变荷载（也称活载）

在结构使用期间，其值随时间变化，且其变化值与平均值相比不可忽略的荷载，如风荷载，桥梁上行走的人、车荷载等。

3）瞬间荷载

在结构使用的过程中某一特定时间出现，其值较大且持续时间较短的荷载，如爆炸力等。

（3）根据荷载的作用性质

1）静力荷载

指逐渐增加的不使结构产生显著冲击或振动，可忽略惯性力影响的荷载。

2）动力荷载

指作用于结构上引起显著的冲击或震动的荷载，例如冲击波产生的压力等。

1.2.2 约束的概念和约束反力的分类

1．约束

一个物体的运动趋势受到周围物体的限制时，这些周围物体就称为该物体的约束。例如，用绳索悬挂的灯在重力的作用下，没有落下，就是受到绳索的限制。对灯而言，绳索就是约束，而绳索中的拉力就是因限制灯的自由落体而产生的约束反力。

约束反力的确定，与约束的类型及主动力有关。一般地，通过约束的类型，可以了解约束反力的方位，再由主动力确定其大小与实际指向。

2．常见的约束类型及其反力特点

（1）柔体约束

如图 1.11 所示，悬挂圆球的绳索就是柔体约束，它只能限制物体沿柔体约束的中心线远离方向的运动，故柔体约束的约束反力通过它与物体的接触点，其方向沿柔体约束的中心线，并恒为拉力。常用符号 T 表示。如链条，钢丝绳，皮带等柔体物体均是柔性约束。

（2）光滑接触面约束

如图 1.12 所示，当物体与光滑支承面（不计摩擦）接触时，该支承面只能限制物体沿接触面的公法线且指向光滑面方向的运动。故此时约束反力方向一定沿接触面的公法线指向物体，并为压力。

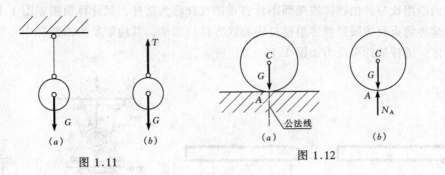

图 1.11　　　　　　　　　图 1.12

思考题 1.10
比较（1）、（2）两种约束及其反力的特点。

(3) 圆柱铰

如图 1.13（a）、（b）所示，理想的圆柱铰是由一个圆柱形销钉插入两个物体的圆孔中构成。这种约束只能限制物体在垂直于销钉平面内沿任意方向的相对移动，而不能限制物体绕销钉的转动。故圆柱铰的约束反力作用在垂直于销钉轴线的平面内，通过销钉中心与二者接触点连线，但由于接触处位置一般未知，因此该约束反力方向未定，如图 1.13（d）所示。圆柱铰的计算简图如图 1.13（c）所示。

该约束反力是一个任意力，如图 1.13（e）所示，但任意力 R_C 可用两个互相垂直的分力 X_C 和 Y_C 来表示，如图 1.13（f）所示。

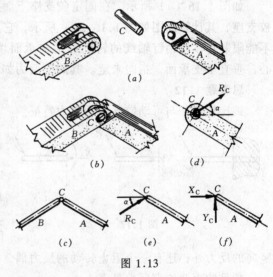

图 1.13

(4) 固定铰支座

在工程实际中，常通过一个连接体将一个构件固定在基础或另一个静止的构件上，该连接体称为支座。

当支座固定在基础或静止的结构上，构件再用光滑的圆柱形销钉连接，就构成固定铰支座，如图 1.14（a）所示。

它可以限制构件沿某些方向的移动，其计算简图如图 1.14（b）、（c）所示。这种约束的特点与圆柱铰完全相同。其约束反力如图 1.14（d）、（e）所示。与支座这种特殊约束对应的反力，习惯上称为支座反力。

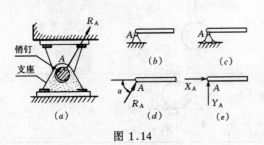

图 1.14

思考题 1.11
试比较圆柱铰与固定铰支座的约束反力

特征。

(5) 链杆

两端用铰与其他物体连接而不计自重的直杆称为链杆,其计算简图如图1.15(a)所示。这种约束只能限制物体沿链杆中心线方位的运动,其约束反力沿链杆中心线方位,指向未定。链杆的约束反力如图1.15(b)所示。

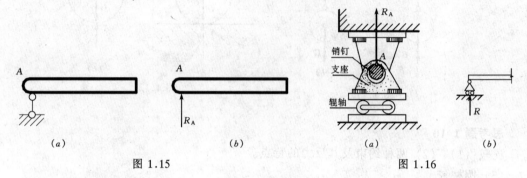

图1.15　　　　　　　　　　　图1.16

(6) 可动铰支座

如图1.16(a)所示,在固定铰支座下面用几个滚轴支承于平面上构成的支座为可动铰支座,其计算简图如图1.16(b)所示,它只能限制构件垂直于支承面方向的移动,而不能限制物体绕销钉轴线的转动和沿支承面切线方向的移动。故其支座反力通过销钉中心,垂直于支承面,指向未定。其约束反力如图1.16(b)所示。

思考题1.12

试比较链杆与可动铰支座的反力特征。

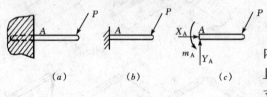

图1.17

(7) 固定端支座

工程中常将构件牢固地嵌在墙或基础内,使物体不仅不能在任何方向上移动,而且也不能自由地转动,这种约束称为固定端支座,如图1.17(a)所示。其计算简图如图1.17(b)所示。该支座除了产生水平和竖向的反力外,还有一个阻止转动的反力偶,如图1.17(c)所示。

常见约束及约束反力见表1.1。

常见约束及其约束反力　　　　　　表1.1

约束类型	计算简图	约束反力	未知量数目
柔体约束	![]	T_A 拉力	1
光滑接触面	![]	N_A 压力	1

续表

约束类型	计算简图	约束反力	未知量数目
圆柱铰链		指向假定	2
链杆		R_A 指向假定	1
固定铰支座		X_A, Y_A 指向假定	2
可动铰支座		R_A 指向假定	1
固定端支座		X_A, Y_A, m_A 指向、转向均假定	3

1.3 结构的计算简图

实际的工程结构一般比较复杂，为了便于力学计算，需要对实际的结构做适当的处理，简化为一个理想的计算模型，同时其计算结果又能与实际相符，这就是结构的计算简图。关于荷载的简化、支座的简化详见 1.2 节所述。

1.3.1 结点和杆件的简化

1. 结点的简化

两个以上的杆件相连接的部分，在计算时视为结点。结点的简化要根据其构造性质而定，它可分为三类：

(1) 铰结点

若各杆件能绕结点发生相对转动，但不能发生相对移动，则该结点视为铰结点。

(2) 刚结点

若各杆在结点处不能发生相对移动，也不能发生相对转动，则该结点视为刚结点。

(3) 组合结点

若各杆在某结点处同时具备铰

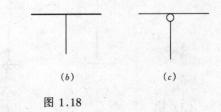

图 1.18

结点和刚结点特征的，视为组合结点。

以上三种结点的计算简图分别如图 1.18（a）、（b）、（c）所示。

2. 杆件的简化

杆件简化的一般原则是：杆件用其轴线表示，杆件之间的联结部分用结点表示，杆长用结点间的距离表示，荷载的作用点转移到轴线上。

（1）以直杆代替微弯或微折的杆件。

（2）曲杆、拱等用其相应的纵轴线（为曲线或折线）代替。

1.3.2 结构体系的简化

前面各节已分别讨论过结构中局部（支座、结点、杆件、荷载等）的简化问题，现在讨论结构体系整体的简化。一般有以下两种情况。

（1）将空间结构分解为平面结构

在实际工程结构中，有一些由一系列平面单元组成的结构。通常可从结构中取出一个平面单元按平面结构计算；有一些结构纵向和横向分别具有对称性，则可以沿纵向和横向分别取其对称面按平面结构计算。

（2）将体系分解为基本部分和附属部分

根据结构的受力特点，可以把它分解为基本部分和附属部分，分别进行计算。当荷载只作用在基本部分时，可单独取出基本部分计算。而当荷载只作用在附属部分时，可将基本部分看做附属部分的支承，先取附属部分计算，然后把附属部分的支座反力按相反的方向看做是基本部分的荷载，来计算基本部分，详见第 3.3 节。

综上所述，在确定结构的计算简图时，需要考虑结构构造及受力特点，分清问题的主次，分别对结构体系、荷载、支座、杆件、节点等进行简化。

1.3.3 常见的平面杆系结构计算简图

常见平面杆系结构的计算简图，通常可分为以下几种类型。

（1）梁

以弯曲变形为主的结构，一般称之为梁。有单跨梁和多跨梁，分别如图 1.19 所示。

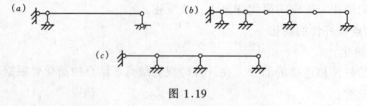

图 1.19

（2）刚架

由直杆体系组成，且具有刚结点的结构，一般称为刚架。如图 1.20 所示。

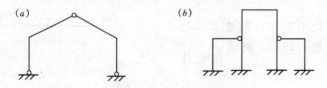

图 1.20

（3）拱

杆件轴线为曲线,且在竖向荷载下能产生水平推力的结构,一般称为拱,如图 1.21 所示。

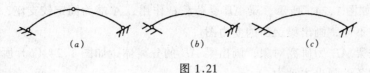

图 1.21

(4) 桁架

由直杆体系组成,并且所有的结点均为铰结点,各杆内力主要为轴力的结构,一般称桁架。如图 1.22 所示。

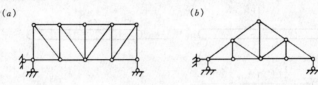

图 1.22

(5) 组合结构

既含轴力杆件又含受弯杆件的结构,一般称为组合结构,如图 1.23 所示。

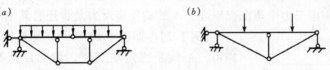

图 1.23

1.4 受 力 图

在自然界里,物体都不会单独存在,它的周围总会有其他的物体与之相联系,并对它有相互作用。要分析某一物体的受力状态,必须将该物体从周围环境中分离出来,单独地作为研究对象,分析周围其他物体对它的作用力(包括主动力和约束反力),这一过程就是受力分析。它是解决一切力学问题的基础。具体说来,分为以下几个步骤:

(1) 明确问题的研究对象;

(2) 将研究对象从周围环境中分离出来,也称画分离体。它是将物体之间相互作用力显示出来的一种主要方法。

(3) 将分离体视为受力体,在它的上面画出全部的主动力(荷载)。

(4) 在分离体上画出全部的被动力(约束力)。

(5) 检查研究对象上的受力是否完整,该图也称为受力图。

画物体的受力图时要特别注意以下几点:

(1) 主动力一般为已知,画图时不要随意更改。

(2) 约束反力的方向由约束的类型来确定,千万不能只根据主动力的方向简单推断。

(3) 二力平衡公理、三力平衡汇交原理等力学基本知识,可以用来确定力的作用线。

(4) 两个物体之间的相互作用必须要符合作用力与反作用力公理。

(5) 画好受力图之后,一定要注意检查是否漏画、多画、错画力。

受力图是力学计算的基础，一旦出错，则可能导致整个问题解决出现错误。

下面举例说明受力分析的方法。

【例 1.1】 如图 1.24a 所示，梁 AB 受荷载 P 作用，A 端为固定铰支座，B 端为链杆支座。梁的自重不计，画出梁 AB 的受力图。

解：(1) 取梁 AB 为研究对象，画出梁 AB 的分离体，如图 1.24（b）所示。

(2) 按已知条件画出主动力 P。

A 处为固定铰支座，用两个互相垂直的未知力 X_A、Y_A 表示。B 处为链杆支座，它的反力沿链杆轴线，指向假设。梁 AB 的受力图如 1.24（b）所示。

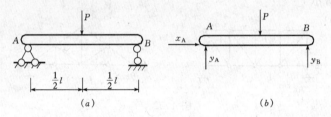

图 1.24

思考题 1.13

本例中，若考虑三力平衡汇交原理，A 处的支座反力是否还有其他表示方法？

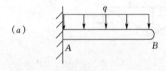

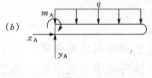

图 1.25

【例 1.2】 如图 1.25 所示，悬臂梁 AB 受均布荷载 q 作用，A 端是固定端支座，梁的自重不计，画出梁 AB 的受力图。

解：(1) 取梁 AB 为研究对象，画出其分离体。如图 1.25（b）所示。

(2) 按已知条件画出主动力（均布荷载），B 处为自由端，没有约束反力。A 处为固定端支座，它的反力有两个互相垂直的反力 X_A、Y_A，以及反力偶 m_A。梁 AB 的受力图如 1.25（b）所示。

1.5 物体系统的受力图

物体系统的受力分析方法，与单个物体的受力分析基本相同，只是研究对象较为复杂，可能是整个物体系统，也可能是系统的某一部分。若以物体系统整体作为研究对象时，只需把系统整体视为一个物体一样地对待。需要注意的是，此时系统内各部分之间的相互作用力是内力。对系统整体而言，由于内力总是以作用力与反作用力的关系成对出现，其结果是相互抵消，因此，受力图只画外力不画内力。若以物体系统中一部分为研究对象时，需将该部分分离出来，画出其分离体，完全按前面的单个物体的受力分析方法画受力图。只是需要注意，被拆开的连接处有相应的约束反力存在，并且，约束反力是相互间的作用，一定遵循作用力与反作用力公理。

【例 1.3】 如图 1.26（a）所示的三铰刚架，受力偶 m 作用，C 为圆柱铰，各杆自重不计，分别画出 AC、BC 和系统整体的受力图。

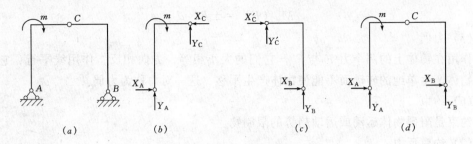

图 1.26

解：1) 取 AC 部分为研究对象，画出其分离体。按已知条件画出主动力 m。A 处为固定铰支座，其反力用两个互相垂直的力 X_A、Y_A 表示。C 处为圆柱铰，其反力用两个互相垂直的力 X_C、Y_C 表示。AC 部分的受力图如图 1.26 (b) 所示。

2) 取 BC 部分为研究对象，画出其分离体。此部分没有已知的主动力。B 处为固定铰支座，其反力用两个互相垂直的力 X_B、Y_B 表示。C 处为圆柱铰，其反力用两个互相垂直的力 X'_C、Y'_C 表示。BC 部分的受力图如图 1.26 (c) 所示。

3) 以整体为研究对象，画出其分离体，如图 1.26 (d) 所示。按已知条件画出主动力 m，A、B 两处反力与图 1.26 (d)、(c) 中相对应的反力相同。特别需要注意的是 C 铰处的力不要画出，因为它们是内力。

思考题 1.14

(1) 若运用二力杆的概念，以上各受力图是否还有其他的画法？

(2) 内力的概念是相对的，当所选的研究对象变化时，原来的内力可能转化为外力，反之亦然。为什么？试举例说明。

(3) 在画物体系统的受力图时，同一个力在各受力图中的假设指向必须保持一致。在上例中举例说明。

(4) 具有作用力与反作用力关系的力，在各受力图中的假设指向必须能表达出这种关系。在上例中举例说明。

小　　结

本章主要讨论了静力学的基本概念、静力学公理，常见的荷载及约束反力，结构的计算简图及物体受力分析的基本方法。

1. 静力学的基本概念

(1) 刚体

在任何外力的作用下，大小和形状保持不变的物体，称为刚体。

(2) 力

力是物体之间的相互的机械作用，力的作用效果是使物体的运动状态或形状发生改变，其中物体的运动状态发生改变是力的外效应，物体的形状发生改变是力的内效应。

(3) 平衡

当物体相对于地球处于相对静止或匀速直线运动状态时，称物体处于平衡状态。

(4) 力矩

力矩是力绕某一点的转动效果的量度。即

$$M_O(F) = \pm F \times d$$

(5)力偶

作用在物体上的两个力 F 与 F',它们的大小相等,方向相反,作用线平行,它们只能使物体产生单纯的转动而不能使物体产生平移,这一对力称为力偶。

(6)约束

约束是阻碍物体运动或运动趋势的限制物。

(7)约束反力

约束反力是约束用以阻碍物体运动趋势的力,约束反力的方位主要由约束的类型来确定。

2．静力学公理

静力学公理是静力学中最基本的规律,在分析力学问题时通常要利用这些公理。

(1)作用力与反作用力公理反映了物体之间的作用是相互的。

(2)二力平衡公理反映了两个力组成的简单力系的平衡规律。

(3)加减平衡力系公理是力系等效替换的基础。

(4)力的平行四边形公理反映了两个汇交力的合成规律。

3．物体的受力分析

物体的受力分析是研究力学问题的基础。受力分析的关键是要正确地画出约束反力的方向(方位),而约束反力的方向(方位)必须根据约束的类型来确定。特别是在画复杂的物体系统的受力图时,要灵活运用静力学中基本概念及规律正确画图、查图。

习　题

1.1　做出图中各杆的受力图。假定各接触面是光滑的,各杆自重不计。

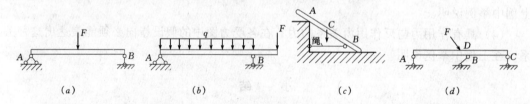

题 1.1 图示

1.2　做出图示结构各部分及杆系整体的受力图。假定结构自重不计。

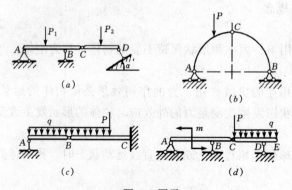

题 1.2 图示

1.3 试在图示各杆的 A、B 两处各加一个力,使该杆处于平衡。

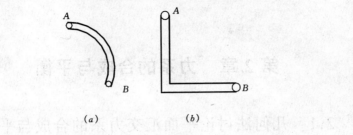

题 1.3 图示

1.4 作图示杆系结构各部分及整体的受力图,假定各杆自重不计。

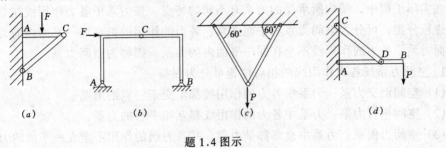

题 1.4 图示

第2章 力系的合成与平衡

2.1 几何法讨论平面汇交力系的合成与平衡

2.1.1 力系分类概述

在实际工程中，结构所承受的力系有不同的特点，按力系中各力作用线在空间的分布状况进行分类，可分为空间力系和平面力系。各力的作用线都在同一平面内的力系，则称为平面力系。各力的作用线不全在同一平面内的力系，则称为空间力系。

1. 空间力系按各力作用线的相对位置可分为三类：
(1) 空间汇交力系：力系中各力的作用线都汇交于一点的力系；
(2) 空间平行力系：力系中各力的作用线都互相平行的力系；
(3) 空间力偶系：力系中全部都是力偶，并且力偶的作用不全在一平面的力系；
(4) 空间一般力系：力系中各力的作用线在空间任意分布的力系。

2. 平面力系按照各力作用线的相对位置可分为四类：
(1) 平面汇交力系：在同一平面内，各力的作用线全都汇交于一点的力系；
(2) 平面平行力系：在同一平面内，各力的作用线全都互相平行的力系；
(3) 平面力偶系：在同一平面内，力系中全部都是力偶的力系；
(4) 平面一般力系：在同一平面内，各力的作用线任意分布的力系。

在本书中，我们以讨论平面力系为主，下面首先讨论平面汇交力系。

2.1.2 平面汇交力系合成的几何法

1. 两个汇交力的合成

直接利用力的平行四边形法则或三角形法则，即可将两个汇交力合成，方法详见 1.1.4 节的内容。

2. 两个以上的汇交力的合成

如图 2.1 (a)、(b) 所示，力系中有 F_1、F_2、F_3、F_4 四个力汇交于点 O，可利用力的多边形法则进行合成，在平面内选定某一点 A 代表原力系的汇交点 O，从 F_1 开始（也可从其他力开始）按选定的比例尺依次作矢量 $\overline{AB}$、$\overline{BC}$、$\overline{CD}$ 和 $\overline{DE}$，分别代表力 F_1、F_2、F_3、F_4，其中各力首尾相接，最后连接 AE，则矢量 $\overline{AE}$ 就代表合力。

当力系中有更多的力时，方法与此相同。因此，平面汇交力系合成的最后结果得到一个合力，合力是原力系中各力的矢量和，其作用线通过原力系的汇交点。

$$R = F_1 + F_2 + \cdots + F_n = \sum_{i=1}^{n} F_i$$

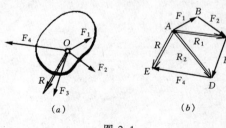

图 2.1

需要强调的是，用几何法解决问题时，力

的矢量都应该按照选用的比例尺准确画出。

思考题 2.1

图 2.1 中，如果将合力 R 视为一个力组成的简单力系，它与几个分力组成的原力系，是否互为等效力系？

2.1.3 平面汇交力系平衡的几何条件

1. 平衡条件

如果某平面汇交力系的合力等于零，那么物体的运动效果等效于不受力的情况，即物体处于平衡状态，原力系为平衡力系。反之，要使物体处于平衡状态，必须是其所受的平面汇交力系的合力为零，即原力系构成的力的多边形自行封闭。因此，从几何法的角度，平面汇交力系平衡的充分必要条件是：

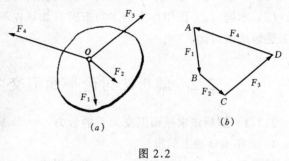

图 2.2

原力系中各组成的力的多边形自行封闭，如图 2.2（a）、（b）所示。

思考题 2.2

观察图 2.1（b）与图 2.2（b），指出其本质区别？

2. 平衡条件应用举例

利用上述平衡条件，可以解决两类问题：

（1）检验物体在平面汇交力系作用下是否平衡。

（2）当物体处于平衡状态时，利用平衡条件求力系中任意两个未知力。

【**例 2.1**】 如图 2.3（a）所示，A、B、C 三处为圆柱铰约束，C 处悬挂一重物 $G = 60 \text{kN}$，不计各杆自重，用几何法求出 AC、BC 杆所受的力。

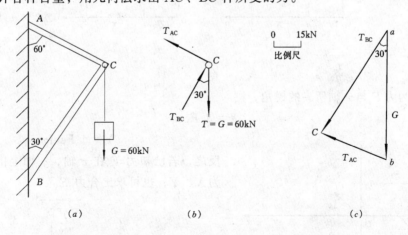

图 2.3

解：(1) 以节点 C 为研究对象，作受力图，如图 2.3（b）所示。

(2) 选择如图 2.3 所示比例尺，任选一点 a 代表（b）图中力系的汇交点 C，自 a 点起首先做出已知力 G 的矢量，然后按力的多边形法则，分别画出 T_{AC}、T_{BC} 的矢量（其方位可确定)。

(3) 根据物体平衡时,力的多边形必须自行封闭的条件,确定出 T_{AC}、T_{BC}的指向。

(4) 按所选比例量出 T_{AC}、T_{BC}矢量的大小,得:
$$T_{AC} = 30\text{kN},\quad T_{BC} = 52\text{kN}$$

思考题 2.3

(1) 本题 (b) 图中,T_{AC}、T_{BC}的方位是根据什么确定的?

(2) 本题 (c) 图中作力的多边形时,如果先不从已知力 G 矢量开始,如何完成?试与上述解法做对比。

2.2 解析法讨论平面汇交力系的合成与平衡

2.2.1 解析法求平面汇交力系的合力

1. 力在坐标轴上的投影

如图 2.4 (a)、(b) 所示,力 F 作用于 A,建立图示直角坐标系 xoy,从力 F 矢量的端点 A 和 B 分别向 x 轴作垂线,垂足 a 和 b 之间的线段加上正负号,称为力 F 在 x 轴上的投影,常用 X 表示。其中正、负号的规定是:从力 F 的始端 A 的投影 a 到末端 B 的投影 b 的方向与 x 轴的正向一致时,该投影取正号,反之取负号。力 F 在 y 轴上的投影 Y 如图所示。

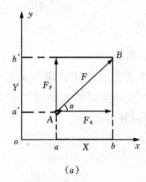
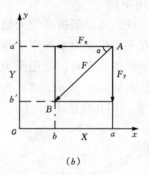

图 2.4

设 α 为力 F 与 x 轴所夹的锐角,则
$$X = \pm F\cos\alpha$$
$$Y = \pm F\sin\alpha \tag{2.1}$$

反之,若已知力 F 在 x 轴、y 轴上的投影分别为 X、Y,也可求出合力 F。

$$F = \sqrt{X^2 + Y^2} \tag{2.2}$$
$$\operatorname{tg}\alpha = \left|\frac{Y}{X}\right|$$

其中 α 为 F 与 x 轴所夹锐角,力 F 的实际方向由 X、Y 的正负确定。

【**例 2.2**】 如图 2.5 所示的五个力 F_1、F_2、

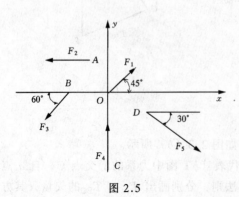

图 2.5

F_3、F_4、F_5,各力的大小均为10kN,方向如图所示。求各力分别在 x 轴、y 轴上的投影。

解:力 F_1、F_2、F_3、F_4、F_5 在 x 轴、y 轴上的投影分别以(X_1、Y_1)、(X_2、Y_2)、(X_3、Y_3)、(X_4、Y_4)、(X_5、Y_5)表示,则有:

$$X_1 = F_1 \times \cos 45° = 10 \times 0.707 = 7.07 \text{kN}$$
$$Y_1 = F_1 \times \sin 45° = 10 \times 0.707 = 7.07 \text{kN}$$
$$X_2 = -F_2 \times \cos 0° = -10 \times 1 = -10 \text{kN}$$
$$Y_2 = F_2 \times \sin 0° = 10 \times 0 = 0$$
$$X_3 = -F_3 \times \cos 60° = -10 \times 0.5 = -5 \text{kN}$$
$$Y_3 = -F_3 \times \sin 60° = -10 \times 0.866 = -8.66 \text{kN}$$
$$X_4 = F_4 \times \cos 90° = 10 \times 0 = 0$$
$$Y_4 = F_4 \times \sin 90° = 10 \times 1 = 10 \text{kN}$$
$$X_5 = F_5 \times \cos 30° = 10 \times 0.866 = 8.66 \text{kN}$$
$$Y_5 = -F_5 \times \sin 30° = -10 \times 0.5 = -5 \text{kN}$$

思考题 2.4

(1)如果力 F 在 x 轴和 y 轴上的投影 X、Y 均已知,能否确定力 F 的大小和方向?

(2)力与坐标轴分别垂直或平行时,其投影有何特点?

(3)试用平行四边形法则将力 F 分别沿 x 轴、y 轴方向进行分解,观察其分力 F_X、F_Y 分别与力 F 在 x 轴,y 轴上的投影 X、Y 有何区别?

2. 合力投影定理和解析法求平面汇交力系的合力

(1)合力投影定理

合力在任一轴上的投影,等于各分力在同一轴上的投影的代数和。如图2.6(a)、(b)所示,由图(b)可以看出:

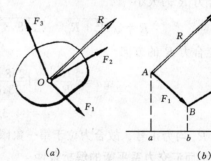

$X_1 = ab$,$X_2 = bc$ $X_3 = -cd$ $R_X = ad$

合力 R 在 x 轴上的投影为 R_X

$$R_X = X_1 + X_2 + X_3$$

图 2.6

当力系中有 n 个力 F_1、F_2、$F_3 \cdots F_n$ 时,则这 n 个力的合力 R 在 x 轴上的投影

$$R_X = X_1 + X_2 + X_3 + \cdots + X_n = \sum_{i=1}^{n} X_i$$

(2)解析法求平面汇交力系的合力

由力的多边形法则可知,平面汇交力系合成的结果得到一个合力,合力的作用点通过原力系中各力的汇交点。由合力投影定理,可根据力系中各力分别在 x 轴、y 轴上的投影求出该力系的合力 R 在 x 轴、y 轴上的投影 R_x 和 R_y。从而合力的大小为:

$$R = \sqrt{R_x^2 + R_y^2} = \sqrt{(\Sigma X)^2 + (\Sigma Y)^2}$$

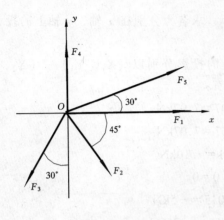

图 2.7

合力的方向为:$\mathrm{tg}\alpha = \left|\dfrac{R_y}{R_x}\right| = \left|\dfrac{\Sigma Y}{\Sigma X}\right|$ (2.3)

其中 α 为合力 R 与 X 轴所夹的锐角,合力 R 的方向由 ΣX 和 ΣY 的正负号来确定。

【例 2.3】 如图 2.7 所示,已知平面汇交力系的五个力 F_1、F_2、F_3、F_4、F_5、作用于 O 点,$F_1 = 100\mathrm{N}$、$F_2 = 60\mathrm{N}$、$F_3 = 120\mathrm{N}$、$F_4 = 80\mathrm{N}$、$F_5 = 180\mathrm{N}$,求该力系的合力 R。

解:设力 F_1、F_2、F_3、F_4、F_5 在 X 轴、Y 轴上的投影分别为:$(X_1、Y_1)$、$(X_2、Y_2)$、$(X_3、Y_3)$、$(X_4、Y_4)$、$(X_5、Y_5)$

(1) 求合力 R 分别在 x 轴、y 轴上的投影

$$R_x = \sum_{i=1}^{5} X_i = X_1 + X_2 + X_3 + X_4 + X_5$$
$$= 100 + 60 \times \cos 45° + (-120 \times \sin 30°) + 0 + 180 \times \cos 30°$$
$$= 238.3\mathrm{N}$$

$$R_y = \sum_{i=1}^{5} Y_i = Y_1 + Y_2 + Y_3 + Y_4 + Y_5$$
$$= 0 + (-60 \times \sin 45°) + (-120 \times \cos 30°) + 80 + 180 \times \sin 30°$$
$$= 23.7\mathrm{N}$$

(2) 求合力 R 的大小

$$R = \sqrt{R_x^2 + R_y^2} = \sqrt{238.3^2 + 23.7^2} = 239.5\mathrm{N}$$

(3) 确定合力 R 的方向

$$\mathrm{tg}\alpha = \left|\dfrac{R_y}{R_x}\right| = \left|\dfrac{238.3}{23.7}\right| = 10.055$$

$$\alpha = 84.32°$$

$\because R_x$ 和 R_y 均为正号,故合力位于第一象限,其作用点通过汇交点 O。

2.2.2 平面汇交力系平衡的解析条件

我们已经知道,平面汇交力系平衡的充分必要条件是合力为零。在解析法中,即是

$$R = \sqrt{R_x^2 + R_y^2} = \sqrt{(\Sigma X)^2 + (\Sigma Y)^2} = 0$$

要使此式恒成立,则有

$$\begin{cases} \Sigma X = 0 \\ \Sigma Y = 0 \end{cases} \quad (2.4)$$

所以,平面汇交力系平衡的解析条件是力系中所有各力在 x 轴和 y 轴上投影的代数和分别等于零。式 (2.4) 也称为平面汇交力系的平衡方程,它是两个独立的方程,可以用它求解两个未知力。

上述平衡条件有两个基本应用:

(1) 判断物体在平面汇交力系作用下是否平衡。

(2)当物体处于平衡状态时,利用平衡条件求力系中任意两个未知力。

【例2.4】 如图2.8(a)所示,圆球放在斜坡上,用与斜面平行的绳系住。已知球重$G = 160\text{N}$,坡倾角$\alpha = 30°$,求绳AB的拉力T及斜面对球的反力N_1。

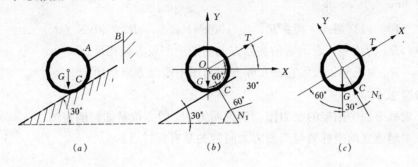

图2.8

解:1)选圆球为研究对象,画出它的受力图如图2.8(b)所示。
2)建立如图2.8(b)所示的坐标系。
3)列平衡方程。
根据平面汇交力系平衡的解析条件,有

$$\Sigma X = 0 \quad T\cos30° - N_1 \cdot \cos60° = 0 \quad (1)$$

$$\Sigma Y = 0 \quad T\sin30° + N_1\sin60° - G = 0 \quad (2)$$

联立方程(1)、(2)方程,解得

$$T = 80\text{N}$$
$$N_1 = 138.6\text{N}$$

思考题2.5
若建立如图2.8(c)所示的坐标系,则如何列平衡方程?试将两种方法进行比较,看哪种方法更简单?为什么?

【例2.5】 如图2.9所示,平面刚架在C点受一集中力P作用,$P = 80\text{kN}$,结构自重不计,求支座A、B的反力。

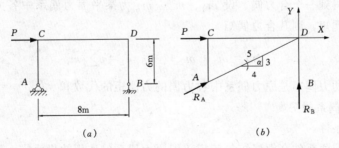

图2.9

解:
1)取刚架整体为研究对象,画出它的受力图如图2.9(b)所示。
2)建立如图2.9(b)所示的坐标系。
3)列平衡方程。

$$\Sigma X = 0 \quad P + R_A\cos\alpha = 0 \tag{1}$$
$$\Sigma Y = 0 \quad R_B + R_A\sin\alpha = 0 \tag{2}$$

其中 $\sin\alpha = \dfrac{3}{5}$ $\cos\alpha = \dfrac{4}{5}$

联立（1）、（2）两式，得：$R_A = -100$kN（↙） $R_B = 60$kN（↑）

其中：R_A 为负号，表示它的实际方向与图中假设方向相反；

R_B 为正号，表示它的实际方向与图中假设方向相同。

思考题 2.6

(1) 观察上题中刚架的受力图，请说明力 R_A 的方位是如何确定的？

(2) 本题建立的坐标轴与未知力之间的关系有何特点？

2.3 平面力偶系的合成与平衡

2.3.1 力偶的特性

力偶对物体的转动效应，用力偶矩来度量，力偶矩等于力与力偶臂的乘积，同时加上正、负号。

力偶矩的大小、力偶的转向和力偶的作用面，称为力偶的三要素。

力偶具有以下特性：

1．力偶中的两个力在任意坐标轴上的投影的代数和为零。

2．力偶不能与力等效，力偶只能与力偶等效或平衡。

3．力偶对物体的作用效果取决于其力偶的三要素，而与它在作用平面内的位置无关。

2.3.2 平面力偶系的合成与平衡

1．平面力偶系的合成

作用在同一物体上的几个力偶组成一个力偶系，作用在同一平面内的力偶系称为平面力偶系。

力偶没有合力，它对物体的作用效果不能用一个力来代替，力偶只能与力偶平衡。平面力偶系合成得到一个合力偶，设 m_1、$m_2 \cdots m_n$ 为某平面力偶系中各力偶的力偶矩，m 为合力偶的力偶矩，则其合力偶矩

$$m = m_1 + m_2 + \cdots + m_n = \sum_{i=1}^{n} m_i \tag{2.5}$$

即合力偶的力偶矩是原力偶系中各力偶的力偶矩的代数和。

2．平面力偶系的平衡

(1) 平衡条件

若某平面力偶系的合力偶矩等于零，即原力偶系的作用效果为零，则物体处于平衡状态。反之，若物体处于平衡状态，则平面力偶系的合力偶矩等于零。所以，平面力偶系平衡的充分必要条件是：力偶系中各力偶的力偶矩的代数和为零，即

$$m = m_1 + m_2 + \cdots + m_n = \sum_{i=1}^{n} m_i = 0 \tag{2.6}$$

(2) 平衡条件的应用

上述平衡条件可以解决两类基本问题：
（1）判断物体在平面力偶系的作用下，是否处于平衡状态。
（2）利用上述平衡条件，求解未知反力。

【例2.6】 如图2.10（a）所示，梁AB受一力偶的作用，$m = 150 \text{kN·m}$，求支座A、B处的反力。

解：（1）取AB杆为研究对象，画出受力图如2.10（b）所示。

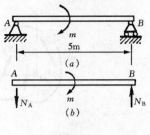

图2.10

（2）观察AB杆上只有一个主动力，并为力偶，考虑到力偶只能与力偶平衡的特点，可以判断A、B两处的支座反力N_A和N_B必须大小相等，方向相反，组成一个力偶。而N_B的方位可以确定，故N_A的方位随之确定，但N_A与N_B的指向是假设的。

（3）列平衡方程

由 $\Sigma M = 0$，$5 \times N_A - m = 0$

得 $N_A = m/5 = 30 \text{kN}（\downarrow）$

故 $N_B = 30 \text{kN}（\uparrow）$

2.4 平面一般力系的简化和平衡

2.4.1 平面一般力系的简化

平面一般力系是工程中最普遍的一种力系，本节主要采用解析法来研究平面一般力系的合成与平衡问题。

1. 力的平移定理

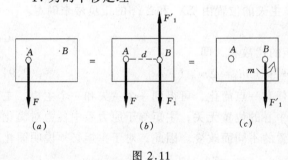

图2.11

如图2.11（a）所示，力F作用于物体上的A点，任取一点B，将力F从A点平移到B点，以F_1表示，在B点加上力F'_1，并使$F = F_1 = F'_1$。由加减平衡力系公理可知，2.11（b）图所示的力系与原力系等效，其中，力F与F'_1构成一个力偶，以m表示，则$m = F \times d$，如图2.11（c）所示。因此，对力进行平移时应遵循如下规律：

作用在物体上的力，平行移动到物体上的任意一点，必须同时附加一个力偶，且力偶的力偶矩等于原力对新作用点的力矩。

2. 平面一般力系的简化

如图2.12（a）所示，某物体受n个力F_1、$F_2 \cdots F_n$的作用，它们组成平面一般力系，各力的作用点分别是A_1、$A_2 \cdots A_n$，若将此力系进行简化，可在原力系所在的平面内任选一点O，作为简化中心，根据力的平移定理，可将各力分别向O点平移，结果得到一个平面汇交力系和一个平面力偶系，如图2.12（b）所示，其中，由F_1、$F_2 \cdots F_n$组成的平面汇交力系，可合成为一个合力 R'，称为原力系的主矢量，简称主矢；由 m_1、m_2 … m_n 组成的平面力偶系，可合成为一个合力偶，其力偶矩 M_o 称为原力系的主矩，如 2.12（c）所示。

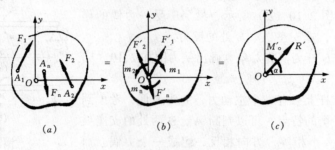

图 2.12

1）计算主矢

由于 F_1、F_2 … F_n 组成一个平面汇交力系，利用平面汇交力系合成的解析法，可得：

主矢的大小

$$R' = \sqrt{{R'_x}^2 + {R'_y}^2} = \sqrt{(\Sigma X_i)^2 + (\Sigma Y_i)^2} \tag{2.7}$$

其中，

$$R'_x = X_1 + X_2 + X_3 + \cdots + X_n = \sum_{i=1}^{n} X_i$$

$$R'_y = Y_1 + Y_2 + Y_3 + \cdots + Y_n = \sum_{i=1}^{n} Y_i$$

以上表达式中 $(X_1、Y_1)$、$(X_2、Y_2)$、$(X_3、Y_3)$ … $(X_n、Y_n)$ 分别表示力 F_1、F_2、F_3 … F_n 在 x 轴、y 轴上的投影

主矢的方向

$$\operatorname{tg}\alpha = \left|\frac{\Sigma Y_i}{\Sigma X_i}\right| \tag{2.8}$$

其中 α 为主矢 R' 与 x 轴所夹的锐角，主矢的位置由 ΣX_i 和 ΣY_i 的正负号来确定。

2）计算主矩

主矩等于图 2.12 中所有力偶的力偶矩的代数和，即

$$M_o = m_1 + m_2 + \cdots + m_n = \Sigma m_o(F) \tag{2.9}$$

综上所述，平面一般力系向作用面内任意一点简化，可得到一个主矢和一个主矩，主矢等于原力系中各力的矢量和，它与简化中心的位置无关；主矩等于原力系中各力对简化中心的力矩的代数和，它随简化中心的位置的不同而改变。因此，对于主矩必须说明简化中心的位置。

思考题 2.7

请对主矢和主矩的结果进行讨论，将几种情况的结果进行比较，看看各有哪些特点？

3. 平面一般力系的合力矩定理

由图 2.13 可知，$R \cdot d = |M'_o|$

$R \cdot d = M_o(R)$

又 $M'_o = \Sigma M_o(F)$

而且，$M_o(R)$ 与 M'_o 应同为正值或为负值，因此

$$M_o(R) = \Sigma M_o(F) \tag{2.10}$$

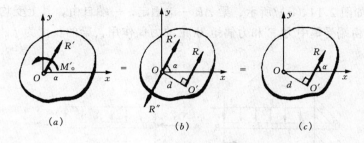

图 2.13

即平面一般力系的合力对作用面内任意一点的矩,等于原力系中各力对同一点的矩的代数和。利用该定理可以解决两类基本问题:

(1) 简化力矩的计算;
(2) 求平面一般力系的合力的作用线的位置。

2.4.2 平面一般力系的平衡

1. 平衡条件

平面一般力系可以简化为一个平面汇交力系和一个平面力偶系,若原力系是一个平衡力系,则原力系所分解的两个力系也分别是平衡力系,于是

$$R' = \sqrt{(\Sigma X)^2 + (\Sigma Y)^2} = 0$$
$$M_o = \Sigma m_o(F) = 0$$

所以
$$\begin{cases} \Sigma X = 0 \\ \Sigma Y = 0 \\ \Sigma M_o = 0 \end{cases} \quad (2.11)$$

因此,平面一般力系处于平衡状态的充分必要条件是:原力系中所有各力在 x 轴和 y 轴上投影的代数和分别等于零,原力系中各力对任意一点力矩的代数和等于零。上式又称为平面一般力系的平衡方程,它是平衡方程的基本形式,平面一般力系的平衡方程还有其他两种形式:

二矩式
$$\begin{cases} \Sigma X = 0 \\ \Sigma M_A = 0 \\ \Sigma M_B = 0 \end{cases} \quad (2.12)$$

其中 A、B 两点的连线不能与 X 轴垂直。

三矩式
$$\begin{cases} \Sigma M_A = 0 \\ \Sigma M_B = 0 \\ \Sigma M_C = 0 \end{cases} \quad (2.13)$$

其中 A、B、C 三点不能共线。

2. 平衡条件的应用

以上三组平衡方程均可解决平面一般力系的两个基本的问题:

(1) 判断物体是否处于平衡状态。
(2) 利用平衡方程求解未知力。

上述三组平衡方程各有三个独立的方程,每一组方程可以求解三个未知量,选择哪组方程计算,需根据具体情况,以计算简便为准。

【例 2.7】 如图 2.14（a）所示，梁 AB 一端固定，一端自由，其上受均布荷载 q 的作用，在梁的自由端受集中力 F 和力偶矩为 m 的力偶作用，梁的长度为 l，求固定端 A 处的反力。

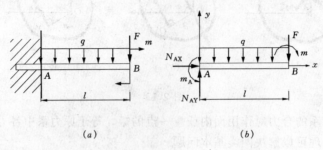

图 2.14

解：(1) 取梁 AB 为研究对象，画受力图如图 2.14（b）所示。

(2) 根据平面一般力系的平衡条件，有

$$\Sigma X = 0 \quad N_{AX} = 0$$
$$\Sigma Y = 0 \quad N_{AY} - q \times l - F = 0$$
$$\Sigma m_A = 0$$
$$m_A - \frac{ql}{2} \times l - F \times l - m = 0$$

联立以上各方程解得：

$$N_{AX} = 0$$
$$N_{AY} = ql + F$$
$$m_A = \frac{1}{2}ql^2 + Fl + m$$

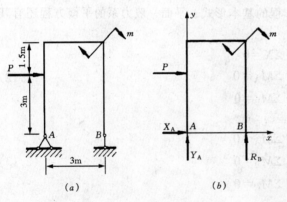

图 2.15

【例 2.8】 如图 2.15（a）所示，一刚架受集中力 P 和一个力偶 m 的作用，其中 $P = 5\text{kN}$，$m = 2\text{kN}\cdot\text{m}$，刚架自重不计，求支座 A、B 的反力。

解：

(1) 取刚架整体为研究对象，画受力图如图 2.15（b）所示。

(2) 建立如图 2.15（b）所示的坐标系。

(3) 根据平面一般力系的平衡条件，有

$$\Sigma X = 0, \quad P + X_A = 0$$
$$\Sigma Y = 0, \quad Y_A + R_B = 0$$
$$\Sigma M_A = 0, \quad -m - P \times 3 + R_B \times 3 = 0$$

联立以上各方程解得：

$$X_A = -P = -5\text{kN} \;(\leftarrow)$$
$$Y_A = -R_B = -5.67\text{kN} \;(\downarrow)$$
$$R_B = 5.67\text{kN} \;(\uparrow)$$

其中，X_A、Y_A 为负值，表明它们的实际方向与受力图中假设的方向相反，R_B 为正值，表明它们的实际方向与受力图中假设的方向相同。

【例 2.9】 如图 2.16（a）所示，简支梁 AB 受一个集中力和一个力偶的作用，不计梁的自重，求 A、B 两处的支座反力。

解：

（1）取梁 AB 整体为研究对象，画受力图如图 2.16（b）所示。

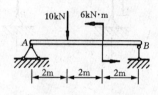

（2）建立如图 2.16（b）所示的坐标系。

（3）根据平面一般力系的平衡条件，有

$$\Sigma X = 0 \quad X_A = 0$$
$$\Sigma M_A = 0 \quad -10 \times 2 + 6 + 6R_B = 0$$
$$\Sigma M_B = 0 \quad 10 \times 4 + 6 - 6Y_A = 0$$

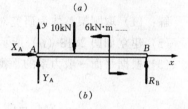

图 2.16

联立以上各方程解得：

$$X_A = 0 \quad Y_A = 7.67\text{kN} \;(\uparrow) \quad R_B = 2.33\text{kN} \;(\uparrow)$$

其中，Y_A、R_B 为正值，表明它们的实际方向与受力图中假设的方向相同。

【例 2.10】 如图 2.17（a）所示的桁架，受两个集中力的作用，求 A、B 两处的支座反力。

解：

（1）取整体桁架为研究对象，画受力图如图 2.17（b）所示。

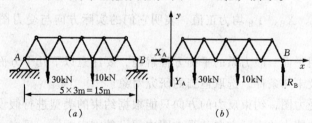

图 2.17

（2）建立如图 2.17（b）所示的坐标系。

（3）根据平面一般力系的平衡条件，有

$$\Sigma X = 0, \quad X_A = 0$$
$$\Sigma Y = 0 \quad Y_A + R_B - 30 - 10 = 0$$
$$\Sigma M_B = 0 \quad 30 \times 12 + 10 \times 6 - Y_A \times 15 = 0$$

联立以上各方程解得：

$$X_A = 0, \; Y_A = 28\text{kN} \;(\uparrow), \; R_B = 12\text{kN} \;(\uparrow)$$

其中，Y_A、R_B 为正值，表明它们的实际方向与受力图中假设的方向相同。

【例 2.11】 如图 2.18（a）所示，三铰刚架受一个集中力 P 和一均布荷载 q 的作用，其中 $P=12\text{kN}$，$q=8\text{kN/m}$，求支座 A、B 两处的约束反力。

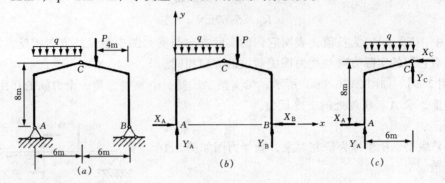

图 2.18

解：(1) 取刚架整体为研究对象，画受力图如图 2.18（b）所示。

(2) 建立如图 2.18（b）所示的坐标系。

(3) 根据平面一般力系的平衡条件，有

$$\Sigma X = 0 \quad X_A - X_B = 0 \tag{1}$$

$$\Sigma M_A = 0 \quad q \times 6 \times 3 - P \times 8 + Y_B \times 12 = 0 \tag{2}$$

$$\Sigma M_B = 0 \quad q \times 6 \times 9 + P \times 4 - Y_A \times 12 = 0 \tag{3}$$

(4) 取左半拱为研究对象，画受力图如图 2.18（c）所示，由

$$\Sigma M_C = 0, \quad X_A \times 8 - Y_A \times 6 + q \times 6 \times 3 = 0 \tag{4}$$

联立（1）（2）（3）（4）各方程解得：

$$X_A = 12\text{kN}\,(\rightarrow) \quad Y_A = 40\text{kN}\,(\uparrow)$$

$$X_B = 12\text{kN}\,(\leftarrow) \quad Y_B = 20\text{kN}\,(\uparrow)$$

其中，X_A、Y_A、X_B、Y_B 均为正值，表明它们的实际方向与受力图中假设的方向相同。

综上所述，利用平面一般力系的平衡方程解题，要注意以下几个方面的问题：

(1) 分析已知及未知条件，选取适当的研究对象。

(2) 正确画出受力图，约束反力的方向只能根据约束的类型进行假设。如果计算的结果为正值，则表示这些力的实际方向与受力图中假设的方向相同，反之，则相反。

(3) 合理地建立直角坐标系和选取矩心。应用投影方程时，投影轴要尽可能与较多未知力的作用线垂直；应用力矩方程时，矩心一般取在两个未知力作用线的交点。

(4) 列平衡方程时，根据题目的具体情况，尽可能选取最佳的平衡方程形式。计算力矩时，要灵活运用合力矩定理使计算简化。

(5) 必要时，可以利用非独立的方程对所求的未知力进行校核。

2.5 平面平行力系的平衡

平面平行力系是平面任意力系的特殊情况，若将某平面平行力系视为平面一般力系，

取坐标轴 Y 轴与原力系中各力的作用线平行,如图 2.19 所示,则 $\Sigma X = 0$ 成为恒等式,因此,平面平行力系的平衡方程为

$$\begin{cases} \Sigma Y = 0 \\ \Sigma M_O = 0 \end{cases} \quad (2.13)$$

或为

$$\begin{cases} \Sigma M_A = 0 \\ \Sigma M_B = 0 \end{cases} \quad (2.14)$$

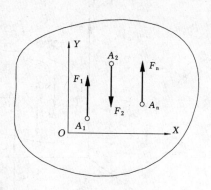

图 2.19

其中 A、B 为作用面内任选的两个矩心,它们的连线不能与各力的作用线平行。

以上每一组平衡方程只能求解两个未知力。

【例 2.12】 如图 2.20(a)所示一简支梁,在 C、D 两点上分别作用有集中力 F,求 A、B 两支座的反力。

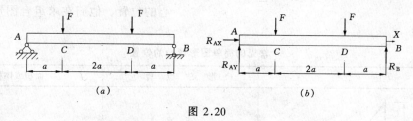

图 2.20

解:
1)取 AB 梁为研究对象,画受力图如图 2.20(b)所示,考虑 A 处支座的水平反力 R_{AX} 为零,故整个力系可视为平面平行力系。

2)选取坐标轴如图 2.20(b)所示。

3)梁 AB 处于平衡状态,根据平面平行力系的平衡方程,可得:

$$\Sigma Y = 0 \quad R_{AY} + R_B - F - F = 0$$
$$\Sigma M_A = 0 \quad -F \times a - 3a \times F + 4a \times R_B = 0$$

联立以上方程,解得:$R_{AY} = F\ (\uparrow) \quad R_B = F\ (\uparrow)$

R_{AY} 与 R_B 两支座反力结果均为正值,表明它们的实际方向与受力图中假设方向相同。

2.6 重心和形心

2.6.1 重心和形心的概念

1. 重心

地球上的物体都要受到地球引力作用,我们可以把物体假想地分成无数个微小的部分,各部分受到的地球引力组成一个空间汇交力系(汇交点在地球中心)。由于物体的尺寸与地球的半径相比要小得多,可近似的认为这个力系是空间平行力系,该力系的合力就是物体所受的重力。通过实验可知,无论物体怎样放置,其重力总是通过物体内的某一点,该点即为物体的重心,如图 2.21 中的 C 点。

2. 形心

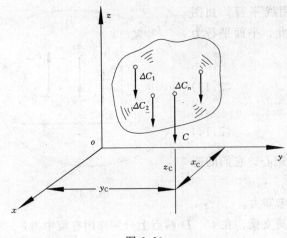

图 2.21

由物体的几何形状和尺寸所决定的物体的几何中心，称为形心。

可以证明，均质物体的重心位置完全取决于物体的几何形状，而与物体的重量无关，因此，均质物体的重心也称为物体的形心。对于均质物体，形心和重心是重合的。对于有对称面、对称轴或对称中心的均质物体，物体的重心必在其对称面、对称轴或对称中心上，可以利用其对称性确定重心（形心）的位置。

表 2.1 中是几种常见的简单图形形心的位置，他们在求组合图形的形心时经常用到。

常见的简单图形形心的位置　　　　　　　　　　表 2.1

图　形	形　心　位　置	面积或体积
三角形	$x_C = \dfrac{a}{3}$ $y_C = \dfrac{h}{3}$	$A = \dfrac{ah}{2}$
三角形	在三中线的交点 $y_C = \dfrac{h}{3}$	$A = \dfrac{ah}{2}$
梯形	在上、下底中点的连线上 $y_C = \dfrac{h}{3} \cdot \dfrac{a + 2b}{a + b}$	$A = \dfrac{h}{2}(a + b)$
半圆形	$y_C = \dfrac{4r}{3\pi}$	$A = \dfrac{\pi r^2}{2}$

续表

图 形	形 心 位 置	面积或体积
扇形 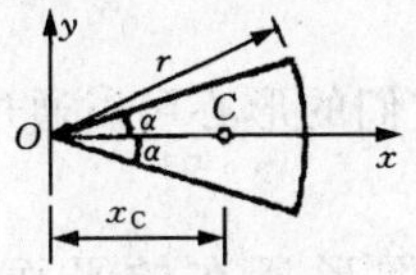	$x_C = \dfrac{2}{3} \cdot \dfrac{r\sin\alpha}{\alpha}$	$A = \alpha r^2$
弓形 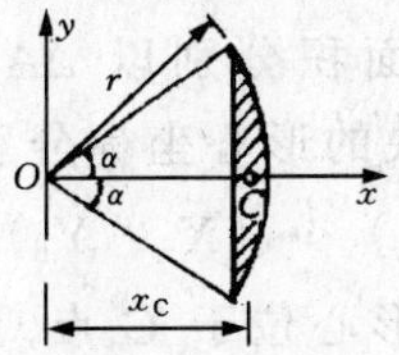	$x_C = \dfrac{2}{3} \cdot \dfrac{r^3 \sin^3\alpha}{\alpha}$	$A = \dfrac{r^2(2\alpha - \sin 2\alpha)}{2}$
二次抛物线(1) 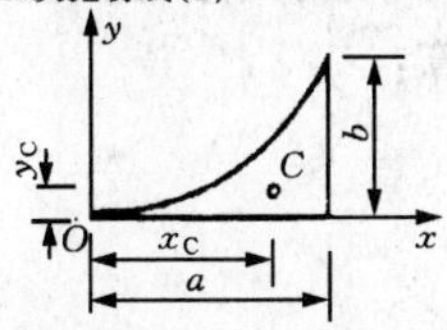	$x_C = \dfrac{3}{4}a$ $y_C = \dfrac{3}{10}b$	$A = \dfrac{1}{3}ab$
二次抛物线(2) 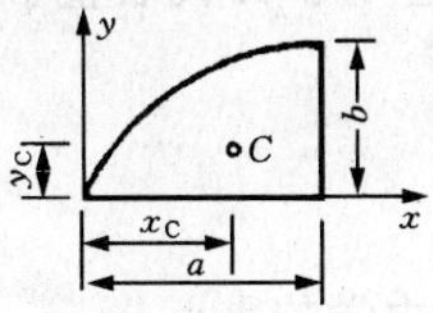	$x_C = \dfrac{3}{5}a$ $y_C = \dfrac{3}{8}b$	$A = \dfrac{2}{3}ab$
半球体 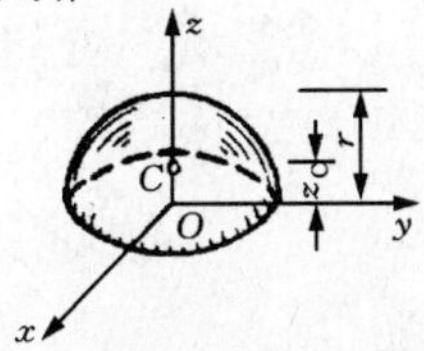	$z_C = \dfrac{3}{8}r$	$V = \dfrac{2}{3}\pi r^3$
正锥体(圆锥、棱锥) 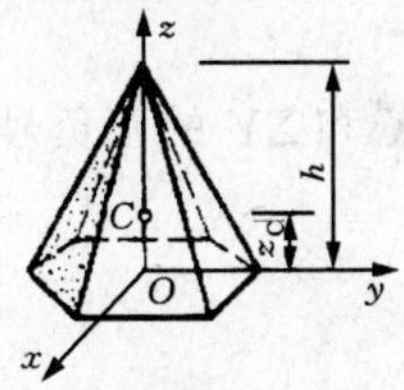	$z_C = \dfrac{h}{4}$	$V = \dfrac{1}{3}hA_{底}$

2.6.2 组合图形形心的计算方法

工程上常见的均质物体很多是简单形体，或者是由简单形体组成的组合形体。其中，简单形体的形心位置可以通过前面的表 2.1 和相关的工程手册查到。组合图形的形心计算一般的有以下的两种方法：

1. 对称法

工程实际中，通常会碰到具有对称性的形体，它们的形心一定在对称面、对称轴的或对称中心上。比如，圆的形心就是其圆心。矩形的形心就是其对角线的交点。T 形截面的形心必定在其对称轴上。

2．分割法

求组合图形的形心时，可先将其分成多个简单的图形（它们的形心可以通过前面的简单方法确定），则组合图形的形心可以用下面的方法确定。

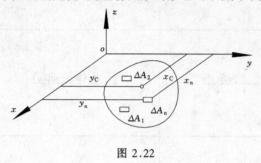

图 2.22

在某平面图形所在的平面内取如图 2.22 所示的坐标系，并将图形分割成 n 个微块，各块的面积分别以 ΔA_1、$\Delta A_2 \cdots \Delta A_n$ 表示，各块的形心坐标分别以 $(X_1$、$Y_1)$，$(X_2$、$Y_2) \cdots (X_n$、$Y_n)$ 表示，设该平面图形的形心位于 C 点，其坐标以 $(X_C$、$Y_C)$ 表示，则其形心的坐标可以用如下的公式计算：

$$X_C = \frac{\Sigma \Delta A \cdot X}{A}$$

$$Y_C = \frac{\Sigma \Delta A \cdot Y}{A} \tag{2.16}$$

其中，ΔA 表示各微块的面积，X、Y 代表各微块的形心坐标。A 代表整个图形的面积。

小 结

本章主要讨论平面力系的合成和平衡的问题，它是整个静力学的重点。

1．平面汇交力系

(1) 平面汇交力系的合成

1) 几何法：力的多边形法则

2) 解析法：

合力的大小　　$R = \sqrt{R_x^2 + R_y^2} = \sqrt{(\Sigma X)^2 + (\Sigma Y)^2}$

合力的方向　　$\text{tg}\alpha = \left|\dfrac{R_y}{R_x}\right| = \left|\dfrac{\Sigma Y}{\Sigma X}\right|$

其中 α 为合力 R 与 X 轴所夹的锐角，合力 R 的方向由 ΣX 和 ΣY 的正负号来确定。

(2) 平面汇交力系的平衡

1) 平衡条件：力系的合力等于零

2) 几何法的平衡条件：力的多边形自行封闭

3) 解析法的平衡条件：$\Sigma X = 0$

$$\Sigma Y = 0$$

2．平面力偶系

(1) 平面力偶系可以合成为一个合力偶，其合力偶矩等于原力偶系中各力偶的力偶矩的代数和，即：$M = \sum\limits_{i=1}^{n} m_i$

(2) 平面力偶系的平衡：$\sum_{i=1}^{n} m_i = 0$

3．平面一般力系

(1) 力的平移定理

作用在物体上的力向另外一点平移时，必须附加一个力偶，该力偶的力偶矩等于原力对新作用点之矩。力的平移定理是平面一般力系向作用面内一点简化的重要依据。

(2) 平面一般力系向作用面内一点简化，可以得到一个主矢和一个主矩。主矢等于原力系中各力的矢量和。主矩等于原力系中各力对简化中心的力矩的代数和。

(3) 平面一般力系的平衡条件：

一矩式 $\begin{cases} \Sigma X = 0 \\ \Sigma Y = 0 \\ \Sigma M_O = 0 \end{cases}$

二矩式 $\begin{cases} \Sigma X = 0 \\ \Sigma M_A = 0 \\ \Sigma M_B = 0 \end{cases}$ 其中 A、B 两点的连线不能与 x 轴垂直。

三矩式 $\begin{cases} \Sigma M_A = 0 \\ \Sigma M_B = 0 \\ \Sigma M_C = 0 \end{cases}$ 其中 A、B、C 三点不能共线。

平面一般力系是平面力系的一般情况，平面汇交力系、平面力偶系、平面平行力系都是平面一般力系的特殊情况，它们的平衡条件均可通过平面一般力系的平衡方程推导得出。

4．重心和形心

均质物体的重心和形心是重合的，简单平面图形的形心可以通过查表确定；具有对称性的平面图形可以利用对称性确定其形心位置；组合图形的形心一般可利用对称性和分割法确定。

习　题

2.1 如图所示，已知 $F_1 = 40\text{kN}$，$F_2 = 60\text{kN}$，$F_3 = 30\text{kN}$，$F_4 = 35\text{kN}$。用几何法计算该力系的合力。

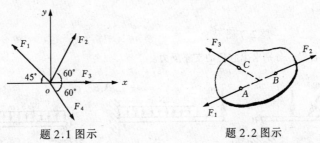

题 2.1 图示　　　　　　　题 2.2 图示

2.2 如图所示，力 F_1、F_2、F_3 的作用线汇交于一点，并且各力都不等于零，问该物体是否可能处于平衡状态。

2.3 如图所示，分别写出图中四个力在 x 轴和 y 轴上的投影的计算式。

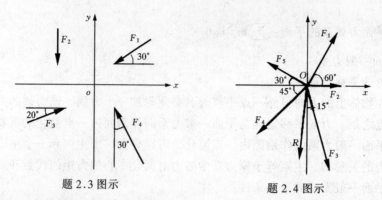

题 2.3 图示　　　　　　　　题 2.4 图示

2.4 如图所示，平面汇交力系 F_1、F_2、F_3、F_4、F_5 汇交于 O 点，$F_1 = 200N$、$F_2 = 90N$、$F_3 = 280N$、$F_4 = 220N$、$F_5 = 160N$，用解析法求该力系的合力 R。

2.5 如图所示的三角支架，A、B、C 三处均为圆柱铰约束，A 点悬挂重为 G 的重物，各杆的自重不计，分别求杆 AB、AC 所受的力。

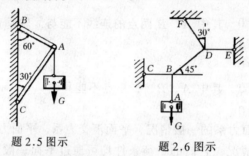

题 2.5 图示　　　　　题 2.6 图示

2.6 如图所示，重 $G = 30kN$ 的重物悬挂在一组绳索上，分别求出 BA、BC、BD、DF、DE 各绳的拉力。

2.7 如图所示各梁，试利用力偶的性质，分别求出它们的支座反力。

2.8 如图所示的铰盘，三根铰杠长度均为 l，在各杠端分别有一力 P 的作用，试将此力系向中心 O 进行简化，结果如何？若以 B 点为简化中心，结果是否一样？

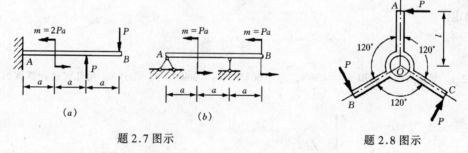

题 2.7 图示　　　　　　　　题 2.8 图示

2.9 如图所示各梁，分别求出它们的支座反力。

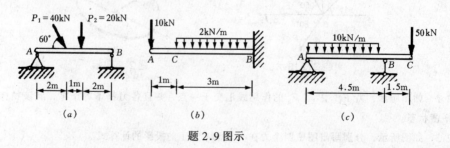

题 2.9 图示

2.10 如图所示的刚架，不计结构自重，求 A 处的支座反力。

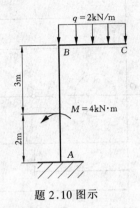

题 2.10 图示

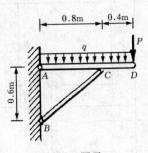

题 2.11 图示

2.11 如图所示的三角支架，其中 $P=20\text{kN}$，$q=5\text{kN/m}$，A、B、C 三处为圆柱铰约束，各杆的自重不计，求 A、B 两处的约束反力。

2.12 如图所示各梁，各杆的自重不计，求 A、B 两处的支座反力。

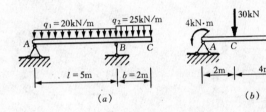

题 2.12 图示

2.13 如图所示的三铰拱，分别受水平和竖直方向的均布荷载作用，$q=10\text{kN/m}$，$a=3\text{m}$。分别求支座 A、B 的反力。

2.14 如图所示的多跨静定梁，各杆的自重不计，求 A、B、D 三处的支座反力和铰 C 处的约束反力。

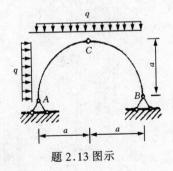

题 2.13 图示

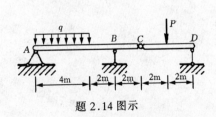

题 2.14 图示

2.15 试求图中所示的 Z 形平面图形的形心。

2.16 求图中所示的平面图形的形心。已知 $a=400\text{mm}$，$b=300\text{mm}$，$r_1=100\text{mm}$，$r_2=50\text{mm}$。

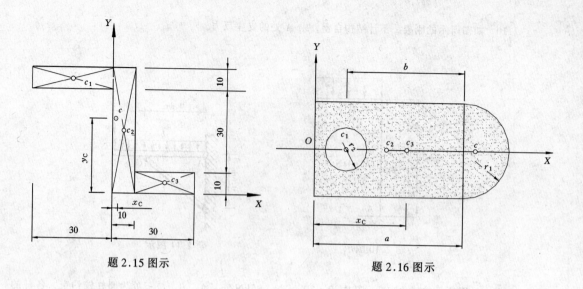

题 2.15 图示　　　　　题 2.16 图示

第3章 平面体系的几何组成分析

3.1 几何不变体系和几何可变体系

3.1.1 几何不变体系和几何可变体系的概念

1. 几何不变体系

若不考虑材料的应变,在任意荷载的作用下,体系的几何形状和位置能保持不变,则该体系称为几何不变体系。

2. 几何可变体系

若不考虑材料的应变,在任意荷载的作用下,体系的几何形状和位置会发生改变,则该体系称为几何可变体系。

如图3.1(a)所示的体系就是几何不变体系,因为在荷载F的作用下,若不考虑材料的应变,其几何形状和位置不会发生改变。如图3.1(b)所示的体系就是几何可变体系,因为即使在小荷载F的作用下,其几何形状也会发生改变。

其中,几何可变体系又可分为两类:一类是几何常变体系,该种体系可以发生无限制的连续变动,如图3.2(a)所示;另一类是几何瞬变体系,该种体系只是在某一瞬时可以发生微小的变动,如图3.2(b)所示。

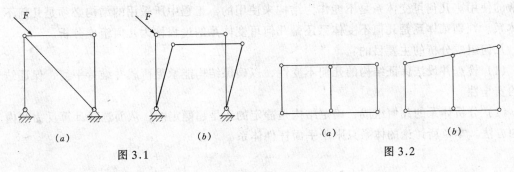

图3.1　　　　　　　　　　图3.2

3. 刚片

进行几何组成分析时,因不考虑材料的应变,所以体系中的任何杆件均可视为刚体,平面的刚体就称为刚片。特别地,体系中已经被判明是几何不变的部分或与体系相连的基础可视为刚片。

4. 约束

在几何组成分析中,任何一个能阻止或影响体系发生变动的装置都称为约束。常见的约束有以下几种类型:

(1)链杆:一个链杆只能阻止体系一个方向的运动,相当于一个简单约束。

(2)单铰:联结两个刚片的铰称为单铰,一个单铰能阻止体系两个方向的运动,相当于两个约束。

（3）两个不共线的链杆：一个单铰的约束作用与两个不共线的链杆的约束作用是等效的，因此，由两个不共线的链杆所构成的约束相当于一个单铰的约束。根据链杆的联结情况又可分为两种：

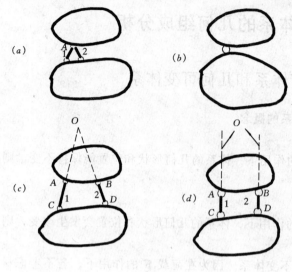

1）两个链杆在其端部铰联于一点后再与刚片相连，如图3.3（a）所示，这种两个链杆相交于一点所构成的铰称为实铰，这种约束作用与单铰的约束情况一样，如图3.3（b）所示。

2）两个链杆无实际的交点，但是在它们的延长线上有交点 O，如图3.3（c）所示。此时，两个链杆共同构成的约束作用等效于在 O 点的一个铰的作用，这种铰称为虚铰或瞬铰。特别地，如图3.3（d）所示，两个链杆在图中瞬时互相平行，可视为虚铰在无穷远处。

图 3.3

（4）刚结点：一个刚结点能阻止体系三个方向的运动，相当于三个约束。固定端支座与此同理。

3.1.2 几何组成分析的目的

在任何种类的荷载作用下，工程结构的整体和局部都必须保持静止状态，否则就不能正常的使用。几何可变体系是不能作为结构来使用的，工程中所采用的结构必须是几何不变体系。判别某体系是几何不变体系还是几何可变体系的过程称为几何组成分析。

几何组成分析的主要目的：

（1）检查并设法保证结构的几何不变性，以确保结构能承受荷载并维持平衡，保证结构的安全性。

（2）分析体系的几何组成，确定结构是静定的还是超静定的，从而选择计算反力和内力的方法。本章所讨论的体系只限于平面杆件体系。

3.2 几何组成分析的基本方法

3.2.1 几何不变体系的基本组成规律

1. 二元体规则

二元体：由两根不共线的链杆（或相当于链杆）连接一个新结点的构造。如图3.4所示的 ABC 部分即可视为二元体。

二元体规则：在某体系下增加或减掉一个二元体，不改变原体系的几何组成性质。

2. 两刚片规则

两刚片用一个铰和一链杆联结，且该铰不在链杆轴线所在的直线上，则整个体系组成几何不变体系且无多余约束。如图3.5所示。

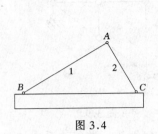

图3.4

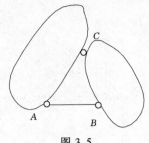

图3.5

思考题 3.1

如果两刚片用一铰和一链杆联结,铰在链杆轴线所在的直线上,那么组成的体系是否仍然为几何不变体系?

推论 两刚片用不汇交于一点也不全平行的三根链杆联结,则整个体系组成几何不变体系且无多余约束,如图3.6所示。

思考题 3.2

如何由二刚片法则得到此推论?

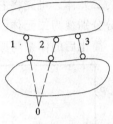

图3.6

3. 三刚片规则

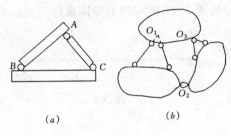

(a)　　　　(b)

图3.7

三刚片两两之间分别用铰(实铰或虚铰)联结,且三个铰不共线,则整个体系组成几何不变体系且无多余约束。如图3.7(a)、(b)所示。

思考题 3.3

若三刚片两两之间分别用铰联结,但是三个铰共线,结果会如何呢?

3.2.2 几何组成分析举例

在对平面杆件体系进行几何组成分析时,主要依据以上的几个规则,一般有以下几种具体方法:

1. 直接观察法:首先观察体系的特点,选择相应的判断规则或者直接判定出某些明显的几何不变部分,已经判明的几何不变部分即可视为刚片。

2. 二元体法:对于复杂的体系,若存在二元体,则可以逐一拆除各二元体,以简化整个体系。

3. 等效代换法:对于曲杆或折杆,可以考虑用直杆等效代换,或者将联系着两个铰的一刚片等效的视为一链杆。

4. 对照法:如果判断出体系的约束数少于几何不变体系组成规则所必需的约束数,则可判断此体系是几何可变体系。反之,若体系的约束数多于几何不变体系组成规则所必需的约束数,则可以判断该体系是几何不变体系,但有多余的约束。

下面举例说明:

【**例3.1**】 对图3.8所示的平面体系进行几何组成分析。

解:通过观察可知,图示体系是用两个链杆将一点和基础相连,且两个链杆的轴线不在同一直线上,根据二元体规则,此体系是几何不变体系且无多余约束。

【**例3.2**】 试分析图3.9所示的平面体系的几何组成性质。

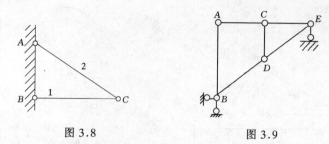

图3.8　　　　　　　　图3.9

解：通过观察发现，如暂不考虑其余部分的几何性质，并将体系中的 AB、AC 部分视为二元体，可先将它拆除，以简化整个体系。同理，将 CD、CE 部分和 ED、链杆 E 部分分别视为二元体，将它们拆除，简化后的体系是一个几何可变体系。根据二元体规则，简化后的体系与原体系的几何组成性质保持一致，故原体系是几何可变体系。

【例3.3】　试分析图3.10所示的平面体系的几何组成性质。

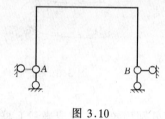

解：首先将折杆 AB 等效视为一刚片，基础也可视为一刚片，根据二刚片规则可知，此体系组成几何不变体系，但有一多余的约束。

图3.10

【例3.4】　试分析图3.11所示的平面体系的几何组成性质。

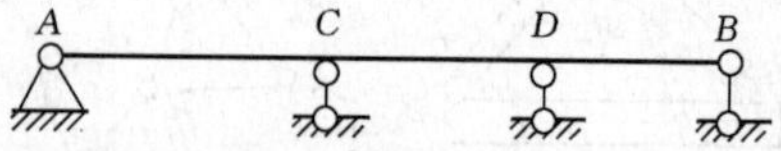

解：将 AB 杆和基础分别视为刚片，对照二刚片规则，可以看出，此体系是有两个多余约束的几何不变体系。

图3.11

思考题3.4

在例题3.4中，哪些约束可以视为多余的约束呢？

3.2.3　几何组成与结构静定性的关系

1. 静定结构与超静定结构的概念

工程实践中，通常有两种基本的结构：静定结构和超静定结构。

从静力平衡的角度而言，若只需要利用静力平衡条件就能计算出结构全部的约束反力及其内力的结构，称为静定结构。若利用静力平衡条件不能计算出结构全部的约束反力及其内力，必须建立补充方程才能求解的结构，称为超静定结构。

2. 结构几何组成与静定性关系

几何不变体系可分为两类：一类是几何不变且无多余约束的体系，这类结构称为静定结构，如图3.12（a）所示；另一类是几何不变但有多余约束的体系，这类结构称为超静定结构，如图3.12（b）所示。因此，从结构的几何组成情况可以判断它是静定结构还是超静定结构，超静定结构的多余约束数量就是超静定结构的超静定次数。

对于静定结构，其任一约束被破坏后，结构便失去其几何不变性，不能再继续承受荷载；对于超静定结构，若其中某些约束遭到破坏，只要结构能保持几何不变性，它仍然具有一定的承载能力，因此，超静定结构具有一定的抵御突然破坏的能力。

需要指出的是，超静定结构中所谓"多余的"约束，是相对于保持结构几何不变性的

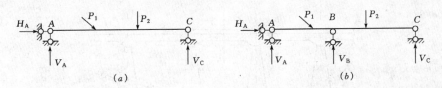

图 3.12

需要而言的,若从工程实际来看,这些"多余的"约束却十分必要,如图 3.12(b)所示的连续梁,它是具有一个多余约束的超静定结构,如果拆除 B 处"多余的"链杆约束,则此连续梁成为图 3.12(a)所示的形式,虽然结构仍为几何不变体系,但此时梁的约束反力、内力和变形等都要发生较大的变化,在某些情况下,有可能导致结构不安全。因此,这种"多余的"约束其作用也是很重要的。

3.3 多跨静定梁受力分析

工程上常将若干根短梁彼此用铰相连,并用若干支座与基础连接组成几何不变的静定结构,它们称为多跨静定梁。这是通过短梁跨过大跨度的一种结构形式,此种结构多用于桥梁。一般来说,多跨静定梁与多个连续的简支梁相比,材料用量少一些,但构造要复杂一些,图 3.13(a)中所示的结构就是一多跨静定梁。为了清楚地看到梁各部分之间的依存关系和力的传递层次,将图 3.13(a)变成图 3.13(b)形式,则称为梁的层次图。由图 3.13(b)可见,连续梁的 AB 部分,由三根不全汇交于同一点、也不全部平行的链杆与基础相连,构成几何不变体系,此部分称为该连续梁的基本部分;其中的 EF 和 IJ 部分,虽然分别与基础构成几何可变体系,但是,在竖向荷载的作用下,可以独立的维持平衡,因此,在这种特殊的情况下,也可以将它们当作是基本部分。其中的 CD 和 GH 部分是支承在基本部分上的,必须依靠基本部分才能维持其几何不变性,称它们为该连续梁的附属部分。图 3.14(a)所示的桥梁使用的也是多跨静定梁的结构,该梁的层次图如图 3.14(b)所示。

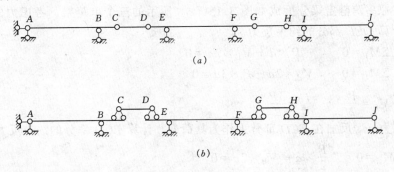

图 3.13

由多跨静定梁的基本部分和附属部分的特点可知,当荷载作用于基本部分时,只有基本部分受力而附属部分不受力;当荷载作用于附属部分时,则不仅附属部分受力,而且由于附属部分是支承在基本部分之上的,荷载的作用一定会通过连接处传给基本部分,使基本部分因附属部分的荷载作用而受力。

因此,多跨静定梁计算的基本顺序是:首先计算附属部分,求出附属部分的约束反力

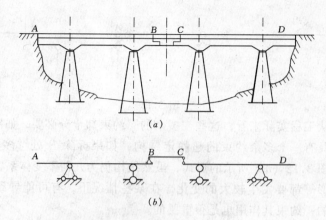

图 3.14

后,再将反力反向加到相应的基本部分上,作为基本部分的荷载,从而计算出基本部分的约束反力。简言之,即"先附属部分,后基本部分"。

思考题 3.5

画层次图时,是先基本部分,后附属部分。那么,对多跨静定梁进行计算时,又是按照什么顺序呢?

一般地,计算多跨静定梁有以下几个步骤:

(1) 分析多跨静定梁的几何组成特点和荷载状况,画出层次图。

(2) 将多跨静定梁分拆成多个单跨梁,根据力的传递顺序,确定首先开始计算的部分。

(3) 依次将已经求出的约束反力反加在相应的基本部分上,作为其荷载,逐次求出全部的约束反力。

【例 3.5】 如图 3.15(a)所示一多跨静定梁,分别求出其在 A、B、C、D、E 各处的约束反力。

解:(1) 画层次图

分析梁各部分的依存关系及荷载特点,可画出如图 3.15(b)所示的层次图。

(2) 将原多跨静定梁分拆成如图 3.15(c)所示的三个单跨梁,考虑力的传递特点,首先开始计算 DEF 部分的约束反力。

由 $\Sigma M_E = 0$ $-P \times a + V_D \times 2a = 0$
$\Sigma M_D = 0$ $V_E \times 2a - P \times 3a = 0$

得 $V_D = \dfrac{P}{2}$ $V_E = \dfrac{3P}{2}$

(3) 将力 V_D 反加在 BCD 部分上作为其荷载,计算 BCD 部分的约束反力。

由 $\Sigma M_C = 0$ $\dfrac{P}{2} \times a - V_B \times 2a = 0$
$\Sigma M_B = 0$ $-V_C \times 2a + \dfrac{P}{2} \times 3a = 0$

得 $V_B = \dfrac{P}{4}$ $V_C = \dfrac{3P}{4}$

(4) 将力 V_B 反加在 AB 部分上作为其荷载,计算 AB 部分的约束反力。

由 $\Sigma M_A = 0$ $-\dfrac{5P}{4} \times a + M_A = 0$

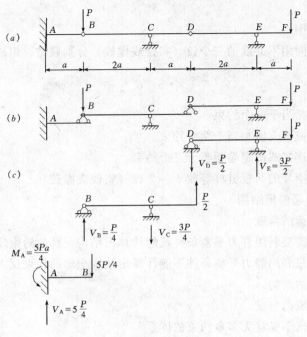

图 3.15

$$\Sigma Y = 0 \qquad V_A - \frac{5P}{4} = 0$$

得 $M_A = \dfrac{5Pa}{4} \qquad V_A = \dfrac{5P}{4}$

小 结

本章主要讨论结构的几何组成规律及静定结构与超静定结构与体系几何组成的关系。

1．几何组成分析的目的

(1) 检查并设法保证结构的几何不变性，以确保结构能承受荷载并维持平衡，保证结构的安全性。

(2) 分析体系的几何组成，确定结构是静定的还是超静定的，从而选择计算反力和内力的方法。

2．几何不变体系和几何可变体系的概念

(1) 几何不变体系：若不考虑材料的应变，在任意荷载的作用下，体系的几何形状和位置能保持不变，则该体系称为几何不变体系。

(2) 几何可变体系：若不考虑材料的应变，在任意荷载的作用下，体系的几何形状和位置会发生改变，则该体系称为几何可变体系。

3．几何不变体系的基本组成规律

(1) 二元体规则

在原体系下增加或减掉一个二元体，不改变原体系的几何组成性质。

(2) 两刚片规则

两刚片用不在一条直线上的一铰和一链杆联结，组成几何不变体系且无多余约束。

推论　两刚片用不汇交于一点也不全平行的三根链杆联结，组成几何不变体系且无多余约束。

(3) 三刚片规则

三刚片两两之间用不共线的三个铰（实铰或虚铰）分别联结，组成几何不变体系且无多余约束。

4．约束

(1) 一个链杆相当于一个约束。

(2) 一个单铰或铰支座相当于两个约束。

(3) 一个刚性连接或固定端相当于三个约束。

(4) 连接两个刚片的两根链杆等效于一个铰（实铰或虚铰）。

5．静定结构与超静定结构

(1) 从静力平衡的角度

静定结构：只需要利用静力平衡条件就能计算出结构全部的约束反力和内力的结构。

超静定结构：只利用静力平衡条件不能计算出结构全部的约束反力和内力，必须建立补充方程才能求解的结构。

(2) 从几何组成的角度

静定结构：几何不变且无多余约束的体系

超静定结构：几何不变但有多余约束的体系，结构的多余约束数量是超静定结构的超静定次数。

6．平面杆系的分类

$$体系\begin{cases}几何不变\begin{cases}无多余约束\rightarrow 静定结构\\有多余约束\rightarrow 超静定结构\end{cases}\\几何可变\begin{cases}常变体系\\瞬变体系\end{cases}\end{cases}$$

7．静定多跨梁的受力分析

静定多跨梁按照其几何组成的特点和荷载的状况，分为基本部分和附属部分，这两个部分的依存关系可以通过层次图反映。

静定多跨梁计算的基本顺序是：先计算附属部分，求出附属部分的约束反力后，再反向加到相应的基本部分上，作为其荷载计算出基本部分的约束反力。

习　题

3.1　试对图中所示的平面体系进行几何组成分析。

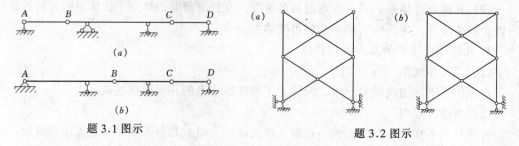

题3.1图示

题3.2图示

3.2　试对图中所示的平面体系进行几何组成分析。

3.3 试对图中所示的平面体系进行几何组成分析。

3.4 试对图中所示的平面体系进行几何组成分析。

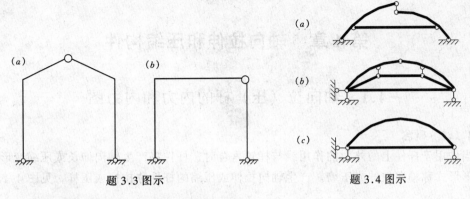

题 3.3 图示　　　　　　　　题 3.4 图示

3.5 试对图中所示的平面体系进行几何组成分析。

3.6 判断图中所示的平面体系是静定结构还是超静定结构，并指出超静定结构的超静定次数。

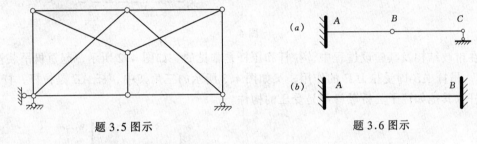

题 3.5 图示　　　　　　　　题 3.6 图示

3.7 画出图中所示多跨静定梁的层次图。

3.8 如图所示的静定多跨梁，分别求出该梁在 A、B、C、D、E 各处的约束反力。

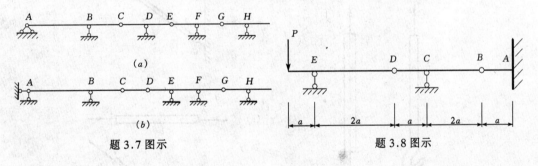

题 3.7 图示　　　　　　　　题 3.8 图示

45

第4章 轴向拉伸和压缩构件

4.1 轴向拉(压)杆的内力和内力图

4.1.1 概念

当作用于杆件上的外力的作用线与杆轴重合时,杆件将产生轴向伸长或压缩变形,这种变形形式称轴向拉伸或压缩。产生轴向拉伸或压缩的杆件称拉杆或压杆,见图 4.1。

图 4.1

在市政结构及其建设过程中,拉杆和压杆是常见的。如图 4.2 所示,起重机吊装重物 W 时,吊杆 AB 即受拉力 P 的作用;又如图 4.3 所示的三角架中,杆 AB 是拉杆,杆 BC 是压杆。其他如柱子、桥墩等都是受压的构件。

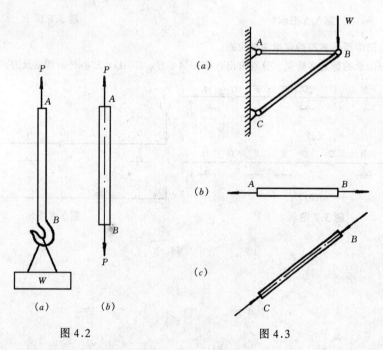

图 4.2　　　　图 4.3

4.1.2 截面法计算拉(压)杆的内力

用手拉一根橡皮条的时候,可以看到橡皮条被拉长了,同时感到橡皮条也拉我们的手。橡皮条拉手的力,是在反抗手把它拉长。这种反抗拉长的力是怎样产生的呢?这是因为拉长橡皮的时候,橡皮内各质点之间的相对位置发生了变化,这时质点间产生一种相互作用力，企图保持质点间的原有距离和联系。这种在外力作用下产生的质点之间的相互作用力，就是内力。如果想把橡皮条拉得更长一些，所用的力就要更大一些，橡皮拉手的力也相应增大；当手的拉力完全放松的时候，橡皮拉手的力也完全消失。可见，内力是由外力引起的，它随着外力的改变而改变。但是内力不能随着外力无限地增大，当外力增大到杆件不能承受时，杆件将被拉断。工程上，为了保证受拉（压）杆不致被拉断，必须先计算出杆件的内力。

为了计算内力，通常采用截面法。现以图4.4所示拉杆为例说明。为了确定杆件横截面（横截面是垂直于杆件轴线的截面）简称截面，或称正截面 $m-m$ 上的内力，首先将杆沿截面 $m-m$ 截开，取左段作为研究对象，则右

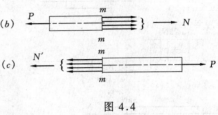

图 4.4

段对左段杆的作用力 N 就暴露出来了，其受力图如（b）。（也可取右段作为研究对象）。由平衡条件 $\Sigma x=0$，可知截面上的内力必是与轴线相重合的一个力 N，这个与轴线相重合的内力称为轴力。根据杆件截断前是平衡的条件知道，截断后也应是平衡的，右部分对它的作用由 N 代替。

由　　　　　$\Sigma x=0$　　$N-P=0$
$$N=P$$

若取右段为研究对象如图（c），则可得
$$\Sigma x=0 \quad P-N'=0$$
$$N'=P$$

其实 N 与 N' 是一对作用力与反作用力，其数值必然相等。

4.1.3　内（轴）力图

一根杆在几个轴线方向的外力作用下处于平衡，此时各个截面上的内力是不同的。为了形象地表示轴力沿杆轴的变化情况，我们用平行于杆轴线的坐标表示横截面的位置，用垂直于杆轴线的坐标表示横截面上轴力的数值，这种横截面位置与该横截面轴力一一对应的关系的图线叫做轴力图。

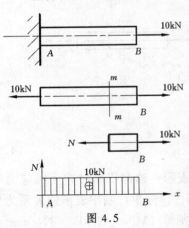

图 4.5

【例 4.1】　试绘图 4.5 所示杆件的轴力图。

解：（1）计算轴力

由杆受力后的平衡可知，固定端 A 支座的反力也是 10kN，其方向与 B 端作用力相反，二力形成一对平衡力。用假想截面 $m-m$ 将杆截开，取右段为研究对象，截面上的轴力用 N 表示，并设为拉力。

由平衡条件　$\Sigma x=0$　得：
$$10-N=0 \quad 则 N=10\text{kN}$$

（2）作轴力图

用平行于杆件轴线的 x 轴为横坐标，垂直于杆轴线的 N 轴为纵坐标，按比例将轴力

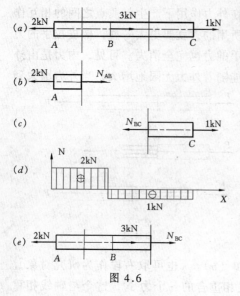

图 4.6

标在坐标系中,并标出"+"、"-"符号,就完成了轴力图的绘制。

【例 4.2】 杆件受力如图 4.6 所示,试绘其轴力图。

解:(1) 计算各段杆轴力(相邻两个力之间的各截面内力相同)。

AB 段:由 $\Sigma x = 0$ $-2 + N_{AB} = 0$

得:$N_{AB} = 2\text{kN}$

BC 段:$\Sigma x = 0$ $-N_{BC} - 1 = 0$

$N_{BC} = -1\text{kN}$(压力)

(2) 绘轴力图如图 (d)。

另外,求 N_{BC} 也可按图 (e) 计算。

由 $\Sigma x = 0$ $N_{BC} + 3 - 2 = 0$

$N_{BC} = -1\text{kN}$(压力)

其结果是一致的。

4.2 拉(压)杆的截面应力

4.2.1 横截面上的应力(图 4.7)

通过截面法可求出内力,但内力大小还不能作为判断杆件会不会破坏的根据。例如用同样大小的力去拉同样材质的绳子,其内力相同,但细绳比粗绳容易断。这说明杆件是否破坏不仅与内力大小有关,而且还与杆件横截面的大小有关。因为细绳中单位面积上的内力较大,所以容易被拉断,我们称单位面积上的内力叫做应力。当应力与截面垂直时称为正应力或叫法向应力,以"σ"表示(希腊字母,读做"西格马"),若其应力与截面相切时称为剪应力。以"τ"表示(希腊字母,读做"陶")。如果用 N 表示杆件的内力,A 表示(横)截面面积,轴向拉伸(压缩)时横截面上的正应力均匀分布,则横截面上的正应力可表示为:

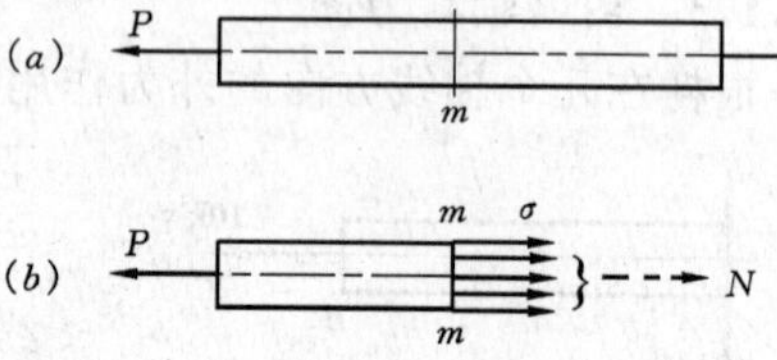

图 4.7

$$\sigma = \frac{N}{A} \tag{4.1}$$

轴向拉伸时产生的应力叫"拉应力",用"+"号表示;轴向压缩时产生的应力叫"压应力",用"-"号表示。应力的单位为帕斯卡(Pa),国际单位制中表示的关系为牛顿/米^2,$1\text{N/m}^2 = 1\text{Pa}$,因为帕的单位太小,常用单位为兆帕(MPa),$1\text{MPa} = 1\text{N/mm}^2 = 10^6\text{Pa}$。有时也用吉帕(GPa),$1\text{GPa} = 10^9\text{Pa} = 10^3\text{MPa}$。

【例 4.3】 图 4.8 为一混凝土柱,下柱为圆形截面,直径 $D = 400\text{mm}$,上柱为方形截面,边长 $a = 200\text{mm}$,受力如图。试求出各段的轴力,并计算各段的正应力。

解:外力 P_1 和 P_2 作用线与柱的轴线重合,故柱的 AB 段和 BC 段均为轴向压缩杆

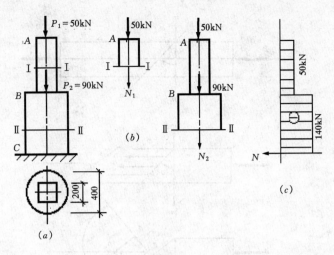

图 4.8

件。

(1) 求轴力

用截面 I—I 及 II—II 分别将柱在 AB 及 BC 段内截开,取上部分为研究对象,画出受力图 [图 4.8 (b)]。

列平衡方程:

AB 段:$\Sigma x = 0 \quad -50 - N_1 = 0 \quad N_1 = -50\text{kN}$(压)

BC 段:$\Sigma x = 0 \quad -50 - 90 - N_2 = 0 \quad N_2 = -140\text{kN}$(压)

(2) 画轴力图如图 4.8 (c)

(3) 求应力

AB 段 截面面积 $A_1 = 200 \times 200 = 4 \times 10^4 \text{mm}^2 = 4 \times 10^{-2} \text{m}^2$

$$\sigma_1 = \frac{N_1}{A_1} = \frac{-50 \times 10^3}{4 \times 10^{-2}} = -1.25 \times 10^6 \text{Pa}（压）= -1.25\text{MPa}$$

BC 段 截面面积 $A_2 = \pi \times D^2/4 = 3.14 \times 400^2/4 = 125600\text{mm}^2$

$$\sigma_2 = \frac{N_2}{A_2} = \frac{-140 \times 10^3}{1256 \times 10^2} = -1.11\text{MPa}（压）$$

4.2.2 拉（压）杆斜截面上的应力

为了全面了解杆件的应力情况,还必须进一步研究斜截面上的应力。如图 4.9 所示杆,设想沿 $n-n$ 截面截开,研究下段的平衡,由 $\Sigma Y = 0$ 得:

$$p_\alpha \cdot A_\alpha - P = 0 \qquad p_\alpha = \frac{P}{A_\alpha}$$

将 $A_\alpha = A \cdot \frac{1}{\cos\alpha}$ 代入上式可得:

$$p_\alpha = \frac{P}{A/\cos\alpha} = \frac{P}{A}\cos\alpha = \sigma \cdot \cos\alpha$$

将 p_α 分解成正应力及剪应力,用 σ_α 及 τ_α 表示。

$$\tau_\alpha = P_\alpha \cdot \sin\alpha = \sigma \cdot \cos\alpha \cdot \sin\alpha = \frac{\sigma}{2}\sin 2\alpha$$

上两式表达了各斜截面上的正应力和剪应力随 α 角而改变的规律。

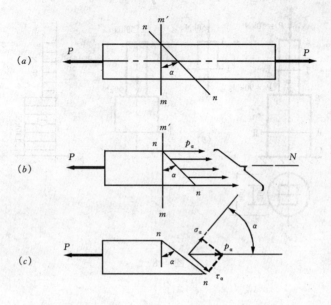

图 4.9

通过上述两式可求出通过杆内任一点所有各截面上的正应力 σ_α 和剪应力 τ_α 最大值及其所在截面的方位(上述公式对于非轴向拉伸与压缩时不适用)。

(1) 当 $\alpha=0$，$\tau_\alpha=0$，σ_α 为最大值，即最大正应力发生在横截面上。我们将最大正应力称为主应力。钢筋混凝土构件在最大主拉应力方向上应设置主筋。

(2) 当 $\alpha=45°$ 时，τ_α 为最大值，即最大剪应力发生在与横截面成 45°的斜面上，所以轴向拉（压）构件在与横截面成 45°的斜面上产生裂纹。

4.3 拉（压）杆的变形虎克定律

4.3.1 变形的概念

杆在轴向力作用下，会产生杆轴方向的伸长或缩短，称为纵向变形；如图 4.10 所示。

1. 变形量

杆的轴向变形量，习惯称为纵向绝对变形量，用 Δl 表示。

由图 4.10 可知 $\qquad \Delta l = l_1 - l$

杆的横向绝对变形量为 $\qquad \Delta d = d_1 - d$

纵向绝对变形和横向绝对变形用代数量表示：

正值为伸长（或扩大），负值为缩短（或缩小）。

2. 应变

一根杆的绝对变形量与其原始长度有关，为了消除原始长度的影响，我们采用单位长度的变形量反映变形的程度，称为线应变。

纵向线应变 $\qquad \varepsilon = \dfrac{\Delta l}{l}$

横向线应变 $\qquad \varepsilon' = \dfrac{\Delta d}{l}$

3. 横向变形系数（泊松比）

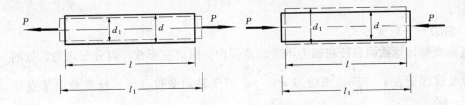

图 4.10

实验证明，当杆内的正应力没有超过某一限度（比例极限）时，横向线应变的绝对值与纵向线应变的绝对值之比为一常数，此比值称为横向变形系数，或称泊松比，用 μ 表示。

$$\mu = \left|\frac{\varepsilon'}{\varepsilon}\right|$$

μ 是无量纲量，其值由试验测定。不同材料的 μ 值不同，如低碳钢 μ 在 $0.25\sim0.33$ 之间。

4.3.2 虎克定律及其三种表现形式

杆件承受荷载，产生内力和变形。力与变形在大小及方向两个方面都存在一致的关系。习惯上我们把力和变形成正比的关系称为虎克定律。轴向拉伸（压缩）的虎克定律表现为如下三种形式：

1. 外力——变形形式

图 4.11 所示轴向拉（压）杆，试验证明，在应力不超过某一限度（比例极限）时，杆的纵向变形与杆受轴向外力 P 成正比，与杆的长度成正比，与横截面面积成反比。即

$$\Delta L \infty \frac{P \cdot L}{A}$$

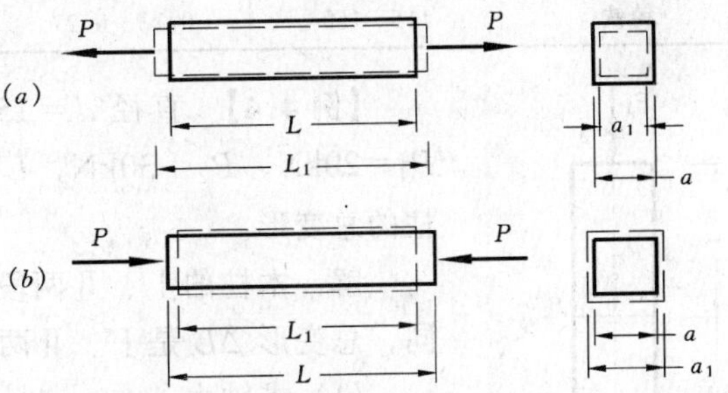

引进比例常数 E，得到

$$\Delta L = \frac{pL}{EA} \tag{4.2}$$

图 4.11

式（4.2）中，当 P 为拉力时，变形 ΔL 为正，P 为压力时，变形 ΔL 为负。

2. 内力——变形形式

图 4.12 所示轴向拉（压）杆受多个外力作用，横截面面积各段也不完全相同，此时各段杆因外力而引起的内（轴）力也不相同，更不会简单地等于两端外力，故再用式（4.2）计算是不适合的，必须分段计算，并用各段轴力（轴向内力）代替式（4.2）中的 P 值。如图 4.12 中，BC 段轴向变形量的计算公式应为：

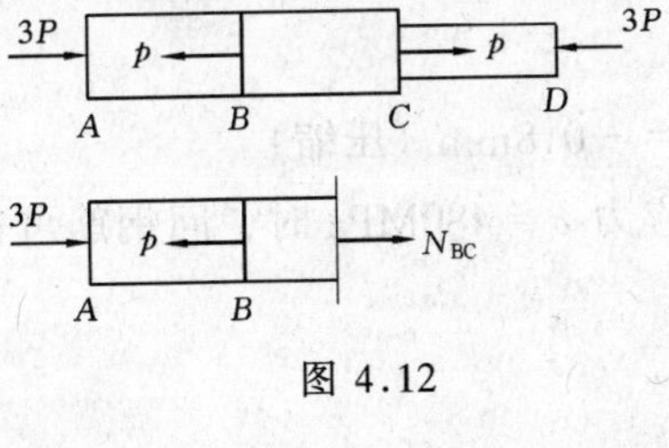

$$\Delta L = \frac{N_{BC} \cdot L_{BC}}{E \cdot A_{BC}}$$

写成普遍形式为：
$$\Delta L = \frac{N \cdot L}{E \cdot A} \tag{4.3}$$

图 4.12

式中正值轴力 N（拉力）对应正值纵向变形（伸长），负值轴力（压力）对应负值纵向变形（缩

短)。

3. 应力——应变形式

实验表明,等截面直杆在轴力不变的范围内,纵向变形在杆内分布均匀,故同一横截面各点处线应变为 $\varepsilon = \dfrac{\Delta L}{L}$,正应力 $\sigma = \dfrac{N}{A}$,对于轴向受拉(压)杆横截面某点处,将公式 $\Delta L = \dfrac{NL}{EA}$ 变换后得

$$\dfrac{\Delta L}{L} = \dfrac{N}{E \cdot A} \qquad \varepsilon = \dfrac{\sigma}{E}$$
$$\sigma = E\varepsilon \tag{4.4}$$

式(4.4)表明,在弹性范围内,应力与应变成正比。

4.3.3 弹性模量及拉(压)杆的变形计算

虎克定律中比例常数 E 称为弹性模量。不同的材料其 E 值不同,由试验测定。表 4.1 列出了几种材料的弹性模量和泊松比值。

几种材料的 E、μ 值　　　　　表 4.1

材料名称	弹性模量 E(GPa)	泊松比 μ	材料名称	弹性模量 E(GPa)	泊松比 μ
碳钢	200~220	0.25~0.33	混凝土	14.6~36	0.16~0.42
含锰钢	200~220	0.25~0.33	木材(顺纹)	10~12	
铸铁	115~160	0.23~0.27			

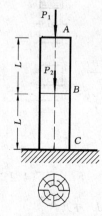

图 4.13

【**例 4.4**】 直径 $d=15$cm 的木柱承受轴向压力(图 4.13),已知 $P_1=20$kN,$P_2=30$kN,$L=2$m。木材的弹性模量 $E=10$GPa,求木柱的总变形。

解:木柱的Ⅰ、Ⅱ两段的轴力不同,因此,在这两段内的变形不同,总变形 ΔL 是Ⅰ、Ⅱ两段变形之和。

(1)求轴力

$$N_1 = P_1 = -20\text{kN} \quad (\text{压})$$
$$N_2 = -P_1 - P_2 = -50\text{kN}(\text{压})$$

(2)求总变形 ΔL

$$A = \dfrac{\pi}{4}d^2 = \dfrac{\pi \times 15^2}{4} = 176.7\text{cm}^2$$

$$\Delta L_{AB} = \dfrac{N_1 L}{E \cdot A} = -\dfrac{20 \times 10^3 \times 2}{10 \times 10^9 \times 176.7 \times 10^{-4}}$$
$$= -0.23 \times 10^{-3}\text{m} = -0.23\text{mm}$$

$$\Delta L_{BC} = \dfrac{N_2 L}{E \cdot A} = -\dfrac{50 \times 10^3 \times 2}{10 \times 10^9 \times 176.7 \times 10^{-4}}$$
$$= -5.7 \times 10^{-4}\text{m} = -0.57\text{mm}$$

$$\Delta L = \Delta L_{AB} + \Delta L_{BC} = -0.23 + (-0.57) = -0.8\text{mm}(\text{压缩})$$

【**例 4.5**】 冷拉长为 15m 的 HRB400 钢筋,当控制应力 $\sigma = 480$MPa 时,问钢筋可伸长多少?(已知 $E=200$GPa)。

解:根据虎克定律

$$\sigma = E \cdot \varepsilon$$

得：
$$\varepsilon = \frac{\sigma}{E}$$

又因
$$\varepsilon = \frac{\Delta L}{L}$$

则：
$$\Delta L = L \cdot \varepsilon = L \cdot \frac{\sigma}{E}$$

$$\Delta L = L \cdot \frac{\sigma}{E} = 15 \times 10^3 \times \frac{480}{200 \times 10^3} = 36 \text{mm}$$

4.4 材料在拉伸及压缩时的力学性质

在进行强度（构件抵抗破坏的能力称为强度。构件在外力作用下不发生破坏，构件能承受的力越大被视为强度越高）计算时，需要知道材料的极限应力 σ_0，在应用虎克定律进行变形计算时，要知道材料的弹性（外力去除后能恢复的变形叫做弹性变形，这种性质称为弹性）范围和弹性模量 E。这些反映材料力学性质的数据，是通过实验测定的。材料的力学性质，主要取决于材料的内因，另外还与某些外因有关，例如温度，加速度等。本节将讨论材料在常温静载情况下的力学性质。

4.4.1 拉伸试验

拉伸试验是在万能试验机上进行的。试验采用标准试件，如图 4.14 所示。试件的中间段是工作长度 L，称为标距。通常规定圆形截面试件标距 L 与直径 d 的比例为 $L = 5d$ 或 $L = 10d$，矩形截面试件标距与截面面积的比例为 $L = 5.65\sqrt{A}$ 或 $L = 11.3\sqrt{A}$。

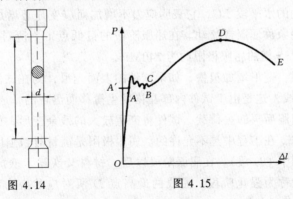

图 4.14　　　　图 4.15

1. 低碳钢的拉伸试验

以低碳钢为例来讨论低碳钢的力学性质。将低碳钢的标准试件，夹在万能试验机的两个夹头上，缓慢加载，直到拉断。在试件拉伸的全过程中，自动绘图仪将每瞬间的拉力 P 和试件的绝对伸长 ΔL 记录下来，以拉力 P 为纵坐标，以 ΔL 为横坐标，将 P 与 ΔL 关系按一定比例绘制成曲线，这样的曲线叫拉伸图。图 4.15 是 HRB235 钢的拉伸图。

拉伸图反映了试件在拉伸的全过程中，拉力与绝对伸长的关系。但它并不能说明材料的力学性质，因为拉伸图受试件直径，长度的影响，同样材料的不同粗细和长短的试件，所得的拉伸图将有量的差别。为了消除试件尺寸的影响，将拉伸图的纵坐标拉力 P 除以试件的原始截面面积 A，得到应力 σ；将拉伸图的横坐标伸长量 ΔL 除以试件标距 L，得线应变 ε。这样绘成的曲线称为应力-应变曲线（$\sigma—\varepsilon$ 曲线）。它反映材料的力学性质，

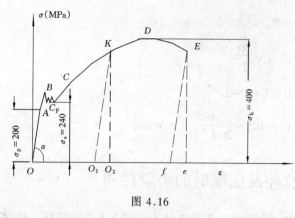

图 4.16

HRB235 钢 σ-ε 图如图 4.16 所示。其形状与拉伸图相似，σ-ε 图排除了试件尺寸的影响。

在 HRB235 钢的 σ-ε 图上，应力与应变的关系变化发展比较复杂。按照曲线的变化规律，可以分为四个阶段（图 4.16）。

弹性阶段（图中的 OA 段）。在这个阶段中的材料是弹性的，在拉力去掉后，试件将恢复原始长度。因此，称这一阶段为弹性阶段。在 OA 范围内应力与应变成正比，材料服从虎克定律，A 点是应力与应变成正比的最高点，与 A 点对应的应力称比例极限，以 σ_p 表示。低碳钢的比例极限约为 200MPa，试验表明，低碳钢的弹性极限比比例极限还要稍大一点，当应力稍稍超过比例极限时，虽然应力与应变不再保持比例关系，但是外力去掉后，变形仍能完全消除，此点的应力称为弹性极限。由于弹性范围很难准确测定，同时又与比例极限接近，因此在工程中近似地把弹性极限当作比例极限。

图中直线 OA 与横坐标 ε 间的夹角为 α，材料的弹性模量 E 可用夹角的正切来表示，即

$$E = \frac{\sigma}{\varepsilon} = \text{tg}\alpha \tag{4.5}$$

屈服阶段（图中的 BC 段）。应力应变图超过 A 点之后，曲线逐渐变弯，到 B 点后出现一段有微小抖动的水平段 BC，它表明应力不增加而应变显著增加，材料丧失了抵抗变形的能力。这种现象称屈服或流动。在屈服阶段的最低点 $C_下$ 所对应的应力称屈服极限，用 σ_s 表示。HRB235 钢的屈服极限约为 240MPa。

当试件屈服时，变形增加很快，如果试件的表面光滑，则在试件表面可以看到大约与试件轴线成 45°斜线，这是由于试件内部晶格发生滑移而出现的，通常称为滑移线。

在应力达到屈服后再卸去荷载，试件将产生较大的残余变形，如此大的残余变形将影响构件的正常工作，在工程中是不允许的。屈服极限是衡量材料强度的重要指标。

强化阶段（图中 CD 段）。在屈服阶段以后，材料又恢复了抵抗变形的能力，曲线缓慢上升，这一阶段称为强化阶段，曲线的最高点 D 所对应的应力称强度极限，以 σ_b 表示。HRB235 钢的强度极限约为 400MPa。

颈缩阶段（图中 DE 段）。在应力达到强度极限时，试件内某一较弱部分的横截面面积显著减小，收缩成"颈"，出现所谓"颈缩"现象。在这之间，在整个试件工作长度内应变是均匀分布的，一旦开始颈缩后，应变集中在颈缩部位产生。"颈缩"部分的横截面急剧减小，试件最后被拉断。

在试件将要被拉断的瞬间，它的总应变达到最大值（图中横坐标 oe）。试件断裂后，所施加的拉力消除，试件总应变中的弹性部分消失（即图中 fe 段），塑性应变（of 段）残留在试件上。

试件断裂后所残留的塑性变形的大小，常用来衡量材料的塑性。塑性指标一般有以下两个：

(1) 伸长率 δ：以试件断裂后的相对伸长率来表示，即

$$\delta = \frac{L_1 - L}{L} \times 100\% \tag{4.6}$$

式中 L 为试件原始标距长度，L_1 为试件断裂后对接的标距长度。

当 $L = 5d$ 时，伸长率记为 δ_5；当 $L = 10d$ 时，伸长率记为 δ_{10}。

(2) 截面收缩率 ψ：以试件断裂后横截面面积的相对收缩率表示，即：

$$\psi = \frac{A - A_1}{A} \times 100\% \tag{4.7}$$

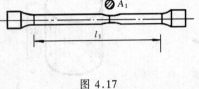

图 4.17

式中 A 为试件的原始横截面面积，A_1 为断裂后"颈缩"处的横截面面积（图 4.17）。HRB235 钢的 δ_{10} 约为 20%～30%，ψ 约为 60%～70%。

工程中常按伸长率的大小将材料分为两类。低碳钢，中碳钢、铜、铝等，材料的伸长率较大，称为塑性材料；低碳钢受拉时的力学性质，说明了塑性材料受拉时的力学性质。铸铁砖、石、混凝土以及普通玻璃等材料，变形很小时就断裂，称脆性材料。工程上将伸长率 $\delta > 5\%$ 的叫做塑性材料，$\delta < 5\%$ 的叫脆性材料。

在 HRB235 钢的拉伸试验中，当应力超过屈服极限，例如达到图 4.16 中的 K 点时，若将试件上的拉力逐渐卸去，则卸载时应力与应变遵循直线关系，且卸载直线 KO_1 与弹性范围内的 OA 直线基本平行。对应于 K 点试件的应变是两个部分：O_1O_2 段是能够消失的弹性应变；OO_1 段是不能消失的塑性应变。

如果卸载后立即再加荷载，则应力与应变之间将基本上遵循卸载时的同一直线 O_1K 的关系，直到 K 点对应的应力时为止，再增加荷载则遵循原来的 KDE 曲线直到断裂。比较曲线 $OABDE$ 与 O_1KDE 可以看到，卸载后再加载，材料的比例极限和屈服极限都将提高，而材料的塑性下降。这种不经热处理，只是预先拉伸到超过屈服极限，然后卸载而使材料强度提高的方法叫冷作硬化。在工程上常利用冷作硬化将钢筋预拉，提高钢筋的屈服极限，以达到节约钢材的目的。采用冷拉工艺一般可节约钢材 10%～20%。

钢筋冷拉塑性下降，即脆性增加。这对于承受冲击荷载和振动荷载的构件是使不得的。因此，对于水泵基础，吊车梁等钢筋混凝土构件，一般不宜采用冷拉钢筋。还必须注意，在受压构件中，严禁使用冷拉钢筋。

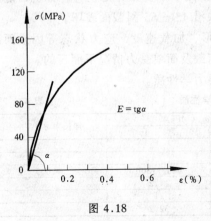

图 4.18

2. 脆性材料拉伸时的力学性质

铸铁是典型的脆性材料，以其为例，说明脆性材料的力学性质。

铸铁在工程中应用也很广泛，它的应力——应变图如图 4.18 所示，图中无明显的直线部分，这表明应力和应变不符合虎克定律。在应力较小范围内的一段曲线很接近直线，故通常取应力-应变图的割线（图中直线）来作为此曲线开始部分的直线，从而确定其弹性模量。从图中还可以看到，灰口铸铁的伸长率很小，也就是在变形很小时就突然破坏

——断裂,我们把这种伸长率小的材料称为脆性材料。衡量脆性材料强度的惟一指标是强度极限 σ_b,一般脆性材料的强度都较低。

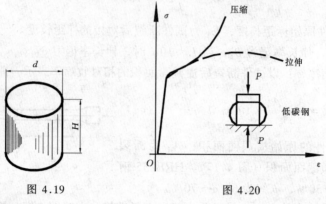

图 4.19　　　　　　　　图 4.20

4.4.2 压缩试验

金属材料压缩试验用的试件通常是短圆柱体(图 4.19),其高度 H 与直径 d 之比为 1~3。

1. 塑性材料的压缩试验

以典型的塑性材料 HPB235 钢为例,得其压缩时应力——应变图如 4.20,并与 HPB235 钢在拉伸时的应力——应变图进行比较。可以看出,在屈服极限以前,两曲线重合,即 HPB235 钢在压缩时的比例极限,屈服极限和弹性模量都和拉伸时相同。但在屈服以后,两条曲线不同。受压的试件越压越扁,压力增加,其受压面积也增加,同时由于上、下接触面摩擦,使试件变成鼓形,一直压到很薄也不破坏。因此无法测定其强度极限。

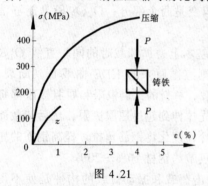

图 4.21

2. 脆性材料的压缩试验

以铸铁为例,说明脆性材料在压缩时的力学性质(图 4.21)。

从铸铁压缩时的 σ-ε 曲线可以看出,铸铁在压缩时的 σ-ε 曲线图中也无明显的直线部分。因此,它只是近似地服从虎克定律。此外,也不存在屈服极限,但可以测定其强度极限 σ_b,抗压强度极限比抗拉强度极限大很多,约高 2~4 倍。铸铁多用于承受压力的构件,如机器底座等。铸铁压缩时,随着压力的增加,略呈鼓形,很快沿 45°~55°斜截面破坏。

材料的塑性或脆性不是绝对的,可随温度、变形、加载速度、应力状态等因素而改变。以上所说的塑性材料或脆性材料是在常温、静荷载及简单受力情况下而言的。

表 4.2 列出几种常用材料在拉伸和压缩时的主要力学性质。

几种常用材料的主要力学性质　　　　表 4.2

材料名称	屈服极限（MPa）	强度极限 σ_b（MPa）		伸长率 δ（5%）
		受拉	受压	
低碳钢	220~240	370~460		25~27
16Mn 钢	280~340	470~510		19~21
灰口铸铁		98~390	640~1300	<0.5
混凝土 C20		1.6	14.2	
混凝土 C30		2.1	21	
红松（顺纹）		96	32.2	

4.4.3 安全系数·许用应力

材料的许用应力由材料的极限应力 σ_0 除以安全系数 K 而得

$$[\sigma] = \frac{\sigma_0}{K} \tag{4.8}$$

对于塑性材料 $[\sigma] = \dfrac{\sigma_s}{K_s}$ $K_s = 1.4 \sim 1.7$

对于脆性材料 $[\sigma] = \dfrac{\sigma_b}{K_b}$ $K_b = 2.5 \sim 3.0$

安全系数的选择包括两方面的考虑：

1. 对主观认识与客观实际的差异进行补偿
(1) 实际材料的极限应力可能低于试验的统计平均值；
(2) 横截面的实际尺寸可能小于规格尺寸；
(3) 实际荷载可能超过标准荷载；
(4) 计算简图忽略了实际结构的次要因素。

2. 建立必要的安全储备

构件在使用期内可能遇到意外的事故或其他不利的工作条件，需要根据构件的重要性以及事故后果的严重性，以安全系数的形式建立必要的安全储备。

4.5 拉（压）杆的强度计算

为了使杆件能安全工作，不仅不能让它的应力达到材料的极限应力，而且还要留有相当的安全储备。所以设计时，容许构件能达到的最大应力就是许用应力 $[\sigma]$。但在计算中尽可能使杆件的最大工作应力（产生最大工作应力的截面叫危险截面）接近材料的许用应力，写成数学表达式为：

$$\sigma = \frac{N}{A} \leqslant [\sigma] \tag{4.9}$$

这就是拉伸（压缩）时的强度条件。根据强度条件，可用于解决校核杆件的强度；确定杆件能承受的最大荷载；计算杆件的截面尺寸等三方面的问题。

4.5.1 校核杆件的强度

当杆件截面面积，材料的许用应力以及作用在杆件上的荷载均是已知的情况时，用强度条件可以检查构件是否安全可靠。

【例 4.5】 图 4.22 所示起重机吊钩由 HPB235 钢锻制而成，许用应力 $[\sigma] = 45$ MPa，吊钩螺纹部分受轴向拉力 $P = 33$kN 作用。吊钩螺纹的内径 $d_1 = 30.8$mm，试校核吊钩的强度。

解：(1) 计算危险截面内力与外力的关系，螺纹部分直径为 d_1 的圆截面为危险截面。
根据 $\Sigma Y = 0$ 得 $N = P$
(2) 校核强度

$$\sigma = \frac{N}{A} = \frac{33 \times 10^3 \text{N}}{\pi/4 \times 30.8^2 \text{mm}^2} = 44.4 \text{MPa} < [\sigma]$$

危险截面（螺纹部分）强度满足，其他截面一定满足，故只需校核危险截面强度。

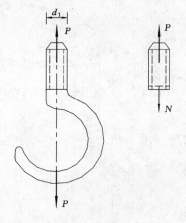

图 4.22

即吊钩的强度足够。

4.5.2 计算最大荷载（许用荷载）

如果杆件截面面积和材料的许用应力都已知，可根据强度条件确定杆件所能承受的最大荷载。一般将强度条件改写为

$$[N] \leqslant [\sigma] \cdot A$$

或 $[N]_{max} = [\sigma] \cdot A$

再由轴力和荷载的关系计算出杆件允许承受的最大荷载（通常用 $[P]$ 表示）。

【例 4.6】 图 4.23 所示结构中，BC 和 AC 都是圆截面直杆，直径均为 $d=20mm$，材料的许用应力，$[\sigma]=160MPa$，求结构的许可荷载 P 值。

解：（1）计算各杆轴力

取结点 c 为研究对象（图 4.23b）

由平衡条件

$$\Sigma X = 0 \quad N_{BC}\sin30° - N_{AC}\sin30° = 0$$

$$N_{BC} = N_{AC}$$

$$\Sigma Y = 0 \quad N_{BC}\cos30° + N_{AC}\cos30° - P = 0$$

$$2N_{BC} \cdot \frac{\sqrt{3}}{2} - P = 0$$

$$\sqrt{3}N_{BC} = P$$

（2）计算许可荷载

由于 AC，BC 两杆材料和截面面积相同，所以任选其中一杆的强度条件来设计许可荷载 P。

由强度条件 $\sigma_{BC} = \dfrac{N_{BC}}{A_{BC}} \leqslant \sigma$

按 $N_{BC} = [\sigma] \cdot A_{BC}$ 计算

故结构的许可荷载：

$$P = \sqrt{3} \cdot N_{BC} = \sqrt{3} \cdot [\sigma] \cdot A_{BC}$$

$$= \sqrt{3} \times 160 \times \frac{\pi}{4} \times 20^2$$

$$= 87015.6N = 87.015kN$$

讨论：如果 AC 杆与纵向夹角不是 30°，而是 45°呢？怎样确定 P 力大小？留待读者思考。

4.5.3 计算杆件的截面尺寸

已知杆件承受的荷载和材料的许用应力，可根据强度条件的另一形式 $A \geqslant N/[\sigma]$，求出杆件的横截面积，进而计算出杆件的截面尺寸，或根据型钢表（见附录表1）选择型钢号码。

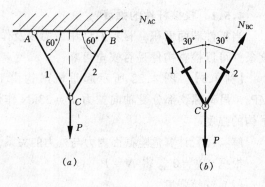

图 4.23

【例 4.7】 图 4.24 所示雨篷结构简图,水平梁 AB 上受均布荷载 $q=10\text{kN/m}$ 作用,斜杆 BC 由两根等边角钢制造,材料许用应力 $[\sigma]=160\text{MPa}$ 试选择角钢型号。

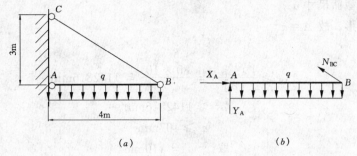

图 4.24

解:(1) 求斜杆 BC 的轴力

取 AB 梁为研究对象,如图 4.24(b)所示。

由 $\Sigma M_A = 0$ $N_{BC} \times \dfrac{3}{5} \times 4 - q \times 4 \times 2 = 0$

得: $N_{BC} = \dfrac{100}{3}\text{kN}$

(2) 设计截面

由 BC 杆强度条件 $\sigma_{BC} = \dfrac{N_{BC}}{A_{BC}} \leqslant [\sigma]$

$$A_{BC} \geqslant \dfrac{N_{BC}}{[\sigma]} = \dfrac{\dfrac{100}{3} \times 10^3}{160 \times 10^6} = 2.08 \times 10^{-4}\text{m}^2 = 2.08\text{cm}^2$$

选择角钢型号

每根角钢所需面积为 $2.08/2 = 1.04\text{cm}^2$

由型钢表查得等边角钢∠20×3 的面积 $A=1.13\text{ cm}^2$,略大于每根角钢所需的面积 $A=1.04\text{cm}^2$,故采用两根∠20×3 等边角钢。

【例 4.8】 图 4.25(a)所示三角架中,AC 为钢杆,BC 为木杆,承受吊重 $P=40\text{kN}$,已知木杆许用应力 $[\sigma]=7\text{MPa}$,试计算方形木杆的边长 a。

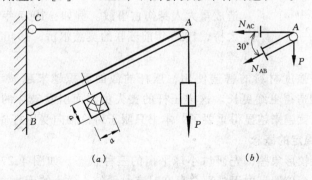

图 4.25

解:(1) 计算 AB 杆危险截面的内力

因 AB 杆为等截面杆,各个截面危险程度一样。取 A 点为研究对象,根据平衡条件

由 $\Sigma Y = 0$ $-N_{AB}\sin 30° - P = 0$

$$N_{AB} = -\frac{P}{\sin 30°} = -2p = -80\text{kN}（压）$$

(2) 计算截面尺寸 a

因杆为方形，故 $A = a^2$

由

$$A_{AB} \geqslant \frac{|N_{AB}|}{[\sigma]} = \frac{80 \times 10^3}{7} = 11428.6\text{mm}^2$$

$$a^2 \geqslant 11428.6\text{mm}^2$$

$$a \geqslant 107\text{mm}$$

取 $a = 110\text{mm}$。

4.6 压杆稳定

构件承担荷载有强度问题、刚度问题和稳定性问题。本节讨论稳定问题。压杆稳定和强度的计算有不同的、具有其独特的特征。

4.6.1 研究压杆稳定的意义

轴向受压杆件的强度问题，是按强度条件

$$\sigma = \frac{N}{A} \leqslant [\sigma]$$

计算的。如图 4.26，当 $P_1 \leqslant P_2 \leqslant N = A[\sigma] = [P]$ 满足时，轴心受压杆件的安全理应是有保证的。但是，如果图（b）所示杆件的材料和截面和图（a）相同，当杆长 L_1 超过 L_2 至某种限度时，图（b）的杆件会转而因弯曲导致破坏，即在强度足够的条件下破坏了。这种并非强度不足，而突然发生变形的改变（原是轴向压缩而变为弯曲了），导致杆件破坏的现象，就叫杆件丧失稳定，简称失稳。

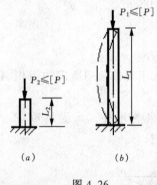

图 4.26

历史上曾多次发生由于压杆失稳而导致整个结构破坏，造成重大人身伤亡事故。例如：1907 年加拿大圣劳伦斯河大桥，1925 年前苏联的莫兹尔桥，1940 年美国的塔科马桥等。

现在，由于高强度材料的普遍使用，压杆的截面面积越来越减小，压杆如图 4.26(b) 所示构件会制造得更细更长。这样压杆的丧失稳定而引发破坏的可能性就更大。即压杆稳定性问题也就越来越显得重要了。本书只限于讨论轴向受压杆件的稳定问题。

4.6.2 压杆稳定的概念

为了说明和比较形象些，先研讨小球平衡的三种状态。如图 4.27，小球在三种不同界面下处于各自平衡位置。由于外部总存在时有时无的、微小的干扰力，小球处于三种不同境况下就有三种结局。

图（a）的界面中，小球处于稳定的平衡位置 A，在任何干扰力下小球都会回复原位置 A，因此图（a）为稳定平衡状态。图（c）界面上平衡在 C 的小球，因干扰力就不一定会回复到原平衡位置 C，显然小球属于随遇平衡状态。再观察图（b）的界面上，小球

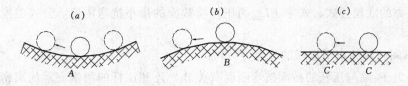

图 4.27

在平衡位置 B 遇任何干扰力，都会远离平衡位置 B 而永无可能回复，这种状况是不稳定平衡的状态。图（c）是介于两者之间，也称临界状态；但它是不稳定平衡状态的开始，因此仍属不稳定平衡状态的范畴。

轴向受压杆件，在三种轴向荷载限界下如图 4.28。轴向受压杆件的稳定概念，对比上述小球的平衡稳定概念，就便于理解了。在图（a）中，杆件的轴向压力 P 足够小——小于某种限界值 P_{lj} 时，杆件在干扰力作用下，总能回复到原轴心方向受压的平衡位置，故属于稳定的平衡状态。在图（b）中，杆件的轴向压力 P 等于限界值 P_{lj}，这时杆件在干扰力作用下处于随遇平衡状态。当 $P > P_{lj}$ 时如图（c），杆件就会远离原轴向受压的平衡位置，轴向受压杆件属于不稳定状态。类似图（b）示的状态介于图（a）与图（c）之间，属于临界状态，它本身也归属于不稳定平衡状态。

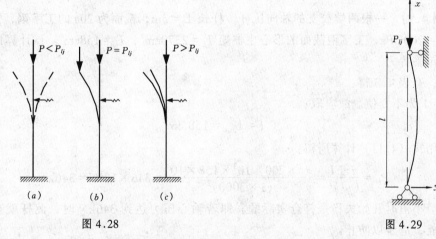

图 4.28　　　　　　图 4.29

这样也就可以明确轴向受压杆稳定的概念。当杆件在轴向荷载 $P < P_{lj}$ 作用下，杆件能够保持原来的轴向压缩状态，则压杆是属于稳定平衡状态。当轴向受压杆件的荷载 $P \geqslant P_{lj}$ 时，杆件不能够维持原来的轴向压缩状态，而处于弯曲变形状态时，则称为压杆处于不稳定状态，即压杆失稳。轴向荷载的限界 P_{lj} 称为临界荷载，或者叫做临界力。显然，研究压杆稳定的问题先应讨论临界力。

4.6.3　欧拉公式及其适用范围

现在讨论压杆的材料处于比例极限以内时的临界力的计算公式。

1. 两端铰支细长压杆的临界力

假设轴向受压杆的两端为铰支，如在临界力作用下如图 4.29 所示，由于干扰力使压杆失稳而弯曲。对此可以推出临界力计算式：

$$P_{lj} = \frac{\pi^2 EI_{\min}}{l^2} \tag{4.10}$$

称为临界力的欧拉公式，式中 EI_{min} 为压杆横截面的最小抗弯刚度。公式的推导过程被省略。

2. 不同杆端约束下压杆的临界力

临界力 P_{lj} 除与压杆的截面抗弯刚度有关外，还和压杆的两端支承约束密切相关。一般等截面直杆的欧拉公式可写成：

$$P_{lj} = \frac{\pi^2 EI_{min}}{(\mu l)^2} \tag{4.11}$$

式中 EI_{min}——压杆截面的最小抗弯刚度；
　　　L——压杆的实际长度；
　　　μ——压杆的长度系数，由压杆两端的支承约束决定，见表4.3；
　　　μL——压杆的计算长度。

压杆的长度系数 μ 值表　　　　　　　　　　表4.3

压杆两端 支承情况	一端固定 一端自由	两端铰支	一端固定 一端铰支	两端固定
μ	2	1	0.7	0.5

【例4.9】 一根两端铰支的轴向压杆，杆长 $L=3m$，截面为20a的工字钢，钢的弹性模量 $E=200GPa$，工字钢截面的形心主惯矩 $I_z = 2370cm^4$、$I_y = 158cm^4$。试计算此轴向压杆的欧拉临界力。

解：查表4.3得：
$\mu = 1$ 为不变值。故应取：

$$I = I_{min} = 158 \text{ cm}^4$$

利用式（4.11）计算所得：

$$P_{lj} = \frac{\pi^2 EI}{(\mu l)^2} = \frac{\pi^2 \times 200 \times 10^3 \times 158 \times 10^4}{(1 \times 3000)^2} = 346 \times 10^3 N = 346 kN$$

在最小值时开始失稳是符合实际的。即若轴心压力达到346kN时，此杆就有丧失稳定的可能，应予以防止。

3. 临界应力·柔度

轴向受压杆件在临界力作用的瞬间，杆件由轴向受压状态突然丧失稳定，造成弯曲变形而导致破坏。故此临界力作用瞬间的应力 σ_{lj}，仍可以用轴向受压应力来表达：

$$\sigma_{lj} = \frac{P_{lj}}{A} = \frac{\pi^2 EI_{min}}{A(\mu l)^2}$$

临界应力 σ_{lj} 也就被视为压杆破坏瞬间的应力。
令式中：

$i_{min} = \sqrt{\dfrac{I_{min}}{A}}$　压杆截面的惯性半径。

$\lambda_{max} = \dfrac{\mu l}{i_{min}}$　称为压杆的柔度或叫做长细比。

这样，轴向受压杆件的欧拉临界应力为：

$$\sigma_{lj} = \frac{\pi^2 E}{\lambda_{\max}^2} \tag{4.12a}$$

其中
$$\lambda_{\max} = \frac{\mu l}{i_{\min}} \tag{4.12b}$$

【例 4.10】 一轴向受压杆件一端固定一端自由，分别选用两种截面如图 4.30 所示。设此压杆的实际长度 $L=1\mathrm{m}$，材料的弹性模量 $E=200\,\mathrm{GPa}$。试用欧拉公式计算压杆的临界力。

解：图 (a) 所示面积略小于图 (b)，两者面积约相等。

(1) 计算图 (a) 圆截面的临界力

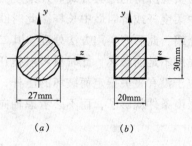

图 4.30

$$i = \sqrt{\frac{I}{A}} = \sqrt{\frac{\frac{\pi}{64}d^4}{\frac{\pi}{4}d^2}} = \frac{d}{4} = 6.75\mathrm{mm}$$

$$\sigma_{lj} = \frac{\pi^2 E}{\lambda^2} = \frac{\pi^2 \times 200 \times 10^3}{\left(\frac{2 \times 1000}{6.75}\right)^2} = 22.48\mathrm{MPa}$$

$$P_{lj} = A\sigma_{lj} = \frac{\pi \times 27^2}{4} \times 22.48 = 12870\mathrm{N} = 12.87\mathrm{kN}$$

(2) 计算图 (b) 矩形截面的临界力

$$i_{\min} = \sqrt{\frac{I_{\min}}{A}} = \frac{20}{\sqrt{12}} = 5.77\mathrm{mm}$$

$$\sigma_{lj} = \frac{\pi^2 E}{\lambda_{\max}^2} = \frac{\pi^2 \times 200 \times 10^3}{\left(\frac{2 \times 1000}{5.77}\right)^2} = 16.43\mathrm{MPa}$$

$$P_{lj} = A\sigma_{lj} = 20 \times 30 \times 16.43 = 9860\mathrm{N} = 9.86\mathrm{kN}$$

(3) 比较：两截面大约相等而圆截面还略小一些，显然，防止失稳圆截面优于矩形截面。追究原因，因为矩形截面的形心主惯性矩不均匀，I_z 比 I_y 过大，而 I_y 也就太小了。即对于轴向受压杆件，应选择形心主惯性矩 I_z 和 I_y 相等的截面，以作为合理的截面形式。

4. 欧拉公式的适用范围

注意到欧拉公式的推导前提是杆件的材料必须处于弹性阶段。即材料必须在小于比例限度内工作，欧拉临界应力应满足：

$$\sigma_{lj} = \frac{\pi^2 E}{\lambda^2} \leqslant \sigma_\mathrm{P}$$

式中：σ_P 为材料的比例极限。由此式可以解出：

$$\lambda \geqslant \pi\sqrt{\frac{E}{\sigma_\mathrm{P}}} \tag{4.13a}$$

令
$$\lambda_\mathrm{p} = \pi\sqrt{\frac{E}{\sigma_\mathrm{P}}}$$

即
$$\lambda \geqslant \lambda_P = \pi\sqrt{\frac{E}{\sigma_P}} \qquad (4.13b)$$

凡柔度（长细比）λ，满足式（4.13b）的轴向受压杆件，均称为大柔度杆或者叫做细长杆。对此类杆件欧拉公式成立、适用。

柔度（长细比）λ 不满足式（4.13b）时有两种可能。其一，压杆会在弹性范围之外失稳而破坏，即此时应考虑因材料的塑性而弯曲失稳。考虑材料塑性的临界应力公式，均为实验所得的经验公式。凡柔度（长细比）λ 对应于材料会达到塑性变形而失稳，均称为中柔度杆或者叫做中长杆。此时欧拉公式不成立不能应用，考虑塑性的临界应力公式不必介绍，此后有实用方法处理。其二，轴向受压杆足够短不可能丧失稳定，压杆只会因材料强度不足而破坏，此时材料以抗压强度极限应力 σ_0 为破坏应力。凡柔度（长细比）λ 对应于没有丧失稳定而破坏的压杆，称为小柔度杆或者叫做短杆。此类杆件只要考虑压杆的强度条件就够了，而不必考虑轴向受压的稳定问题。

4.7 压杆的稳定计算

对轴向受压构件的设计计算应该得出一种无论对于大、中和小柔度的杆件都适用的、统一的方法。下面就按此思路进行叙述推导。

4.7.1 压杆的稳定条件

轴向受压杆件因失稳而破坏时，临界应力 σ_{lj} 即为破坏应力。显然压杆稳定的许用应力应取：

$$[\sigma_w] = \frac{\sigma_{lj}}{K_w} \qquad (4.14a)$$

式中 K_w 为稳定安全系数，K_w 与 σ_{lj} 都与 λ 有关是变量，计算的难度较大。

这样，压杆的稳定条件为：

$$\sigma = \frac{N}{A} \leqslant [\sigma_w] \qquad (4.14b)$$

这个公式是个统一的式子，在机械零件设计中常采用。机械零件材料通常用钢材，比较单一好处理，土建工程中建材种类较多，以用折减系数法为宜。

4.7.2 折减系数法

折减系数法是土建工程中的一个实用方法。

令
$$[\sigma_w] = \varphi \cdot [\sigma] \qquad (4.15)$$

将（4.15）式代入式（4.14b）得

$$\sigma = \frac{N}{A} \leqslant \varphi[\sigma] \qquad (4.16)$$

式中 φ——折减系数，且 $\varphi \leqslant 1$，它依据材料性质和杆件柔度 λ 而定，可以查表 4.4 得出。

$[\sigma]$——为材料的许用正应力。

公式（4.16）是土建工程中轴向受压杆件设计计算的实用公式。其特点如下：

(1) 公式简明易记，和强度条件类似，不同的只是用 φ 折减而已。

(2) 此式保证压杆的安全性简明易懂。以 $[\sigma]$ 作为基本许用应力，既考虑保证杆的强度，而又取用折减系数 φ，来全面考虑不同柔度时，杆件不失稳破坏的安全。

(3) 此式的实用性。φ 随 λ 调节，参见表4.4，当小柔度时，即 $\varphi=1$，只考虑强度条件，当中柔或大柔度时 $\varphi<1$，考虑了杆件不失稳破坏的安全。而且，无论是弹性失稳、或塑性失稳、还是不失稳由强度控制等，都是一个通用的实用公式。

压杆的折减系数 φ 表　　　　表 4.4

λ	φ 值				
	HPB235 钢 HRB335 钢	HRB400 钢	铸 铁	木 材	混凝土
0	1.000	1.000	1.00	1.000	1.00
20	0.981	0.973	0.91	0.932	0.96
40	0.927	0.895	0.69	0.822	0.83
60	0.842	0.776	0.44	0.658	0.70
70	0.789	0.705	0.34	0.575	0.63
80	0.731	0.627	0.26	0.460	0.57
90	0.669	0.546	0.20	0.371	0.51
100	0.604	0.462	0.16	0.300	0.46
110	0.536	0.384		0.248	
120	0.466	0.325		0.209	
130	0.401	0.279		0.178	
140	0.349	0.242		0.153	
150	0.306	0.213		0.134	
160	0.272	0.188		0.117	
170	0.243	0.168		0.102	
180	0.218	0.151		0.093	
190	0.197	0.136		0.083	
200	0.180	0.124		0.075	

4.7.3 压杆稳定的实用计算

用折减系数法进行压杆稳定计算由实用公式（4.16）考虑受压杆件也有三类问题。即校核，设计和求许用荷载，现举例说明如下。

【例 4.11】已知木柱实际高度为6m，圆形截面 $d=200$ mm，两端铰支。承受轴向压力 $P=50$ kN，木材的许用应力 $[\sigma]=10$ MPa。试校核此木柱的稳定性。

解：(1) 求圆截面的惯性半径

$$i=\sqrt{\frac{I}{A}}=\frac{d}{4}=\frac{200}{4}=50\text{mm}$$

(2) 求木柱的柔度

$$\lambda=\frac{\mu L}{i}=\frac{1\times 6000}{50}=120$$

(3) 查表 4.4 求折减系数
$$\varphi = 0.209$$
(4) 用实用公式 (4.16) 校核
$$\sigma = \frac{p}{A} = \frac{50 \times 10^3}{\frac{\pi}{4} \times 200^2} = 1.59\text{MPa} < \varphi[\sigma] = 0.209 \times 10 = 2.09\text{MPa}$$

校核结果压杆安全。通常压杆截面没有减损时，当稳定计算满足安全时，显然强度条件肯定满足，完全可以省略掉强度校核。

【例 4.12】 有一圆木柱，实际长度 $L = 2\text{m}$，柱直径 $d = 100$ mm。此木柱一端固定一端铰支。木材的许用应力 $[\sigma] = 10\text{MPa}$，试确定此木柱所能承受的轴向压力 P。

解：(1) 求折减系数 φ
$$i = \frac{d}{4} = \frac{100}{4} = 25\text{mm}$$
$$\lambda = \frac{\mu L}{i} = \frac{0.7 \times 2000}{25} = 56$$

用直线插值法查表 4.4 得
$$\varphi = 0.658 + \frac{(60-56)}{60-40}(0.822 - 0.658) = 0.691$$

(2) 计算许用荷载 P：
依公式 (4.16) 解出
$$p = N \leqslant A\varphi[\sigma] = \frac{\pi \times 100^2}{4} \times 0.691 \times 10 = 54.3 \times 10^3 \text{N} = 54.3\text{kN}$$

取木柱的许用荷载： $P = 54.3\text{kN}$

【例 4.13】 长等于 2m 的圆木柱，两端固定支承，承受轴向压力 $P = 50\text{kN}$。木材许用正应力 $[\sigma] = 10\text{MPa}$。柱脚处有一水平圆孔直径 $d = 2\text{cm}$，通过截面形心，如图 4.31 所示。试求此木柱的截面直径 D。

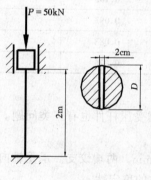

图 4.31

解：1. 用稳定条件选择截面

将稳定条件的实用公式 (4.16) 改写成：
$$\frac{N}{\varphi \cdot A} \leqslant [\sigma]$$

式中，φ 与 A 都未知，只有一个式子解不出两个未知量通常采用试算法。

(1) 第一次试算：假设 $\varphi_1 = 0.5$。

1) 用公式 (4.16) 求截面：
$$A_1 \geqslant \frac{p}{\Psi_1[\sigma]} = \frac{50 \times 10^3}{0.5 \times 10} = 10000\text{mm}^2$$
$$D_1 \geqslant \sqrt{\frac{4A_1}{\pi}} = 112\text{mm}$$

2) 校核：
$$i_1 = \frac{D_1}{4} = \frac{112}{4} = 28.0\text{mm}$$

$$\lambda_1 = \frac{\mu}{i_1} = \frac{0.5 \times 2000}{28.0} = 35.7$$

用插值法查表 4.4 得：
$$\varphi'_1 = 0.8456$$

用式（4.16）校核：
$$\frac{p}{\varphi'_1 A} = \frac{50 \times 10^3}{0.8456 \times 10000} = 5.91 \text{MPa} < [\sigma] = 10 \text{MPa} \quad \text{不经济}$$

(2) 第二次试算：

1) 假设 $\varphi_2 = \dfrac{\varphi + \varphi'_2}{2} = (0.5 + 0.8456)/2 = 0.68$

2) 用公式选择截面：
$$A_2 \geqslant \frac{p}{\varphi_2[\sigma]} = \frac{50 \times 10^3}{0.68 \times 10} = 7353 \text{mm}^2$$

即
$$D_2 \geqslant \sqrt{\frac{4A_2}{\pi}} = 96.76 \text{mm}$$

取
$$D_2 = 97 \text{mm}$$

3) 校核：
$$i_2 = \frac{D_2}{4} = \frac{97}{4} = 24.25 \text{mm}$$

$$\lambda_2 = \frac{\mu \cdot L}{i_2} = \frac{0.5 \times 2000}{24.25} = 41.24$$

计算得：
$$\varphi' = 0.757 + \frac{0.822 - 0.757}{10}(50 - 41.24) = 0.814$$

$$A_2 = \frac{\pi D_2^2}{4} = \frac{\pi \times 97^2}{4} = 7386 \text{mm}^2$$

校核：
$$\frac{P}{\varphi' A_2} = \frac{50 \times 10^3}{0.814 \times 7386} = 8.32 \text{MPa} < [\sigma] = 10 \text{MPa} \quad \text{安全}$$

8.32MPa 和 10MPa 相比两数较接近，故也较经济。最后确定选择木柱的截面 $A = A_2 = 7386 \text{mm}^2$，截面的直径为 $D = 97 \text{mm}$。

2. 强度校核。因为木柱截面有减损，因此还必须作强度条件的验算。

如图 4.31，截面减损后的净面积可近似计算：
$$A_{\text{净}} = A - D \times 20 = 7386 - 97 \times 20 = 5446 \text{mm}^2$$

按强度条件校核：
$$\sigma = \frac{p}{A_{\text{净}}} = \frac{50 \times 10^3}{5446} = 9.18 \text{MPa} < [\sigma] = 10 \text{MPa} \quad \text{安全}$$

此题，强度校核中的应力 9.18MPa 和 10MPa 较接近，说明截面有减损时强度条件很重要，不可忽视。

4.7.4 提高压杆稳定性的措施

轴向受压杆件的稳定性决定了临界应力,临界应力越大压杆越不容易丧失稳定。现以欧拉临界应力为典型例子分析:

$$\sigma_{lj} = \frac{\pi^2 E}{\lambda^2}$$

可知,提高材料的弹性模量 E,有利于提高压杆的稳定性。但是,由于材料的特性,提高很困难,也是不经济的。

最重要的是降低压杆的柔度 λ,欧拉临界应力 σ_{lj} 与柔度 λ^2 成反比。在一般的情况下也都是 λ 越小临界力越大,压杆越不易失稳。故重点应考察公式:

$$\lambda = \frac{\mu L}{i}$$

1. 从压杆的截面惯性半径 i 分析。应选择轴向受压杆件的合理截面,对于:

$$i_{\min} = \sqrt{\frac{I_{\min}}{A}}$$

其值越大越好,即应使 $I_y = I_z$,且越大越好。因此压杆的截面在 $I_y = I_z$ 时且为空心截面较合理。例如图 4.32 中,图 (b) 比图 (a) 要合理,而图 4.33 中图 (a) 比图 (b) 要合理。

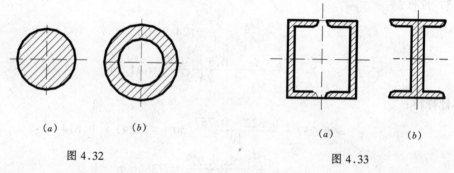

(a)　　　　(b)　　　　　　　　　　　(a)　　　　(b)

图 4.32　　　　　　　　　　　　　　图 4.33

当然,空心截面壁薄比壁厚好,但其厚度 t 也不能太薄,否则薄壁就会局部失稳。

2. 从压杆的计算长度 μL 分析。(1) 应适当增加支承,减短实际长度 L;(2) 应增强压杆两端约束,减小长度系数 μ 值。

小　结

本章讨论了轴向拉伸(压缩)杆件的内力,变形、应力及其强度条件。还讨论了材料在轴向拉伸和压缩时所表现的力学性质。

1. 截面法是揭示内力的基本方法。用截面法可以截取某根杆件的某部分或结构的某部分为研究对象。在截取出的研究对象杆件截面上标注内力,即轴力,注意未知轴力,都假设为拉力,通过平衡条件求出为负时,不改负号,说明是压力。若在一根杆件上受到两个以上轴向外力作用时,为清楚地表示轴力变化,一般要画出轴力图。

2. 轴向拉(压)杆横截面上的应力是正应力。正应力在横截面上均匀分布,因此

$$\sigma = \frac{N}{A}$$

注意式中的 N 是轴力,而不是外力,再就是面积 A 的计算,若是在轴向拉(压)板(板厚为 t)中挖去圆孔直径为 d 时,则横截面的减少是矩形面积 dt。

3. 轴向拉(压)杆件的变形主要是纵向变形,伴随产生横向变形。

$$\varepsilon = \frac{\Delta l}{l}, \varepsilon' = \frac{\Delta d}{d}$$

在弹性范围内,变形是均匀分布的,材料的应力与应变的关系服从虎克定律:

$$\sigma = E\varepsilon \text{ 或 } \Delta l = \frac{Nl}{EA}$$

4. 材料的力学性质是通过试验确定的。通过轴向拉伸和压缩试验,可以测定的材料性能指标主要有:

材料的强度指标:屈服极限 σ_s,强度极限 σ_b。

材料的塑性指标:伸长率 δ,收缩率 Ψ。

材料的抵抗变形指标:弹性模量 E,泊松比 μ。

低碳钢的应力－应变图是有典型意义的,在建筑工程的施工与设计中经常用到。

5. 轴向拉压杆的强度计算是利用强度公式

$$\sigma_{max} = \frac{N}{A} \leqslant [\sigma]$$

针对已知条件和待做的工作分三类情况进行计算的。

(1) 强度校核时,主要是找到危险截面,也就是应力最大的截面,既不一定是轴力最大处,也不一定是截面最小处。

(2) 截面设计工作,要注意的是将已知荷载换算成轴力 N,同时将求得的截面积 A 换算成直径 d 或矩形的宽和高。

(3) 求许可荷载是一个难点,其难处就是先由强度条件确定内力,再由轴力确定荷载。

6. 建立杆轴向受压的稳定性概念,明确压杆稳定的压力限界临界力,确定材料在弹性范围内的欧拉临界力、临界应力。

杆件的平衡状态有稳定和不稳定的分别。杆件在轴向压力下,能保持原来杆平衡位置的状态,压杆就处于稳定平衡。压杆不能维持原来直杆平衡位置状态,保持微弯曲或弯曲而破坏者,压杆就处于不稳定平衡,称为失稳。压杆失稳先于强度破坏,是工程上特别重视的问题。

压杆平衡状态是否稳定,以临界力为限界。当压力小于临界力时压杆是稳定的平衡;当压力等于或大于临界力时压杆失稳,处于不稳定。研究压杆稳定,关键在于确定临界力。

临界力和临界应力。

对于大柔度杆(细长杆)$\lambda \geqslant \lambda_P$

$$\lambda_P = \pi \sqrt{\frac{E}{\sigma_P}}$$

时,用欧拉公式计算临界力和临界应力:

$$P_{lj} = \frac{\pi^2 EI}{(\mu L)^2} \quad \sigma_{lj} = \frac{\pi^2 E}{\lambda^2}$$

对于中柔度杆（中长杆），压杆在材料的弹性范围内屈服前不可能先有失稳，这时必须考虑材料的塑性性能，欧拉公式已不再适用。由于本书已直接介绍了实用计算法，所以其中考虑塑性的临界应力可以省略。而且考虑塑性时的临界应力公式，都是经验公式，因材料而不同，对理论的理解帮助不大，舍弃并不可惜。

柔度（长细比）λ。它综合了压杆长度、约束和截面等等因素对临界应力的影响。

$$\lambda_{\max} = \frac{\mu l}{i_{\min}}, 其中 \ i_{\min} = \sqrt{\frac{I_{\min}}{A}}$$

压杆应在柔度（长细比）λ 大的平面内失稳。特殊情况如 μ 在各个方向一致时，就由 I 值大小决定失稳平面，压杆应该在较小的 $I_{\min}$ 的平面内失稳。

7. 压杆稳定性计算。折减系数法是稳定性计算的实用方法，稳定条件为：

$$\sigma = \frac{p}{A} \leqslant \varphi[\sigma]$$

或

$$\frac{p}{\varphi A} \leqslant [\sigma]$$

利用稳定条件，可以解稳定性三类问题：校核、设计和求许用压力 P。

习　题

4.1　指出下列杆件的 AB 段，属于轴向拉伸或压缩的是＿＿＿＿？
4.2　两根材料和截面不同的杆，受同样的轴向外力作用时，它们的内力是否相同？
4.3　轴力和截面大小相同，而材料和截面形状不同的拉杆，它们的应力是否相同？
4.4　指出下列概念的区别
(1) 材料的拉伸图和应力—应变图
(2) 弹性变形和塑性变形
(3) 极限应力和许用应力

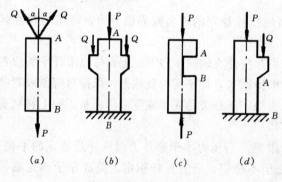

题 4.1 图示

4.5　有低碳钢杆和铸铁杆各一根，有些部位不直，为什么可以用大锤把低碳钢杆砸直，而不能用大锤把铸铁杆砸直？

4.6　已知某低碳钢的极限应力 $\sigma_P = 200\text{MPa}$，弹性模量 $E = 200\text{GPa}$，现有一试件，测得其应变 $\varepsilon = 0.0018$，试件此时的应力 $\sigma = E\varepsilon = 200 \times 10^9 \times 0.0018 = 360\text{MPa}$，这样计算对吗？为什么？

4.7　三种材料的应力——应变图如图思 4.7，请回答下列问题：
(1) 哪种材料的强度高？
(2) 哪种材料的刚度大？
(3) 哪种材料的塑性好？

4.8　什么叫压杆的失稳？
4.9　怎样区分压杆的稳定平衡和不稳定平衡？
4.10　细长压杆的长度增加一倍在其他条件不变时，临界应力有什么变化？
4.11　圆形截面的细长杆，当直径增加一倍时，其他条件不变，临界应力又有什么变化？
4.12　欧拉公式适用于什么范围？为什么超出这个范围就不能用此公式计算？

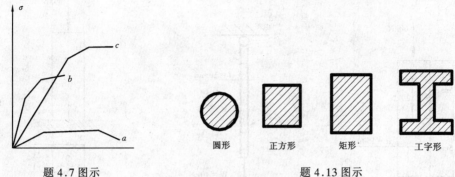

题 4.7 图示　　　　　　　　　题 4.13 图示

4.13　压杆的两端支承条件各向相同，截面形式分别如图所示。试分别回答计算临界力时，应用截面对哪一根轴线的惯性矩？并问失稳时截面将绕哪一根轴线转动（在图上标出来）？

4.14　折减系数的意义是什么？它随哪些因素变化？用折减系数法对压杆进行稳定计算时，是否要区别大柔度杆、中柔度杆和小柔度杆？为什么？

4.15　求图示杆指定截面的轴力。

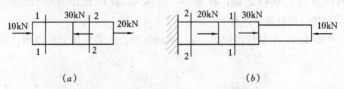

题 4.15 图示

4.16　画出图示杆件的轴力图。

4.17　计算题 4.16（a）中各段的正应力。

4.18　完成下列单位换算

(1) 10Pa ＝ ＿＿＿＿＿＿ N/m² ＝ ＿＿＿＿＿＿ GPa

(2) 1MPa ＝ ＿＿＿＿＿＿ Pa ＝ ＿＿＿＿＿＿ N/mm²

4.19　图示钢板，在中间钻有螺栓孔，直径 $d=20$mm，板宽 $b=200$mm，板厚 $t=10$mm，试求圆孔所在的 1-1 截面上的正应力。

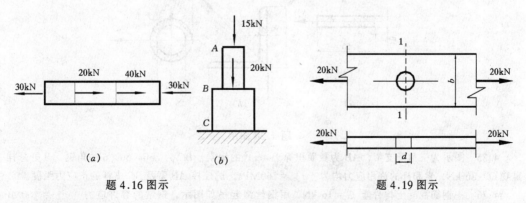

题 4.16 图示　　　　　　　　　题 4.19 图示

4.20　一圆截面钢筋，原长 8m，直径 $d=10$mm，在轴向外力 $P=11.78$kN 作用下，伸长了约 6mm，弹性模量 $E=200$GPa，(1) 式求 ε；(2) 由 $\sigma=E\varepsilon$，求 ε。

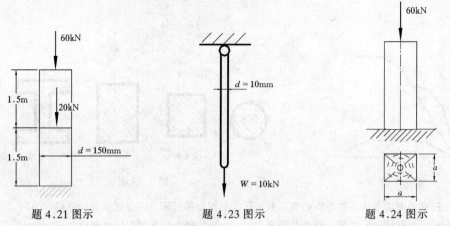

题 4.21 图示　　　　　题 4.23 图示　　　　　题 4.24 图示

4.21　图示木柱直径 $d = 150$mm，弹性模量 $E = 10$ GPa，试求木柱的轴向总压缩量。

4.22　若低碳钢的弹性模量 $E_1 = 210$ GPa，混凝土的 $E_2 = 28$ GPa。试求在应变 ε 相同的情况下，钢和混凝土的正应力的 σ 比值。

4.23　用一钢杆悬挂一重物如图，物重 $W = 10$kN，钢杆直径 $d = 10$mm，容许应力 $[\sigma] = 170$MPa，试校核其强度（杆自重不计）。

4.24　一短木柱如图示，木材许用应力 $[\sigma] = 10$MPa，决定采用方形截面。试求木柱截面边长 a 之值。

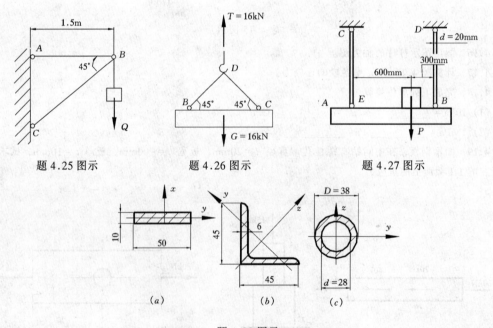

题 4.25 图示　　　　　题 4.26 图示　　　　　题 4.27 图示

题 4.28 图示

4.25　图示为三角形支架，AB 为截面积等于 4cm^2 的钢索，BC 为 L$50 \times 50 \times 6$ 的角钢，B 处悬挂一重物 $Q = 36$ kN，索和杆的许用应力均为 $[\sigma] = 160$MPa，试校核 AB 索及 BC 支杆的正应力强度。

4.26　一钢筋混凝土构件重 $G = 16$ kN，用钢丝绳起吊如图示，钢索的容许应力 $[\sigma] = 160$MPa，试求钢索的横截面面积 A。

4.27　图示结构中，AB 为刚性梁，AC、BD 两钢圆杆，材料相同，截面直径均为 20mm，许用应

力 $[\sigma]$ = 160MPa，试求 E 处荷载 P 的最大许可值。

4.28 一端固定、一端自由的轴向受压柱，长度 L = 1m，弹性模量 E = 200GPa，试计算图示。不同截面的临界力 P_{lj}。设压杆在空间任一方向的约束条件相同。图中尺寸以 mm 为单位，图（b）示角钢（L45×6）的形心主惯性矩已查表得知：

I_y = 3.89cm^4，I_z = 14.76cm^4。

4.29 图示轴向受压杆件的材料和截面都相同，试问哪一种可承受的压力最大？哪一种最小？

4.30 一矩形截面木柱，两端铰支，已知截面 b = 16cm，h = 24cm，柱长 L = 6m。若材料的许用应力 $[\sigma]$ = 10MPa。问此柱承受 P = 6kN 的轴向压力是否安全。

4.31 某压杆两端固定，杆长 L = 500mm，截面为圆形，直径 d = 40mm，材料为 HRB235 钢，许用应力 $[\sigma]$ = 160MPa。试计算此压杆的许用荷载。

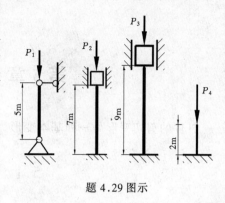

题 4.29 图示

第5章 剪切和挤压

杆件的剪切变形是一种基本变形，此后讨论梁时还会遇到。这里先讨论简易的剪切。

5.1 剪切的概念

杆件受到一对大小相等、方向相反、距离很接近（但不共线）的平衡力作用，如图 5.1(a) 所示，称此杆件为受剪切作用。在工程实际中，有很多构件受剪切作用，但本章的讨论仅限于杆件。

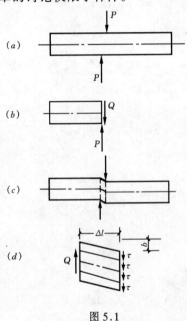

图 5.1

1. 受剪处截面的内力。用截面法取图 (b) 所示的脱离体图。再利用平衡条件

$$\Sigma Y = 0: \ -P + Q = 0$$

得： $Q = P$

内力 Q 在截面上平行此受剪面，Q 称为剪力。

2. 分析剪力 Q 和在剪截面上分布的应力。先分析其变形后情况，如图 (c) 所示。再将图 (c) 受剪切部分放大，如图 (d) 所示，剪切变形量为 b，剪应变为

$$\frac{b}{\Delta l} = \mathrm{tg}\gamma \approx \gamma$$

即得： $\gamma = \dfrac{b}{\Delta l}$ (5.1)

显然，截面上的剪应变 γ 都相同。因为应力与应变成正比。也就是说，截面上各点处的剪应力 τ 的分布也应相同，如图 (d)，因此应有关系式：

$$Q = \tau A$$

或 $\tau = \dfrac{Q}{A}$ (5.2)

剪应力作用在截面的单位面积上，方向同剪力一致，也与截面平行。

5.2 剪切和挤压强度的实用计算

一般剪切总拌随挤压出现，本节讨论一简化的实用计算方法。

5.2.1 剪切和挤压的内力与应力

对剪切和挤压的内力与应力计算，现以一个铆钉接头为典型例子进行讨论，如图 5.2

(a)所示。

1. 取钉为脱离体分析

如图(b)，正如上节所述的分析，钉受剪切，其截面剪力为：

$$Q = P$$

截面剪应力 τ 为：

$$\tau = \frac{Q}{A}$$

2. 钉与钢板的挤压

钉与钢板的挤压如图(c)所示，图(d)是图(a)上部的钢板的脱离体图，图(d)中的内力——挤压力 P_c 与外力 P 平衡，显然：$P_c = P$，挤压力 P_c 的作用面，应该是圆柱面，参看图(d)与图(b)。实用计算将 A_c 简化，用图(e)中的平面1—2代替 A_c，即 $A_c = td$。实用计算同时假设：挤压应力 σ_c，也是均匀分布如图(e)所示。这样得：

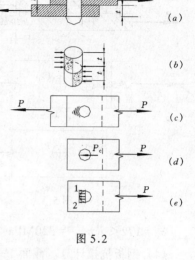

图 5.2

$$\sigma_c = \frac{P_c}{td} \tag{5.3}$$

式中：t 为钢板厚度，d 为钉直径，参看图(a)。

5.2.2 剪切和挤压的强度条件

剪切和挤压的应力计算，原则上都采用了均匀的应力分布假设。故许用应力的确定也应与之对应，即应一致地由实验测定，且相应的安全系数也应与计算精度配合。这样可测得剪切的许用应力 $[\tau]$ 和挤压的许用应力 $[\sigma_C]$。再引用应力公式(5.2)和(5.3)，可得剪切和挤压的强度条件：

$$\tau = \frac{Q}{A} \leqslant [\tau] \tag{5.4}$$

$$\sigma_c = \frac{P_c}{A_c} \leqslant [\sigma_C] \tag{5.5}$$

实际计算时，$[\tau]$ 和 $[\sigma_C]$ 可由查表得到。

1. 钉接实用计算

现举例以说明强度条件的应用。

【例 5.1】 试校核图 5.3(a)所示，钉接接头的强度。已知：钉抗剪的许用应力值 $[\tau] = 140\text{MPa}$、钉与钢板抗挤压强度 $[\sigma_c] = 320\text{MPa}$，钢板抗拉强度 $[\sigma] = 160\text{MPa}$，钉直径 $d = 16\text{mm}$。

解：(1) 取钉接头上部的一块钢板为脱离体并作受力图如(b)。仍按各钉均匀受力的假设，每钉分别承受挤压力 P_c，由 $\Sigma x = 0$

得 $P - 2P_c = 0$

$$P_c = \frac{P}{2}$$

(2) 钉抗剪计算。显然一个钉受的剪力：

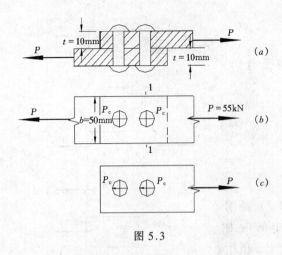

图 5.3

$$Q = \frac{P}{2}$$

利用强度条件式（5.3）校核：

$$\tau = \frac{Q}{A} = \frac{\frac{55}{2} \times 10^3}{\frac{\pi \times 16^2}{4}} = 137 \text{MPa}$$

$$\tau = 137 < [\tau] = 140 \text{MPa} \quad (\text{安全})$$

(3) 钉与钢板抗挤压计算。利用强度条件式（5.5）校核：

$$\sigma_c = \frac{P_c}{A_c} = \frac{P_c}{td} = \frac{\frac{55}{2} \times 10^3}{10 \times 16} = 172 \text{MPa}$$

$$\sigma_c = 172 < [\sigma_c] = 320 \text{MPa}$$

(4) 钢板抗拉计算。截面 1—1 如图 (b)，内力为拉力 P_1：

$$P_1 = P = 55 \text{ kN}$$

截面 1—1 有一个钉孔减损：

$$A_1 = bt - 1 \times td = 50 \times 10 - 1 \times 10 \times 16 = 340 \text{mm}^2$$

故 1—1 截面为危险截面，抗拉校核：

$$\sigma_1 = \frac{P_1}{A_1} = \frac{55 \times 10^3}{340} = 162 \text{MPa}$$

$$\sigma_1 \approx [\sigma] = 160 \text{MPa} \quad (\text{安全})$$

上式接近相等，其误差为：

$$\text{相对误差} = \left| \frac{162 - 160}{160} \right| \times 100\% = 1.25\%$$

当相对误差不超过 5% 时，为工程计算所认可。否则 $\sigma_1 > [\sigma]$ 时不安全。

【例 5.2】 试计算图 5.4（a）所示的钉接件，所需要的铆钉数目 n。铆钉与板的容许挤压应力 $[\sigma_c] = 320 \text{MPa}$、$[\tau] = 140 \text{MPa}$，铆钉直径 $d = 20 \text{mm}$，钉接件承受拉力 $P = 80 \text{kN}$。

解：(1) 取脱离体如图 (b)。假设共用 n 个钉且均匀受力，由此可得：

$$P - nP_c = 0$$

即一个钉孔的挤压力：

$$P_c = \frac{P}{n} = \frac{80}{n} \text{kN}$$

(2) 钉抗剪计算：显然剪力 $Q = \frac{80}{n} \text{kN}$

以此剪力剪切每个铆钉。利用剪切强度条件式（5.4）得：

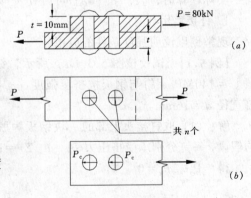

图 5.4

$$\tau = \frac{Q}{A} = \frac{\dfrac{80 \times 10^3}{n}}{\dfrac{\pi \times 20^2}{4}} \leqslant 140\text{MPa}$$

可以解出：

$$n \geqslant \frac{80 \times 10^3 \times 4}{\pi \times 20^2 \times 140} = 1.82 \text{（个）}$$

（3）挤压计算。利用挤压强度条件：

$$\sigma_c = \frac{p_c}{A_c} = \frac{\dfrac{80 \times 10^3}{n}}{10 \times 20} \leqslant 320\text{MPa}$$

可解出：

$$n \geqslant \frac{80 \times 10^3}{10 \times 20 \times 320} = 1.25 \text{（个）}$$

按同时满足抗剪和抗挤的要求，应取：$n = 2$ 个

2．榫接实用计算

仿照上述钉接件的计算，也均采用均匀应力分布的假设，因此可类似地推广于榫接头的计算。以上剪切与挤压的强度条件（5.4）和（5.5）两式依然成立。当然在接头形式上，榫接与钉接有外形上的差异，但剪切伴随挤压的实质则总依然一样。因此也举实例计算，以扩大分析问题的眼界。

【例 5.3】 一矩形截面木拉杆的榫接接头，如图 5.5（a）所示。已知轴向拉力 $P = 40\text{kN}$，截面宽 $b = 25\text{cm}$，木材顺纹许用挤压应力 $[\sigma_c] = 10\text{MPa}$、顺纹许用剪应力 $[\tau] = 1\text{MPa}$。试求木榫接头所需的尺寸 l 和 a。

解：（1）任取接头右侧为脱离体，如图（b）所示。

$$\Sigma X = 0$$
$$P - P_c = 0$$

得 $P_c = P = 40 \text{ kN}$

（2）抗剪计算

由图（b）可看出剪力：

$$Q = P_c = 40 \text{ kN}$$

剪切面为 1-2 平面，且顺纹受剪。

剪切面面积 $A = bl = 250l$

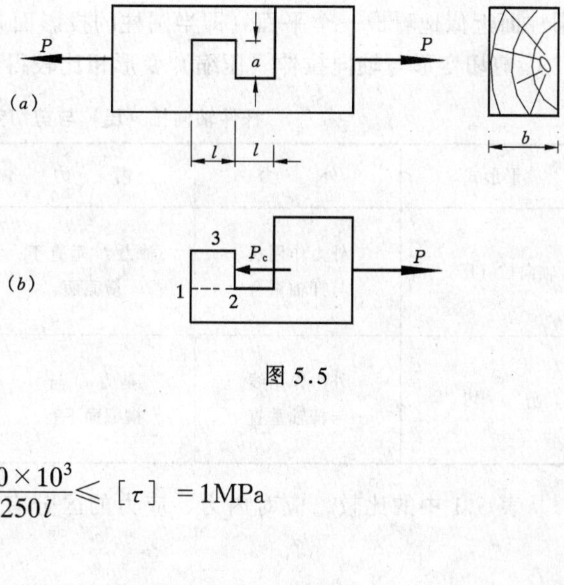

利用剪切强度条件式（5-3）：

$$\tau = \frac{Q}{A} = \frac{40 \times 10^3}{250l} \leqslant [\tau] = 1\text{MPa}$$

可解出： $l = \dfrac{40 \times 10^3}{250 \times 1} = 160\text{mm}$

取 $l = 160\text{mm} = 16\text{cm}$

图 5.5

（3）抗挤压计算

如图（b）所示，挤压面为 2—3 平面，其上挤压力为 P_c：

$$P_c = 40\text{kN}$$
$$A_c = ab = 250a$$

利用挤压强度条件（5.4）式：

$$\sigma_c = \frac{P_c}{A_c} = \frac{40 \times 10^3}{250a} \leqslant [\sigma_c] = 10$$

可解出：$a \geqslant \dfrac{40 \times 10^3}{250 \times 10} = 16\text{mm}$

取 $a = 20\text{ mm} = 2\text{cm}$

小 结

本章研讨构件中的连接件，讨论了钉接头和榫接头两种。以剪切为主导，伴有挤压。

1. 实用计算中的主要假设——力均匀分布假设。包括：受力分布假设，如钉接中 n 个钉受 P 力时，则每个钉均分为 P/n。

应力均匀分布假设。如剪切面上认为剪应力均匀分布 $\sigma = Q/A$；如挤压面上认为挤压应力均匀分布 $\sigma_c = P_c/A_c$ 等。

2. 挤压计算应注意的几个总问题

（1）应将接头中的部件（包括钉）分开，取出脱离体研究其受力和平衡，这样也便于认清剪切与挤压。

（2）剪切的特点。剪切是由一对大小相等，方向相反，相距很近，但作用线不重合的外力作用所引起；剪切面 A 应在这对相反的力中间、并与之平行。

（3）挤压的特点。挤压力 P_c 必须与挤压面 A_c 垂直。当然对于钉连接，应将钉侧的半圆柱面近似地看成一个平面（即半圆柱的投影面）。

3. 剪切变形与轴向拉伸（压缩）变形相比较得下表：

杆件轴向拉（压）与剪切变形的比较　　　　　　表 5.1

变形形式	外　力	内　力	应　力	应　变
轴向拉（压）	外力作用线与杆轴重合	轴力 N 垂直于横截面	正应力 σ 垂直于横截面	线应变 ε
剪　切	外力作用线与杆轴垂直	剪力 Q 与横截面平行	剪应力 τ 与横截面平行	剪切角应变 γ

从表 5.1 中的比较，应对内力、应力的区分有了明确的印象，以促使认识更深入一层。

习 题

5.1 杆件受剪切与受拉伸的变形的特点有何异同？

5.2 剪切应变与拉应变的共同点有哪些？

5.3 剪应力与拉应力有何区别:

5.4 指出图中构件的剪切面和挤压面,并分别列出其强度条件式,在图上标出。

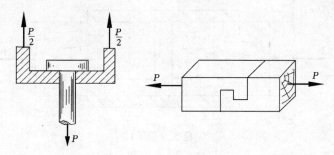

题 5.4 图示

5.5 图示一个螺钉连接两块钢板。已知螺钉直径 $d = 24$mm、钢板厚 $t = 12$mm,螺钉许用剪应力 $[\tau] = 60$MPa、接头许用挤压力 $[\sigma_c] = 120$ MPa。试对螺钉作强度校核。

5.6 夹剪如图,被剪钢丝 A 的直径 $d = 5$mm。并已知 $a = 30$mm、$b = 150$mm。当用 $P = 200$N 时,求钢丝所受的平均剪应力。

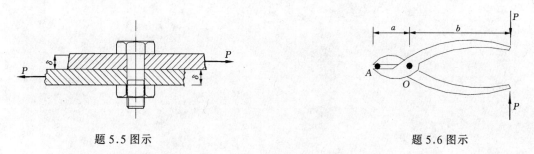

题 5.5 图示　　　　　　　　　　题 5.6 图示

5.7 如图所示,已知钢板厚度 $t = 10$mm,剪切强度极限为 $\tau_b = 340$ MPa。若要在冲床上冲出直径 d 等于 18mm 的圆孔,需要多大的冲击力 P?

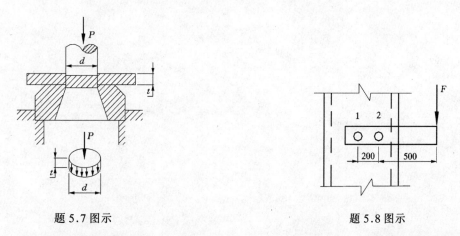

题 5.7 图示　　　　　　　　　　题 5.8 图示

5.8 一钢柱牛腿如图所示,铆钉直径 $d = 20$mm,设 $F = 12$kN,试求 1、2 铆钉所受的剪应力和挤压应力。

5.9 两矩形截面木杆用两块 ⊓ 形钢板连接如图所示。已知杆沿顺纹方向承受轴向拉力 $P = 50$ kN,

79

矩形截面宽 $b=250$mm，木材顺纹许用挤压力 $[\sigma_c]=10$ MPa、顺纹许用剪应力 $[\tau]=1$ MPa。试确定此接头所需的尺寸 δ 和 l。

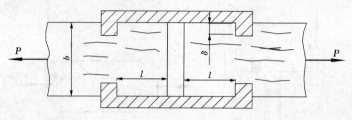

题 5.9 图示

第6章 梁的弯曲

梁是工程结构中的一种基本杆件。梁的弯曲变形，也是一种重要的基本变形。

6.1 梁弯曲的概念

在工程上，经常会遇到直杆发生弯曲变形的情形。例如一座简单的木板桥如图 6.1 所示，人作为外力 P 作用在木桥上，两端有反力 R_A 和 R_B。于是木板桥这根直杆就发生了弯曲变形，梁轴由原直线变成了图中虚线表示的曲线。

凡是以发生弯曲变形为主的杆件，通常就叫这杆件为梁。注意图 6.1 上的荷载也都垂直杆件的轴线，即是横向力的作用。因此可以说成：杆件在横向荷载作用下以弯曲变形为主时，称此杆件为梁。

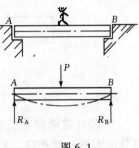

图 6.1

6.1.1 梁平面弯曲基本概念

1. 截面图形的形心主轴　工程中的梁常遇到的截面图形，多如图 6.2（a）所示。这些横截面图形有个共同的特点：都具有纵向对称轴 y。如图（a）中的 c 点为截面的形心（重心），还有过形心垂直 y 轴的横向轴 z。通常将这样的坐标系的任一轴，称为形心主轴。这对轴对我们分析梁的变形和受力起着关键性作用。

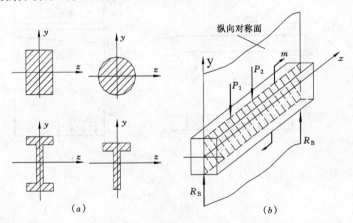

图 6.2

2. 梁的纵向对称面　如图（b）中的阴影所代表的面，是梁的纵向对称轴 y 与梁的轴线组成的平面，称为梁的纵向对称面。

3. 梁的平面弯曲　如果梁的横向荷载（包括梁的反力），全部落在梁的纵向对称面内，如图（b）所示，那么梁的轴线将在此面内弯曲成一曲线，将此种梁的变形称为梁的平面弯曲。或者称此类弯曲的杆件叫做平面弯曲的梁。

通常将梁视为由无数根的纵向纤维所组成，所有的纵向纤维都要平行于梁的轴线。习惯上常用在轴线上的纤维来代表梁。

6.1.2 梁的计算简图

上节已指出，平面弯曲的梁应用最广泛，所以习惯上把所有的平面弯曲的梁统称为梁，本书只限于讨论此种梁。

1. 梁的支座

梁常用的支座有三种，如图 6.3 所示。图（a）为可动铰支座，它只有一个垂直于梁的约束反力。图（b）为固定铰支座，它有两个相互垂直的反力。图（c）为固定端支座，它有三个反力。

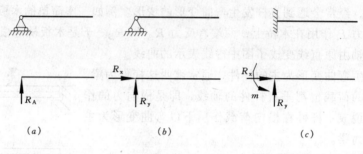

图 6.3

2. 梁的计算简图。工程上的实际梁，在力学上常用简化的图形合理地代替，所谓合理是指能本质地替代梁。例如：(1) 上节曾指出，杆件可用杆轴简单合理地代替；(2) 梁的支座简化成三种理想情形；(3) 梁上的荷载简化成两种，一是集中荷载、二是分布荷载，而分布荷载本书只讨论均匀分布的荷载。根据这些可以理解梁的计算简图。

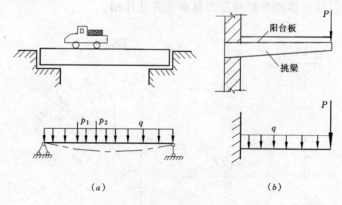

图 6.4

例如图 6.4 所示。图（a）中上图是实际的桥上钢梁，此图的下图就是它的计算简图。图（b）中上面是实际的阳台挑梁，此图的下面是它的计算简图。

由工程实际梁画出它的计算简图，还要一些工程力学经验。此后本书主要针对梁的计算简图出发，来讨论梁的计算问题。

3. 静定梁的基本类型有三种：

(1) 简支梁，如6.4（a）所示。此种梁的支座：一端用可动铰、另一端用固定铰。简支梁的反力两端共有三个。

(2) 悬臂梁，如图6.4（b）所示。梁的一端用固定端支座、另一端为自由端，也共有三个反力。

(3) 外伸梁，如图6.5所示。梁的支座同简支梁，但两支座的位置不同，两个支座或其中之一不在梁端。外伸梁的反力个数，也同简支梁一样共有三个。

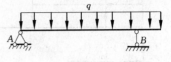

图 6.5

显然三种类型的梁，任何一种都有且只有三个未知的反力，用静力平衡条件可以求出，故此这三种类型的梁都属静定梁。

6.2 梁弯曲时的内力

对于静定梁，梁上的反力可以先求出。在外力全部已知后，可以顺利地讨论梁的内力。

6.2.1 剪力 Q 和弯矩 M 及其正负规定

取如图6.6（a）所示的任意梁，讨论任意截面 $m-m$ 上梁的内力，图中梁上的外力 P、R 设为已知。

1. 截面法

对梁所求内力的截面，作 $m-m$ 截面假想截取梁任一侧作为脱离体，得图（b）或图（c）。图中，为了保持梁上外力的平衡，显然必须依赖梁的内力 Q 和 M。其中，内力 Q 称剪力，内力偶矩 M 称为弯矩。

2. 剪力 Q 和弯矩 M 的正负符号规定

应该保证对于图（b）和图（c）所求梁的同一内力，其正负符号必须一致。为此规定：梁的剪力 Q 被显示出来后，如对梁体内任意一点顺时针转动时为正、反之为负，如图6.7（a）所示；梁弯矩 M 被显示后，如使梁在 M 作用微段处下面凸出来（使梁下侧纤维拉伸）时为正、反之为负，如图（b）所示。

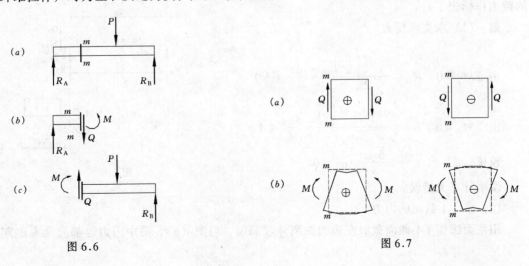

图 6.6　　　　　　　　　　图 6.7

6.2.2 脱离体法求梁截面剪力 Q 和弯矩 M

应用截面法取脱离体计算梁内力，举例说明如下：

【例6.1】 简支梁如图6.8（a），试求图中指定截面1-1的内力。

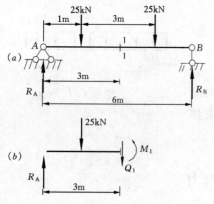

图 6.8

解：（1）计算支座反力。如图（a）取 $\Sigma M_B = 0$ 得：

$$R_A = \frac{25 \times 5 + 25 \times 2}{6} = 29.2 \text{kN}$$

由 $\Sigma M_A = 0$ 得：

$$R_B = \frac{25 \times 1 + 25 \times 4}{6} = 20.8 \text{kN}$$

校核：由 $\Sigma Y = 29.2 + 20.8 - 25 - 25 = 0$

说明计算无误。

（2）截面法求内力。

作1-1截面，截取左边（也可取右边）为脱离体，得图（b），其中截面内力均假设为正方向。

由 $\Sigma Y = 0$　$29.2 - 25 - Q_1 = 0$　得：　$Q_1 = 4.2 \text{kN}$

由 $\Sigma M_1 = 0$　$29.2 \times 3 - 25 \times 2 - M_1 = 0$　得：　$M_1 = 37.6 \text{ kN·m}$

所求内力：剪力 Q_1 与弯矩 M_1 均为正方向内力。应该注意力矩平衡方程如 $\Sigma M_1 = 0$ 中，如图（b），剪力 Q_1 实际上是作用在1-1截面上，故此 Q_1 对截面1-1上的点的力矩为零。此后应牢记此点，任何截面上的剪力，对该剪力所在截面上的任意点求力矩必为零。

应该注意假设内力的方向，最方便的是假设它的正方向，如本例中图（b）所示。否则内力的符号，就容易出错误。

【例6.2】 已知一外伸梁，如图6.9（a）所示。试求指定截面1-1和2-2的内力。已知1-1截面在 B 支座之左、而2-2则在 B 之右，但这两个截面均无限接近。（这样的截面，此后1-1简写为 $B_左$、2-2简写为 $B_右$，图（a）上就可省去对这样的截面作标记了）。

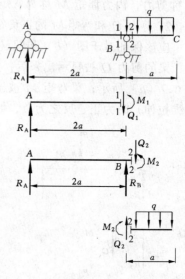

图 6.9

解：（1）求支座反力

由 $\Sigma M_B = 0$　$R_A = \dfrac{-qa\left(\dfrac{a}{2}\right)}{2a} = \dfrac{-qa}{4}$ （↑）

由 $\Sigma M_A = 0$　$R_B = \dfrac{qa\left(2a + \dfrac{a}{2}\right)}{2a} = \dfrac{5qa}{4}$ （↑）

校核：$\Sigma Y = \dfrac{-qa}{4} + \dfrac{5qa}{4} - qa = 0$

说明计算无错误。

（2）求1-1截面的内力

用截面法作1-1截面截取左边为脱离体较简便，得图（b），图中内力也都假设为正方向。利用 $\Sigma Y = 0$ 可得截面 1-1 的剪力 Q_1：

$$R_A - Q_1 = 0 \quad Q_1 = R_A = \frac{-qa}{4}$$

利用 $\Sigma M_1 = 0$ 可得 1-1 截面的弯矩 M_1：

$$M_1 - R_A \times 2a = 0 \quad M_1 = R_A(2a) = \frac{-qa^2}{2}$$

或者也可以将结果写成：

$$Q_{B左} = \frac{-qa}{4} \quad M_{B左} = \frac{-qa^2}{2}$$

(3) 求 2-2 截面的内力

作 2-2 截面截取左边作脱离体图如图（c）；取右边作脱离体图得图（d）。二图比较一下，图（d）较为简单些，取图（d）计算，利用 $\Sigma Y = 0$ 可得剪力：

$$Q_2 - qa = 0 \quad Q_2 = qa$$

利用 $\Sigma M_2 = 0$ 可得弯矩：

$$-M_2 - qa \times \frac{a}{2} = 0 \quad M_2 = -qa\left(\frac{a}{2}\right) = \frac{-qa^2}{2}$$

6.2.3 求截面剪力和弯矩的规律

上节介绍了截面法取脱离体求任一截面上内力的计算方法。这是基本方法。在此基础上本节再进一步总结出规律。

1. 求梁截面内力的简便计算方法

取图 6.10（a）讨论，梁上承担的荷载已全部求出，试讨论梁任一截面 $i—i$ 上的内力。利用基本方法作截面，截梁的一边作脱离体图。得图（b）和图（c）。

(1) 先利用取左边梁的图（b）。

由 $\Sigma Y = 0$：$5 - 2 \times 3 - Q_i = 0$

得 $Q_i = 5 - 2 \times 3 = -1 \text{kN}$ (1)

由 $\Sigma M_i = 0$：$M_i - 5 \times 3 + 2 \times 3 \times 1.5 = 0$

得 $M_i = 5 \times 3 - (2 \times 3) \times 1.5 = 6 \text{kN·m}$ (2)

(2) 可将上面的式 (1) 与 (2) 改写

$$Q_i = P_1 - P_2 \quad (3)$$

$$M_i = P_1 a_1 - P_2 a_2 \quad (4)$$

式中：P 是梁在截面 $i—i$ 左段上垂直于梁的外力；$P_i \cdot a_i$ 是梁在 $i—i$ 截面左段外力对 i 截面处形心的力矩。

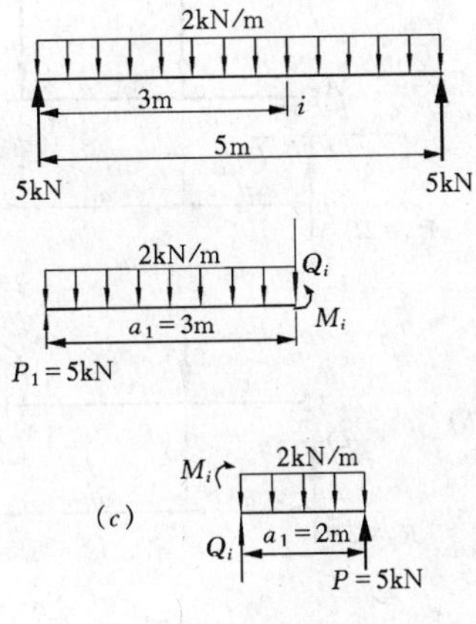

(3) 再利用取右边梁的脱离体（如图（c））计算。

由 $\Sigma Y = 0$：

$$5 + Q_i - 2 \times 2 = 0$$

得 $Q_i = -5 + 2 \times 2 = -1 \text{kN}$ (5)

由 $\Sigma M_i = 0$：

$$5 \times 2 - 2 \times 2 \times 1 - M_i = 0$$

图 6.10

得 $M_i = 5 \times 2 - (2 \times 2) \times 1 = 6 \text{kN·m}$ (6)

将上面的式（5）与（6）改写成：

$$Q_i = -P'_1 + P'_2 \tag{7}$$

$$M_1 = P'_1 \cdot a'_1 - P'_2 \cdot a'_2 \tag{8}$$

式中：P'_i 梁在截面 $i-i$ 右段上垂直于梁的外力；$P'_i \cdot a'_i$ 是梁在 $i-i$ 截面右段外力对 i 截面的形心的力矩。

2．求截面剪力和弯矩的规律

式（3）和（7）是求剪力的，将（3）式对照图（b）可知：

$Q_i = \Sigma$ 垂直于梁的外力（或分量）$P_{i左}$（向上为正） (6.1)

将（7）式对照图（c）可知：

$Q_i = \Sigma$ 垂直于梁的外力（或分量）$P_{i右}$（向下为正） (6.2)

对于公式（6.1 和 6.2），可以概括成一句话"左上、右下"，这样便于记忆。

类似地将式（4）对照图（b）可知：

$M_i = \Sigma$ 梁上 i 截面左边外力对 i 截面形心点的力矩（顺时针为正） (6.3)

将式（8）对照图（c）可得规律：

$M_i = \Sigma$ 梁上 i 截面右边外力对 i 截面形心点的力矩（逆时针为正） (6.4)

对于公式（6.3 和 6.4）为方便记忆也可概括出一句话："左顺、右逆"。

计算梁上任意截面的剪力和弯矩，是设计计算梁的依据，此外也对后续课程起着关键性作用。因此必须熟练掌握和运用这些规律。

【例 6.3】 试求图 6.11 所示简支梁，截面 1-1 和 2-2 的内力。

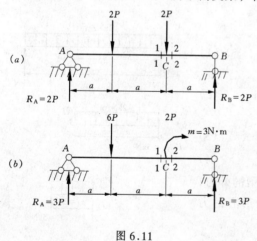

图 6.11

解：（1）解题步骤

1）求反力

由 $\Sigma M_B = 0$ 得：

$$R_A = \frac{2P(2a) + 2P(a)}{3a} = 2P$$

由得：$\Sigma M_A = 0$

$$R_B = \frac{2P(2a) + 2P(a)}{3a} = 2P$$

利用 $\Sigma Y = 2P + 2P - 2P - 2P = 0$

说明反力计算无误。

2）剪力

由公式（6.1）得：

$$Q_1 = R_A - 2P = 2P - 2P = 0$$

由公式（6.2）得：

$$Q_2 = -R_B = -2P$$

3）求弯矩

由公式（6.3）得：

$$M_1 = R_A(2a) - 2P(a) = 2P(2a) - 2Pa = 2Pa$$

用公式（6.4）得：
$$M_2 = R_B (a) = 2P (a) = 2Pa$$

4) 讨论

a. 用公式的规律计算省去了画脱离体图，同时也不用列平衡方程，所以比原来的取截面作脱离体计算方法简便。

b. 如图 6.11（a），截面 1-1 在 C 左边相距 C 无限小，故也可将 1-1 截面称为 $C_左$ 截面，2-2 无限接近 C 称 2-2 截面为 $C_右$ 截面。因此可将上面的结果写成：

$$Q_{C左} = Q_1 = 0, \qquad Q_{C右} = Q_2 = -2P$$
$$M_{C左} = M_1 = 2Pa, \qquad M_{C右} = M_2 = 2Pa$$

c. 梁上有集中力的特点。例如图（a）梁上的 C 点，有集中力 2P 作用。此时，C 点左、右的剪力发生突然的变化——叫做突变，C 点的剪力 Q_C 不便计算，常采用：

$$Q_{C左} = 0, \qquad Q_{C右} = -2P$$

来代表 Q_C。这是一个重要的特点。

(2) 求图（b）内力

因图（a）与图（b）很类似，故对图（b）的计算简略说明如下：

1) 求反力：利用平衡条件由图（b）可求得。现将反力计算结果写在图（b）上面。

2) 求剪力：由式（3）、（7）得：

$$Q_{C左} = Q_1 = -R_B = -3P$$
$$Q_{C右} = Q_2 = -R_B = -3P$$

3) 求弯矩：由式（4）、（8）得：

$$M_{C左} = M_1 = 3P \cdot a - 3Pa = 0$$
$$M_{C右} = M_2 = 3P \cdot a = 3Pa$$

(3) 讨论

1) 用公式的规律计算很简便，如同上例所说，这已成结论，此后不再提了。但注意求剪力、求弯矩的公式，分别都有两个，计算时只选其中一个便可。

2) (b) 题的计算完全类似（a）题

3) 梁上有集中力偶的特点。如图（b）梁上 C 点有集中力偶 $m = 3Pa$ 作用，此时 C 点左、右的弯矩发生突变，C 截面处的弯矩 M_C 不方便计算，一般分左右表示：

$$M_{C左} = 0, \qquad M_{C右} = 3Pa$$

来代表 M_C。这是又一个重要的特点。并且有突变时，突变值都应等于此处的集中荷载。例如本例中图（b），梁 C 截面有集中力偶 $m = 3Pa$ 作用，故 C 截面弯矩的突变值为：

$$|M_{C左} - M_{C右}| = |0 - 3Pa| = 3Pa = m$$

再如本例中图（a）所示，梁在 C 截面有集中力 2P 作用，故 C 截面的剪力有突变值：

$$|Q_{C左} - Q_{C右}| = |Q_1 - Q_2| = |0 - (2P)| = 2P$$

2P 即为 C 处的集中力荷载。

6.3 梁的内力图

在梁的截面内力中，内力随截面沿梁轴不同而变化，反映这种变化的图形叫内力图。内力包括剪力和弯矩；内力图包括剪力图和弯矩图。当荷载有不垂直于梁轴的情况时，还有轴力图。

6.3.1 用列函数法作梁的内力图

用横坐标 x 来指定梁的截面位置，可以计算出梁 x 截面位置处的内力，内力必为 x 的函数。画出内力为纵标（竖标），x 为横标的函数图形，叫做作内力图。

【例 6.3】 已知一悬臂梁及其上的荷载，如图 6.12（a）所示，试用列函数法作此梁的内力图。

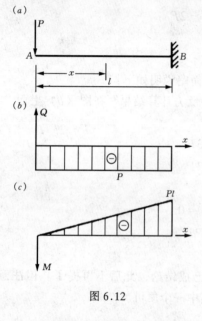

图 6.12

解：(1) 选择坐标系如图（a），用 x 指定截面的位置。

(2) 求出指定 x 处的截面的内力：利用公式 (6.1) 可得：

$$Q_x = -P \quad (1)$$

为内力中的剪力函数（此处，函数为常数）。利用公式 (6.3) 可得：

$$M_x = -Px \quad (2)$$

为内力中的弯矩函数。

剪力和弯矩都是 x 的函数，参看已得到的式 (1) 和式 (2)

(3) 选择纵标（竖标）。正方向必须遵守习惯规定：剪力竖标以向上为正，如图（b）；弯矩竖标以向下为正，如图（c）。并且，此规定必须记住，以后在图形上都省略坐标，这也可看成是习惯。

(4) 作内力图形。按式 (1)，剪力为 x 的函数，做出此函数的图形即为剪力图，如图（b）。

按式 (2)，弯矩为 x 的函数，作此函数的图形即为弯矩图，如图（c）。

(5) 讨论 应该注意所画内力图线形的规律：当梁在中间一段无荷载时，剪力图为一条水平线；弯矩图一般是一条斜直线（如 $P = 0$ 时也会是一条水平线）。

【例 6.4】 对如图 6.13（a）所示的简支梁，试绘它的剪力图和弯矩图。

解：(1) 求反力 除对悬臂外，一般都要先求反力，由图（a）可知：

$$R_A = R_B = \frac{ql}{2} \quad (\uparrow)$$

(2) 选取坐标 横坐标 x 选择如图所示，竖标按所求量分别画出，按习惯也可省略不画。

(3) 求梁在任意截面 x 处 Q、M。利用公式得：

$$Q_x = \frac{ql}{2} - qx \tag{1}$$

$$M_x = \frac{ql}{2}x - qx\left(\frac{x}{2}\right) = \frac{ql}{2}x - \frac{q}{2}x^2 \tag{2}$$

(4）作图　按剪力为 x 的函数式（1），作剪力 Q 图；按弯矩是 x 的函数（2），作弯矩 M 图，分别如图（b）与（c）。

（5）求截面最大内力　作内力图的作用之一是设计计算梁截面。梁的危险截面往往发生在内力最大处。最大内力是指绝对值，因此包括最大内力和最小内力。最小的内力是指它取负值，而正负是人为指定的，只反映方向而已，梁破坏是不论那个方向的，所以应考虑绝对值。梁的最大内力，也就是指它的最大和最小值了，只有通过内力图才便于搞清楚。本例如图 6.13，由图（b）明显地可看出：

$$Q_{\max} = \frac{ql}{2} \qquad Q_{\min} = \frac{-ql}{2}$$

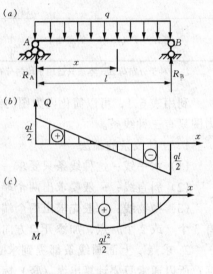

图 6.13

关于 $M_{\max}$ 值，由于弯矩图（c）为对称图形，显然发生在梁中间截面 $x = l/2$ 处，引用本例的（2）式得：

$$M_{\max} = M_{x=\frac{l}{2}} = \frac{ql}{2}\left(\frac{l}{2}\right) - \frac{q}{2}\left(\frac{l}{2}\right)^2 = \frac{ql^2}{8}$$

见图（c）

对于简支梁而且满跨布满匀布荷载，是工程中常见的梁，它的最大弯矩是 $ql^2/8$。

讨论：观察图 6.13，可以获知内力图的两个特点：

特点 1：梁段作用均匀分布荷载时，此段的剪力 Q 图是条斜直线；此段的弯矩 M 图是二次抛物线，匀布荷载向下时抛物线开口向上（当然荷载向上时开口就朝下了）。

特点 2：在剪力图中剪力 Q 为零处，对应的弯矩 M 图中出现 M 的极值。

6.3.2　剪力、弯矩和荷载之间的关系

总结前面的例题内容能得到一些特点和规律。现扼要摘录：剪力、弯矩和荷载之间的关系，列于表 6.1 中。

剪力、弯矩和荷载之间的关系表　　　　　表 6.1

梁上的荷载（外力）情况	剪力图形	弯矩图形	总结来源
梁上无荷载（外力）段 无外力段	水平线	斜直线（或平线）	例 6.1
均匀分布荷载段 无其他外力段	斜直线	二次抛物线开口向上。（荷载向上则开口向下）	例 6.4

续表

梁上的荷载（外力）情况	剪力图形	弯矩图形	总结来源
集中力作用点处 向下的集中荷载	此点处有突变， 突变值等于 P		例 6.3a
集中力偶作用点处 集中力偶		此点处有突变， 突变值等于 M	例 6.3b
剪力为零（$Q=0$）的点处		此点处弯矩有极值	例 6.4

注：对于分布荷载，本表只适用于均匀分布的荷载

利用表 6.1，可以简化内力图的绘制，此后不必再列求内力的函数式了。利用表作内力图只有三种线条。

1．三种线条的画法

(1) 水平线：这种线条只要求一个点，就能画出水平线（平行于梁的轴线）。

(2) 斜直线：一般要求出两个端点，两点就可绘成直线。

(3) 抛物线：一般先求出两个端点；再看有没有极值点，有就求出此极值点。于是就有 3 个（或 2 个）点，加添开口方向这条件，可以近似地画此抛物线。

2．求点 上面画线条都提到求点：通常都先指定梁上的点（截面），这就定下了横标；所以通常只要计算出纵（竖）标。横标和纵（竖）标有了就可描点画图了，所以，计算纵标是最主要的工作。

3．检查图形的突变 集中力作用点处，剪力 Q 图有突变；集中力偶作用点处，弯矩 M 图有突变。应该检查突变量值，必须符合表中所述规律。

【例 6.5】 已知一外伸梁，如图 6.14（a）所示。试绘制其 Q、M 图。

解：(1) 求反力 对图（a）由 $\Sigma M_B = 0$ 得：

$$20 \times 2 - 4 \times 2 \times 1 - R_A \times 4 = 0$$

$$R_A = \frac{20 \times 2 - 4 \times 2 \times 1}{4} = 8 \text{kN} (\uparrow)$$

由 $\Sigma M_A = 0$ 得： $R_B = \frac{20 \times 2 + 4 \times 2 \times 5}{4}$

$= 20 \text{kN} (\uparrow)$

校核：由 $\Sigma Y = 8 + 20 - 20 - 4 \times 2 = 0$ 可知计算反力无错误。

(2) 分段

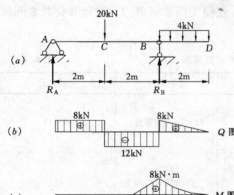

图 6.14

按荷载相同（不变）为一段的原则分。通常只有两种情形的段：一种是无荷载（外力）的段，另一种是只有匀布荷载。这样分段对图（a）有3段：即AC段、CB段和BD段。

(3) 分段作 Q 图

1) AC 段为一条水平线（参看表6.1）。在 AC 之间，先任取一无集中力作用的梁轴上点 $A_右$，这即是 AC 段 Q 图的横标。再计算横标在 $A_右$ 上的剪力：

$$Q_{A右} = R_A = 8kN$$

这就是纵（竖）标。这两个坐标就确定了一点，由此点作一条水平线，就是图（b）中 AC 段的 Q 图。

2) CB 段仍为一条水平线（参看上表）。选 $B_左$ 作横标确定其点，再求竖标：

$$Q_{B左} = R_A - 20 = 8 - 20 = -12kN$$

3) BD 段：参看上表，是一条斜直线，故此要两个点画这条线。一端点的横标必须指定在 $B_右$，其竖标为：

$$Q_{B右} = 4 \times 2 = 8kN$$

另一端则必须指定在 D 处，确定横标值，其竖标为：

$$Q_D = 0$$

由此定出两点作直线如图（b）中 BD 段的 Q 图。

4) 检查 Q 图的突变点。把图（a）与（b）对照一下：因 C 点有集中力20kN，故 Q 图在 C 点有突变量：

$$|8 - (-12)| = 20kN（集中力）$$

正确；又在 B 点有集中力 $R_B = 20kN$，故 Q 图在 B 点有突变量：

$$|-12 - (+8)| = 20kN = R_B（集中力）$$

也正确。上式这种计算取绝对值，是因集中力指向不同而有正负之差的不同，取绝对值就避开了这问题，使得校对单纯一些。

(4) 分段作弯矩 M 图。

1) AC 段参看表6.1，M 图为斜直线。作图需要2个点：一个选 A 作为横标确定的点，可求对应 A 的竖标：

$$M_A = 0$$

另一个选 C 为横标定的点，可求相应竖标：

$$M_C = R_A \times 2 = 8 \times 2 = 16kN \cdot m$$

于是可描绘两个点并连线，得图（c）M 图在 AC 段的斜直线。

2) CB 段对照表，M 图仍为斜直线。类似要两个点。1个点：选 C 作横标的点，其竖标 $M_c = 16kN \cdot m$，已算出。另一个点：选 B 对应横标，其竖标为：

$$M_b = -4 \times 2 \times \frac{2}{2} = -8 \text{ kN} \cdot m$$

可以画出 M 图在 CB 段的斜直线，如图（c）。

3) BD 段对照表，M 图为一开口向上的抛物线。先求两个端点：一个是 B 处对应竖标为 $M_B = -8kNm$，另一个是 D 截面相应竖标。

$$M_D = 0$$

再看 Q 图 (b) 在 D 处剪力为零，故 M 图在 D 处有极值，已求出 $M_D = 0$，即极值点与 D 端点重合。这样可近似地画出抛物线，如图 (c) 所示。注意 D 端点（弯矩图极值点），此处的图形应与横坐标轴相切。

4) 检查 M 图的实变处。将图 (a) 与图 (c) 对照，由于没有集中力偶作用在梁上，故梁的弯矩 M 图没有突变是对的。

(5) 梁的最大内力。由梁的 Q 图 (b) 容易看出：

$$Q_{max} = 8 \text{kN} \qquad Q_{min} = 12 \text{kN}$$

由梁 M 图 (c) 易知：

$$M_{max} = 16 \text{kN·m} \qquad M_{min} = -8 \text{kN·m}$$

【例 6.6】 一外伸梁受荷载情况如图 6.15 所示。试做出该梁的剪力图和弯矩图。

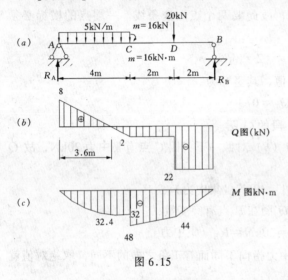

图 6.15

解：(1) 求反力

对于图 (a) 引用平衡条件，

$\Sigma M_B = 0$

得　$R_A = 18 \text{ kN}$ (↑)

$\Sigma M_A = 0$

得　$R_B = 22 \text{ kN}$ (↑)

校核：

$$\Sigma Y = 18 - 5 \times 4 - 20 + 22 = 0$$

可知反力计算无误

应该注意：计算如有小数，允许有符合精度的误差。一般保留小数后 2 位，数字较大时保留 1 位小数。这样，如反力有允许误差，那么画内力图也会有，这是不足奇怪的。

(2) 分段　按荷载不变为一段的原则，本例如图 (a) 可分为三段：AC、CD 和 DB。

(3) 求 A、C、D、B 各界点内力

利用公式 (6.1) ~ (6.6)，将计算所得结果，都列于例 6.2 表中。

表 6.2

纵（竖）标	横轴上的点	A	C		D		B	单位
		$A_右$	$C_左$	$C_右$	$D_左$	$D_右$	$B_左$	
Q		18	-2	-2	-22	-22		kN
M		0	32	48	44		0	kN·m

列表计算中应该注意：

1) 在集中力作用点处应避开求剪力 Q，例如在：A、D、B 点。

2) 在集中力偶作用点处应避开求弯矩 M，例如在 C 点。

(4) 描点作图

先作 Q 图，如图（b）。知道存在 $Q=0$ 的点，应求出此点位置 x：

由：
$$\frac{18}{x}=\frac{2}{4-x}$$

得：
$$x=3.6\text{m}$$

将 $x=3.6$m 标注于图（b）中。利用图（a）可求出对应于 x 处的极值弯矩：

$$M_{极}=R_A\times 3.6-5\times 3.6\times \frac{3.6}{2}=32.4\text{kN}\cdot\text{m}$$

再作 M 图，如图（c）。

作图注意：

原梁的计算简图如图（a）、剪力 Q 图如图（b）、弯矩 M 图如图（c），这三者必须对齐画在一个图面上。这样才有利于对照，观察梁截面上的内力变化。

描点作图应该注意处理"点$_左$"、"点$_右$"。例如"$C_左$"、"$C_右$"不可错位混淆，而 $C_左$ 和 $C_右$ 又无限靠近于 C。

(5) 求内力的最大值

由 Q 图（b）知：$\quad Q_{\max}=18$kN $\quad Q_{\min}=-22$kN

由 M 图（c）可知：$\quad M_{\max}=48$kN·m

顺便解释一下，极值弯矩不一定就是最大弯矩。如图（c），极值弯矩只有 32.4kN·m。极值弯矩的意义是指：此值在一段曲线纵（竖）标中对应曲线顶点。

6.4 截面几何性质

在讨论杆件的应力和变形时，会遇到一些有关截面几何形状和尺寸的量，这些量统称为截面的几何性质。

例如截面的面积 A，就是个有关截面几何性质的量，它由截面几何形状和尺寸决定。在讨论杆件的轴向拉伸和压缩时，如计算应力：

$$\sigma=\frac{N}{A}$$

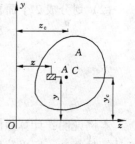

图 6.16

要用到截面的面积 A，计算变形也要用到。对如图 6.16，A 为任一截面图形的面积，ΔA 是将截面 A 分划成无限个小面积，显然：$\quad A=\Sigma\Delta A$

面积是数学中的一个论题，不必再详细研讨，本节只想借助面积来引出，本节要重点讨论的截面形（重）心、截面静面矩和惯性矩，这几个截面几何性质。

6.4.1 截面形心及静面矩

仍对图 6.16 这一任意截面图形，类似于面积可以定义静面矩：

$$S_z=\Sigma y\Delta A \tag{6.5a}$$

$$S_y=\Sigma z\Delta A \tag{6.5b}$$

分别称截面对 z 轴、y 轴的静面矩。式中：z 和 y，是微面积 ΔA（相当于一个点）的坐标。

计算图 6.16 中形（重）心 C 的坐标（z_c，y_c），可以求静面矩：

$$Z_c = \frac{\Sigma z \cdot \Delta A}{A} = \frac{S_y}{A} \tag{6.6a}$$

$$y_c = \frac{\Sigma y \cdot \Delta A}{A} = \frac{S_z}{A} \tag{6.6b}$$

于是可得公式：

$$S_z = A \cdot y_c \tag{6.7a}$$

$$S_y = A \cdot z_c \tag{6.7b}$$

公式（6.5）是静面矩的基本定义，适于用积分法计算，若用初等方法就不便运算了。但有公式（6.7）相辅就方便了。现在将截面 A 分划得比较大些（取有限和）：

$$A = A_1 + A_2 + \cdots\cdots + A_n$$

n 可以取 1 及以上的数目，对式（6.7），经过推演可以得到：

$$S_z = A_1 y_{c1} + A_2 y_{c2} + \cdots\cdots + A_n y_{cn} \tag{6.8a}$$

$$S_y = A_1 Z_{c1} + A_2 Z_{c2} + \cdots\cdots + A_n Z_{cn} \tag{6.8b}$$

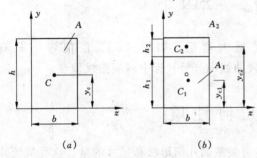

图 6.17

【例 6.7】 对图 6.17（a）的矩形面积，试计算出它的静面矩 S_z。

解：矩形面积是一个简单的图形，它的形（重）心在中间，如图（a）所示。计算时可以任意划分面积：

(1) 划分成一个（即不划分）面积计算。对图（a）应用公式（6.8a）：

$$S_z = Ay_c = (bh)\left(\frac{h}{2}\right) = \frac{bh^2}{2}$$

(2) 划分成 2 个面积计算。对图（b）引用式（6.8a）得：

$$\begin{aligned}S_z &= A_1 y_{c1} + A_2 y_{c2} \\ &= (bh_1)\left(\frac{h_1}{2}\right) + (bh_2)\left(h_1 + \frac{h_2}{2}\right) = \frac{bh_1^2}{2} + bh_2 h_1 + \frac{bh_2^2}{2} \\ &= \frac{b}{2}(h_1^2 + 2h_1 h_2 + h_2^2) = \frac{b(h_1+h_2)^2}{2} = \frac{bh^2}{2}\end{aligned}$$

本例说明：计算静面矩时，原则上可以任意划分原图形面积，但图形分块越多，静面矩计算越复杂，所以分块应以尽量简单，减少不必要的计算。

【例 6.8】 对图 6.18 所示的倒 T 形截面，试计算出它的静面矩 S_z 和形心坐标。

解：(1) 分划面积

本例为倒 T 形截面，求其形（重）心，必须将图划分成两个简单图形，所谓简单图形是指能直观其形心和面积：

$$A_1 = 30 \times 300 = 9 \times 10^3 \text{mm}^2$$

$$y_{c1} = \frac{30}{2} = 15 \text{mm}$$

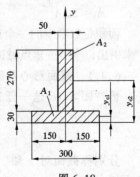

图 6.18

$$A_2 = 50 \times 270 = 13.5 \times 10^3 \text{mm}^2$$

$$y_{c2} = 30 + \frac{270}{2} = 165 \text{mm}$$

(2) 求静面矩 S_z　用公式（6.8a）得：

$$\begin{aligned} S_z &= A_1 y_{c1} + A_2 y_{c2} \\ &= 9 \times 10^3 \times 15 + 13.5 \times 10^3 \times 165 = 2.36 \times 10^6 \text{mm}^3 \end{aligned}$$

(3) 求形（重）心　由公式（6.6b）得：

$$y_c = \frac{S_z}{A} = \frac{2.36 \times 10^6}{9 \times 10^3 + 13.5 \times 10^3} = 105 \text{mm}$$

由于 y 轴是倒 T 形的对称轴，显然：$Z_c = 0$ 不必计算。

至此已求出倒 T 形截面的形心 C。

本例使用的方法，是先将原图分划，之后再组成原图形的计算方法。通常将被分划的截面称为组合截面；将先分划截面后再组合的计算法，叫做组合截面法。

简单截面的面积、形心、惯性矩　　　　表 6.3

序号	截面面积	面　积	形心位置	惯性矩
1	矩形	bh	$e = \dfrac{h}{2}$	$I_{zc} = \dfrac{bh^3}{12}$ $I_{yc} = \dfrac{hb^3}{12}$
2	正方形（斜置）	a^2	$e = \dfrac{a}{\sqrt{2}}$	$I_{zc} = I_{yc} = \dfrac{a^4}{12}$
3	三角形	$\dfrac{bh}{2}$	$e = \dfrac{h}{3}$	$I_{zc} = \dfrac{bh^3}{36}$ $I_{yc} = \dfrac{bh^3}{48}$
4	圆形	$\dfrac{\pi d^2}{4}$	$e = \dfrac{d}{2}$	$I_{zc} = I_{yc} = \dfrac{\pi d^4}{64}$

续表

序号	截面面积	面 积	形心位置	惯性矩
5		$\dfrac{\pi}{4}(D^2-d^2)$	$e=\dfrac{D}{2}$	$I_{zc}=I_{yc}=\dfrac{\pi}{64}(D^4-d^4)$
6		$\dfrac{\pi r^2}{2}$	$e=\dfrac{4r}{3\pi}$	$I_{zc}=\left(\dfrac{1}{8}-\dfrac{8}{9\pi^2}\right)\cdot\pi r^4$ $I_{yc}=\dfrac{\pi r^4}{8}$

此表 6.3 未列出惯性半径,但计算很方便。如矩形截面的惯性半径:

6.4.2 形心主惯性矩与惯性半径

仍取图 6.16,取 ΔA 为图形 A 的微小的分面积,于是可以定义惯性矩:

$$I_z = \Sigma y^2 \Delta A \tag{6.9a}$$

$$I_y = \Sigma z^2 \Delta A \tag{6.9b}$$

分别称为对轴 z、对轴 y 的惯性矩。如果轴 z 和 y 是通过截面形心且为主轴,那么就称 I_z 和 I_y 是形心主惯性矩。对于形心主惯性矩按如下关系:

$$i_z = \sqrt{\dfrac{I_z}{A}} \tag{6.10a}$$

$$i_y = \sqrt{\dfrac{I_y}{A}} \tag{6.10b}$$

i_z、i_y 分别称为对轴 z、对轴 y 的惯性半径。

1. 形心主惯性矩列表

惯性矩按式(6.9)定义,很难避开用积分法计算。对于一般常见的截面,其形心主惯性矩,已由定义的算式导出具体计算公式。现将一般常见截面的几何性质,包括截面面积、形心、形心主轴、形心主惯性矩等,均列入表 6.3 中。

$$i_z = \sqrt{\dfrac{I_z}{A}} = \sqrt{\dfrac{bh^3}{12}\times\dfrac{1}{bh}} = \dfrac{h}{\sqrt{12}}$$

类似可求得 $i_y = \dfrac{b}{\sqrt{12}}$

对于圆形截面的惯性半径:

$$i_z = i_y = \sqrt{\dfrac{I_z}{A}} = \sqrt{\dfrac{\pi D^4}{64}\times\dfrac{4}{\pi D^2}} = \sqrt{\dfrac{D^2}{16}} = \dfrac{D}{4}$$

即 $i_z = i_y = \dfrac{D}{4}$

2. 组合面积法

对于表 6.3 中，查不出的组合截面图形，必须用组合面积法求惯性矩。

(1) 组合面积惯性矩。设将截面图形划分为有限个面积组合：

$A = A_1 + A_2 + \cdots\cdots + A_n$

利用式（6.9）可以推知

$$I_z = I_z^{\mathrm{I}} + I_z^{\mathrm{II}} + \cdots + I_z^n \tag{6.11a}$$

$$I_y = I_y^{\mathrm{I}} + I_y^{\mathrm{II}} + \cdots + I_y^n \tag{6.11b}$$

式中：I、II $\cdots\cdots$ n 分别表示对于相应的面积。

例如：I_y^{I} 表示面积 A_1 的图形对轴 y 的惯性矩，I_z^n 则表示面积 A_n 的图形对 z 轴的惯性矩。

(2) 平行移轴公式

设有一对相互平行的轴，z_c 轴平行于 z 轴，距离为 a，且 z_c 轴必须通过截面形心 C，如图 6.19，则可推导出平行移轴公式：

$$I_z = I_{zc} + a^2 A \tag{6.12a}$$

类似的有另一对相互平行的轴 y_c 与轴 y，距离为 b，且 y_c 必须通过截面形心 C，也有平行移轴的公式：

$$I_y = I_{yc} + b^2 A \tag{6.12b}$$

显然，事实上对于任意一对平行的轴，只要有一根轴通过截面形心，平行移轴的公式都能成立。

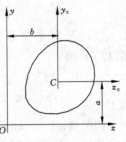

图 6.19

(3) 组合面积法求惯性矩步骤

1) 划分截面图形 $A = A_1 + A_2 + \cdots\cdots$。原则上必须所有的 A_i 都是简单的分面积。所谓简单是指它的面积 A_i 和它的惯性矩 I_{zc}^i 和 I_{yc}^i 均可从表（6.3）中查出。

2) 利用平行移轴公式 (6.12) 计算所有分面积对于重新指定的坐标轴的惯性矩，当然是逐个地分面积地计算。

3) 利用公式 (6.11)，计算组合截面图形对指定轴的惯性矩。

【例 6.9】 对【例 6.8】的倒 T 形截面图形，计算它的形心主惯性矩。

解：上例已求出倒 T 形截面形心主轴位置，现将结果绘于图 6.20 (a)。

(1) 划分截面图形 如图 (b) 仍将截面划分为 2 块，显然同上例：

$A_1 = 9 \times 10^3 \mathrm{mm}^2$，　　$A_2 = 13.5 \times 10^3 \mathrm{mm}^2$

图 (b) 中，A_1 的形心轴 z_{c1} 与新轴 z 的距离：

$$a_1 = 105 - \frac{30}{2} = 90 \mathrm{mm}$$

A_2 的形心轴 z_{c1} 到新轴 z 的距离：

$$a_2 = \frac{270}{2} + 30 - 105 = 60 \mathrm{mm}$$

而新轴 y 与 A_1 的形心轴、A_2 的形心轴重合，即 y 轴没有移动。

各分面积对于各自的形心轴的惯性矩，可以查表 6.3 求出：

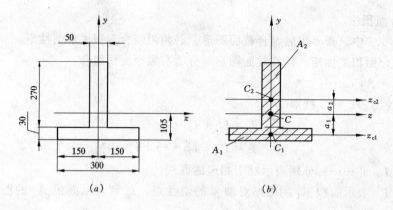

图 6.20

$$I_{zc1}^{I} = \frac{300 \times 30^3}{12} = 6.75 \times 10^5 \text{mm}^4 \qquad I_{yc1}^{I} = \frac{300^3 \times 30}{12} = 6.75 \times 10^7 \text{mm}^4$$

$$I_{zc2}^{II} = \frac{50 \times 270^3}{12} = 8.20 \times 10^7 \text{mm}^4 \qquad I_{yc2}^{II} = \frac{270 \times 50^3}{12} = 2.81 \times 10^6 \text{mm}^4$$

(2) 利用平行移轴公式，如图 (b)，新轴是倒 T 形截面的形心主轴 z，用式 (6.12a) 得：

$$I_z^{I} = I_{zc1}^{I} + a_1^2 A_1 = 6.75 \times 10^5 + 90^2 \times 9 \times 10^3 = 73.58 \times 10^6 \text{mm}^4$$

$$I_z^{II} = I_{zc2}^{II} + a_2^2 A_2 = 8.20 \times 10^7 + 60^2 \times 13.5 \times 10^3 = 130.6 \times 10^6 \text{mm}^4$$

如图 (a) 与 (b)，新轴 y 是倒 T 形截面的形心主轴，但也是 2 个分面积的形心轴，没有移轴，各分面积对 y 轴惯性矩：

$$I_y^{I} = I_{yc1}^{I} = 6.75 \times 10^7 \text{mm}^4 \qquad I_y^{II} = I_{yc2}^{II} = 2.81 \times 10^6 \text{mm}^4$$

(3) 计算组合截面图形的形心主惯性矩

利用公式 (6.11a)： $I_z = I_z^{I} + I_z^{II} = (73.58 + 130.6) \times 10^6 = 204.2 \times 10^6 \text{mm}^4$

利用公式 (6.11b)： $I_y = I_y^{I} + I_y^{II} = 6.75 \times 10^7 + 2.81 \times 10^6 = 70.3 \times 10^6 \text{mm}^4$

6.5 梁弯曲时的应力

梁上有两种内力：弯矩 M 和剪力 Q。弯矩 M 的应力，垂直分布作用在梁的横截面上，称为梁截面上的正应力 σ；剪力 Q 的应力和梁横截面平行地分布作用在截面上，称为梁截面的剪应力 τ。

6.5.1 梁弯曲时的正应力

现讨论梁在平面弯曲时，只有弯矩 M 这一内力时的正应力。应力一般属超静定问题，要依靠 3 个方面的条件：几何变形条件、物理条件、和力学平衡条件来确定。

如图 6.21 (a) 所示，梁上荷载全作用在纵向对称面内，显然梁中所有平行于纵向对称面的纵向面，全都会是一样的变形。故此，取梁任一侧的纵向面来考察梁的变形，如图 (b) 和图 (c)。

1. 变形条件

观察对象：图 (b) 梁上所画为弯曲变形前观察线条；图 (c) 是纯弯曲变形之后观

察线条的几何变形，从中可得结论：

（1）变形前垂直于梁轴的截面，如图(b)的1-1或2-2截面；变形后如图(c)，仍为平面且垂直于梁轴，这就是横截面的平面假设。

（2）在受力为正弯矩情况下，如图(c)梁向下凸。梁下侧的纵向纤维都伸长如$n-n'$，梁上侧的纵向纤维都缩短如$m-m'$。

梁的纤维由上到下、由缩短到伸长，其中间必有一层纤维$o-o'$不伸也不缩。$o-o'$纤维从梁的侧面图(b)上看，是一条水平线，实质上应该是个水平面。将$o-o'$所确定的水平面叫做中性层，即中性层上所有的纵向纤维都不伸缩。

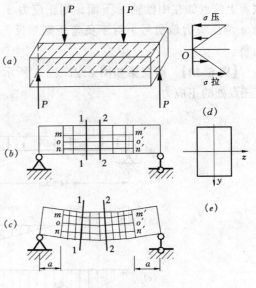

图 6.21

2．物理条件　应力与应变成正比例。梁在下面拉长的纤维，承受拉伸正应力，且称为拉应力，如$n-n'$纤维即正应力为$\sigma_{拉}$。类推，梁上面的纤维如$m-m$，承受压缩正应力，且称为压应力$\sigma_{压}$。而在梁中性层上的纵向纤维正应力为零。在(d)中画出了截面如1-1或2-2截面的应力分布图，图中将截面都看成是一条竖线。将图(d)中的竖直线段表示的截面转动到截面的正面就是面积了，如图(e)。在图(d)中正应力为零的点O，实际上在图(e)的截面上是一条水平线。将此线定为z轴叫做中性轴，凡中性轴上的点，它的正应力都为零。

中性层上所有纵向纤维的伸长量为零，中性轴上所有的点的正应力也为零。参看图(c)、(e)，实际上中性轴z既是中性层上的线又是横截面上的线。即：中性轴是中性层与横截面的交线，一般给定由左指向右。

3．力学平衡条件

（1）参看图(d)及(e)，横截面上的正应力：$\sigma_{拉}$与$\sigma_{压}$指向相反且应自成平衡。即O点对应的中性轴应该通过截面形心。这样就可以确定中性轴的位置。

梁的横截面有一对形心主轴：一个是对称轴y（在纵向对称面上），另一个是过形心垂直于y的中性轴z。

（2）参看(d)和(e)，横截面的正应力：上面压应力$\sigma_{压}$之合力与下面拉应力$\sigma_{拉}$之合力组成一力偶，它的力偶矩就应该是截面弯矩M。因为，应力是截面上内力的分布，而弯矩却是纯弯曲的总内力。据此可以推导（略去推导）出梁截面上点的正应力公式：

$$\sigma = \frac{M}{I_z} y \qquad (6.13)$$

式中　M——所求截面的弯矩；

Y——所求截面上点的坐标，注意y取向下为正；

I_z——是截面对形心主轴（中性轴）z的惯性矩。

运用公式(6.13)求应力时，可以直接给正应力σ定出正负符号。对于正弯矩：在截面上的点如在中性轴 z 下面，则正应力 σ 为拉应力取正号；在中性轴上面的点则正应力 σ 为压应力取负号。对于负弯矩则相反，上面的点正应力 σ 取正，下面的点正应力 σ 为负。

【例 6.10】 简支梁如图 6.22（a）所示，截面为矩形。试计算梁跨中截面上 a、b、c 三点处的正应力。

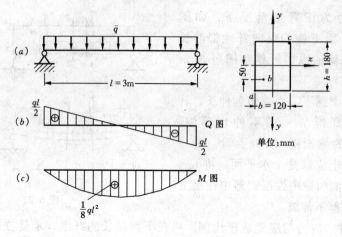

图 6.22

解：(1) 作内力图　如图（b）与图（c）。
(2) 计算应力

$$\sigma = \frac{M}{I_z} y$$

其中的 M 应取指定所求截面的 M。本例指定跨中截面，应取跨中截面弯矩

跨中：$Q_{中} = 0$

$$M_{中} = \frac{ql^2}{8} = \frac{3.5 \times 3^2}{8} = 3.94 \text{kN·m}$$

显然正应力 σ 与 z 坐标无关，只由 y 坐标值决定。指定所求三点的 y 坐标：

$$y_a = y_{max} = \frac{180}{2} = 90 \text{ mm}$$

$$y_b = 50 \text{ mm}$$

$$y_c = y_{max} = \frac{180}{2} = 90 \text{ mm}$$

坐标一律取绝对值。因为弯曲正应力的正负符号，一般都是按规则给定，如本例之前一段文字所述。是可以计算指定截面指定点的正应力：

$$\sigma_a = \frac{M_{中}}{I_z} y_a = \frac{3.94 \times 10^6}{\dfrac{120 \times 180^3}{12}} \times 90 = \frac{3.94 \times 10^6}{58.32 \times 10^6} \times 90 = 6.08 \text{MPa}$$

$$\sigma_b = \frac{M_{中}}{I_z} y_b = \frac{3.94 \times 10^6}{58.32 \times 10^6} \times 50 = 3.38 \text{MPa}$$

$$\sigma_c = \frac{M_{中}}{I_z} y_c = \frac{3.94 \times 10^6}{58.32 \times 10^6} \times 90 = -6.08 \text{MPa}$$

本例的计算有些特点：
$$M_中 = M_{\max}$$

故：$\sigma_a = \sigma_{\max} = \dfrac{M_{\max}}{I_z} y_{\max} = 6.08 \text{MPa}$

$$\sigma_c = -\sigma_{\max} = \dfrac{M_{\max}}{I_z} y_{\max} = -6.08 \text{MPa}$$

分别是本例梁中的最大和最小的正应力。

梁的最大正应力公式：
$$\sigma_{\max} = \dfrac{M_{\max}}{I_z} y_{\max}$$

令：$W_z = \dfrac{I_z}{y_{\max}}$ (6.14a)

称 W_z 为抗弯截面系数。得梁的最大正应力：
$$\sigma_{\max} = \dfrac{M_{\max}}{W_z} \tag{6.14b}$$

显然，若截面对中性轴 z 对称时：$\sigma_{\min} = -\sigma_{\max}$

应当细心，截面对中性轴 z 不对称时：$\sigma_{\min} \neq -\sigma_{\max}$

6.5.2 梁弯曲时的剪应力

梁截面上的正应力公式（6.13），是按纯弯曲时推出的，有剪力存在时正应力公式仍可采用。正应力是垂直于截面分布在截面上的。

若梁上还有剪力 Q，则应有剪应力 τ，一般假设 Q 与 τ 方向一致，剪应力 τ 平行于截面分布在截面上。关于剪应力 τ 的公式取：

$$\tau = \dfrac{Q S_z^*}{I_z b} \tag{6.15}$$

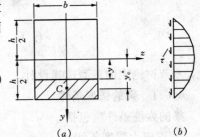

式中　Q——所求截面上的剪力；
　　　b——所求剪应力所在点处截面宽度；
　　　I_z——横截面对中性轴 z 的惯性矩；
　　　S_z^*——所求剪应力所在点的横线以上（或以下）面积 A^* 对中性轴 z 的静面矩。

图 6.23

1．取矩形截面为例分析，如图 6.23（a）。设梁在此截面处的剪力为 Q，设讨论坐标为 y 的点上剪应力 τ。

对公式（6.15）中的计算因素：
$$I_z = \dfrac{bh^3}{12}$$

$$S^* = A^* y_c^* = \left[b\left(\dfrac{h}{2} - y\right)\right]\left[y + \dfrac{\dfrac{h}{2} - y}{2}\right] = \dfrac{b}{2}\left(\dfrac{h^2}{4} - y^2\right)$$

代入（6.15）式得：

$$\tau = \frac{6Q}{h^3 b}\left(\frac{h^2}{4} - y^2\right)$$

上式为矩形截面剪应力的大小分布式,按二次抛物线分布如图(b)。中性轴上剪应力为最大:

$$\tau_{max} = \frac{6Q}{bh^3}\left(\frac{h^2}{4} - 0\right) = \frac{6Q}{4bh} = \frac{3Q}{2A}$$

即:矩形截面梁的最大剪应力:

$$\tau_{max} = \frac{3Q}{2A}$$

剪应力 τ 的方向在梁截面上与截面平行,并取和 Q 一致如图(b)中箭头所示。

2. 梁的最大剪应力。

对于常见的截面,梁的最大剪应力都出现在中性轴上,其最大剪应力公式:

矩形截面梁: $\tau_{max} = \dfrac{3Q_{max}}{2A}$ (6.16a)

圆形截面梁: $\tau_{max} = \dfrac{4Q_{max}}{3A}$ (6.16b)

工字型钢梁: $\tau_{max} = \dfrac{Q_{max}}{\left(\dfrac{I_z}{S_z}\right)b}$ (6.16c)

式中 $\dfrac{I_z}{S_z}$ ——可查型钢表;

b ——为工字型钢截面腹板的厚度,可查型钢表(附录表1)。

6.6 梁受弯时强度问题

本节讨论梁的截面选择设计。

6.6.1 梁的强度条件

梁的强度条件应包括:

1. 正应力强度条件

$$\sigma_{max} = \frac{M_{max}}{W} \leqslant [\sigma] \tag{6.17}$$

式中 $[\sigma]$ 为梁材料的许用正应力。

当截面对称于中性轴,且抗拉与抗压的许用应力相等时有:

$$[\sigma_{拉}] = [\sigma_{压}] = [\sigma]$$

这时只要用式(6.17)这个条件,不用区分抗拉或抗压的问题了。

2. 剪应力强度条件

$$\tau_{max} \leqslant [\tau] \tag{6.18}$$

式中:τ_{max} 按公式(6.16)选用,超出了常用的截面(不是圆形、矩形或I字型钢

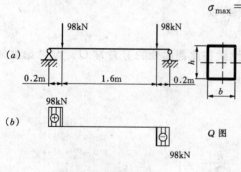

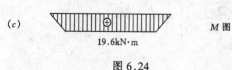

图 6.24

截面），就要运用一般的（6.15）式。式中的 $[\tau]$ 是梁材料的许用剪应力。

【例6.11】 一矩形截面简支梁，如图6.24（a），木材抗拉（抗压）许用应力 $[\sigma]$ = 10MPa，顺纹抗剪许用应力 $[\tau]$ = 2.5MPa。木梁高宽比为 $h/b = 4/3$，试设计此木梁的截面。

解：（1）求反力并绘 Q、M 图如（b）、（c）所示，得：

$$Q_{max} = 98\text{kN} \qquad M_{max} = 19.6\text{kN·m}$$

（2）按正应力强度条件设计。矩形截面：

$$W_z = \frac{I_z}{y_{max}} = \frac{bh^3}{12} \times \frac{1}{\frac{h}{2}} = \frac{bh^2}{6} = \frac{1}{6}\left(\frac{3}{4}h\right)h^2 = \frac{h^3}{8}$$

顺便指出矩形截面抗弯截面系数 $W_z = \dfrac{bh^2}{6}$，是个常用的系数应该记住。引用强度条件：

$$\sigma = \frac{M_{max}}{W_z} = \frac{19.6 \times 10^6}{h^3} \times 8 \leqslant [\sigma] = 10$$

$$得：h \geqslant \sqrt[3]{19.6 \times 10^6 \times 8/10} = 250.3\text{mm}$$

（3）按剪应力强度条件设计 引用强度条件：

$$\tau_{max} = \frac{3Q_{max}}{2A} = \frac{3 \times 98 \times 10^3}{2bh} = \frac{3 \times 98 \times 10^3}{2\left(\frac{3}{4}h\right)h} \leqslant [\tau] = 2.5$$

$$得：h \geqslant \sqrt{\frac{3 \times 98 \times 10^3}{2 \times 3 \times 2.5} \times 4} = 280\text{mm}$$

（4）设计结果

取 $h = 28\text{cm}$、$b = \dfrac{3}{4}h = 21\text{cm}$

【例6.12】 有一简支梁，已知如图6.25（a）所示。梁为 I 20a，已经查出：W_z = 220cm³、$\dfrac{I_z}{S_z}$ = 17.2cm、t = 0.7cm。试校核此钢梁的强度，钢材的 $[\tau]$ = 100MPa，$[\sigma]$ = 160MPa

解：（1）求反力并绘出 Q、M 图如（b）和（c）所示，可知危险截面：

$$Q_{min} = -88.1\text{kN}$$
$$M_{max} = 35.2 \text{ kN·m}$$

（2）按正应力强度条件计算

由式（6.17）σ_{max}

$= \dfrac{M_{max}}{W_z} = \dfrac{35.2 \times 10^6}{220 \times 10^3} = 160 = [\sigma]$（安全）

（3）按剪应力强度条件校核

由式（6.15）和式（6.16c）：

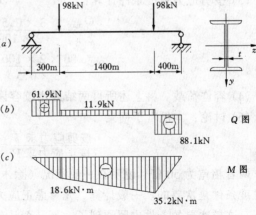

图6.25

$$\tau_{max} = \frac{Q_{max}}{\left(\frac{I_z}{S_z}\right)b} = \frac{88.1 \times 10^3}{172 \times 7} = 73.2 < [\tau] = 100\text{MPa}$$

此钢梁安全。

【例 6.13】 一矩形截面钢梁如图 6.26（a）所示，梁的尺寸已知如图。钢材的许用应力为：$[\sigma] = 160\text{MPa}$，$[\tau] = 80\text{MPa}$。试求容许荷载 P。

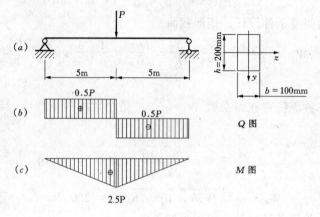

图 6.26

解：(1) 求反力并绘出 Q、M 图如（b）和（c），可知：

$$Q_{max} = 0.5P\text{kN}$$
$$M_{max} = 2.5P\text{kN}\cdot\text{m}$$

(2) 按正应力强度条件设计

$$\sigma_{max} = \frac{M_{max}}{W_z} = \frac{2.5P \times 10^6}{\frac{100 \times 200^2}{6}} \leqslant [\sigma] = 160$$

得 $\quad P \leqslant \dfrac{100 \times 200^2 \times 160}{6 \times 2.5 \times 10^6} = 42.67\text{kN}$

(3) 按剪应力强度条件计算：

$$\tau_{max} = \frac{3Q_{max}}{2A} = \frac{3 \times 0.5p \times 10^3}{2 \times 100 \times 200} \leqslant [\tau] = 80$$

得：$P \leqslant \dfrac{80 \times 2 \times 100 \times 200}{3 \times 0.5 \times 10^3} = 2133\text{kN}$

(4) 容许荷载　将上述所得两结果比较容许荷载应取 $P = 42$ kN

(5) 讨论：本例对于钢梁

$$\frac{\text{按剪应力求 } P}{\text{按正应力求 } P} = \frac{2133}{42.67} = 50$$

两者相差为 50 倍。说明在一般情况（除木材）下，正应力强度条件是主要的，剪应力强度条件是次要的。一般计算，先考虑正应力强度条件；然后再用剪应力强度条件校核一下，这样次要的条件也照顾到了。不可否认剪应力强度条件，有时次要也会变为主要。如 [例 6.11]，就是剪应力条件反而变成主要的例子。

6.6.2 提高梁抗弯强度的途径

如上述，一般梁的强度主要由正应力控制：

$$\sigma_{max} = \frac{M_{max}}{W_z} \leqslant [\sigma]$$

应通过减小 M_{max}，而提高抗弯截面系数 W_z，这两个主要手段来提高梁的抗弯强度。

1. 减小 M_{max} 的途径

(1) 适当布置梁的支座。如图 6.27 所示，图（a）和图（b）都跨越了同样的跨度 l，但图（b）的最大弯矩只有图（a）的 1/5。显然图（b）的支座布置适当一些。

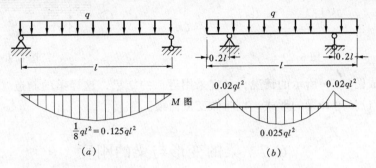

图 6.27

(2) 适当布置梁上的荷载。如图 6.28 所示，图（a）与（b）相比较，图（b）的最大弯矩仅是图（a）的 1/2。图（b）的荷载布置更得当些。

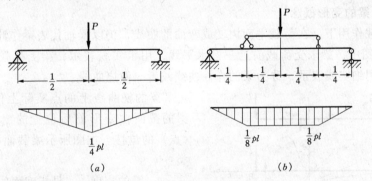

图 6.28

2. 提高抗弯截面系数

提高 W_z 的途径，一般对梁采用合理的截面形状。原则是：当截面面积相同时，应使抗弯截面系数 W_z 尽量大些。比较图 6.29，以工字形最好、矩形竖放其次、圆形截面状形最不合理。

3. 保证梁处处截面上满足 $\sigma = \dfrac{M}{W_2} = [\sigma]$，这种梁称为等强度梁，这种梁的型式最好。

例如图 6.30，图（a）为梁的计算简图，图（b）是梁的弯矩图，图（c）就是这种梁的近似的等强度梁。等强度梁的要点是梁的截面随梁的弯矩图而变化，保证 $\sigma = M/W_z = [\sigma]$ 总成立。

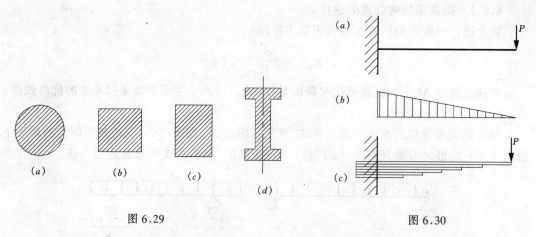

图 6.29 图 6.30

一般做成图（c）所示的情况，只宜采用近似的结果，这样梁的制造（施工）简单方便。像如图（c）这种梁的形式，也叫做变截面梁。

6.7 梁的变形与梁的刚度

杆件的材料都认为是变形的，且设杆件均处于弹性变形范围内。梁在外力（荷载）作用下产生弯曲变形，前面曾指出讨论仅限于平面弯曲，梁的轴线变形始终在纵向对称面（即荷载作用平面）内，是个平面弯曲变形的问题。

6.7.1 梁的变形概念

梁在荷载作用下，在荷载平面内变成弯曲的曲线，仍以梁轴代表梁作计算简图，如图 6.31 所示。图中，梁未受荷载前是一根水平线，用粗实线表示；梁受荷载后变成平面弯曲的曲线，用细实线表示，称为梁的弹性曲线或者叫做挠曲线。

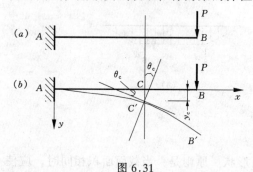

图 6.31

梁的挠曲线上的点实际上代表梁的截面。梁的截面在变形前后位置的变更，叫做截面（点）的位移。如图所示梁截面 C 的位移有两类：

1. 梁的挠度 y：是指截面的移动位移，对梁截面是竖向移动 y，既可叫做移动位移也可叫做梁的挠度。梁的挠度 y 一般以向下为正。

2. 梁的转角 θ：是指截面的转动角度 θ。梁的截面与它的轴线永远垂直（梁的平面假设），因此梁的截面转角，也就是梁点（截面）切线的转角 θ。如图（b）中 C 点的转角为 θ_c。梁的转角 θ 以顺时针转动为正，单位用弧度（rad）表示。

一般讨论梁变形的基本方法是先得出挠曲线微分方程，再运用积分法，之后才能求梁的截面位移。针对应用型人才的培养，本书避免用积分法，采用简易实用的查表法求梁的截面位移。

6.7.2 叠加法计算梁截面位移

现将由积分法所得，一些最基本的梁的截面位移，列于表 6.4 中，以备查用。表中的

EI 为梁材料的弹性模量 E 与截面惯性矩 I 之乘积。EI 越大，变形（位移）就越小，故称 EI 为梁的抗弯刚度。

简单荷载作用下等截面梁的挠曲轴线方程及最大挠度　　　　表 6.4

序号	梁的简图	挠曲轴线方程	最大挠度
1		$y = \dfrac{mx^2}{2EI}$	$y_{max} = \dfrac{mL^2}{2EI}$
2		$y = \dfrac{qx^2}{2AEI}(x^2 + 6L^2 - 4Lx)$	$y_{max} = \dfrac{qL^4}{8EI}$
3		$y = \dfrac{Px^2}{6EI}(3a - x)\ (0 \leqslant x \leqslant a)$ $y = \dfrac{Px^2}{6EI}(3x - a)\ (a \leqslant x \leqslant L)$	$y_{max} = \dfrac{Pa^2}{6EI}(3L - a)$
4		$y = \dfrac{Px^2}{6EI}(3L - a)$	$y_{max} = \dfrac{PL^3}{3EL}$
5		$y = \dfrac{Px}{12EI}\left(\dfrac{3L^2}{4} - x^2\right)$ $\left(0 \leqslant x \leqslant \dfrac{L}{2}\right)$	$y_{max} = \dfrac{PL^3}{48EI}$
6		$Y = \dfrac{Pbx}{6EIL}(L^2 - x^2 - b^2)$ $(0 \leqslant x \leqslant a)$ $y = \dfrac{Pb}{6EIL}\left[\dfrac{L}{b}(x-a)^3 + (L^2 - b^2)x - x^3\right]$ $(a \leqslant x \leqslant L)$	$y_{max} \approx y_c = \dfrac{Pb}{48EI}(3L^2 - 4b)$
7		$y = \dfrac{qx}{24EI}(L^2) - 2Lx + x^2 + x^3$	$y_{max} = \dfrac{5qL^4}{384EI}$

续表

序号	梁的简图	挠曲轴线方程	最大绕度
8	(图)	$Y = \dfrac{-Pax}{6EIL}(L^2 - x^2)(0 < x < L)$ $y = \dfrac{-P(x-L)}{6EI}$ $\times [a(3x - L) - (x - L)^2]$ $[L \leqslant x \leqslant (L + a)]$	$y_c = \dfrac{Pa^2}{3EI}(L + a)$ $y_D = \dfrac{-PaL^2}{16EI}$
9	(图)	$y = \dfrac{-qa^2 x}{12EIL}$ $(L^2 - x^2)(0 \leqslant x \leqslant L)$ $y = \dfrac{q(x-L)}{24EI}$ $\times [2a^2(3x - L)$ $+ (X - L)^2(x - L - 4a)]$ $[L \leqslant x \leqslant (L + a)]$	$y_c = \dfrac{-qa^2 L^2}{32EI}$ $y_D = \dfrac{qa^3(4L + 3a)}{24EI}$

本节介绍用叠加法计算梁的截面位移。下面分两种情况举例讨论。

1. 直接查表计算

【例 6.14】 用叠加法求图 6.32（a）所示，梁的截面位移 y_c 及 θ_A、θ_B。已知梁的抗弯刚度为 EI。

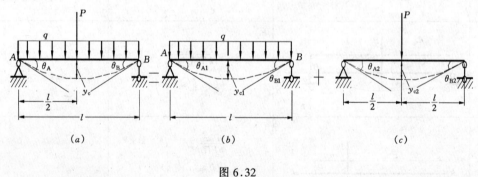

图 6.32

解：先分解图（a）为图（b）与图（c）的叠加。分解的原则是：分解荷载为简单荷载，所谓简单是指能从表 6.4 查出的荷载。如图示显然存在：图（a）的位移等于图（b）与图（c）的相应位移相叠加，而图（b）与图（c）的位移可以从表中查出。对于本题所问的位移求出如下：

$$y_c = y_{c1} + y_{c2}$$
$$= \frac{5ql^4}{384EI} + \frac{Pl^3}{48EI}(\downarrow)$$
$$\theta_A = \theta_{A1} + \theta_{A2}$$
$$\theta_B = \theta_{B1} + \theta_{B2}$$

$$= \frac{-ql^3}{24EI} + \frac{-Pl^2}{16EI} = -\theta_A$$

本例的特点是：分解后都可以直接查表。

2．间接查表计算

【例 6.15】 用叠加法计算图 6.33（a）所示悬臂梁 c 截面的位移 y_c 与 θ_C。梁的抗弯刚度为 EI。

解：先将图（a）按荷载分解，得图（b）和图（c）。图（b）中 C 截面的位移可直接查表得：

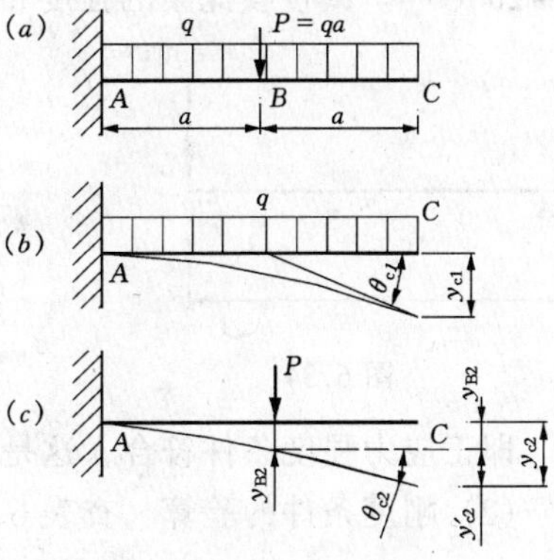

$$y_{c1} = \frac{q(2a)^4}{8EI} = \frac{2qa^4}{EI}$$

$$\theta_{c1} = \frac{q(2a)^3}{6EI} = \frac{4qa^3}{3EI}$$

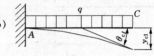

图（c）却可间接由表求出。因为图（c）中，AB 段变形为曲线，且由表可查出 B 端的位移：

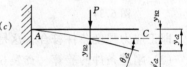

$$y_{B2} = \frac{Pa^3}{3EI} = \frac{qa^4}{3EI}$$

$$\theta_{B2} = \frac{pa^2}{2EI} = \frac{qa^3}{2EI}$$

图 6.33

而 BC 段没有受力，不变形保持为直线，可由几何关系计算。如图（c）对于小变形有简单的几何关系：

$$y_{c2} = y_{B2} + y'_{c2} = y_{B2} + a \cdot \theta_{B2}$$

$$= \frac{qa^4}{3EI} + a\left(\frac{qa^3}{2EI}\right) = \frac{5qa^4}{6EI}$$

$$\theta_{C2} = \theta_{B2} = \frac{qa^3}{2EI}$$

最后用叠加法：图（a）的变形由图（b）与图（c）叠加而得。

$$y_c = y_{c1} + y_{c2} = \frac{2qa^4}{EI} + \frac{5qa^4}{6EI} = \frac{17qa^4}{6EI}(\downarrow)$$

$$\theta_c = \theta_{c1} + \theta_{c2} = \frac{4qa^3}{3EI} + \frac{qa^3}{2EI} = \frac{11qa^3}{6EI}$$

6.7.3 梁的刚度计算

计算梁变形（位移）的目的之一，是对梁进行刚度的计算。

1．梁的刚度验算

土建工程中，对梁的最大挠度：

$$y_{\max} = f$$

通常要加以限制，以保证梁的正常工作：

$$\frac{f}{l} \leqslant \left[\frac{f}{l}\right] \tag{6.19}$$

此式称为梁的刚度条件，式中 $[f/l]$ 称为相对挠度。应用刚度条件对梁进行验算，通常称做梁的刚度计算。

【例 6.16】 已知一悬臂梁如图 6.34 所示，其截面采用 32a 型工字钢梁，查得 $I_z = 11075 \text{cm}^4$、$W_z = 692 \text{cm}^3$，许用应力 $[\sigma] = 160\text{MPa}$，许用挠度的相对值，$\left[\dfrac{f}{l}\right] = \dfrac{1}{400}$，$E = 200\text{GPa}$。试校核此梁的强度和刚度。

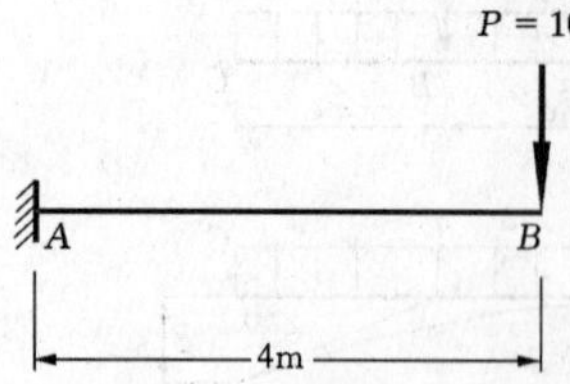

图 6.34

解：(1) 强度校核　此梁的最大弯矩容易知为：

$$M_{\max} = |-10 \times 4| = 40 \text{kN} \cdot \text{m}$$

校核

$$\sigma_{\max} = \frac{M_{\max}}{W_z} = \frac{40 \times 10^6}{692 \times 10^3} = 57.8\text{MPa} < [\sigma] = 160\text{MPa}$$

即正应力强度条件符合，这是主要的。但此题没有给出许用剪应力 $[\tau]$，故可省去。

(2) 刚度条件的验算　查表 6.4 得

$$f = y_{\max} = f_e = \frac{Pl^3}{3EI}$$

即

$$\frac{f}{l} = \frac{Pl^2}{3EI} = \frac{10 \times 10^3 \times (4 \times 10^3)^2}{3 \times 200 \times 10^3 \times 11075 \times 10^4} = \frac{1}{415} < \left[\frac{f}{l}\right] = \frac{1}{400}$$

满足刚度条件。

当梁不满足刚度条件时，通常称梁的刚度不够。对于解题，既然梁刚度条件不满足，就可按此条件解出 EI_z，由 I_z 来确定梁的截面大小增加量。即提高了梁截面抗弯刚度 EI_z，来解决刚度条件不够的问题。

2. 提高刚度的途径

对于梁的设计，应该考虑一般性提高梁刚度的措施，也与提高梁抗弯强度的途径应该一致。

(1) 适当布置梁的支座。如 6.6 节所述，这样做可减小梁的弯矩，弯矩减小了，梁的弯曲也就会减小，即可减小梁的挠度 f。

(2) 适当布置梁上的荷载。原因与上一条一致，利用减小梁的弯矩，来减小挠度。

(3) 采用梁的合理截面。如 6.6 节所说这样可提高梁的抗弯截面系数，而 $W_z = \dfrac{I_z}{y_{\max}}$，$W_z$ 提高了，I_z 也就提高了。也就是可提高梁的抗弯刚度 EI_z。

此外于此再添加一条：

(4) 在梁制作时，预先给梁制成反弯曲方向的反弯度。这样就会抵消掉一部分荷载作用下的挠度，以达到减小挠度 f 的目的。

小　结

本章内容包括截面几何性质，梁平面弯曲时的内力、应力、变形及强度条件和刚度条件。梁是工程中常见的基本构件，梁的平面弯曲是一种基本的变形形式，应用面甚为广泛。

1. 剪力和弯矩

梁的平面弯曲截面上有两种内力：剪力 Q 和弯矩 M。

计算内力的基本方法是截面法：揭示内力、规定内力的正负符号，再由平衡条件计算内力的方法，必须掌握。

直接利用荷载计算内力，是实用上有效的方法。规则是：剪力 Q 等于一侧垂直于梁的外力的代数和，左上右下为正；弯矩 M 等于一侧外力对梁轴上点的力矩的代表和，左顺右逆为正。

2. 剪力图和弯矩图

内力图是全梁各截面内力变化图形，其实质是数学中的函数图像。

用列函数法画梁的 Q、M 图是一种基本方法。在荷载分段不多时，应该掌握这种方法。依据剪力图和弯矩的特点——剪力、弯矩和荷载之间的关系，直接绘制 Q、M 图。这是一种实用上有效的方法，应熟练运用。Q、M 图在后续课程中经常遇到，是学习后续课程的一个关键性环节。画图必须精确、熟练、对剪力、弯矩和荷载之间的关系必须印象深刻。Q、M 图在本章中的用途是，分别从图中得出剪力、弯矩的最大和最小值。

3. 截面几何性质

截面几何性质内容包括：

静面矩：$S_z = y_1 A_1 + y_2 A_2 + \cdots$, $S_y = z_1 A_1 + z_2 A_2 + \cdots$

形心：$y_c = \dfrac{S_z}{A}$, $z_c = \dfrac{S_y}{A}$

惯性矩：$I_z = \Sigma y^2 \Delta A$, $I_y = \Sigma z^2 \Delta A$

计算方法：对简单截面图形可查表决定。对复杂的组合面积，可用组合面积法计算，对于：

静面矩：$S_z = y_1 A_1 + y_2 A_2 + \cdots$, $S_y = z_1 A_1 + z_2 A_2 + \cdots$

惯性矩：简单截面 $I'_z = I^i_{zc} + a_i^2 A_i$, $I^i_y = I^i_{yc} + b_i^2 A_i$

组合截面 $I_z = I_z^{\mathrm{I}} + I_z^{\mathrm{II}} + \cdots$, $I_y = I_y^{\mathrm{I}} + I_y^{\mathrm{II}} + \cdots$

截面几何性质的用途：是用于计算杆件的应力和变形。截面几何性质本身，只关系到图形的几何形状和尺寸。对于它的应用，应注意坐标轴，应用时是对形心主轴。

形心主轴。截面的竖向对称轴取为形心主轴 y，过形心而垂直于 y 轴的形心主轴为 z。z 轴即是梁的中性轴。

形心主惯性矩即是对形心主轴的惯性矩。梁的应力计算和位移计算中的 I_z，即是形心主惯性矩。

惯性半径是由形心主惯性矩 I_y 与 I_z 确定：

$$i_z = \sqrt{\dfrac{I_z}{A}}, \qquad i_y = \sqrt{\dfrac{I_y}{A}}$$

4. 梁截面上的应力，包括正应力和剪应力 τ。

$$\sigma = \dfrac{M}{I_z} y, \qquad \tau = \dfrac{Q S^*}{I_z b}$$

正应力 σ 的分布与 z 轴无关，即当 y 一定时，沿梁宽正应力 σ 均匀分布；沿梁高则随 y 直线分布，中性轴上正应力 $\sigma=0$，离中性轴越远的梁边缘点正应力 σ 绝对值最大。剪应力 τ 的分布也沿梁宽均匀不变；沿梁高则不同，在中性轴 z 上剪应力最大，离中性轴最远的梁边缘点剪应力为零。

梁截面上的最大正应力：

$$\sigma_{\max} = \frac{M_{\max}}{W_z}$$

最大剪应力：

矩形截面：$\tau_{\max} = \frac{3}{2}\frac{Q_{\max}}{A}$

工字型钢：$\tau_{\max} = \frac{Q_{\max}}{\left(\frac{I_z}{S_z}\right)t}$

圆形截面：$\tau_{\max} = \frac{4}{3}\frac{Q_{\max}}{A}$

5. 梁的变形。平面弯曲的梁，只产生在荷载作用平面内的弯曲变形，变形曲线叫梁的弹性曲线或叫梁的挠曲线。

梁的截面位移：包括挠度和转角。

梁截面位移的计算：简单荷载查表决定，复杂荷载用叠加法计算。

6. 梁的强度条件和刚度条件。梁的设计计算一般情况下，必须考虑这些条件。

正应力强度条件，一般是主要的

$$\sigma_{\max} = \frac{M_{\max}}{W_z} \leqslant [\sigma]$$

剪应力强度条件，一般是次要的

$$\tau_{\max} \leqslant [\tau]$$

刚度条件：

$$\frac{f}{l} \leqslant \left[\frac{f}{l}\right]$$

对于这些条件在作习题时，要按题的指定，再决定用那几个条件。

习 题

6.1 平面弯曲的梁受力和变形有那些特点？

6.2 平面弯曲的梁的内力 Q、M 的正负符号如何规定？

6.3 用截面法求梁内力 Q、M，为什么最好假设 Q、M 为正方向？

6.4 根据梁上的外力怎样确定梁截面内力 Q、M？

6.5 分别由左侧或右侧外力，计算梁同一截面上的 Q、M，两次计算会相同吗？为什么？

6.6 用列函数法绘制梁的 Q、M 图的步骤有哪些？

6.7 梁的剪力、弯矩和荷载之间有哪些关系？

6.8 利用梁的剪力、弯矩和荷载之间的关系作梁的 Q、M 图有哪些步骤？

6.9 矩形截面 $m-m$ 以上部分阴影面积对 z 轴的静面距和图中 $m-m$ 以下的面积对 z 轴的静面矩，两者会相同呢还是不会相同？

6.10 静面矩的计量单位为何用 mm^3 来表示？

6.11 静面矩有正、负符号吗？

6.12 惯性矩有正、负符号吗？

6.13 截面有一对称轴时，怎样确定截面的形心主轴？

6.14 写出矩形截面 $b \times h$ 的形心主惯性矩 I_z。当 $b=1$、$h=2$ 和当 $b=2$、$h=1$ 时，I_z 的值各为多少（按题 6.9 图）？两个数据大的是小的多少倍？

6.15 梁截面上一点的正应力 σ 如何计算？

6.16 要画出梁截面上正应力的分布图，最少要求出此截面上几个点的正应力？

6.17 何谓中性层？何谓中性轴？如何确定？

6.18 在负弯矩作用时，如何直接判定梁截面上点正应力的正、负符号？

6.19 为什么矩形截面梁的高度要大于宽度呢？

6.20 梁的挠度和转角指什么？其正、负是如何规定的？

题 6.9 图示

6.21 略述提高梁的强度和刚度的措施。

6.22 若有受力情况、跨度和横截面都完全相同的钢梁和木梁，其内力及内力图是否相同？其对应点的正应力和剪应力是否相同？其挠度是否相同？

6.23 用截面法并截取出脱离体，计算下列各梁指定截面上的内力。

6.24 直接利用荷载计算内力。试求出下列各梁指定截面上的内力。

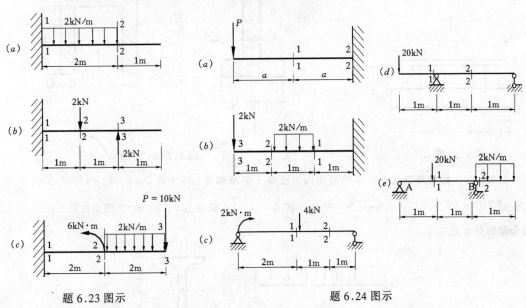

题 6.23 图示　　　　题 6.24 图示

6.25 用列函数方程法画图示各梁的剪力图与弯矩图。并求出 $|Q_{max}|$ 与 $|M_{max}|$。

6.26 试依据 Q、M 图的特点绘制图示各梁的 Q、M 图。并求出 $|Q_{max}|$ 与 $|M_{max}|$。

6.27 起吊一根自重为 q N/m 的等截面梁，问吊装时吊点 A、B 应在何处？才能使梁中点处和吊点处的弯矩绝对值相等。

6.28 计算图示各截面图形的形心位置。

6.29 计算图示各截面对形心主轴的惯性矩。

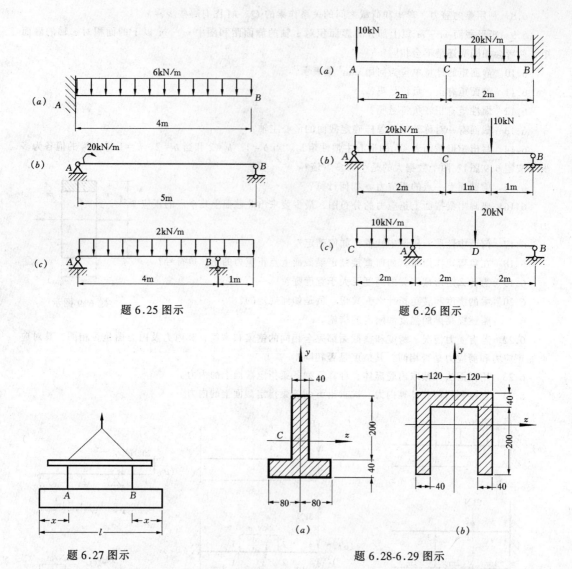

题 6.25 图示 　　　　　　　　题 6.26 图示

题 6.27 图示 　　　　　　　　题 6.28-6.29 图示

6.30 工字型钢筒支梁受匀布荷载作用，已知工字形截面：$A = 76.3 \text{cm}^2$、$I_z = 15760 \text{cm}^4$、$W_z = 875 \text{cm}^3$、$\dfrac{I_z}{S_z} = 30.7 \text{cm}$、$t = 1.0 \text{cm}$、$h = 36 \text{cm}$。试求：（1）1-1 截面上 a、b、c、d 四点处的正应力。（2）求全梁的最大正应力。

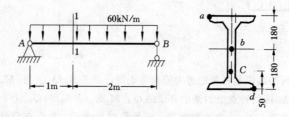

题 6.30 图示

6.31 试求下列各梁的最大正应力。已知工字形截面：$I_z = 21720 \text{ cm}^4$、$W_z = 1090 \text{cm}^3$、$h = 40 \text{cm}$。

6.32 题 6.31 各梁的最大剪应力。已知 I 字形截面：$A = 86.1 \text{ cm}^2$、$I_z = 21720 \text{ cm}^4$、$W_z = 1090$

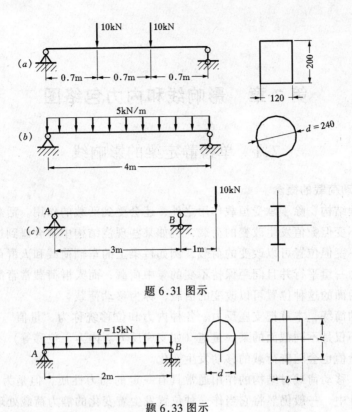

题 6.31 图示

题 6.33 图示

cm^3、$\dfrac{I_z}{S_z}=34.1cm$、$t=1.65$ cm、$h=40cm$。

6.33 简支梁受力如图,材料的容许应力 $[\sigma]=160MPa$、$[\tau]=80$ MPa,(1)试按正应力强度条件选择两种截面,其中矩形截面令 $h=2b$ 计算。(2) 比较两种截面的 $\dfrac{W}{A}$,以说明何种截面形状好。(3) 校核剪应力强度。

6.34 矩形截面木梁,其截面尺寸及荷载如图所示,$q=1.3kN/m$、$[\sigma]=10MPa$、$[\tau]=2MPa$,试校核梁的强度。

6.35 工字型钢悬臂梁如图所示,梁的许用挠度 $\left[\dfrac{f}{l}\right]=\dfrac{1}{400}$,若选择工字钢的型号为 $20a$,试校核其钢度。工字钢截面有关数据附于题后。

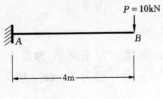

题 6.34 图示

题 6.35 图示

表题 6.13

型号	I_z (cm⁴)	W_z (cm³)	$\dfrac{I_z}{S_z}$ (cm)	腹板厚 (cm)
20a	2370	237	17.2	0.7

第 7 章 影响线和内力包络图

7.1 单跨静定梁的影响线

7.1.1 移动荷载的概念

一般的工程结构,除了承受恒载作用之外,还会受到活载的作用。活载分为两种:一种是位置保持不变但数值发生改变的荷载,例如某些现浇结构中常会碰到这种荷载。另一种是数值保持不变但位置可以改变的荷载,例如桥梁上的车辆荷载和人群荷载,其中车辆荷载常常简化为一组平行并且间距保持不变的集中荷载,而人群荷载常常简化为连续分布的均布荷载。后面的这种位置可以改变的活载,称为移动荷载。

为了叙述的简练,本章把支座反力、各种内力和位移统称为"量值"。在移动荷载的作用下,结构不仅是不同截面的某一量值(如支座反力、内力、位移等)不同,而且,同一截面的某一量值也会随着荷载的移动发生变化。

严格地说,移动荷载对结构的作用通常具有一定的动力性质,但是为了计算的方便,在工程结构设计中,一般仍然将它当作一种位置发生着变化的静力荷载处理,对其动力效应则是转化为等效静力荷载来表示。

本章的重点是讨论结构的内力在移动荷载作用下的变化规律,以及使结构的某个内力或支座反力达到最大值的荷载位置。

7.1.2 影响线的概念

典型的移动荷载是单位移动荷载 $P=1$,它是各种移动荷载中最基本的元素,只要找出单位移动荷载作用下某量值的变化规律,根据叠加原理,就可以解决各种移动荷载作用下该量值的计算问题以及确定荷载最不利位置。

表示单位移动荷载作用下某量值变化规律的图形,称为该量值的影响线,它是讨论移动荷载作用的基本工具。如果该量值为结构的内力,则称为内力影响线。

7.1.3 单跨静定梁的影响线

1. 简支梁的影响线

(1) 反力影响线

如图 7.1(a) 所示,假定 $P=1$ 为单位移动荷载,取梁的左支座 A 为原点,设荷载 P 的作用点到 A 的距离为 x,当荷载由 A 移动到 B 时,x 由 0 变为 l。设支座反力 R_B 向上为正,由简支梁的平衡条件可得:

$$\Sigma M_A = 0,$$

$$R_B = \frac{x}{l} \times P = \frac{x}{l}(0 \leqslant x \leqslant l)$$

它是关于 x 的一次函数,称之为支座反力 R_B 的影响线方程。如果以横坐标 x 表示活载的作用位置,纵坐标 Y 表示当活载作用在此位置时对应的 R_B 值,则可以由上述影响

线方程画出 R_B 的影响线。画图时，一般规定纵坐标正值画在 x 轴的上方，并且在图上标明正、负号，如图 7.1（b）所示。

R_B 影响线上某一位置处的纵坐标含义是：当单位移动荷载 $P=1$ 作用于该位置时，对应的支座反力 R_B 的值。

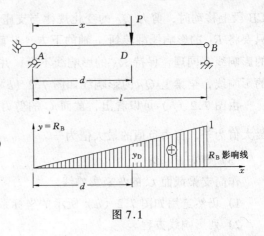

图 7.1

思考题 7.1

图 7.1（b）中的 Y_D 的含义是什么？试通过 R_B 的影响线分析单位移动荷载 $P=1$ 移动到什么位置时，反力 R_B 的值最大？

思考题 7.2

画出支座反力 R_A 的影响线，并与反力 R_B 的影响线作比较。

(2) 剪力影响线

作简支梁截面 C 的剪力影响线。

如图 7.2（a）所示，取梁的左支座 A 为原点，设荷载 P 的作用点到 A 的距离为 x。

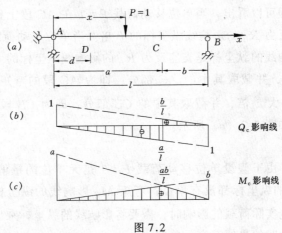

图 7.2

1) 建立如图 7.2（a）所示的坐标系。

2) 列影响线方程

由材料力学的知识可知，当单位移动荷载 $P=1$ 分别作用于 C 点以左或以右时，剪力 Q_C 的表达式是不同的。

当单位移动荷载 $P=1$ 在 AC 段上移动时，由截面法可得：

$$Q_C = -R_B \quad (0 \leqslant x \leqslant a)$$

当单位移动荷载 $P=1$ 在 CB 段上移动时，由截面法可得：

$$Q_C = R_A \quad (a \leqslant x \leqslant l)$$

3) 画影响线图

由上述影响线方程可以看出，当单位移动荷载 $P=1$ 在 AC 段上移动时，剪力 Q_C 的变化规律与支座反力 R_B 在此段的变化规律相同，但符号相反。当单位移动荷载 $P=1$ 在

CB 段上移动时，剪力 Q_C 的变化规律与支座反力 R_A 在此段的变化规律完全相同。因此，只要将 R_B 的影响线翻转到 x 轴的下方，并截取其中 AC 段的图形，即得到 AC 段上 Q_C 的影响线。同理，保持 R_A 的影响线不变，并截取其在 CB 段的图形，即得到 CB 段上 Q_C 的影响线，全梁上 Q_C 的影响线如图 7.2（b）所示。

由图 7.2（b）可以看出，截面 C 的剪力影响线由两条平行线组成，其中剪力正值的最大值为 $\dfrac{b}{l}$，剪力负值的最大值为 $\dfrac{a}{l}$。

（3）弯矩影响线

作简支梁截面 C 的弯矩影响线。

1）仍然选用如图 7.2（a）所示的坐标系。

2）列影响线方程。

当单位移动荷载 $P=1$ 在 AC 段上移动时，由截面法可得：
$$M_C = R_B \times b \quad (0 \leqslant x \leqslant a)$$

当单位移动荷载 $P=1$ 在 CB 段上移动时，由截面法可得：
$$M_C = R_A \times a \quad (a \leqslant x \leqslant l)$$

3）画影响线图

由上述影响线方程可以看出，当单位移动荷载 $P=1$ 在 AC 段上移动时，弯矩 M_C 影响线的纵坐标是支座反力 R_B 的影响线纵坐标的 b 倍。当单位移动荷载 $P=1$ 在 CB 段上移动时，弯矩 M_C 影响线的纵坐标是支座反力 R_A 的影响线纵坐标的 a 倍。因此，只要将 R_B 的影响线扩大 b 倍，并截取其中的 AC 部分，即为 AC 段的弯矩 M_C 影响线。同理，只要将 R_A 的影响线扩大 a 倍，并截取其中的 CB 部分，即为 CB 段的弯矩 M_C 影响线，全梁上 M_C 的影响线如图 7.2（c）所示。

注意：

以上作影响线时，由于假设单位移动荷载 $P=1$ 是无单位的量值，故支座反力 R_A、R_B 和剪力 Q_C 影响线的纵坐标都没有单位；弯矩 M_C 影响线的纵坐标的单位是米（m）。但是，利用影响线讨论实际荷载的影响时，需要将影响线的纵坐标乘以实际荷载，则必须将荷载的单位计入，此时的量值有实际单位。

由以上几例，可以总结出绘制影响线的基本步骤如下：

1）设定变量 x，建立合理的坐标系。

2）利用静力平衡条件，导出所求量值的影响线方程。

3）根据影响线方程式画影响线。

2．外伸梁的影响线

如图 7.3（a）所示的外伸梁，分别作支座反力 R_A、R_B 和剪力 Q_C、Q_D 的影响线。

（1）反力 R_A、R_B 影响线

1）以 A 为原点，以单位移动荷载 $P=1$ 的作用点到支座 A 的距离 x 为变量，选取如图 7.3（a）所示的坐标系。

2）列影响线方程

当单位移动荷载 $P=1$ 作用于梁上的任一位置时，由静力平衡方程可得：

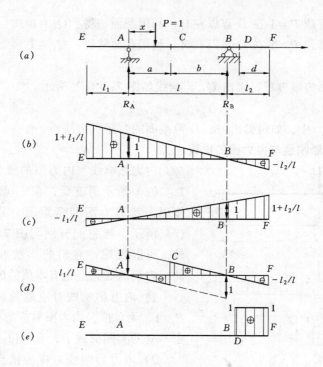

图 7.3
(a)、(b) R_A 的影响线；(c) R_B 的影响线；
(d) Q_C 的影响线；(e) Q_D 的影响线

$$\left. \begin{array}{l} R_A = \dfrac{l-x}{l} \\ R_B = \dfrac{x}{l} \end{array} \right\} \quad (-l_1 \leqslant x \leqslant l+l_2)$$

3) 画影响线

由上述过程可见，A、B 两处反力影响线方程与简支梁的相同，只是单位移动荷载 $P=1$ 的作用范围比简支梁的大，因此，可以通过简支梁的相应部分的图形向两边的外伸部分延长，即可得到整个外伸梁的影响线。R_A、R_B 的影响线分别如图 7.3(b)、(c) 所示。

(2) 跨中部分各截面的剪力影响线

以 C 截面的剪力影响线为例。

1) 仍然选取如图 7.3(a) 所示的坐标系。

2) 列影响线方程

当单位移动荷载 $P=1$ 在 C 点以左时，利用截面法得：$Q_C = -R_B$

当单位移动荷载 $P=1$ 在 C 点以右时，利用截面法得：$Q_C = R_A$

3) 画影响线

与简支梁的剪力影响线的作法类似，画出 Q_C 影响线如图 7.3(d) 所示。

(3) 外伸部分各截面的剪力影响线

以 D 截面的剪力影响线为例。

1) 仍然选取如图 7.3(a) 所示的坐标系。

2) 列影响线方程

当单位移动荷载 $P=1$ 在 D 点以左时，利用截面法得：$Q_D=0$
当单位移动荷载 $P=1$ 在 D 点以右时，利用截面法得：$Q_D=1$

3）画影响线

利用以上的影响线方程，画出 Q_D 影响线如图 7.3（e）所示。

思考题 7.3

在图 7.3（a）中，如何做出 C、D 两截面的弯矩影响线？

7.1.4 内力影响线与内力图的比较

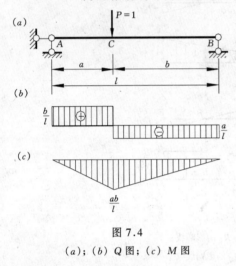

图 7.4
（a）；（b）Q 图；（c）M 图

内力影响线与内力图的概念不能混淆，如图 7.4（a）所示简支梁，在 C 点有固定荷载 $P=1$ 作用，其剪力图和弯矩图分别如图 7.4（b）、（c）所示。将它们分别与图 7.2（b）、（c）比较，可以发现，它们的形状并不相同，不仅如此，它们的概念上也有本质的区别：

1）内力影响线对应的荷载是单位移动荷载 $P=1$，无单位。内力图对应的荷载是作用位置固定不变的实际荷载 P，有单位。

2）内力影响线对应的横坐标表示单位移动荷载 $P=1$ 不同的作用位置。内力图对应的横坐标表示不同的截面位置。

3）内力影响线对应的纵坐标表示单位荷载 $P=1$ 移动到某一位置时，指定截面相应的内力值。内力图对应的纵坐标表示，在固定荷载的作用下该位置处截面上的内力值。

思考题 7.4

在理解内力影响线与内力图的概念时，其中有哪些量是变量？哪些量是不变的？相关各量的本质含义是什么？

7.2 影响线的应用

7.2.1 利用影响线求反力和内力的数值

作影响线时，用的是单位移动荷载 $P=1$，根据叠加原理，可利用影响线求实际荷载作用下产生的某量值。

1．一组集中荷载作用的情况

（1）一个集中荷载作用

以简支梁为例，计算指定截面上的弯矩值

如图 7.5（a）所示的简支梁 AB，承受一位置固定的集中荷载 P 的作用，其截面 C 的弯矩值 M_C 可以通过影响线求得。基本步骤是：

1）画出截面 C 的 M_C 影响线，如图 7.5（b）所示。

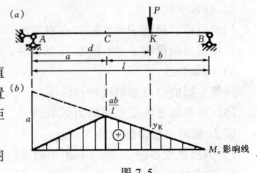

图 7.5

2) 计算荷载 P 的作用位置处在 M_C 影响线上对应的纵坐标值 y_K。按照图上的比例关系，可得：$y_k = \dfrac{a(l-d)}{l}$

3) 计算截面 C 的弯矩值 M_C

根据叠加原理，可得：

$$M_C = P \times y_k = P \times \dfrac{a(l-d)}{l}$$

(4) 一组集中荷载作用

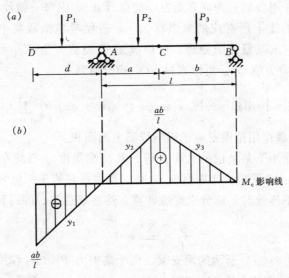

图 7.6

以外伸梁为例，计算指定截面上的弯矩值。如图 7.6（a）所示的外伸梁 AB，承受一组位置固定的集中荷载 P_1、P_2、P_3 的作用，其截面 C 的弯矩值 M_C 也可以通过影响线求得，与以上的方法类似，基本步骤是：

1) 画出截面 C 的 M_C 影响线，如图 7.6（b）所示。

2) 分别计算三个荷载 P_1、P_2、P_3 的作用位置处，在 M_C 影响线上对应的纵坐标值 y_1、y_2、y_3。

3) 计算截面 C 的弯矩值 M_C。

根据叠加原理，可得：

$$M_C = P_1 y_1 + P_2 y_2 + P_3 y_3$$

上述的结果可以推广到 N 个荷载（P_1、P_2、$P_3 \cdots P_n$）作用的情况，只要画出结构某一量值的影响线，并求出各荷载作用位置处，在影响线上对应的纵坐标值 y_1、y_2、$y_3 \cdots y_n$，则该量值 Z 为：

$$Z = P_1 y_1 + P_2 y_2 + P_3 y_3 + \cdots + P_n y_n$$

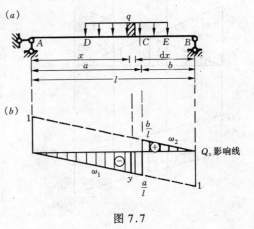

图 7.7

$$= \sum_{i=1}^{n} P_i y_i \tag{7.1}$$

利用上式求某量值,式中是求代数和,需注意坐标值的正、负号。

2. 分布荷载作用的情况

如图 7.7(a)所示的简支梁 AB,承受一均布荷载 q 的作用,其截面 C 的剪力值 Q_C 可以通过影响线求得,基本步骤是:

(1) 画出截面 C 的 Q_C 影响线,如图 7.7(b)所示。

(2) 将均布荷载作用段划分为许多无穷小的微段 dx,则每一微段上的荷载 qdx 可视为集中荷载,它在影响线上所对应的纵坐标为 y。若仅考虑微段集中荷载 qdx 的作用,由前面集中荷载作用时求某量值的原理,可得截面 C 的剪力值 $dQ_C = y \cdot q dx$。全部均布荷载作用下截面 C 的剪力值 Q_C,可以通过 dQ_C 积分得到:

$$Q_C = \int_D^E yq dx = q\int_D^E y dx = q\omega = q\omega_1 + q\omega_2 = \sum_{i=1}^{2} q_i \omega_i$$

式中 ω_i 是均布荷载作用范围对应于影响线图上的面积。

可见,均布荷载作用下某量值的大小,等于其荷载集度 q 与均布荷载作用范围对应于影响线图上的面积 ω_i 的乘积。计算面积 ω_i 时,要注意它的正、负号。如果梁上作用的分布荷载集度不同或不连续时,应分别逐段计算,然后求总和,即得到某量值的大小:

$$Z = \sum_{i=1}^{n} q_i \omega_i \tag{7.2}$$

【例 7.1】 如图 7.8(a)所示的简支梁,两个集中力 P_1、P_2 作用于梁上,试利用影响线计算梁的中点截面 C 的弯矩 M_C 和剪力 Q_C。

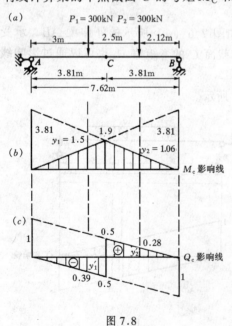

图 7.8

解:(1) 计算截面 C 的弯矩 M_C

1) 画出 M_C 影响线如图 7.8(b)所示。

2) 计算 P_1、P_2 作用点处对应于 M_C 影响线图上的纵坐标值 y_1、y_2。

$$y_1 = \frac{3.81}{7.62} \times 3 = 1.50 \text{m}$$

$$y_2 = \frac{3.81}{7.62} \times 2.12 = 1.06 \text{m}$$

3) 计算 M_C

$M_C = P_1 y_1 + P_2 y_2 = 300 \times 1.50 + 300 \times 1.06 = 768 \text{ kN} \cdot \text{m}$

(2) 计算截面 C 的剪力 Q_C

1) 画出 Q_C 影响线如图 7.8(c)所示。

2) 计算 P_1、P_2 作用点处对应于 Q_C 影响线图上的纵坐标值 y'_1、y'_2。

$$y'_1 = -\frac{1}{7.62} \times 3 = -0.39$$

$$y'_2 = \frac{1}{7.62} \times 2.12 = 0.28$$

3) 计算 Q_C

$$Q_C = P_1 y'_1 + P_2 y'_2 = 300 \times (-0.39) + 300 \times 0.28 = -33\text{kN}$$

【例 7.2】 如图 7.9（a）所示的简支梁受均布荷载 q 的作用，试利用影响线计算截面 C 的剪力 Q_C。

解：(1) 画出 Q_C 影响线如图 7.9(b) 所示。

(2) 计算均布荷载 q 作用范围对应于 Q_C 影响线图上的面积，正号部分的面积以 ω_1 表示，负号部分的面积以 ω_2 表示，则

$$\omega_1 = \frac{1}{2} \times \frac{2}{3} \times 4 = \frac{4}{3}$$

$$\omega_2 = \frac{1}{2} \times \left(-\frac{1}{3}\right) \times 2 = \left(-\frac{1}{3}\right)$$

(3) 计算 Q_C

$$Q_C = q\omega_1 + q\omega_2 = 20 \times \frac{4}{3} + 20 \times \left(-\frac{1}{3}\right) = 20\text{kN}$$

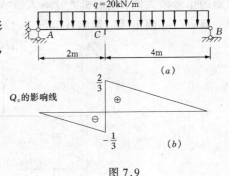

图 7.9

7.2.2 利用影响线确定荷载的最不利位置

若荷载移动到一特定的位置时，某量值达到它的最大值，则荷载所在的这一位置称为该荷载的最不利位置，影响线的一个重要作用就是用来确定此位置。

1. 一般原则

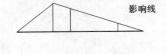
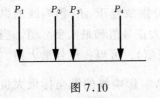

图 7.10

在具体计算之前，先对影响线和荷载的特点进行分析，可以帮助确定荷载的最不利位置，一般原则是：把数量大、排列紧密的荷载放在影响线图上纵坐标绝对值较大的位置，例如：

(1) 如果移动荷载是单个集中荷载，则荷载的最不利位置是它作用于影响线的纵坐标最大正值或最大负值所对应的位置，这两个位置分别对应着某量值的最大正号值和最大负号值。

(2) 如果移动荷载是一组集中荷载，则荷载处于最不利位置时，必定有一个集中荷载作用于影响线的顶点位置，如图 7.10 所示。这种情况，一般采用试算法，在后面临界荷载的相关内容中将进一步讨论。

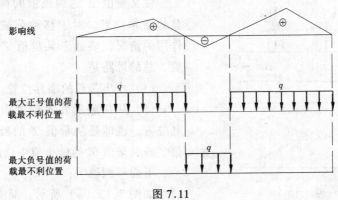

图 7.11

(3) 如果移动荷载是均布荷载，并且可以任意断、续布置（如人群荷载、某些货物荷载等），则荷载处于最不利位置时，必定是荷载布满影响线的正号部分（求最大正号值时），或是荷载布满影响线的负号部分（求最大负号值时），如图 7.11 所示

【例 7.3】 如图 7.12（a）所示外伸梁，受一移动集中荷载 P 的作用，试求 C 截面弯矩的正号最大值 M_{Cmax} 和负号最大值 M_{Cmin}。

解：（1）画出 M_C 影响线如图 7.12（b）所示。

$$|y_E| > |y_D|$$

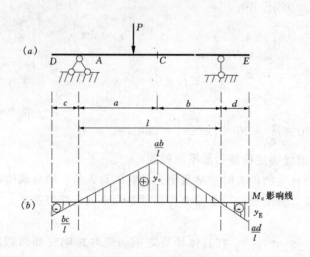

图 7.12

（2）计算 C 截面弯矩的正号最大值 M_{Cmax} 和负号最大值 M_{Cmin}。

由于简支梁受单个移动集中荷载的作用，只要将荷载 P 分别放置于 M_C 影响线的纵坐标最大正值或最大负值所对应的位置，便可以求出 M_C 的最大正号值和最大负号值。当移动荷载 P 作用于 C 截面处（对应 M_C 影响线的纵坐标最大正值），可得：正号最大值 $M_{Cmax} = P \times y_c = \dfrac{Pab}{l}$，当移动荷载 P 作用于 E 截面处（对应 M_C 影响线的纵坐标最大负值），负号最大值 $M_{Cmin} = P \times y_E = \dfrac{-Pad}{l}$

2. 临界位置与荷载的最不利位置

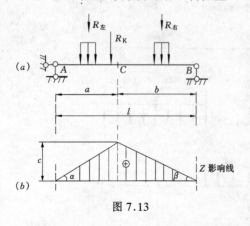

图 7.13

使某量值 Z 达到极值的荷载位置，称为荷载的临界位置。对于移动荷载是一组集中荷载作用的情况，要确定某量值 Z 的荷载最不利位置，总的思路是：

（1）找出荷载的临界位置。

（2）从荷载的临界位置中选出荷载的最不利位置。也即是从量值 Z 的极大值中选出最大值，或从量值 Z 的极小值中选出最小值。

下面举例说明：

如图 7.13（a）所示，简支梁上受一组移动

集中荷载作用，这些荷载的大小、间距保持不变。

图7.13(b)是C截面某量值Z的影响线。在这组移动荷载中选定一个荷载P_K，将它置于量值Z的影响线的顶点位置上。若该位置能使Z有极大值，则无论荷载向左或是向右移动，都会使Z值减小，即：$\Delta Z<0$

P_K左边荷载的合力以$R_左$表示，P_K右边荷载的合力以$R_右$表示。此时，荷载P_K称为临界荷载。

若使这组荷载向右边移动，则P_K也将移动到Z的影响线顶点之右，设Δx以向右为正。此时，影响线纵坐标的改变量在顶点的左边和右边分别为：

$$\Delta y_左 = \Delta x \cdot \mathrm{tg}\alpha \quad \Delta y_右 = -\Delta x \cdot \mathrm{tg}\beta$$

$$\begin{aligned}\Delta Z_1 &= R_左 \cdot \Delta y_左 + (P_K + R_右) \cdot \Delta y_右 \\ &= R_左 \cdot \Delta x \cdot \mathrm{tg}\alpha - (P_K + R_右) \cdot \Delta x \cdot \mathrm{tg}\beta \\ &= \Delta x[R_左 \cdot \mathrm{tg}\alpha - (P_K + R_右) \cdot \mathrm{tg}\beta] < 0\end{aligned}$$

又$\Delta x > 0$，所以

$$R_左 \cdot \mathrm{tg}\alpha - (P_K + R_右) \cdot \mathrm{tg}\beta < 0 \qquad ①$$

若将P_K置于量值Z的影响线的顶点位置后，使这组荷载向左边移动时$(-\Delta x)$，则P_K也将移动到Z的影响线顶点之左，此时

$$\begin{aligned}\Delta Z_2 &= (P_K + R_左) \cdot (-\Delta x)\mathrm{tg}\alpha - R_右 \cdot (-\Delta x)\mathrm{tg}\beta \\ &= -\Delta x[(P_K + R_左)\mathrm{tg}\alpha - R_右 \mathrm{tg}\beta] < 0\end{aligned}$$

故

$$(P_K + R_左)\mathrm{tg}\alpha - R_右 \mathrm{tg}\beta > 0 \qquad ②$$

由①、②两式得：

$$\left.\begin{array}{l} R_左 \cdot \mathrm{tg}\alpha < (P_K + R_右) \cdot \mathrm{tg}\beta \\ (R_左 + P_K) \cdot \mathrm{tg}\alpha > R_右 \cdot \mathrm{tg}\beta \end{array}\right\} \qquad ③$$

而

$$\mathrm{tg}\alpha = \frac{c}{a} \qquad \mathrm{tg}\beta = \frac{c}{b}$$

将它们代入③式得：
$$\left.\begin{array}{l} \dfrac{R_左}{a} < \dfrac{P_K + R_右}{b} \\ \dfrac{P_K + R_左}{a} > \dfrac{R_右}{b} \end{array}\right\} \qquad (7.3)$$

方程式(7.3)是比较常见的三角形影响线的判别式，它是试算法确定荷载的最不利位置时，临界荷载必须满足的条件。

综上所述，一组移动集中荷载作用下，确定荷载的最不利的位置的基本步骤是：

(1) 从荷载中选定一个集中力P_K，使它位于影响线的顶点上。

(2) 利用方程式(7.3)判定临界位置，相应的荷载P_K称为临界荷载。

(3) 对每一个临界位置可求出某量值Z的一个极值，然后从各个极值中选择出最大值或最小值，此值所对应的荷载位置即是荷载的最不利位置。

应用(7.3)式时，必须强调两点：

(1) 影响线必须是三角形的图形

(2) 若一组荷载中，不仅一个P_K能满足条件，则应分别计算出Z的各个极值，并从Z的极大值中选出最大值，或从Z的极小值中选出最小值，而该值所对应的荷载的位置

就是最不利荷载位置。

【例7.4】 如图7.14（a）所示简支梁 AB，承受一车队荷载，求截面 C 的最大弯矩。

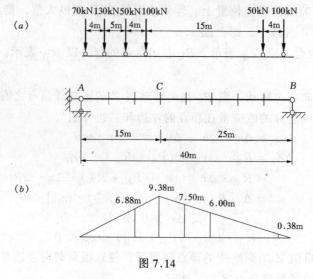

图 7.14

解：(1) 画 M_C 的影响线如图 7.14（b）所示。

(2) 若假定 $P_K = 130$ kN 为临界荷载，将它置于影响线的顶点处，车队向左行进，由式（7.3），有

$$\frac{70}{15} < \frac{130 + 300}{25}$$

$$\frac{70 + 130}{15} > \frac{300}{25}$$

可见，此时的荷载位置即为临界位置，对应的 M_C 值为：
$M_C = 70 \times 6.88 + 130 \times 9.38 + 50 \times 7.5 + 100 \times 6 + 50 \times 0.38 = 2694$ kN·m

(3) 若仍假定 $P_K = 130$ kN 为临界荷载，将它置于影响线的顶点处，车队向右行进，如图 7.15 所示，由式（7.3），有

$$\frac{150}{15} < \frac{130 + 220}{25} \qquad \frac{150 + 130}{15} > \frac{220}{25}$$

可见，此时的荷载位置也为临界位置，对应的 M_C 值为：
$M_C = 100 \times 3.75 + 50 \times 6.25 + 130 \times 9.38 + 70 \times 7.88 + 100 \times 2.25 + 50 \times 0.75 = 2720$ kN·m

比较（2）、（3）中的结果，可知 M_C 的最大值为 2720 kN·m，且图 7.15 中所示的荷载位置为最不利的荷载位置。

3. 连续梁活载的最不利布置规律

连续梁是工程中常用的一种结构，它所承受的荷载包含恒载和活载，对于特定的截面，由恒载产生的弯矩保持不变，活载产生的弯矩则会随着活载分布的不同而变化。为了保证结构的安全，就需要研究活载在哪些分布情况下，梁的跨中或支座将产生最大的内力，即找到连续梁活载的最不利位置。找到某量值相应的活载的最不利位置后，就可以求活载作用下该量值的最大正值或最大负值，再加上恒载作用时该截面对应的量值，便可以

得到恒载和活载共同作用时该量值的最大正值或最大负值。

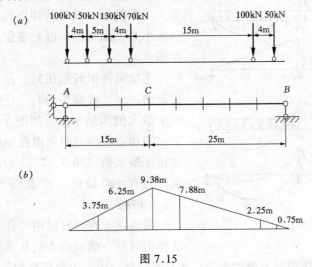

图 7.15

要注意的是当活载布满各跨时,并不是连续梁的荷载最不利位置,连续梁活载最不利布置的基本规律是:

(1) 求跨中截面最大正弯矩时的活载布置位置

本跨布满活载,其余各跨每隔一跨布满活载。如图 7.16（b）、（c）所示。

(2) 求支座处截面的最大负弯矩时的活载布置位置

在该支座的左右邻跨布满活载,其余各跨每隔一跨布满活载。如图 7.16（d）、（e）、（f）、（g）所示。

(3) 求支座的左右邻侧截面的最大剪力（绝对值）时的活载布置位置

在该支座的左右邻跨布满活载,其余各跨每隔一跨布满活载,与 (2) 中的规律相同。如图 7.16（d）、（e）、（f）、（g）所示。

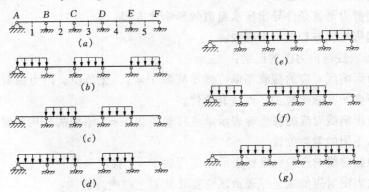

图 7.16

7.3 连续梁内力包络图的概念

连续梁是桥梁、房建工程中应用较多的一种结构。用力矩分配法可以很方便地求出连续梁在恒载作用下的内力。实际上,连续梁除受恒载作用外,还会受活载作用,如风荷

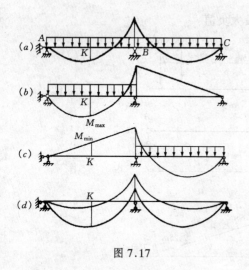

图 7.17

载、雪荷载、移动的人群、吊车梁上的吊车、桥梁上的车辆等。活载的特点是作用时间、作用点和大小是不固定的。因此在设计时就需要考虑这些因素。

连续梁在恒载作用时,任一截面的内力值是固定的。但在活载作用时,任一截面的内力必有一个最大值和最小值。如图 7.17(a)所示连续梁,当均布的活荷载作用在 AB 跨时,K 截面的弯矩是最大值(图 7.17(b))。而当均布的活荷载作用在 BC 跨时,K 截面的弯矩是其最小值(图 7.17c)。

将连续梁在恒载作用时任一截面的内力与活载作用时同一截面内力的正值叠加,即为该截面在恒载和活载共同作用时的最大内力;而与同一截面内力的负值叠加,即为该截面的最小内力。将所有截面的最大内力和最小内力求出后,分别连以曲线,叫连续梁的内力包络图。图 7.17(d)为两跨连续梁弯矩包络图的示意图。显然,连续梁在恒载和活载共同作用时,任一截面的弯矩值必在两曲线之间。可见,包络图是结构设计的重要依据。

小 结

本章主要讨论移动荷载作用下结构的计算问题,影响线是移动荷载作用下结构分析的基本工具。

1. 影响线是单位移动荷载 $P=1$ 作用下,某量值变化规律的图形。
2. 绘制影响线的基本步骤:
(1) 设定变量 x,建立坐标系。
(2) 利用静力平衡条件导出所求量值的影响线方程。
(3) 根据影响线方程画出影响线。
3. 内力影响线与内力图的区别:
(1) 内力影响线对应的荷载是单位移动荷载 $P=1$,无单位。内力图对应的荷载是作用位置固定不变的实际荷载 P,而且有单位。
(2) 内力影响线对应的横坐标表示单位移动荷载 $P=1$ 不同的作用位置。内力图对应的横坐标表示不同的截面位置。
(3) 内力影响线对应的纵坐标表示单位荷载 $P=1$ 移动到某一位置时,指定截面相应的内力值。内力图对应的纵坐标表示该位置处截面上的内力值。
4. 利用影响线确定各种固定荷载作用下的相关量值
(1) 一组集中荷载作用时

$$Z = P_1 y_1 + P_2 y_2 + P_3 y_3 + \cdots + P_n y_n = \sum_{i=1}^{n} P_i y_i$$

(2) 分布荷载作用时 $Z = \sum_{i=1}^{n} q_i \omega_i$

利用上式求某量值，式中是求代数和，需注意坐标值的正、负号。

5．利用影响线确定移动荷载的最不利位置

结构设计中通常需要求出结构中某量值的最大正值或最大负值，这就需要确定移动荷载的最不利位置。

（1）如果移动荷载是可以任意断、续布置的均布荷载，则荷载处于最不利位置时，必定是荷载布满影响线的正号部分，或是负号部分。

（2）如果移动荷载是单个集中荷载，则荷载的最不利位置是它作用于影响线的纵坐标为最大正值或负值时对应的位置。

（3）如果移动荷载是一组集中荷载，首先要确定荷载的临界位置，这种情况一般采用试算法，总的思路是：

1）找出荷载的临界位置。

2）从荷载的临界位置中选出荷载的最不利位置。

确定荷载的临界位置时，临界荷载必须满足的条件：
$$\left.\begin{array}{l}\dfrac{R_{左}}{a}<\dfrac{R_K+R_{右}}{b}\\\dfrac{P_K+R_{左}}{a}>\dfrac{R_{右}}{b}\end{array}\right\}$$

此式是比较常见的三角形影响线的判别式。

6．连续梁活载的最不利布置的基本规律

连续梁是工程中常用的一种结构，其承受的活载的最不利布置规律是：

（1）产生跨中截面最大正弯矩的活载布置位置：

本跨布满活载，其余各跨每隔一跨布满活载。

（2）产生支座处截面的最大负弯矩的活载布置位置：

在该支座的左右邻跨布满活载，其余各跨每隔一跨布满活载。

（3）产生支座的左右邻侧截面的最大剪力（绝对值）的活载布置位置：

在该支座的左右邻跨布满活载，其余各跨每隔一跨布满活载。

习　题

7.1　什么是影响线？影响线图中的横坐标和纵坐标的含义分别是什么？

7.2　内力影响线和内力图有什么区别？

7.3　如图所示的悬臂梁，试分别做出支座 B 处反力 R_B 和截面 C 的内力 Q_C、M_C 的影响线。

7.4　如图中所示的外伸梁，受固定荷载 P_1、P_2 的作用，试利用影响线求支座 B 处反力 R_B 和截面 C 的剪力 Q_C、弯矩 M_C。

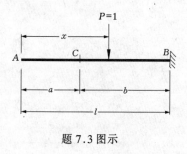

题 7.3 图示

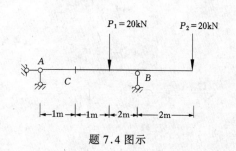

题 7.4 图示

7.5 什么叫荷载的最不利位置？

7.6 临界荷载和临界位置的含义分别是什么？如何确定它们？

7.7 如图所示一简支梁，同时有两台吊车在其上工作，试求截面 C 的最大弯矩值，并指出对应的荷载最不利位置。

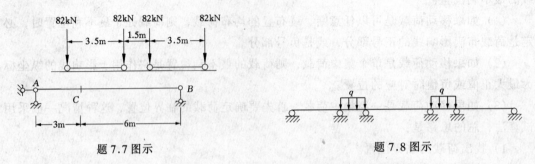

题 7.7 图示　　　　　　　　　　题 7.8 图示

7.8 某连续梁的活载分布如图所示，指出这种情况下，哪些跨中截面将会产生最大正弯矩？

第二篇 钢筋混凝土结构与砖石结构

第8章 钢筋混凝土结构基本知识

8.1 钢筋混凝土力学性能

8.1.1 钢筋

1. 钢筋的种类及化学成分

(1) 钢筋种类

按照生产加工工艺和力学性能的不同,用于钢筋混凝土和预应力混凝土结构中的钢筋(直径不小于 6mm)和钢丝(直径不大于 5mm)可分为热轧钢筋、冷拉钢筋、钢丝、热处理钢筋四类。其中热轧钢筋和冷拉钢筋属于有明显流幅的钢筋,钢丝和热处理钢筋则属于无明显流幅的钢筋。

热轧钢筋分 HRB235、HRB335、HRB400、RRB400 四类,为冶金工厂直接热轧成型。随着级别的增大,钢筋的强度提高,塑性降低(图8.1)。

冷拉钢筋由热轧Ⅳ级钢筋经冷加工而成,其屈服强度高于相应等级的热轧钢筋屈服强度,但塑性降低。

钢丝类包括光面钢丝、刻痕钢丝、钢绞线(用光面钢丝绞在一起)和冷拔低碳钢丝等。

热处理钢筋是由强度大致相当于Ⅳ级的某些特定钢号钢筋经过淬火和回火处理后制成。经过淬火和回火,钢筋强度大幅度提高,而塑性降低不多。

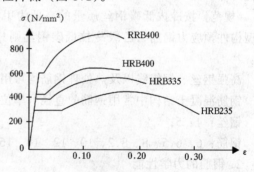

图8.1 各种热轧钢筋的应力—应变曲线

钢筋按其外形特征,还可分为光面钢筋和变形钢筋两类。HPB235 级钢筋都是光面钢筋,HRB335~RRB400 级钢筋一般都是变形钢筋。目前广泛使用的变形钢筋是纵肋与横肋不相交的月牙纹钢筋。与螺纹钢筋相比,月牙纹钢筋避免了纵肋相交处的应力集中现象,使钢筋的疲劳强度和冷弯性能得到一定改善,还具有在轧制过程中不易卡辊的优点;不足的是与螺纹钢筋相比,月牙纹钢筋与混凝土的粘结强度略有降低。

(2) 钢筋的化学成分

钢筋的化学成分主要是铁,但铁的强度低,需要加入其他化学元素来改善其性能。加入铁中的化学元素有:

碳（C）：在铁中加入适量的碳可以提高其强度。钢依其含碳量的多少，可分为低碳钢（含碳量≤0.25%）、中碳钢（含碳量0.26%～0.60%）和高碳钢（含碳量≥0.6%）。在一定范围内提高含碳量，虽能提高钢筋的强度，但同时却使其塑性降低，可焊性变差。在建筑工程中，主要使用低碳钢和中碳钢。

在工程中用的3号钢、25锰硅及20锰铌半冷拔低碳钢丝都属于低碳钢；40硅2锰钒、45硅锰钒等属于中碳钢；光面钢丝、刻痕钢丝和钢绞线属于高碳钢。

锰（Mn）、硅（Si）：在钢中加入少量锰、硅元素可以提高钢的强度，并能保持一定的塑性。

钛（Ti）、钒（V）：在钢中加入少量的钛、钒元素可以显著提高钢的强度，并可提高其塑性和韧性，改善焊接性能。

在钢的冶炼过程中，会出现清除不掉的有害元素：磷（P）和硫（S）。它们的含量多了会使钢的塑性变差，容易脆断，并影响焊接质量。所以，合格的钢筋产品应该限制这两种元素的含量。

(3) 钢筋的选用

HPB235级钢筋和冷拉HPB235级钢筋主要用于中、小型构件的受力主筋、箍筋和构造钢筋。HRB335级、HRB400级钢筋主要用于大、中型构件。但HRB400级钢筋用于以承受拉力为主的构件时，由于受裂缝宽度限制，其强度不能充分利用。冷拉HRB335、HRB400、RRB400级钢筋主要用于预应力钢筋。

HPB235、HRB335、HRB400级热轧钢筋都具有良好的焊接性能，可采用电弧焊或闪光接触对焊，但RRB400级钢筋的焊接性能不好，通常只能采用符合特殊工艺要求的预热闪光对焊。

《规范》按冷拔低碳钢丝质量的高低为甲、乙两级，甲级冷拔低碳钢丝主要用作中、小型构件预应力钢筋，乙级冷拉低碳钢丝则只用作中、小型构件的非预应力钢筋和焊接网。

高强钢丝、钢绞线以及热处理钢筋均可用作预应力钢筋。

钢筋混凝土结构中常用钢筋的直径（单位：mm）

钢丝：4、5；

钢筋：6、6.5、8、8.2、10、12、14、16、18、20、22、25、28、32、36、40、50。

2. 钢筋的力学性能

普通钢筋混凝土及预应力混凝土结构中所用的钢筋可分为两类：有明显流幅的钢筋和无明显流幅的钢筋（习惯上也分别称它们为软钢和硬钢）。

有明显流幅钢筋的典型拉伸应力—应变曲线如图8.2所示。在a点以前，应力与应变按比例增加，a点对应的应力称为比例极限，过a点后，应变较应力增长为快，到达b点后，图形接近水平线。此时应急剧增加，而应力基本不变，此阶段称为屈服阶段，应力—应变曲线呈水平段cd，钢筋产生相当大的塑性变形。对于一般有明显流幅的钢筋来说，b、c两点称为屈服上限和屈限下限。屈服上限为开始进入屈服阶段时的应力，呈不稳定状态；到达屈服下限时，应变增长，应力基本不变，比较稳定。相应于屈服下限c点的应力称为"屈服强度"。当钢筋屈服塑流到一定程度、即到达图中d点后，应力—应变关系又形成上升曲线，其最高点为e，de段称为钢筋的"强化段"，相应于e点的应力称为钢筋的抗拉强度。过 e 点后，钢筋的薄弱断面显著缩小，产生"颈缩"现象（图 8.3），变形迅速增加，应力随之下降，到达 f 点时断裂。

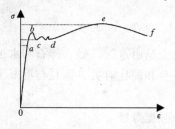 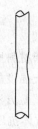

图 8.2　软钢的应力—应变曲线　　　　　图 8.3　钢筋受拉时的颈缩现象

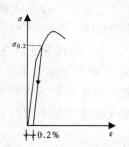 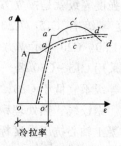

图 8.4　无明显流幅钢筋的应力—应变曲线　　　图 8.5　钢筋冷拉原理

无明显流幅的钢筋典型拉伸应力—应变曲线如图 8.4 所示。这类钢筋的抗拉强度一般都很高，但变形很小，也没有明显的屈服点，通常取相应于残余应变为 0.2% 时的应力 $\sigma_{0.2}$ 作为假想屈服点。即条件屈服强度。

钢筋的受压性能在到达屈服强度之前，与受拉时的应力应变规律相同，其屈服强度也与受拉时基本一样。

3. 钢筋的冷拉和冷拔

为了节约钢材，通常用冷拉或冷拔的方法来提高热轧钢筋的强度。冷拉是将钢筋拉至超过屈服强度的某一应力，如图 8.5 中的点 ao 然后卸荷至零时将留有残余变形 oo'（卸荷曲线 ao' 平行于弹性阶段的应力应变曲线 oA）。如立即重新加荷，应力—应变曲线将沿 $o'acd$ 进行，屈服点提高至 a，这种现象称为钢筋的"冷拉强化"。若钢筋经冷拉后卸荷，停留一段时间后再行加荷，则应力—定变曲线将沿 $o'a'c'd'$ 进行，屈服点将提高至 a' 点。aa' 的变化反映一种时间效应，这一现象称为"时效硬化"或"冷拉时效"。

钢筋经冷拉和时效硬化后，屈服强度有所提高，但塑性（伸长率）相应降低。合理地选择控制点 a 可使钢筋保持一定的塑性而又能提高强度。这时 a 点的应力称为冷拉控制应力，对应的应变称为冷拉率。

冷拉是用卷扬机或其他张拉设备（如千斤顶）进行的。必须注意的是，焊接时产生的高温会使钢筋软化（强度降低，塑性增加），因此需要焊接的冷拉钢筋应先焊好再进行冷拉。同时，冷拉只能提高钢筋的抗拉强度而不能提高其抗压强度。

冷拔是将钢筋用强力拔过比其直径小的硬质合金拔丝模。这时钢筋受到纵向拉力和横向压力的作用，内部结构发生变化，截面变小而长度拔长。经过几次冷拔，钢筋强度比原来的有很大提高，但塑性有显著降低，且没有明显的流限。冷拔可以同时提高钢筋的抗拉强度和抗压强度。

8.1.2 混凝土

1. 混凝土的强度

材料的强度是指材料所能承受的极限应力。混凝土是由水泥、砂、碎石和水按一定比例配合而成，混凝土强度的大小不仅与组成材料的质量和配比有关，而且与混凝土的养护龄期、受力情况、试验方法等有着密切关系。

(1) 混凝土立方体抗压强度标准值 $f_{cu,k}$ 及混凝土强度等级

立方体抗压强度标准值是指按照标准方法制作养护的边长为 150mm 的立方体试块，在 28 天龄期，用标准试验方法测得的具有 95% 保证率的抗压强度。

混凝土强度等级就是按立方体抗压强度标准值确定。《混凝土结构设计规范》规定的混凝土强度等级有 C15、C20、C25、C30、C35、C40、C45、C50、C55、C60、C65、C70、C75、C80。C20 表示立方体抗压强度标准值为 20N/mm² 的混凝土。在钢筋混凝土结构中一般采用 C15~C30 级；当采用 HRB335~RRB400 级钢筋及承受重复荷载的构件，混凝土强度等级不宜低于 C20；预应力混凝土结构的混凝土强度等级不宜低于 C30；当采用碳素钢丝、钢绞线、热处理钢筋作预应力钢筋时，混凝土强度等级不宜低于 C40。

(2) 混凝土轴心抗压强度标准值 f_{ck}

实际工程中的受压构件大多数不是立方体而是棱柱体，即构件的高度比它的截面边长大很多。因此棱柱体试件的受力状态更接近于构件中混凝土的受力情况。混凝土轴心抗压强度标准值是利用高宽比 $h/b=3\sim4$ 的试件进行试验得出的，并且具有 95% 保证率。据试验并考虑过去的设计经验，规范取

$$f_{ck} = 0.88\alpha_{c1}\alpha_{c2}f_{cu,k} \tag{8.1}$$

式中　α_{c1}——C50 及以下取 0.76，C80 取 0.82，中间按线性规律变化；
　　　α_{c2}——是考虑 C40 以上的混凝土脆性的折减系数，C40 取 1.0，C80 取 0.87，中间按线性规律变化。

(3) 混凝土抗拉强度标准值 f_{tk}

混凝土抗拉强度是确定钢筋混凝土构件抗裂度的重要指标。混凝土抗拉强度远小于其抗压强度，一般约为 $1/8\sim1/17 f_{cu,k}$，而且不与 $f_{cu,k}$ 成线性关系，$f_{cu,k}$ 越大，比值 $f_{tk}/f_{cu,k}$ 越小。据试验及过去的设计经验，规范用

$$f_{tk} = 0.88 \times 0.395 f_{cu,k}^{0.55}(1-1.645\delta)^{0.45} \times \alpha_{c2} \tag{8.2}$$

2. 混凝土的变形

(1) 混凝土的应力—应变曲线试验表明，混凝土受拉和受压时，应力应变图形均为曲线。

混凝土棱柱体受压的应力应变曲线如图 8.6 所示，图形分两段，应力达轴心抗压强度试验值 f_c' 之前为上升段，之后为下降段。当应力较小（$\sigma<0.2\sim0.3f_c'$）时，应力应变曲线接近直线，混凝土处于弹性阶段。随着应力的增大，应力—应变曲线逐渐偏离直线而向下弯曲，即应变比应力增长快，混凝土出现明显的塑性性质。混凝土的应变包括弹性应变

ε_e 和塑性应变 ε_p 两部分。应力应变图中的最大应力值就是轴心抗压强度试验值 f_c^t，相应的应变 ε_0 约等于 $1.5 \times 10^{-3} \sim 2 \times 10^{-3}$。以后应力逐渐减小，应变不断增加，直到 D 点试件破坏，相应的极限压应变为最大压应变 ε_{max}，其值为 $2 \times 10^{-3} \sim 6 \times 10^{-3}$。

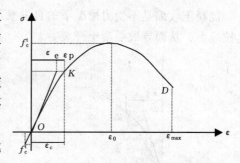

图 8.6 混凝土应力—应变曲线

实际结构所受的荷载是不能像试验机加载那样稳定的下降，因此截面上压力均匀分布的素混凝土构件来说，是不存在下降段，它的极限压应变应为 ε_0。但是对于截面上压应力分布不均匀的混凝土构件，例如受弯构件，当受压边缘达极限抗压强度时，并不会使构件立即破坏，这时还没有达到极限抗压强度的邻近纤维的应力将继续增加，从而使边缘纤维的应力经历下降段。

混凝土受拉应力—应变曲线相似于受压的应力应变曲线，但拉伸极限应变很小，一般只有 0.0001。

(2) 混凝土的弹性模量和变形模量

当应力较小时，应力应变成正比，应力—应变曲线原点切线斜率称为混凝土的弹性模量 E_c

$$E_c = \sigma_c / \varepsilon_e = \text{tg} \alpha_0 \tag{8.3}$$

当应力稍大时，混凝土处于弹塑性阶段（图 8.7），为了反映这一阶段的变形性能，对于某点 K，把割线 OK 的斜率称为混凝土的变形模量 E'_c（或称弹塑性模量），即

$$E'_c = \text{tg} \alpha = \sigma_c / (\varepsilon_e + \varepsilon_p) \tag{8.4}$$

显然，变形模量 E'_c 不是常量，不同点（即不同应力）有不同的值，σ_c 越大，E'_c 越小。由式 (8.3) 和式 (8.4) 知：

$$E'_c = \sigma_c / \varepsilon_c = \varepsilon_e / \varepsilon_c \cdot \sigma_c / \varepsilon_e = v E_c$$

式中 $v = \varepsilon_e / \varepsilon_c$，称为混凝土的弹性特征系数。显然，$v$ 值不是常量，它随应力的增大而减小，也即变形模量随应力增大而减小。通常 $v = 0.4 \sim 1.0$。

通过大量试验，混凝土弹性模量取下式计算：

$$E_c = \frac{10^5}{2.2 + 34.7 / f_{cu,k}} \quad (\text{N/mm}^2) \tag{8.5}$$

其值见附录 8.3。

混凝土受拉时的弹性模量 E_{ct} 基本上与受压时弹性模量 E_c 相等，受拉时变形模量 E'_{ct} 也可表示为：

$$E'_{ct} = v_t E_{ct} = v_t E_c \tag{8.6}$$

式中 v_t——受拉时的弹性特征系数。混凝土临近拉裂时，$v_t = 0.5$。

3. 混凝土的收缩

混凝土在空气中结硬时，体积会收缩；在水中结硬时，体积会膨胀。收缩值比膨胀值大得多。收缩包括水泥结硬时产生的凝缩和干燥环境中产生的干缩。混凝土收缩规律如图 8.8 所示，混凝土从开始凝结起就产生收缩，初期收缩较快，两周内可以完成全部收缩量的 25%，一般两年后趋于稳定，最终收缩量约 $2 \times 10^{-4} \sim 5 \times 10^{-4}$。

混凝土收缩是不受力情况下的自发变形,当受到外部或内部约束时,将在混凝土中产生拉应力,从而导致混凝土开裂。

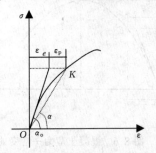

图 8.7 混凝土弹性模量和变形模量

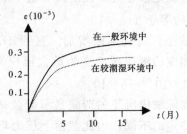

图 8.8 混凝土的收缩

试验指出,水泥用量越多、水灰比越大、骨料级配越差,养护条件不好,收缩越大。因此,加强养护、减小水灰比、减小水泥用量、加强振捣以及初凝时用铁板在构件表面上压光等都是减小收缩的有效措施。

4. 混凝土的徐变

在持续荷载作用下,混凝土的变形会随时间而增长的变形称为徐变。徐变发展规律如图 8.9 所示,加荷初期,徐变增长较快,以后逐渐变慢,约两年左右基本稳定。徐变应变值一般约为加荷初期初始应变值的 2~4 倍。

试验证明,影响混凝土徐变的因素主要是持续应力的大小。持续作用的应力越大,则徐变越大。当应力较小($\sigma<0.5f'_c$,f'_c 为轴心抗压强度试验值)时,徐变与应力成线性关系;当应力较大($\sigma>0.5f'_c$)时,徐变急剧增加,并会导致混凝土的破坏。所以,如果构件的混凝土在使用期间经常处于不变或少变的高压应力状态是很不安全的。

试验还表明,加荷时混凝土的龄期越短,徐变越大;水泥用量越多,徐变越大,水灰比越大,徐变也越大。

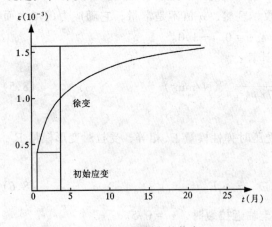

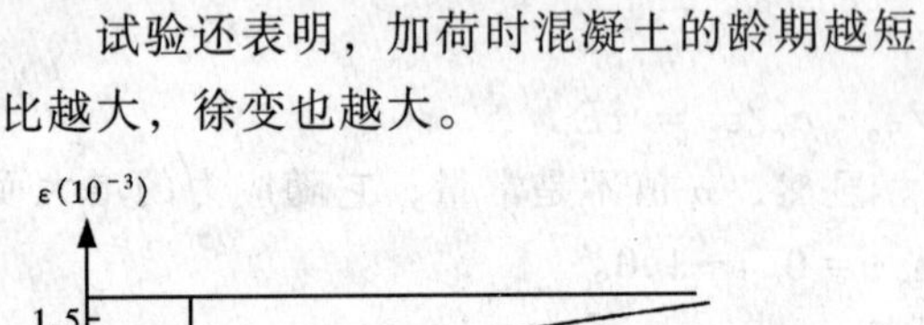

图 8.9 混凝土的徐变

混凝土的徐变会使钢筋混凝土构件变形增加,也会导致预应力损失。但混凝土徐变也会带来一些有利的影响,例如减少应力集中现象和降低温度应力等。

8.1.3 钢筋混凝土共同工作

1. 钢筋混凝土的一般概念及特点

钢筋混凝土是由钢筋和混凝土两种物理—力学性能完全不同的材料所组成。混凝土的抗压能力较强而抗拉能力却很弱。钢材的抗拉和抗压能力都很强。为了充分利用材料的性能,把混凝土和钢筋这两种材料结合在一起共同工作,使混凝土主要承受压力,钢筋主要承受拉力以满足工程结构的使用要求。

图 8.10(a)、(b)中绘有两根截面尺寸、跨度、混凝土强度完全相同的简支梁,一根为素混凝土的,另一根则在梁的受拉区配有适量钢筋。由试验可知:混凝土梁由于混凝

土的抗拉能力很小，在荷载作用下，受拉区边缘混凝土一旦开裂，梁瞬即脆断而破坏［图8.10（a）］，所以梁的承载能力很低。对于在受拉区配置适量钢筋的梁，当受拉区混凝土开裂后，梁中性轴以下受拉区的拉力主要由钢筋来承受，中性轴以上受压区的压应力仍由混凝土承受，与素混凝土梁不同，此时荷载仍可以继续增加，直到受拉钢筋应力达到屈服强度，随后荷载仍可略有增加致使受压区混凝土被压碎，梁始告破坏。试验说明，配置在受拉区的钢筋明显地加强了受拉区的抗拉能力，从而使钢筋混凝土梁的承载能力比素混凝土梁的承载能力要提高很多。这样，钢筋与混凝土两种材料的强度均得到了较充分的利用。又如图8.10（c）所示，在受压的混凝土柱中配置了抗压强度较高的钢筋，以协助混凝土承受压力，从而可以缩小柱截面尺寸，或在同样截面尺寸情况下提高柱的承载力。

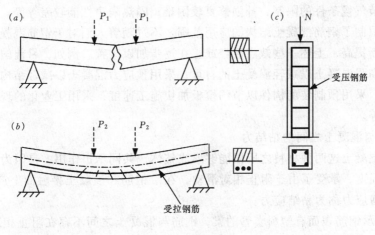

图 8.10

钢筋和混凝土这两种性质不同的材料之所以能有效地结合在一起而共同工作，主要是由于混凝土硬化后钢筋与混凝土之间产生了良好粘结力，使两者可靠地结合在一起，从而保证在外荷载的作用下，钢筋与相邻混凝土能够共同变形。其次，钢筋与混凝土两种材料的温度线膨胀系数的数值颇为接近（钢筋为 1.2×10^{-5}，混凝土为 $1.0 \times 10^{-5} \sim 1.5 \times 10^{-5}$），当温度变化时，不致产生较大的温度应力而破坏两者之间的粘结。同时，混凝土还能很好地保护钢筋免于锈蚀，增加了结构的耐久性，使结构始终保持整体工作。

钢筋混凝土除了能合理利用钢筋和混凝土两种材料的性能外，尚有下列优点：

耐久性：在钢筋混凝土结构中，混凝土的强度随时间的增加而增长，且钢筋受混凝土的保护而不易锈蚀，所以钢筋混凝土的耐久性是很好的，不像钢结构那样需要经常的保养和维修。处于侵蚀性气体或受海水浸泡的钢筋混凝土结构，经过合理的设计及采取特殊的措施。一般也可满足工程需要。

耐火性：混凝土包裹在钢筋之外，起着保护作用。若有足够厚度的保护层，就不致因火灾使钢材很快达到软化的危险温度而造成结构的整体破坏。与钢木结构相比，钢筋混凝土结构的耐火性较好。

整体性：钢筋混凝土结构特别是现浇的钢筋混凝土结构，由于整体性好，对于抵抗地震力（或强烈爆炸时冲击波的作用）具有较好的性能。

可模性：钢筋混凝土可以根据需要浇制成各种形状和尺寸的结构。

就地取材：钢筋混凝土所用的原材料砂和石，一般均较易于就地取材。在工业废料

（例如矿渣、粉煤灰等）比较多的地方，还可以将工业废料制成人造骨料用于钢筋混凝土结构中。

节约钢材：钢筋混凝土结构合理地发挥了材料的性能，在某些情况下可以代替钢结构，从而节约钢材并降低造价。

抗冻性、抗渗性较好。

由于钢筋混凝土具有上述一系列优点，所以在国内外的市政工程建设中均得到广泛的应用。

但是，钢筋混凝土结构也存在一些缺点，普通钢筋混凝土本身自重比钢结构要大，抗裂性较差，在正常使用时往往带裂缝工作；而且建造较为费工，现浇结构模板耗用较多，施工受到季节气候条件的限制，补强修复较困难；隔热隔声性能较差等等。这些缺点，在一定条件下限制了钢筋混凝土结构的应用范围。不过随着人们对于钢筋混凝土这门学科研究认识的不断提高，上述一些缺点已经或正在逐步加以改善。例如，目前国内外均在大力研究轻质、高强混凝土以减轻混凝土的自重；采用预应力混凝土以减轻结构自重和提高构件的抗裂性；采用预制装配构件以节约模板加快施工速度；采用工业化的现浇施工方法以简化施工等等。

2. 钢筋与混凝土之间的粘结力

钢筋与混凝土这两种材料之所以能够形成整体，共同承担作用，是因为它们之间具有足够的粘结强度，承受了由于阻止相对滑动，在沿钢筋和混凝土接触面上产生的剪应力，通常把这种剪应力称为粘结应力。

图 8.11 示钢筋表面有塑料套管的梁，钢筋与混凝土之间不存在阻止相对滑动的相互作用力，因此梁受力后，钢筋不伸长，不参加受力，构件实际是一有孔的素混凝土梁。图 8.12 示钢筋与混凝土之间具有充分粘结强度的梁，梁受力后，钢筋与混凝土接触面上产生粘结应力，并通过它将部分拉力传给钢筋，使钢筋受拉，从而使混凝土和钢筋共同承担作用。显然，钢筋中的拉力大小，取决于钢筋与混凝土之间的粘结作用。

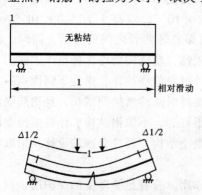

图 8.11 钢筋与混凝土之间无粘结

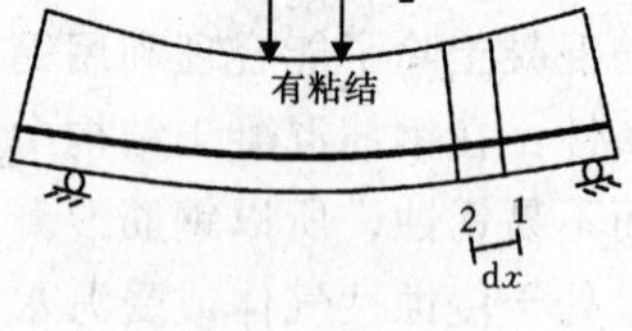

图 8.12 钢筋与混凝土之间有粘结

钢筋与混凝土之间的粘结力由三部分组成：
(1) 水泥与钢筋之间的胶结力；
(2) 混凝土收缩后握裹钢筋而产生的摩擦力；
(3) 钢筋凹凸不平的表面与混凝土之间的机械咬合力。

粘结强度可用图 8.13 所示的拔出试验来测定，即将钢筋一端埋入混凝土，另一端施加拉力。试验证明，在拔出试验的各个阶段，钢筋表面的粘结应力沿埋入长度是不均匀分布的。钢筋埋入长度为 l_a，《混凝土结构设计规范》规定，当计算中充分利用受拉钢筋强度时，锚固长度 l_a 不应小于式 8.7 的值，则

$$l_a = \alpha d f_y / f_t \qquad (8.7)$$

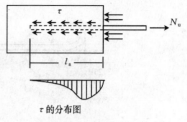

图 8.13 粘结应力分布

式中 α——钢筋的外形系数，按表 8.1 采用；

d——钢筋的直径；

f_y——混凝土轴心抗拉强度设计值，按附录 8.1 采用；

f_t——钢筋抗拉强度设计值，按附录 8.2 采用。

钢筋的外形系数　　　　表 8.1

钢筋类型	光面钢筋	带肋钢筋	刻痕钢丝	螺旋肋钢丝	三股钢绞线	七股钢绞线
α	0.16	0.14	0.19	0.13	0.16	0.17

注：光面钢筋系指 HPB235 级钢筋，其末端应做 180°弯钩，弯后平直段长度不应小于 3d，但作受压钢筋时可不做弯钩；带肋钢筋系指 HRB335 级、HRB400 级钢筋及 RRB400 级余热处理钢筋。

当符合下列条件时，计算的锚固长度应进行修正：

(1) 当 HRB335、HRB400 及 RRB400 级钢筋的直径大于 25mm 时，其锚固长度应乘以修正系数 1.1；

(2) 当 HRB335、HRB400 及 RRB400 级的环氧树脂涂层钢筋，其锚固长度应乘以修正系数 1.25；

(3) 当钢筋在混凝土施工过程中易受扰动（如滑模施工）时，其锚固长度应乘以修正系数 1.1；

(4) 当 HRB335、HRB400 及 RRB400 级钢筋在锚固区的混凝土保护层厚度大于钢筋直径的 3 倍且配又箍筋时，其锚固长度应乘以修正系数 0.8；

(5) 除构造需要的锚固长度外，当纵向受力钢筋的实际配筋面积大于其设计计算面积时，如有充分依据和可靠措施，其锚固长度可乘以设计计算面积与实际配筋面积的比值。

试验还证明，钢筋与混凝土之间的粘结强度与混凝土强度等级、钢筋类型及直径、混凝土保护层的厚度、钢筋在构件中的位置等因素有关。根据试验资料，光面钢筋的粘结强度为 $1.5 \sim 3.5 \text{N/mm}^2$，螺纹钢筋的粘结强度为 $2.5 \sim 6.0 \text{N/mm}^2$。

受压钢筋的锚固长度 $l'_a \geqslant 0.7 l_a$。

光面钢筋的粘结强度较差，为了增强钢筋端部的锚固作用，采用绑扎骨架和绑扎网的受拉光面钢筋的端部均应设置弯钩，标准弯钩的构造见图 8.14 所示。

顺便指出，下列钢筋末端可不做弯钩：变形钢筋，焊接骨架（网）中的光面钢筋，绑扎骨架中轴心受压构件内受压光面钢筋。

由于生产和运输方面的原因，直径大于 12mm 的钢筋，每根长度一般不超过 12mm，因此在使用中往往需要把钢筋接起来。钢筋接长的方法有绑扎搭接、机械连接和焊接头三种，一般情况下，应优先选用焊接接头。

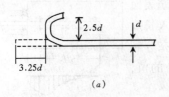 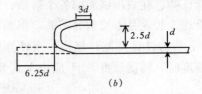

图 8.14 弯钩

（a）机械弯钩；（b）手工弯钩

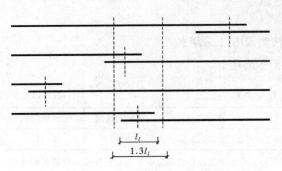

图 8.15 同一连接区段内的纵
向受拉钢筋绑扎搭接接头

注：图中所示同一连接区段内的搭接接头钢筋为两根，当钢筋直径相同时，钢筋搭接接头面积百分率为50%。

受力钢筋的接头宜设置在受力较小处，同一根钢筋上宜少设接头。轴心受拉及小偏心受拉杆件的纵向受力筋不得采用绑扎搭接接头；当受拉的钢筋直径 $d>28mm$ 及受压钢筋的直径 $d>32mm$ 时，不宜采用绑扎搭接接头。

同一构件中相邻纵向受力钢筋的绑扎搭接接头宜相互错开。

钢筋绑扎搭接接头连接区段的长度为1.3倍搭接长度，凡搭接接头中点位于该连接区段长度内的搭接接头均属于同一连接区段。同一连接区段内纵向钢筋搭接接头面积百分率为该区段内有搭接接头的纵向受力钢筋截面面积与全部纵向受力钢筋截面面积的比值（图8.15）。

位于同一连接区段内的受拉钢筋搭接接头面积百分率：对梁类、板类及墙类构件，不宜大于25%；对柱类构件，不宜大于50%。当工程中确有必要增大受拉钢筋搭接接头面积百分率时，对梁类构件，不应大于50%；对板类、墙类及柱类构件，可根据实际情况放宽。

纵向受拉钢筋绑扎搭接接头的搭接长度应根据位于同一连接区段内的钢筋搭接接头面积百分率按下列公式计算：

$$l_1 = \zeta l_a \tag{8.8}$$

式中 l_1——纵向受拉钢筋的搭接长度；

l_a——纵向受拉钢筋的锚固长度；

ζ——纵向受拉钢筋搭接长度修正系数，见表8.2。

在任何情况下，纵向受拉钢筋绑扎搭接接头的搭接长度均不应小于300mm。

纵向受拉钢筋搭接长度修正系数　　　　表 8.2

纵向钢筋搭接接头面积百分率（%）	≤25	≤50	≤100
ζ	1.2	1.4	1.6

构件中的纵向受压钢筋，当采用搭接连接时，其受压搭接长度不应小于纵向钢筋搭接长度的0.7倍，且在任何情况下不应小于200mm。

8.2 结构的功能要求和极限状态

8.2.1 结构的功能要求

钢筋混凝土结构设计的基本目的是：以最经济的手段，使所设计的结构在预定的使用期内具有预备的各种功能。一般来说，承重结构应满足下列各项功能要求。

1．安全性　在设计的使用期限内，能承受在正常施工和正常使用过程中可能出现的各种作用，其中包括各种荷载，外加变形（例如超静定结构的支座沉降）和约束变形（如温度变化引起的变形受到约束时）等作用，在偶然事件（如爆炸、强烈地震）发生时及发生后仍能保持必需的整体稳定性；

2．适用性　在正常使用时，具有良好的工作性能，如具有适当的刚度和抗裂度；

3．耐久性　在正常维护条件下，应能完好地使用到设计所规定的年限，如钢筋不致因保护层过薄或裂缝过宽而发生锈蚀。

结构的安全性、适用性和耐久性总称为结构的可靠性，结构的可靠性以可靠度来度量。所谓结构的可靠度是指结构在正常设计，正常施工和正常使用条件下，在预定的使用期限内（一般取 50 年）完成预定功能（安全性、适用性和耐久性的功能）的概率。因此结构的可靠度是其可靠性的一种定量描述。

8.2.2 结构的极限状态

整个结构或结构的一部分超过某一特定状态就不能满足设计规定的某一功能要求，此特定状态称为该功能的极限状态。

显然，极限状态是区分结构或构件是否可靠的标志，只有保证所设计的结构在工作时达不到极限状态，才认为结构是可靠的。我国《建筑结构设计统一标准》考虑结构功能，将结构极限状态分为以下两类：

1．承载力极限状态

这种极限状态对应于结构或结构构件达到最大承载力或不适于继续承载的变形。

当结构或结构构件出现下列状态之一时，即认为超过承载力极限状态：

(1) 整个结构或结构的一部分作为刚体失去平衡，如结构或构件发生滑移或倾覆；

(2) 结构构件或连接因材料强度不足，而破坏（包括疲劳破坏），或因过度的塑性变形而不适于继续承受荷载；

(3) 结构变为机动体系；

(4) 结构或结构构件丧失稳定（如压屈等）。

2．正常使用极限状态

这种极限状态对应于结构或结构构件达到正常使用或耐久性能的某项规定值。

当结构或结构构件出现下列状态之一时，即认为超过了正常使用极限状态：

(1) 影响正常使用或外观的变形；

(2) 影响正常使用或耐久性的局部损坏（包括裂缝）；

(3) 影响正常使用的振动；

(4) 影响正常使用的其他特定状态。

由上不难看出，承载力极限状态主要是考虑有关结构安全性功能的；而正常使用极限状态主要考虑有关结构适用性和耐久性功能。由于结构或结构构件一旦出现承载能力极限状态，它就有可能发生严重的破坏，甚至倒塌，造成人身伤亡或重大经济损失。因此应严格控制结构构件出现这种极限状态的概率。而结构或结构构件出现正常使用极限状态，要比出现承载力极限状态的危险性小得多，还不会造成人身伤亡或重大经济损失，因此可把出现这种极限状态的概率略微放宽一些。

8.2.3 结构的荷载和材料强度取值

1．荷载的分类

结构上的荷载按其随时间的变异性和出现的可能性，可分为三类：

（1）永久荷载：在结构上不随时间变化，或其变化与平均值相比可以忽略不计的荷载。例如结构的自重、土重等均属永久荷载，也称恒载。

（2）可变荷载：在结构上随时间变化，且其变化与平均值相比不可忽略的荷载。如水池顶面活荷载等属可变荷载，也称活荷载。

（3）偶然荷载：在结构使用期间不一定出现的"作用"，它一旦出现，其量值很大且持续时间很短。如地震、爆炸等。

2．荷载代表值

（1）荷载标准值

荷载标准值是指结构在使用期间，正常情况下可能出现的最大荷载。

（2）可变荷载准永久值

可变荷载准永久值是可变荷载在结构使用期间内经常达到和超过的荷载。准永久值根据在设计基准期内，荷载达到和超过该值的总持续时间与设计基准期的比值为0.5的条件确定。

$$Q_q = \Psi_q Q_k \tag{8.9}$$

式中　Q_q——可变荷载准永久值；

　　　Q_k——可变荷载标准值；

　　　ψ_q——准永久值系数，按《荷载规范》采用。

（3）可变荷载组合值

当考虑两种或两种以上可变荷载在结构上同时作用时，由于所有荷载同时达到其单独出现的最大值的可能性极小，除主导荷载仍以其标准值为代表值外，对其他伴随荷载应取小于其标准值的组合值。

$$Q_c = \psi_c Q_k \tag{8.10}$$

式中　Q_c——可变荷载的组合值；

　　　Q_k——可变荷载的标准值；

　　　ψ_c——可变荷载的组合系数。

3．材料强度取值

混凝土和钢筋强度值可分别按附录表8.1、表8.2采用。

8.2.4 概率极限状态设计法

进行结构设计时，应针对不同的极限状态，根据结构的特点和使用要求给出具体的标志及限值，以作为结构设计的依据。这种以相应于结构各种功能要求的极限状态作为结构设计依据的设计方法，就称为"极限状态设计法"。

1．按承载力极限状态计算

（1）结构的失效概率与可靠指标

承载力极限状态计算的目的在于保证结构的安全可靠。这就要求作用在结构上的荷载或其他作用（如地震、温度影响等）对结构产生的效应 S（如弯矩、剪力、轴力等）不超过结构在达到承载力极限状态时的抗力 R，即

$$S \leqslant R \qquad (8.11)$$
$$令 \quad Z = R - S \qquad (8.12)$$

显然，随着 S、R 值的不同，结构将处于三种状态（见图8.16）：

当 $S>R$ 时，$Z<0$ 结构处于失效状态；

当 $S<R$ 时，$Z>0$ 结构处于可靠状态；

当 $S=R$ 时，$Z=0$ 结构处于极限状态。

通过 Z 可以判别结构所处的状态。

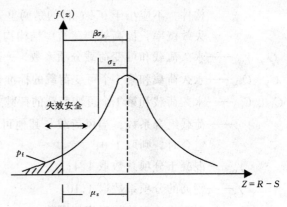

图8.16　$Z=R-S$ 概率分布曲线

应当指出：由于决定荷载效应 S 的荷载及决定结构抗力的材料强度和构件尺寸都不是定值，而是随机变量。因此在结构设计中，保证结构绝对安全可靠是办不到的，而只能做到大多数情况下结构处于 $R>S$ 的可靠状态。从概率的观念来看，只要结构处于 $R>S$ 失效状态概率足够少，我们就可以认为结构是可靠的即满足：

$$P_f \leqslant [P_f] \qquad (8.13)$$

式中　P_f——失效概率；

$[P_f]$——允许失效概率。

P_f 计算复杂，它与 β 存在数值上一一对应的关系，$P_f = 1 - \Phi(\beta)$，其中 $\beta = \dfrac{\mu_z}{\sigma_z}$，为结构的可靠指标，$\beta$ 值计算比较简单，一般用可靠指标 β 来代替 P_f 度量结构的可靠性，β 值愈大 P_f 愈小，即结构愈可靠。结构设计时应满足

$$\beta \geqslant [\beta] \qquad (8.14)$$

按式（8.13）和式（8.14）设计结构的方法，就叫做以概率为基础的极限状态设计法，简称概率极限状态设计法。

结构构件承载力极限状态设计允许的可靠指标 $[\beta]$ 值　　表8.3

破坏类型	安　全　等　级		
	一级	二级	三级
延性破坏	3.7	3.2	2.7
脆性破坏	4.2	3.7	3.2

注：1．延性破坏是指结构构件在破坏前有明显的变形或其他预兆；脆性破坏是指结构构件在破坏前无明显的变形或其他预兆。

　　2．安全等级是按结构破坏可能产生的后果（危及人的生命，造成经济损失产生社会影响等）的严重程度划分的。一级、二级和三级分别对应于重要、一般和次要建筑物。

(2) 概率极限状态实用设计表达式

一般的钢筋混凝土结构的承载能力极限设计表式为：

$$\gamma_0(r_G c_g G_{GK} + \psi \Sigma \gamma_{Qi} C_Q Q_{ik}) \leqslant R(f_{ck}/\gamma_c, f_{yk}/\gamma_s, \alpha_k, \cdots\cdots) \tag{8.15}$$

式中 γ_0——结构构件的重要性系数，对安全等级为一级或设计使用年限为 100 年及以上的结构构件，不应小于 1.1；对安全等级为二级或设计使用年限为 50 年的结构构件，不应小于 1.0；对安全等级为三级或设计使用年限为 5 年的结构构件，不应小于 0.9；目的是调整失效概率，即降低重要建筑中结构构件的失效概率，提高效要建筑中结构构件中的失效概率；

G、γ_{Qi}——永久荷载和可变荷载分项系数，一般情况分别取 1.2 和 1.4；

C_k、Q_{ik}——永久荷载和第 I 个可变荷载的标准值，按《建筑结构荷载规范》取用；

C_G、C_{iQ}——永久荷载和第 I 个可变荷载的荷载效应系数；

ψ——荷载组合系数，当风荷载与其他可变荷载组合时取 0.85，若风荷载不参加组合时，则取 1.0；

γ_c——混凝土分项系数取 1.4；

γ_s——钢筋的分项系数取 1.10；

f_{ck}、f_{yk}——混凝土、钢筋的强度标准值；

α_k——构件截面几何参数的标准值，即按设计尺寸确定的截面几何参数；

R——结构构件的承载力设计值，从下一章起将专题研究；

S——内力组合设计值，$\gamma_0 S$ 分别表示轴力设计值 N、弯距设计值 M、剪力设计值 V 或扭矩设计值 T 等，即以后涉及的内力设计值（N、M、V、T 等）为已乘以重要性数 γ_0 后的值。

【例 8.1】 一水池盖板，板的计算跨度 $l_0 = 2.07 \text{m}$，均布恒荷载标准值 $g_k = 1.08 \text{kN/m}$，均布活荷载标准值为 $q_K = 1.25 \text{kN/m}$，板属于一般的构筑物中的构件，试求跨中截面弯矩的组合设计值。

解：板上只有均布活荷载一种可变荷载，无风荷载作用，荷载组合系数 ψ 取 1.0 此外，按规定 $\gamma_0 = 1.0$，$\gamma_G = 1.2$，$\gamma_{Q1} = 1.4$，则跨中截面弯距的组合设计值 M 为

$$M = \gamma_0(\gamma_G M_{Gk} + \gamma_{Q1} M_{Q1k}) = 1.0\left(1.2 \times \frac{1.08 \times 2.07^2}{8}\right.$$
$$\left. + 1.4 \frac{1.25 \times 2.07^2}{8}\right) = 1.63 \text{kN} \cdot \text{m}$$

2. 按正常使用状态计算

按正常使用状态计算，包括计算结构构件的变形、抗裂度和裂缝宽度，使其不超过《建筑结构荷载规范》所规定的限值。

在实际设计表达式中，应根据不同设计要求，考虑荷载标准组合和准永久组合：

(1) 标准组合：是指由永久荷载和可变荷载一起作用所产生的荷载效应。

$$S_k = C_G G_k + \psi \Sigma C_{Qi} Q_{ik} \tag{8.16}$$

式中 S_k——荷载标准组合效应；

其他符号同式 (8.15)。

(2) 准永久组合：是指由永久荷载和可变荷载的准永久值作用所产生的荷载效应。

$$S_q = C_G G_k + \Sigma C_{Qi} \psi_{qi} Q_{ik} \tag{8.17}$$

S_q——荷载准永久组合效应；

$\psi_{qi} Q_{ik}$——第 i 个可变荷载的准永久值。

小　　结

1. 钢筋混凝土结构常选用 HPB235 级钢筋、HRB335 级、HRB400 级、RRB400 级钢筋和冷拉 HPB235 级钢筋。HPB235 级钢筋是光面圆钢筋，钢种是 3 号钢，是热扎低碳钢的一种；HRB335 级钢筋是普通低合金钢，表面形状已采用月牙纹；钢筋冷拉是为了提高抗拉强度。

2. 用混凝土立方体抗压强度标准值划分混凝土强度等级。

3. 混凝土在短期压力作用下，应力应变曲线只有很小一段直线，为了衡量混凝土材料抵抗变形能力，定义了弹性模量和变形模量。

4. 混凝土收缩是不受力情况下的体积缩小；混凝土徐变是应力不变的情况下，随时间而增长的变形；设计和施工时都应采取合理措施，力求减少收缩和徐变。

5. 钢筋与混凝土共同工作的主要条件是粘结力。为了加大粘结强度，受拉 HPB235 级钢筋必须设置弯钩；HRB335 级及以上钢筋表面做成肋纹形。因为 HRB335 级及以上钢筋表面已做成肋纹形，钢筋末端不再设置弯钩。

6. 结构的安全性、适用性和耐久性统称为结构的可靠性，结构的可靠性用可靠度来度量，结构的可靠度指结构在规定时间内，在规定条件下，完成预定功能的概率。

7. 按照概率极限状态设计法进行结构设计应满足下列条件：

$$P_f \leqslant [P_f]$$

或

$$\beta \geqslant [\beta]$$

8. 《建筑结构设计统一标准》没有直接推荐用概率的计算方法，而是采用以基本变量标准值和分项系数形式表达的极限状态表达式，仍用传统的方法进行计算。按照这个表达式，取用规定的各项标准值和分项系数去设计构件截面，能够使结构达到预定的可靠度。

习　　题

8.1 图示软钢应力应变图，试在图中标出：

(1) 试件被拉倒 K 点的弹性应变 ε_e 和塑性应变 ε_p；

(2) 拉断时的伸长率；

(3) 反映材料弹性模量 E_s 值的倾角。

8.2 钢筋的种类如何划分？

8.3 试绘制有明显流幅钢筋的应力—应变曲线并指出各阶段的特点、各转折点的应力名称？

8.4 什么是钢筋的冷拉？什么叫时效硬化？钢筋冷拉和冷拔的目的是什么？

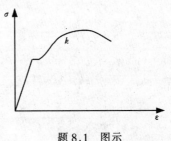

题 8.1　图示

8.5 钢筋混凝土有什么优缺点?

8.6 结构应满足那些功能要求?什么是结构的可靠性?什么是可靠度?

8.7 什么是结构承载力的极限状态?什么是结构正常使用的极限状态?

8.8 某办公楼楼面永久荷载引起的楼板弯矩标准值 $M_{GK} = 13.23 \text{kN·m}$,楼面可变荷载引起的楼板弯矩标准值 $M_{QK} = 3.8 \text{kN·m}$,此建筑属一般建筑物,试求楼板的弯矩设计值。

第9章 钢筋混凝土构件设计计算

9.1 受弯构件正截面强度计算

9.1.1 受弯构件正截面破坏

1. 概述

受弯构件通常指弯矩和剪力共同作用的构件。结构中的梁和板都是典型的受弯构件。根据施工方法的不同,钢筋混凝土梁、板可分为现浇和预制两大类,前者截面形状多取为矩形、T形和Γ形 [图9.1 (a)];后者则根据使用要求、受力情况以及经济原则做成各种形状,如:空心板、槽形板、工字形薄腹梁,叠合花篮梁等 [图9.1 (b)]。

从材料力学可知,受弯构件在外力作用下,其截面以中性轴为界,分受压与受拉两

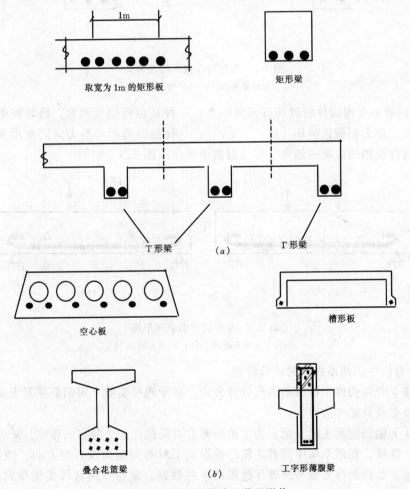

图9.1 受弯构件常见截面形状

区，两区应力的合力组成内力矩以抵抗外力矩。由于混凝土的抗拉强度很低，故需在受拉区布置钢筋来承受拉力，这种仅在受拉区配有受力钢筋的构件称为单筋受弯构件［图9.2（a）］；同时在截面受拉区和受压区配置受力钢筋的构件称为双筋受弯构件［图9.2（b）］。

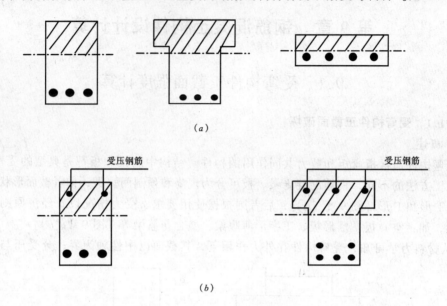

图9.2 受弯构件截面配筋形式
（a）单筋受弯构件；（b）双筋受弯构件

钢筋混凝土受弯构件的破坏有两种形态：一种是由弯矩所引起，破坏截面与构件的纵轴线垂直，称为正截面破坏［图9.3（a）］。一种是由弯矩、剪力共同作用所引起，破坏截面与构件纵轴线成某一倾角，称为斜截面破坏［图9.3（b）］。

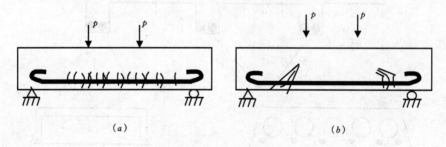

图9.3 受弯构件的破坏形态
（a）正截面破坏；（b）斜截面破坏

2．受弯构件正截面强度的试验研究

为了建立受弯构件正截面的强度计算公式，必须通过实验了解钢筋混凝土受弯构件的截面应力分布及其破坏过程。

图9.4为钢筋混凝土简支梁。为了消除剪力对正截面应力分布的影响，采用两点对称加载方式。这样，在两个集中荷载之间，就形成了只有弯矩而没有剪力的"纯弯段"。我们所需要的正截面的应力分布及破坏过程的一些数据，就可从纯弯段实测得到。试验时，荷载从零逐级施加，每加一级荷载后，用仪表测量混凝土纵向纤维和钢筋的应变及梁的挠

度，并观察梁的外形变化，直至梁破坏为止。

根据梁内配筋的多少，钢筋混凝土梁可分为适筋梁、超筋梁和少筋梁。试验表明，它们的破坏形式是很不同的。现分述如下：

(1) 适筋梁

适筋梁的破坏过程可分为三个阶段（图9.5）。

1) 第Ⅰ阶段

当荷载很小时，梁纯弯段内的弯矩很小，因而截面上的应力也就很小。这时，混凝土处于弹性工作阶段，梁截面上的应力和应变成正比，受压区与受拉区混凝土应力图形均为

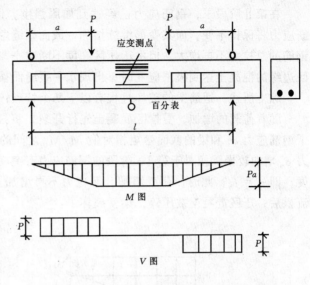

图9.4 梁的试验

三角形，受拉区的拉力由混凝土和钢筋共同承担。这个阶段一般称为弹性阶段。

随着荷载的增加，当受拉区边缘混凝土应力接近其抗拉强度时，应力应变关系表现出塑性性质，即应变比应力增加更快，使拉区应力图形呈曲线变化，而在压区由于压应力远小于混凝土的抗压强度，应力图形仍呈三角形。当荷载继续增加，使拉区边缘混凝土达到抗拉强度而开裂时，我们称这一阶段为第Ⅰa阶段。

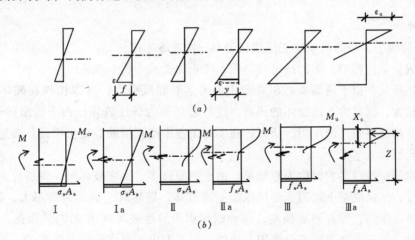

图9.5 钢筋混凝土梁的三各阶段

(a) 应变图；(b) 应力图

2) 第Ⅱ阶段

荷载继续增加，裂缝向上伸展。开裂后的混凝土不再承担拉应力，拉力全部由钢筋承受。压区混凝土由于应力增加表现出塑性性质。当继续增加荷载使钢筋达到屈服强度时，称这个阶段为第Ⅱa阶段。

3) 第Ⅲ阶段

在第Ⅱ阶段末，钢筋应力已经达到屈服强度，即 $\sigma_s = f_y$。随着荷载进一步增加，钢筋应力将保持不变，而其变形继续增加，截面裂缝急剧伸展，中性轴迅速上升。虽然这时钢筋的总拉力不再增大，但由于压区高度不断减小，因此，混凝土压应力迅速增大。当压区边缘的混凝土达到极限应变时，出现水平裂缝而被压碎，这时称为第Ⅲa阶段。

综上所述，适筋梁的破坏过程有以下几个特点：

随着荷载的增加，受拉区混凝土先行开裂，将拉力转给钢筋承担。图9.6（a）给出了钢筋应力 σ_s 和梁的截面弯矩相对值 M/M_u 之间的关系。由图可见，在第一阶段钢筋应力 σ_s 增加较慢。相对于第Ⅰa阶段的钢筋应力有突变，在第Ⅱa阶段钢筋应力达到屈服强度，即 $\sigma_s = f_y$，此时，荷载增加，而应力不再增加。随着荷载继续增大，钢筋经过一段流幅后，压区混凝土被压碎，梁就破坏了。

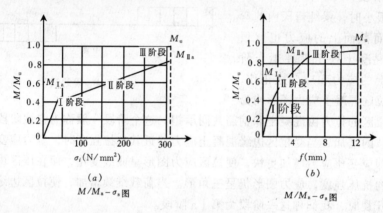

图 9.6

在各阶段中，梁的截面应变呈直线分布［图9.5（a）］。

在梁的加载过程中，梁的挠度与荷载不成正比关系［图9.6（b）］。

由上述可见，由于适筋梁在破坏前钢筋先达到屈服强度，所以构件在破坏前裂缝很宽，挠度较大，这就给人以破坏的预兆，这种破坏称为塑性破坏。由于适筋梁受力合理，可以充分发挥材料强度的作用，所以，在实际工程中都把钢筋混凝土梁设计成适筋梁。

（2）超筋梁

受拉钢筋配得过多的梁称为超筋梁。由于钢筋过多，梁在破坏时，钢筋应力还没有达到屈服强度，压区混凝土就因达到极限应变而破坏。破坏时，梁的裂缝不大，挠度亦小，破坏是突然发生的，没有明显预兆，这种破坏称为脆性破坏（图9.7）。因此，超筋梁不安全，同时，钢筋强度未被充分利用，所以实际工程中不允许设计成超筋梁。

（3）少筋梁

梁内受拉钢筋配得过少，以致这样的钢筋混凝土梁开裂后与素混凝土梁所能承担的荷载相同。这样的梁称为少筋梁。梁加载后在拉区混凝土开裂前，截面上的拉力主要由混凝土承担，一旦出现裂缝，拉力完全由钢筋承担，钢筋应力突然增加，由于钢筋数量过少，钢筋应力立即达到屈服强度，进而进入钢筋的强化阶段，乃至被拉断而使梁折断（图9.8）。因此，这种梁的破坏也属于脆性破坏。由此可见，少筋梁是不安全的，在实际工程中不能设计成少筋梁。

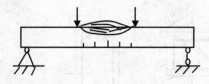
图9.7 超筋梁

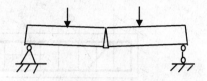
图9.8 少筋梁

3. 梁、板的一般构造要求

(1) 梁的构造

1) 梁的截面形式

钢筋混凝土梁常采用的截面形式有矩形和T形，其他截面形式有工字型、倒T形、花篮形等，如图9.9。

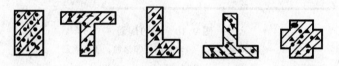

图9.9 梁的截面形式

2) 梁的截面尺寸

梁的截面高度与梁的跨度和荷载大小有关。其截面尺寸的确定应满足承载能力、刚度和裂缝三方面的要求。一般先从刚度条件出发，由表9.1初步选定梁的截面最小高度，截面的宽度可由常用的高宽比来确定。即

矩形截面梁：$b = (1/2 \sim 1/2.5) h$

T形截面梁：$b = (1/2.5 \sim 1/3) h$

不需作挠度计算梁的截面最小高度 表9.1

项次	构件种类		简支	两端连续	悬臂
1	整体肋形梁	次梁	$l_0/15$	$l_0/20$	$l_0/8$
		主梁	$l_0/12$	$l_0/15$	$l_0/6$
2	独立梁		$l_0/12$	$l_0/15$	$l_0/6$

注：表中 l_0 为梁的计算跨度，当梁的跨度大于9m时表中数据应乘以1.2。

为施工方便，梁的截面尺寸应统一规定模数。当梁高 $h > 250$mm 时，取50mm为模数；当梁高 $h > 800$mm 时，则取100mm为模数；当梁宽 $b > 250$mm 时，则取50mm为模数。

3) 梁的配筋（图9.10）

a. 纵向受力筋：它的作用主要是承受由弯矩在受拉区产生的拉力；有时由于弯矩较大，梁截面不能加大时，在受压区也配置钢筋来协助混凝土承担压力。

钢筋直径：当梁截面高度 $h \geqslant 300$mm 时，直径不小于10mm；当 $h < 300$mm 时，直径不小于8mm，常用的直径为12～25mm。

钢筋的净距：为了方便浇注混凝土并保证钢筋与混凝土之间的粘结力，梁的下部纵向受力筋的净距不应小于25mm和钢筋直径 d，上部纵向受力钢筋的净距不应小于30mm和 $1.5d$（图9.11）

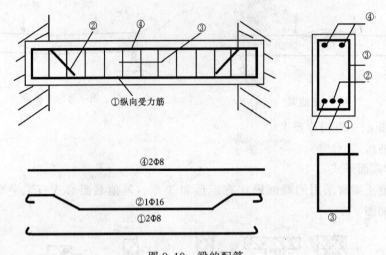

图 9.10 梁的配筋
①纵向受力筋;②弯起筋;③箍筋;④架立筋

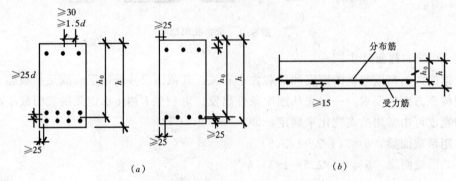

(a)　　　　　　　　　　　(b)

图 9.11 梁、板混凝土保护层及有效高度

混凝土的保护层：为了防止钢筋锈蚀和保证钢筋与混凝土紧密粘结，梁、板应有足够的保护层。混凝土保护层最小厚度见表 9.2。

混凝土保护层最小厚度（mm）　　　　表 9.2

环境类别		板、墙、壳			梁			柱		
		≤C20	C25~C45	≥C50	≤C20	C25~C45	≥C50	≤C20	C25~C45	≥C50
一		20	15	15	30	25	25	30	30	30
二	a	—	20	20	—	30	30	—	30	30
	b	—	25	20	—	35	30	—	35	30
三		—	30	25	—	40	35	—	40	35

注：基础中纵向受力筋的保护层不应小于 40mm；当无垫层时不应小于 70mm。水池及与水接触的构筑物的保护层见附录表 9；上表中的环境类别见附录表 11。

b. 箍筋：箍筋的主要作用是承受斜截面上的剪力，同时，与梁内其他钢筋一起构成梁的钢筋骨架。

箍筋的数量由计算确定。如按计算不需设置箍筋时，当梁高 $h > 300mm$，仍应按构造沿梁全长设置箍筋；当梁高 = 150~300mm 时，仅在梁端部各 1/4 跨度范围内设置箍筋，但当在构件中部 1/2 跨度范围内有集中荷载作用时，则应沿梁全长设置箍筋；当梁高

$h<150$mm 时，可不设置箍筋。

当梁内配有纵向受压钢筋时，箍筋应做成封闭式如图 9.12（a）；但在现浇形截面中，通常翼缘顶面另有横向钢筋，因此可采用开口式如图 9.12（b）。箍筋间距在绑扎骨架中不应大于 $15d$，在焊接骨架中不应大于 $20d$（d 为受压钢筋中的最小直径），同时在任何情况下均不应大于 400mm。

箍筋的最小直径：当截面高度 $h>800$ 时，箍筋直径 $d \geqslant 8$mm；当截面高度 $h \leqslant 800$mm 时箍筋直径 $d \geqslant 6$mm；当截面高度 $h \leqslant 250$mm 时，箍筋直径 $d \geqslant 4$mm；梁中配有计算需要的纵向受压钢筋时，箍筋直径 d 不应小于 $d/4$（d 为受压钢筋中的最小直径）。

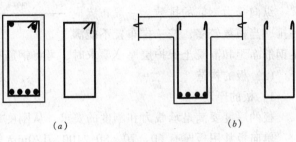

图 9.12 双肢箍筋的形式

箍筋的肢数按下列规定采用：

当梁宽 $b \leqslant 150$mm 时，采用单肢如图 9.13（a）；

当梁宽 150mm $< b <$ 350mm 时，采用双肢如图 9.13（b）；

当梁宽 $b \geqslant 350$mm 时，或在一层内纵向受拉钢筋多于 5 根，或纵向受压钢筋多于 3 根，则采用 4 肢如图 9.13（c）。

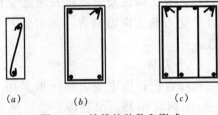

图 9.13 箍筋的肢数和形式

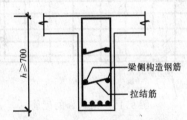

图 9.14 梁侧构造配筋及拉结筋

c. 弯起钢筋：它是由纵向受力筋弯起成型的。其作用是在跨中承受弯矩产生的拉力，弯起部分承受斜截面上的剪力，弯起后的水平段可承受支座处的负弯矩产生的拉力。有关弯起钢筋的构造见 9.3 节。

d. 架立筋：它设在梁的受压区，和纵向受力筋平行。其作用是固定箍筋的正确位置；与其他钢筋一起构成梁的钢筋骨架；承受因温度变化和混凝土收缩而产生的应力。

架立筋直径与梁的跨度有关。当梁的跨度小于 4m 时，直径不宜小于 6mm；当跨度为 4～6m 时，直径不宜小于 8mm；当跨度大于 6m 时，直径不宜小于 10mm。

e. 梁侧构造钢筋及拉结筋：当梁高超过 700mm 时，在梁的两侧沿高度每 300～400mm 设置一根直径不小于 10mm 的构造筋，并用拉结筋固定（见图 9.14）。拉结筋直径同箍筋直径，其间距为箍筋间距的倍数。

4）梁的截面有效高度

从受拉钢筋截面重心至混凝土受压区边缘的距离称为截面的有效高度，用 h_0 表示。当混凝土保护层厚度为 25mm 时，梁截面有效高度 h_0 值为：

$$h_0 = h - 35\text{mm}（一排钢筋）$$

或 $$h_0 = h - 60\text{mm}(两排钢筋)$$

5）钢筋的根数与排数

梁内纵向受力钢筋的根数，一般不少于两根。当梁宽小于 120 时，可选用一根。

纵向受力钢筋的排数，一般布置成一排，当根数较多，按一排布置不能满足钢筋净距和混凝土保护层厚度要求时，可将钢筋布置成两排，注意上下钢筋应对齐。

不需做挠度计算板的最小厚度　　表 9.3

项次	支座构造特点	板的厚度
1	简　支	$L_0/30$
2	弹性约束	$L_0/40$
3	悬　臂	$L_0/12$

注：表中 L_0 为板的计算跨度。

(2) 板的构造

1）板的厚度

板的厚度要满足承载力和刚度的要求。从刚度条件出发，板的厚度可按表 9.3 确定。单向板常用板厚有 60、70、80、100、120mm 等。

2）板的配筋

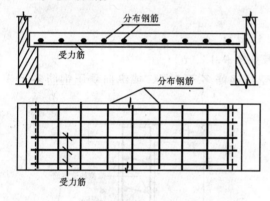

图 9.15　梁式板的配筋

板中一般配置两种钢筋——受力筋和分布筋，如图 9.15。受力筋沿板跨方向配置于受拉区，承担由弯矩作用而产生的拉力。分布筋与受力筋垂直，一般设置在受力筋的内侧，其作用是将荷载均匀地传给受力筋；抵抗因混凝土收缩及温度变化在垂直于受力筋方向的拉力；固定受力筋的位置。

a. 受力筋

钢筋直径：板中受力筋一般采用 6～12mm 的热轧钢筋，预制板中也可采用直径为 5mm 的冷拔低碳钢丝。

钢筋间距：当采用绑扎钢筋时，板中受力筋间距 S 应满足下列要求：

当板厚 $h \leqslant 150\text{mm}$ 时，$S \leqslant 200\text{mm}$；

当板厚 $h > 150\text{mm}$ 时，$S \leqslant 1.5h$，且不宜大于 250mm，在每米板宽内不少于 3 根。为了保证施工质量，钢筋间距 $\geqslant 70\text{mm}$。

b. 分布筋

分布筋截面面积不应小于单位长度上受力筋截面面积的 10%，其间距不应大于 300mm。

对于一般构件，分布钢筋直径可采用 4～6mm，间距为 200～300mm。

9.1.2　单筋矩形截面受弯构件

单筋矩形截面是受弯构件中最基本的截面形式。

1. 基本假设

根据试验研究结果，将以下四点基本假设作为受弯构件正截面受弯承载力计算方法的出发点：

（1）构件正截面在弯曲变形后依然保持平面，即截面应变按线性规律分布；

(2) 不考虑拉区混凝土承受拉力，拉力全部由受拉钢筋承担；
(3) 采用理想的混凝土应力—应变曲线［图9.16（a）］，作为计算的依据；
其中：n——系数，$n = 2 - (1/60)(f_{cu,k} - 50)$ 当计算的 n 值大于2.0时，取为2.0。
(4) 采用理想化的钢筋应力—应变曲线［图9.16（b）］来确定钢筋的应力。

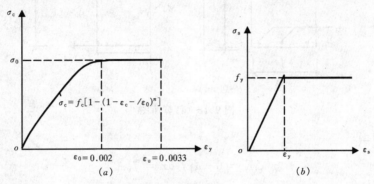

图9.16 混凝土及钢筋的应力—应变图

2. 受压区混凝土等效矩形应力图形

有了上述的基本假定，即可确定截面的应变分布和压区混凝土的应力分布，并利用静力平衡条件求出截面的极限弯矩 M_u，但由于压区混凝土应力图形为二次抛物线［图9.17（a）］，计算非常复杂。从建立 M_u 计算角度看，只要能确定混凝土压应力合力 C 的大小及其作用位置就可以了。为了简化计算，《混凝土结构设计规范》采用等效矩形应力图形来代替曲线应力分布图形。其换算的原则是：

(1) 等效矩形应力图形的面积与曲线应力图形的面积相等，即混凝土总压力 C 的大小不变。

(2) 等效矩形应力图形面积的形心与曲线应力图形面积的形心重合，即合力 C 的作用位置不变。

根据换算原则，具体结构如图9.17（b）所示，X_c 为实际受压区高度，X 为换算受压区高度，《混凝土结构设计规范》建议取 $X = \beta_1 X_c$，当混凝土强度等级不超过C50时，β_1 取为0.8，当混凝土强度等级为C80时，β_1 取为0.74，其间按线性内插法确定。

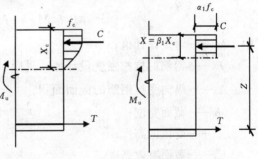

图9.17 等效矩形应力图

σ_c 为曲线图形的最大压应力，矩形应力图形的压应力值为 $\alpha_1 f_c$，当混凝土强度等级不超过C50时，α_1 取为1.0，当混凝土强度等级为C80时，α_1 取为0.94，其间按线性内插法确定。

3. 基本公式

在进行构件承载力计算时，必须保证具有足够的可靠度。因此，要求由荷载设计值在截面上产生的弯矩设计值 M 应小于或等于构件截面所能承受的弯矩 M_u。根据图9.18计

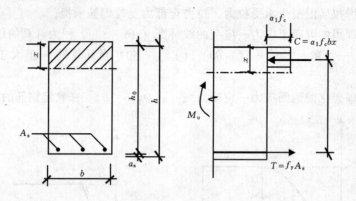

图 9.18 计算简图

算图形，可写出：

$$\Sigma X = 0 \quad \alpha_1 f_c b x = f_y A_s \tag{9.1}$$

$$\Sigma M = 0 \quad M_u = \alpha_1 f_c b x (h_0 - x/2) \tag{9.2}$$

或

$$M_u = f_y A_s \left(h_0 - \frac{x}{2} \right) \tag{9.3}$$

根据承载力计算的要求，即 $M \leqslant M_u$，并将式（9.1）代入可得单筋矩形截面受弯承载力计算的基本公式：

$$M \leqslant M_u = \alpha_1 f_c b x \left(h_0 - \frac{x}{2} \right) \tag{9.4}$$

或

$$M \leqslant M_u = f_y A_s \left(h_0 - \frac{x}{2} \right) \tag{9.5}$$

式中　M——弯矩设计值；

　　　f_y——钢筋的抗拉强度设计值，见附录表 6；

　　　A_s——纵向受拉钢筋的截面面积；

　　　b——截面宽度；

　　　x——受压区高度；

　　　h_0——截面有效高度。

4. 公式适用条件

为保证受弯构件适筋破坏，基本公式应满足以下两个条件：

(1) 适用条件一

为了防止超筋，设计时应使截面的配筋率不大于最大配筋率，即 $\rho \leqslant \rho_{max}$。

当配筋率到某个限值时，受拉钢筋的屈服将与受压区混凝土的压碎同时发生。这种破坏通常称为"界限破坏"或"平衡破坏"。此时的界限配筋率 ρ_b 即为适筋梁的上限，称为最大配筋率 ρ_{max}。超过最大配筋率的梁即属于"超筋梁"。为求得这个最大配筋率，现利用图 9.19 来分析不同破坏特征的受弯构件在即将破坏时的截面应变分布情况。

当构件属于适筋梁范畴，截面即将破坏时的应变分布如图 9.19 中的直线 ac 所示。此时受压区边缘混凝土达到了极限压应变值 $\varepsilon_u = 0.0033$，同时受拉钢筋的应变 ε_s 也超过了

钢筋屈服应变 ε_y。由图 9.19 中几何关系可以看出：ε_s 越大，对应的理论受压区高度 x_c 越小。

$$\frac{x_c}{h_0} = \frac{\varepsilon_u}{\varepsilon_u + \varepsilon_s} \tag{9.6}$$

将矩形应力分布图形的换算受压区高度 $x = \beta_1 x_c$ 代入上式，得到：

$$x/h_0 = \beta_1 \varepsilon_u / (\varepsilon_u + \varepsilon_s) \tag{9.7}$$

对承载力计算基本公式（9.1）

$$\alpha_1 f_c b x = f_y A_s$$

进行变换后，引入配筋率计算公式，并经简化后得到：

$$\xi = x/h_0 = A_s/bh_0 \cdot f_y/\alpha_1 f_c \tag{9.8}$$

式中 ξ 称为相对受压区高度。从图 9.19 或以上公式均可以看出，在材料一定的条件下，当 ε_s 越小，则 x 越大，截面配筋率 ρ 也就越大，相对受压区高度 ξ 也越大。

随着配筋率 ρ 的提高，ε_s 则逐渐减小，当配筋率增大到某个界限值 ρ_b 时，ε_s 恰好等于屈服应变 ε_y。此时受拉钢筋的屈服与混凝土受压区边缘达到 $\varepsilon_u = 0.0033$ 将同时发生，此时所谓"界限破坏"或"平衡破坏"状态。图 9.19 中的应变分布线 ab 就表示了这种状态。若配筋率 ρ 再提高，截面就将进入超筋状态，即当受压区混凝土压碎时，钢筋的应变尚未达到屈服应变，这种破坏状态下的应变分布如图 9.19 中 ab 线所示。

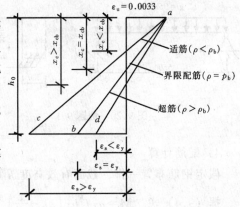

图 9.19 极限破坏时截面的应变分布图

显而易见，"界限破坏"状态正是适筋梁与超筋梁之间的分界线。把这时候对应的相对受压区高度称为界限相对受压区高度，用符号 ξ_b 表示。

$$\xi_b = x_b/h_0 = 0.0033\beta_1/(0.0033 + \varepsilon_y) = \beta_1/(1 + f_y/0.0033E_s) \tag{9.9}$$

将 ξ_b 代入公式（9.8）可得截面最大配筋率

$$\rho_{\max} = \rho_b = \xi_b \alpha_1 f_c / f_y \tag{9.10}$$

这样，适用条件一的具体表达式为

$$\xi \leqslant \xi_b \tag{9.11a}$$

或

$$x \leqslant \xi_b h_0 \tag{9.11b}$$

或

$$\rho \leqslant \rho_{\max} = \xi_b \alpha_1 f_c / f_y \tag{9.11c}$$

或

$$M \leqslant M_{u\max} = \alpha_1 f_c b h_0^2 \xi_b (1 - 0.5\xi_b) \tag{9.11d}$$

以上表达式的形式不一样，实质都是相同的，即限制钢筋的最大用量，防止超筋破坏。故设计中只需满足其中的一个即可。

(2) 适用条件二

为了防止少筋梁的脆性破坏，并考虑承受温度应力和收缩应力以及满足构造方面要求，应使截面的配筋满足最小配筋率的要求，最小配筋率应满足：

$$A_s \geqslant \rho_{\min} bh \tag{9.12}$$

式中最小配筋率 $\rho_{\min}$ 见附录表 10。

5．基本公式的应用

（1）设计截面

已知弯矩设计值 M 材料强度等级 f_c、f_y，求截面尺寸及配筋

【例 9.1】 图 9.20 为一钢筋混凝土简支梁，计算跨度 $l_0 = 5.6$m，承受均布荷载设计值 25kN·m（包括自重），用查表法计算钢筋截面面积 A_s。

解：1）选择材料

选用混凝土强度等级 C25，$f_c = 11.9$N/mm^2，采用 HRB335 级钢筋，$f_y = 300$N/mm^2。

2）确定截面尺寸

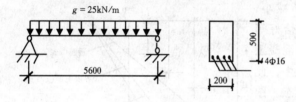

图 9.20 例题 9.1

查表 9.1 得：

$h = l_0/12 = 5600/12 = 466.7$mm

取 $h = 500$mm

$b = h/2.5 = 500/2.5 = 200$mm

3）内力计算

最大弯矩设计值 $M = 1/8 (g + q) l_0^2 = 1/8 \times 25 \times 5.6^2 = 98$kN·m

4）配筋计算

假定钢筋布置一排，截面有效高度 $h_0 = h - a_s = 500 - 35 = 465$mm

据（9.4）式　$M = \alpha_1 f_c bx \left(h_0 - \dfrac{x}{2}\right)$

$98 \times 10^6 = 1 \times 11.9 \times 200 x (465 - x/2)$

解得：$x = 94.11$mm

钢筋面积　$A_s = \alpha_1 f_c bx / f_y = 1 \times 11.9 \times 200 \times 94.11 / 300 = 746.6$mm^2

查附录 9.5 选用 4 Φ 16（$A_s = 804$mm^2）

5）验算适用条件

$$\xi = x/h_0 = 94.11/465 = 0.202 < \xi_b$$

$$\xi_b = \beta_1/(1 + f_y/0.0033E_s) = 0.8/[(1 + 300/0.0033 \times 2.0 \times 10^5)] = 0.550$$

$$45 f_t/f_y = 45 \times 1.27/300 = 0.1905 < 0.2 \quad \rho_{\min} 取 0.2$$

$$\rho_{\min} bh = 0.2\% \times 200 \times 500 = 200 \text{mm}^2 < A_s = 804 \text{mm}^2$$

满足要求。

【例 9.2】 已知某预制沟盖板（图 9.21 a)）板宽 $b = 500$mm，板的净跨度 $l_n = 2$m，板的支承长度 $a = 110$mm，板面抹灰厚 20mm，地面活荷载标准值 2.5kN/m^2。试设计沟盖板截面尺寸和配筋（钢筋混凝土自重取 25kN/m^3，板面抹灰自重 20kN/m^3）。

解：

1）选择材料

选用混凝土强度等级为 C15，纵向受拉钢筋采用 HPB235 级，由附录表 5 和附录表 6 查得 $f_c = 7.2\text{N/mm}^2$，$f_y = 210\text{N/mm}^2$。

2）确定板的厚度 h

由表 9.3 查得

$$h = \frac{l_0}{30} = \frac{2000}{30} = 66.7\text{mm} \quad 取 \ h = 70\text{mm}$$

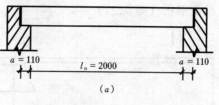
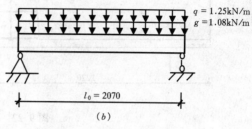

图 9.21　例题 9.2

3）荷载计算

板　　　重	$0.07 \times 25 = 1.75\text{kN/m}^2$
板面抹灰重	$0.02 \times 20 = 0.40\text{kN/m}^2$
共　　　计	2.15kN/m^2

单位板长上的永久荷载标准值：$g_k = 2.15 \times 0.5 = 1.08\text{kN/m}$

单位板长上的可变荷载标准值：$q_k = 2.50 \times 0.5 = 1.25\text{kN/m}$

4）内力计算

沟盖板置于侧墙上，可视为铰接。单跨简支板计算跨度取下列两种取值中的较小值

$$l_n + a = 2.0 + 0.11 = 2.11\text{m}$$
$$l_n + h = 2.0 + 0.07 = 2.07\text{m}$$

故取 $l_0 = 2.07\text{m}$（图 9.21）。

永久载荷分项系数 $\gamma_G = 1.2$，可变载荷分项系数 $\gamma_Q = 1.4$，构件重要性系数 $\gamma_0 = 1.0$，跨中最大弯矩设计值为：

$$M = \frac{1}{8}\gamma_G g l_0^2 + \frac{1}{8}\gamma_Q q l_0^2 = \frac{1}{8} \times 1.2 \times 1.08 \times 2.07^2 + \frac{1}{8} \times 1.4 \times 1.25 \times 2.07^2$$
$$= 1.63\text{kN} \cdot \text{m} = 1.63 \times 10^6\text{N} \cdot \text{mm}$$

5）配筋计算

截面有效高度：$h_0 = h_0 - 25 = 70 - 25 = 45\text{mm}$

据 9.4 式
$$M = \alpha_1 f_c b x \left(h_0 - \frac{x}{2}\right)$$
$$1.63 \times 10^6 = 1 \times 7.2 \times 500 x \ (45 - x/2)$$

解得：$x = 11.542\text{mm}$

钢筋面积　$A_s = \alpha_1 f_c b x / f_y = 1 \times 7.2 \times 500 \times 11542 / 210 = 197.86\text{mm}^2$

查附录表 12 选用 4ϕ8（$A_s = 201\text{mm}^2$）分布钢筋选用 ϕ4@300。

6）验算适用条件

$\xi = x/h_0 = 11.542/45 = 0.256 < \xi_b$

$\xi_b = \beta_1/(1 + f_y/0.0033E_s) = 0.8/[(1 + 210/0.0033 \times 2.1 \times 10^5)] = 0.614$

$45 f_t / f_y = 45 \times 0.91/210 = 0.195 < 0.2 \quad \rho_{\min} 取 0.2$

$\rho_{\min} bh = 0.2\% \times 500 \times 70 = 70\text{mm}^2 < A_s = 201\text{mm}^2 \quad$ 满足要求。

7) 绘配筋图（图 9.22）

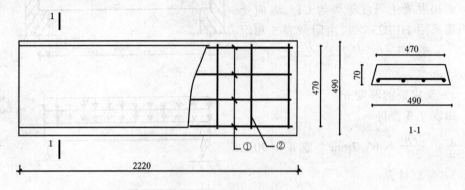

图 9.22 盖板配筋图

（2）复核截面

已知截面尺寸 b、h，材料强度等级 f_c、f_y，配筋数量 A_s，求截面所能承担的极限弯矩 M_u（或已知弯矩 M，复核截面尺寸是否安全）。

【例 9.3】 已知矩形截面梁，截面尺寸 $b \times h = 200\text{mm} \times 450\text{mm}$，承受最大弯矩设计值 $M = 85\text{kN} \cdot \text{m}$，混凝土强度等级 C20，梁内配有 4 Φ 16（$A_s = 804\text{mm}^2$）纵向受力钢筋。试验算该梁是否安全？

解：1）材料强度

由附录表 5 查得： $f_c = 9.6\text{N/mm}^2$

由附录表 6 查得： $f_y = 300\text{N/mm}^2$

2）截面有效高度

$$h_0 = h - 40 = 450 - 40 = 410\text{mm}$$

3）求 x 值：

$$x = f_y A_s / \alpha_1 f_c b = 300 \times 804 / (1 \times 9.6 \times 200) = 125.6\text{mm}$$

4）求极限弯矩 M_u：

$$M_u = \alpha_1 f_c b x (h_0 - x/2) = 1 \times 9.6 \times 200 \times 125.6 \times (410 - 125.6/2)$$
$$= 83.725\text{kN} \cdot \text{m} < M = 85\text{kN} \cdot \text{m}$$

M_u 与 M 相差不超过 5%，基本符合要求，该梁安全。

9.1.3 T 形梁截面强度计算

1. 概述

我们知道，矩形截面受弯构件在正截面强度计算时，是按第Ⅲa阶段进行的。按这一阶段计算不考虑受拉区混凝土参加工作。因此，如果将受拉区的混凝土减少一部分做成 T 形截面，这既可以节约材料，又可以减轻构件的自重。除独立 T 形梁外，槽形板、圆孔板、工字形梁，以及现浇水池顶盖中的主次梁跨中截面（图 9.23）等也都按 T 形截面计算。因此，T 形截面在市政工程中应用十分广泛。

2. T 形截面的分类及翼缘宽度的规定

（1）T 形截面的分类及其判别

T 形截面伸出的部分称为翼缘。在中间的部分称为肋。翼缘宽度用 b'_f 表示，肋的宽

度用 b 表示，T 形梁的总高用 h 表示，而翼缘厚度用 h'_f 表示（图 9.24）。

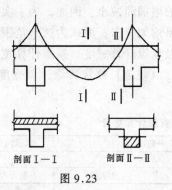

图 9.23

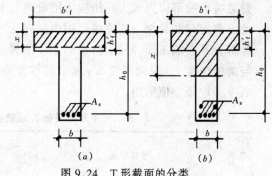

图 9.24　T 形截面的分类

T 形截面根据受力大小，中性轴可能通过翼缘（即 $x \leqslant h'_f$），也可能通过肋部（即 $x > h'_f$）。通常将前者称为第一类 T 形截面 [图 9.24（a）]；后者称为第二类 T 形截面 [图 9.24（b）]。

为了建立 T 形截面类型的判别式，我们首先分析中性轴恰好通过翼缘与肋的分界线（即 $x = h'_f$）时的基本计算公式（图 9.25）。

由平衡条件

$\Sigma X = 0 \quad \alpha_1 f_c b'_f x = f_x A_s$ （9.13）

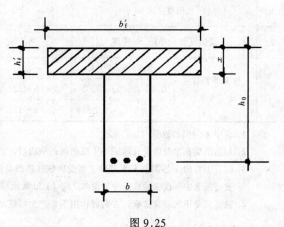

图 9.25

$$\Sigma M = 0 \quad M = M_u = \alpha_1 f_c b'_f h'_f \left(h_0 - \frac{h'_f}{2} \right) \tag{9.14}$$

在判断 T 形截面类型时，可能遇到以下两种情况：

1) 设计梁的截面

这时弯矩设计值 M 为已知，可用式（9.14）来判断 T 形截面类型，

如果
$$M \leqslant M_u = \alpha_1 f_c b'_f h'_f \left(h_0 - \frac{h'_f}{2} \right) \tag{9.15a}$$

即 $x \leqslant h'_f$ 时，则 T 形截面属于第一种类型。

如果
$$M > M_u = \alpha_1 f_c b'_f h'_f \left(h_0 - \frac{h'_f}{2} \right) \tag{9.15b}$$

即 $x > h'_f$ 时，则 T 形截面属于第二种类型。

2) 复核截面强度

因为这时 $A_s f_y$ 为已知，故可用式（9.13）来判别类型

如果
$$f_y A_s \leqslant b'_f h'_f \alpha_1 f_c \tag{9.16a}$$

则属于第一种类型。

如果
$$f_y A_s > b'_f h'_f f_c \tag{9.16b}$$

则属于第二种类型。

(2) 受压区翼缘宽度的规定

理论分析和试验结果表示，T形梁受荷后，受压区翼缘的压应力分布是不均匀的，而是愈接近肋部应力愈大，压应力随着离开肋部距离的增加而减小。因此，为了实际计算方便，假定只在翼缘一定宽度范围内受有压应力，并呈均匀分布，而认为这个范围以外的翼缘部分不参加工作。我们将参加工作的翼缘宽度叫做翼缘计算宽度。翼缘计算宽度的大小与梁的跨度 l、翼缘厚度 h'_f 和梁的布置等情况有关。《规范》规定翼缘计算宽度 b'_f 可按表9.4中最小值采用。

T形梁及倒L形截面受弯构件翼缘计算宽度   表9.4

项次	考虑情况		T形截面		倒L形梁
			肋形梁（板）	独立梁	肋形梁（板）
1	按跨度 l 考虑		$\frac{1}{3}l$	$\frac{1}{3}l$	$\frac{1}{6}l$
2	按梁（肋）净距 S_0 考虑		$b+S_0$	—	$b+\frac{S_0}{2}$
3	按翼缘高度 h'_f 考虑	当 $h'_f/h_0 \geqslant 0.1$	—	$b+12h'_f$	$b+5h'_f$
		$0.1 > h'_f/h_0 \geqslant 0.05$	$b+12h'_f$	$b+6h'_f$	$b+5h'_f$
		当 $h'_f/h_0 < 0.05$	$b+12h'_f$	b	$b+5h'_f$

注：1．表中 b 为梁的腹板（肋）宽度。
2．如肋形梁在梁跨内设有间距小于纵肋间的横肋时，则可不遵守表中项次3的规定。
3．对有加腋的T形和倒L形截面，当受压区加腋的高度 $h_h \geqslant h'_f$，且加腋的宽度 $b_h \leqslant 3h_h$，则其翼缘计算宽度可按表中项次3的规定分别增加 $2b_h$（T形截面）和 b_h（倒L形截面）。
4．独立梁受压区的翼缘板，在荷载作用下如产生沿纵肋方向的裂缝，则计算宽度取用肋宽 b。

3．基本公式及适用条件
（1）第一类T形截面
如前所述，这类T形截面受压区高度 $x \leqslant h'_f$，中性轴通过翼缘，受压区形状为矩形，故可按宽度为 b'_f 的矩形截面（图9.26）进行抗弯强度计算，其计算公式与单筋矩形截面相同，仅需将梁宽 b 改为翼缘计算宽度 b'_f。即：

$$\alpha_1 f_c b'_f x = f_y A_s \tag{9.17}$$

$$M \leqslant M_u = \alpha_1 f_c b'_f x \left(h_0 - \frac{x}{2}\right) \tag{9.18}$$

基本公式（9.17）和（9.18）的适用条件为：

1）$x \leqslant \xi_b h_0$。在一般情况下，T形截面 h'_f 较小，当中性轴通过翼缘时，x 值均较小，这个条件都可以满足。故第一类T形截面可不验算这个条件。

2）$\rho > \rho_{\min}$。《规范》规定T形截面的配筋率应按下式计算：

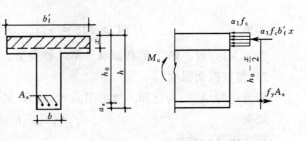

图9.26　第一类T形梁截面应力图

$$\rho = \frac{A_s}{bh}$$

式中 b 为肋宽。这是因为最小配筋率是根据钢筋混凝土梁开裂后的抗弯强度与素混凝土梁抗弯强度相等的条件得出的。由于素混凝土 T 形梁的抗弯强度与素混凝土矩形梁的抗弯强度相近，为了简化计算，采用矩形截面（$b \times h$）梁的 $\rho_{\min}$ 作为 T 形截面梁的最小配筋率。

【例 9.4】 某现浇水池顶盖次梁，跨度 $l = 5.1\mathrm{m}$，截面尺寸如图 9.27 所示。跨中受有最大弯矩设计值 $M = 84\mathrm{kN \cdot m}$，混凝土强度等级为 C20，HRB335 级钢筋。试计算次梁的纵向受力钢筋面积。

解：1) 材料强度设计值查附录表 5、附录表 6

$f_c = 9.6\mathrm{N/mm^2} \quad f_y = 300\mathrm{N/mm^2}$

2) 确定梁的有效高度：

$h_0 = h - 40 = 400 - 40 = 360\mathrm{mm}$

3) 确定翼缘计算宽度 b'_f 根据表 9.5 可知：

箍筋最大间距 s 的限值（mm）   表 9.5

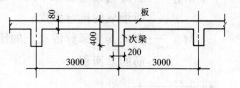

梁高 h（mm）	$V > 0.07 f_c b h_0$	$V \leqslant 0.07 f_c b h_0$
$150 < h \leqslant 300$	150	200
$300 < h \leqslant 500$	200	300
$500 < h \leqslant 800$	250	350
$h > 800$	300	400

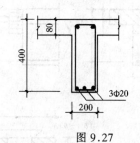

图 9.27

按梁跨度 l 考虑：

$$b'_f = \frac{l}{3} = \frac{5100}{3} = 1700\mathrm{mm}$$

按梁净距 S_0 考虑：

$$b'_f = b + S_0 = 200 + 2800 = 3000\mathrm{mm}$$

按翼缘厚度 h'_f 考虑：

$$h'_f / h_0 = 80/360 = 0.222 > 0.1$$

故翼缘宽度不受此项限制。

最后，取翼缘计算宽度前两项较小者，即 $b'_f = 1700\mathrm{mm}$

4) 判别 T 形截面类型

$$M_u = \alpha_1 f_c b'_f h'_f \left(h_0 - \frac{h'_f}{2}\right) = 1 \times 9.6 \times 1700 \times 80 \times \left(360 - \frac{80}{2}\right)$$
$$= 4.17 \times 10^8 \mathrm{N \cdot mm} = 417\mathrm{kN \cdot m} > M = 84\mathrm{kN \cdot m}$$

属于第一类 T 形截面。

5) 求受拉钢筋面积

$$M = \alpha_1 f_c b'_f x (h_0 - x/2)$$
$$84 \times 10^6 = 1 \times 9.6 \times 1700 x (360 - x/2)$$

解得：$x = 14.6\mathrm{mm}$

$$A_s = \alpha_1 f_c b'_f x / f_y = 1 \times 9.6 \times 1700 \times 14.6 / 300 = 794.24\mathrm{mm}$$

选配 3Φ20（$A_s = 941\mathrm{mm^2}$）。配筋参见图 9.27。

(2) 第二类 T 形截面

这类 T 形类截面受压区高度 $x > h'_f$，中性轴通过肋部。其应力图形如图 9.28（a）所示。为了便于分析和计算起见，将第二类 T 形梁截面应力图形看做是由两部分组成。一部分由肋部与相应翼缘中间部分受压区混凝土的压应力和相应的受拉钢筋 A_{s1} 的拉力所组成 [图 9.28（b）]；另一部分由翼缘其他部分混凝土的压应力与相应的钢筋 A_{s2} 的拉力所组成 [图 9.28（c）]。

这样，第二类 T 形截面的抗弯强度可写成：

$$M_u = M_{u1} + M_{u2}$$

式中 M_{u1}——肋部与相应翼缘中间部分受压区混凝土的压力与其相应的钢筋 A_{s1} 的拉力所形成的抗弯强度；

M_{u2}——翼缘其他部分混凝土的压力与其相应的钢筋 A_{s2} 形成的抗弯强度。受拉钢筋的总面积：

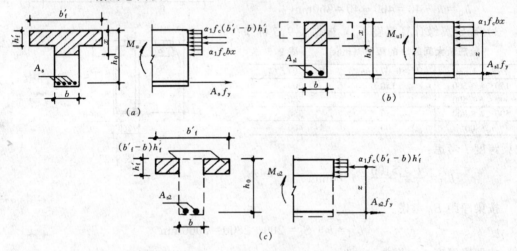

图 9.28 第二类 T 形面应力图形
(a) 整个截面；(b) 第一部分截面；(c) 第二部分截面

$$A_s = A_{s1} + A_{s2}$$

根据平衡条件，对两部分可分别写出以下基本计算公式：

第一部分：
$$\alpha_1 f_c b x = f_y A_{s1} \tag{9.19}$$

$$M_{u1} = \alpha_1 f_c b x \left(h_0 - \frac{x}{2}\right) \tag{9.20}$$

第二部分：$\alpha_1 f_c (b'_f - b) h'_f = f_y A_{s2}$ (9.21)

$$M_{u2} = \alpha_1 f_c (b'_f - b) h'_f \left(h_0 - \frac{h'_f}{2}\right) \tag{9.22}$$

这样，整个 T 形截面抗弯强度基本计算公式为：

$$\alpha_1 f_c b x + \alpha_1 f_c (b'_f - b) h'_f = f_y A_s \tag{9.23}$$

$$M \leqslant M_u = \alpha_1 f_c b x \left(h_0 - \frac{x}{2}\right) + \alpha_1 f_c (b'_f - b) h'_f \left(h_0 - \frac{h'_f}{2}\right) \tag{9.24}$$

上述基本计算公式应满足下列条件：

1) $x \leqslant \xi_b h_0$

或
$$\rho_1 = \frac{A_{s1}}{bh_0} \leqslant \xi_b \frac{f_{cm}}{f_y}$$

或
$$M_{u1} \leqslant \alpha_1 f_c b h_0^2 \xi_b (1 - 0.5\xi_b)$$

2) $\rho \geqslant \rho_{min}$。因为第二类 T 形截面的配筋较多，都能满足最小配筋率的要求，故不必验算这一条件。

【例 9.5】 T 形截面梁，$b'_f = 600\text{mm}$，$b = 300\text{mm}$，$h'_f = 100\text{mm}$，$h = 800\text{mm}$，承受设计弯矩 $M = 685\text{kN}\cdot\text{m}$，采用混凝土强度等级 C20，HRB335 级钢筋（图 9.29）。试求钢筋面积 A_s。

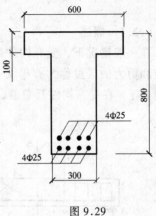

图 9.29

解：1) 确定材料强度查附录表 5、附录表 6
$$f_c = 9.6\text{N/mm}^2, \quad f_y = 310\text{N/mm}^2$$

2) 确定截面有效高度 h_0

设采用双排纵向受力钢筋，则
$$h_0 = h - 65 = 800 - 65 = 735\text{mm}$$

3) 判断 T 形截面类型，利用式 (9.15b)
$$M_u = \alpha_1 f_c (b'_f - b) h'_f \left(h_0 - \frac{h'_f}{2}\right) = 1 \times 9.6 \times 600 \times 100(735 - 100/2)$$
$$= 39.456 \times 10^7 \text{N}\cdot\text{mm} = 394.56\text{kN}\cdot\text{m} < M = 685\text{kN}\cdot\text{m}$$

属于第二类 T 形截面。

4) 求 A_{s2} 及 M_{u2}

由式 (9.21) 得
$$A_{s2} = \alpha_1 f_c (b'_f - b) h'_f / f_y = 1 \times 9.6(600 - 300)100/300 = 960\text{mm}^2$$

由式 (9.22) 得
$$M_{u2} = \alpha_1 f_c (b'_f - b) h'_f \left(h_0 - \frac{h'_f}{2}\right)$$
$$= 1 \times 9.6(600 - 300)100 \times \left(735 - \frac{100}{2}\right)$$
$$= 197.28 \times 10^6 \text{N}\cdot\text{mm} = 197.28\text{kN}\cdot\text{m}$$

5) 求 M_{u1} 和 A_{s1}
$$M_{u1} = M - M_{u2} = 685 - 197.28 = 487.72\text{kN}\cdot\text{m}$$
$$M_{u1} = \alpha_1 f_c b x (h_0 - x/2)$$
$$487.72 \times 10^6 = 1 \times 9.6 \times 300 x (735 - x/2)$$

解得：$x = 286.08\text{mm}$

于是钢筋面积
$$A_{s1} = \alpha_1 f_c b x / f_y = 11 \times 9.6 \times 300 \times 286.08 = 2746.4\text{mm}^2$$

所需总受拉钢筋面积
$$A_s = A_{s1} + A_{s2} = 2746.4 + 960 = 3706.4\text{mm}^2$$

选配 8⌀25（$A_s = 3927\text{mm}^2$）配筋参见图 9.29。

6）验算：$\xi = x/h_0 = 286.08/735 = 0.389 < \xi_b = 0.550$

满足要求。

9.2 受弯构件斜截面强度计算

9.2.1 概述

在一般情况下，受弯构件截面除作用有弯矩外，还作用有剪力。受弯构件同时作用有弯矩和剪力的区段称为剪弯段［图 9.30（a）］。弯矩和剪力在截面上分别产生正应力 σ 和剪应力 τ。在受弯构件开裂前，正应力 σ 和剪应力 τ 组合起来将产生主拉应力 σ_{pt} 和主压应力 σ_{pc}。

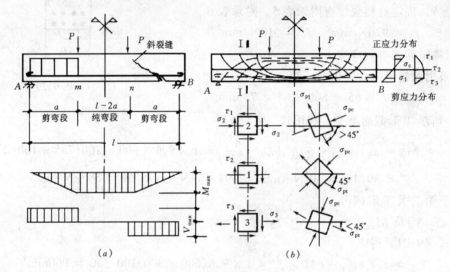

图 9.30

图 9.30（b）中实线表示主拉应力迹线，与它垂直的虚线表示主压应力迹线。在荷载较小时，拉区混凝土出现裂缝前，钢筋应力很小，主拉应力主要由混凝土承担。

随着荷载的增加，构件内主拉应力 σ_{pt} 也将增加，当它超过混凝土的抗拉强度，即 $\sigma_{pt} > f_t$ 时，混凝土便沿垂直主拉应力方向出现斜裂缝，进而发生斜截面破坏。因此，为了防止发生这种破坏，需进行斜截面强度计算。

9.2.2 受弯构件斜截面强度的试验研究

通过试验表明，影响斜截面强度的因素很多，诸如混凝土的强度、腹筋（箍筋和弯起钢筋）和纵筋含量、截面形状，荷载种类和作用方式，以及剪跨比等。

试验表明，斜截面破坏可能有下列三种破坏形式：

1. 斜压破坏

斜压破坏是指梁的剪弯段中的混凝土被压碎，而腹筋尚未达到屈服强度时的破坏。这种破坏多发生在下列情况：

（1）梁的箍筋配置得过多过密

这时破坏与正截面超筋梁破坏相似，腹筋强度得不到充分发挥。

（2）梁的剪跨比较小（$\lambda < 1$）

这时在梁的剪弯段范围内，截面内的剪力相对较大，而弯矩相对较小。当荷载较大时，首先在梁的中性轴附近出现斜裂缝，由于主拉应力随着离开中性轴而很快减小，故斜裂缝宽度开展较慢。这时荷载直接由力的作用点通过混凝土传给支座。当荷载很大时，这部分混凝土被压碎，形成斜压破坏［图9.31（a）］。

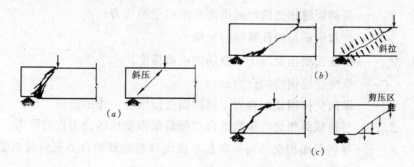

图9.31 梁斜截面破坏的形式

2．斜拉破坏

当箍筋配置得过少，且剪跨比较大（$\lambda>3$）时，一旦斜裂缝出现，箍筋应力立即达到屈服强度，这条斜裂缝迅速伸展到梁的受压区边缘，使构件很快裂为两部分而破坏［图9.31（b）］。这种破坏称为斜拉破坏。

3．剪压破坏

当构件内箍筋配置的数量适当时，随着荷载的增加，首先在受拉区出现垂直裂缝和细的斜裂缝。当荷载增加到一定数值时，就会出现一条主要斜裂缝，称为"临界斜裂缝"。荷载进一步增加，与临界斜裂缝相交的箍筋应力达到屈服强度。由于钢筋塑性变形的发展，斜裂缝逐渐扩大，斜截面末端受压区不断缩小，直至受压区混凝土在正应力和剪应力共同作用下，达到极限状态而破坏［图9.31（c）］。这种破坏形式称为剪压破坏。

由于斜压破坏箍筋强度不能充分发挥作用，而斜拉破坏又十分突然，因此，在设计中应把构件控制在剪压破坏类型。为此，《规范》给出了梁中最大配箍率及最小配箍率，以避免发生斜压或斜拉破坏。

9.2.3 斜截面抗剪强度计算公式

1．基本公式的建立

如前所述，斜截面强度计算应以剪压破坏形式为依据。当发生这种破坏时，与斜截面相交的腹筋应力达到屈服强度，斜截面剪压区混凝土达到强度极限。这时梁被斜截面分成左右两部分，现在取斜截面左侧为隔离区（图9.32）研究它的平衡条件。

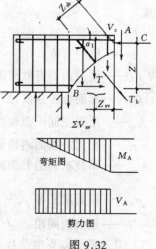

构件在破坏时的瞬间处于平衡状态，故可根据图9.32，列出下列平衡方程：

$$\Sigma Y = 0, \quad V_A = V_u = V_c + \Sigma V_{sv} + T_b \sin\alpha_s \quad (9.25a)$$

或

$$V_A = V_u = V_{cs} + \Sigma V_{sv} + T_b \sin\alpha_s \quad (9.25b)$$

图9.32

$$\Sigma M = 0, \quad M_A = M_u = TZ + V_{sv}Z_{sv} + T_b Z_{sb} \tag{9.26}$$

式中 V_u、M_u——构件沿斜截面破坏时所能承担的剪力和弯矩；

$\quad\quad\quad V_c$——剪压区混凝土所能承受的剪力；

$\quad\quad\quad \Sigma V_{sv}$——与斜裂缝相交的箍筋所能承受的剪力；

$\quad\quad\quad T_b$——与斜裂缝相交的弯起钢筋所能承受的拉力；

$\quad\quad\quad \alpha_s$——弯起钢筋与构件纵轴的夹角；

$\quad\quad\quad V_{cs}$——斜截面受压混凝土和箍筋的抗剪强度；

$\quad\quad\quad T$——纵向受拉钢筋的合力；

$\quad\quad\quad Z$——纵向受拉钢筋的合力至斜截面受压区合力作用点的距离；

$\quad\quad\quad Z_{sv}$——与斜截面相交的箍筋的合力至斜截面受压区合力点的距离；

$\quad\quad\quad Z_{sb}$——与斜截面相交的同一弯起平面内弯起钢筋的合力至斜截面受压区合力点的距离。

为了保证斜截面具有足够的强度，在设计时必须满足下列条件：

$$V \leqslant V_u \tag{9.27}$$

$$M \leqslant M_u \tag{9.28}$$

式中 V——剪力设计值；

$\quad\quad\quad M$——弯矩设计值。

在实际工程设计中，通过计算配置腹筋来保证第一个条件，即式（9.27）；而通过采用构造措施来保证第二个条件，即式（9.28）。

2. 仅配有箍筋的梁的斜截面抗剪强度 V_{cs} 的计算

仅配有箍筋的梁斜截面抗剪强度 V_{cs}，等于斜截面剪压区的混凝土抗剪强度 V_c 和与斜截面相交的箍筋的抗剪强度 ΣV_{sv} 之和。经过对仅配有箍筋的梁的斜截面抗剪破坏试验资料的分析研究，并结合实际经验，V_{cs} 值可按下列公式计算：

（1）对于矩形、T 形及工字形截面梁

$$V_{cs} = 0.7 f_c b h_0 + 1.25 f_{yv} \frac{A_{sv}}{s} h_0 \tag{9.29a}$$

或

$$V_{cs}/f_c b h_0 = 0.7 + 1.25 f_{yv} \cdot \rho_{sv}/f_t \tag{9.29b}$$

式中 f_c——混凝土抗压强度设计值；

$\quad\quad\quad b$——梁的宽度；

$\quad\quad\quad h_0$——梁截面的有效高度；

$\quad\quad\quad f_{yv}$——箍筋抗拉强度设计值；

$\quad\quad\quad A_{sv}$——配置在同一截面内箍筋各肢的全部截面面积，$A_{sv} = nA_{sv1}$；

$\quad\quad\quad n$——在同一截面内箍筋的肢数；

$\quad\quad\quad A_{sv1}$——单肢箍筋的截面面积；

$\quad\quad\quad \rho_{sv}$——箍筋配筋率 $\rho_{sv} = \dfrac{nA_{sv1}}{sb}$；

$\quad\quad\quad s$——箍筋的间距。

（2）对于承受以集中荷载为主的矩形截面独立梁

试验表明，对于集中荷载为主作用下的矩形截面独立梁，当剪跨比 λ 较大时，按式 (9.29) 计算是偏于不安全的。因此《规范》规定：对于集中荷载作用下的矩形截面独立梁，当集中荷载在支座截面产生的剪力占该截面总剪力值 75% 以上时，V_{cs} 值应按下式计算：

$$V_{cs} = 1.75 f_t b h_0 / (\lambda + 1) + f_{yv} \frac{A_{sv}}{s} h_0 \quad (9.30a)$$

或

$$V_{cs}/f_t b h_0 = 1.75/(\lambda + 1) + f_{yv} \cdot \rho_{sv}/f_t \quad (9.30b)$$

式中 λ——计算载面的剪跨比，$\lambda = \frac{a}{h_0}$。当 $\lambda < 1.5$ 时，取 $\lambda = 1.5$；当 $\lambda > 3$ 时，取 $\lambda = 3$；

a——集中荷载作用点至支座的距离（图 9.30）。

3. 同时配有箍筋和弯起钢筋的斜截面抗剪强度 V_u 的计算

(1) 对于承受均布荷载的矩形、T 形及工字形截面梁

$$V_u = 0.7 f_t b h_0 + 1.25 f_{yv} \frac{A_{sv}}{s} h_0 + 0.8 f_y A_{sb} \sin\alpha_s \quad (9.31)$$

式中 A_{sb}——同一弯起平面内弯起钢筋的截面面积；

α_s——弯起钢筋与梁的纵轴之间的夹角，当梁高 $h \leqslant 800\text{mm}$ 时，α_s 取 $45°$；当 $h > 800\text{mm}$，α_s 取 $60°$。

(2) 对于承受以集中荷载为主的矩形梁

$$V_u = 1.75 f_t b h_0 / (\lambda + 1) + f_{yv} \frac{A_{sv}}{s} h_0 + 0.8 f_y A_{sb} \sin\alpha_s \quad (9.32)$$

式中符号意义与 λ 取值范围与前相同。

4. 计算公式的适用条件

式 (9.31) 和式 (9.32) 是根据斜截面剪压破坏试验得到的。因此，这些公式的适用条件也就是剪压破坏时所应具有的条件。

(1) 上限值——最小截面尺寸及最大配箍率

《规范》根据试验结果给出了斜压破坏的上限条件，亦即剪压破坏抗剪强度的上限值：

当 $\frac{h_\omega}{b} \leqslant 4.0$ 时，$V = 0.25 \beta_c f_c b h_0$ $\quad (9.33a)$

当 $\frac{h_\omega}{b} \geqslant 6.0$ 时，$V \leqslant 0.2 \beta_c f_c b h_0$ $\quad (9.33b)$

当 $4.0 < \frac{h_\omega}{b} < 6.0$ 时，按直线内插法取用。

式中 V——剪力设计值；

b——矩形截面宽度，T 形截面或工字形截面的腹板宽度；

h_ω——截面的腹板高度。矩形截面取有效高度；T 形截面取有效高度减去翼缘高度；工字形截面取腹板净高；

β_c——混凝土强度影响系数：当混凝土强度等级不超过 C50 时，取 $\beta_c = 1.0$；当混凝土强度等级为 C80 时，取 $\beta_c = 0.8$；其间按线性内插法确定。

对 T 形或 I 形截面的简支受弯构件，当有实践经验时，公式 (9.33a) 中的系数可改用 0.3。

梁的斜截面抗剪强度上限条件式（9.33a）和式（9.33b），实际上也就是最大配箍率的条件。

(2) 下限值—最小配箍率

最小配箍率等于：

$$\rho_{sv,min} = 0.24 f_t / f_{yv} \tag{9.34}$$

此外，为了充分发挥箍筋的作用，除满足式 (9.34) 最小配箍率条件外，尚应对箍筋直径和间距加以限制（见表9.5、表9.6）。

箍筋最小直径 （mm） 表 9.6

梁高 h （mm）	箍筋直径
h≤800	6
h>800	8

9.2.4 斜截面抗剪强度计算步骤

1. 梁截面尺寸的复核

梁的截面尺寸一般先由正截面强度和刚度条件确定。然后进行斜截面强度计算，按式 [9.33(a)] 和 [9.33(b)] 进行截面尺寸复核。若不满足要求时，则应加大截面尺寸或提高混凝土强度等级。

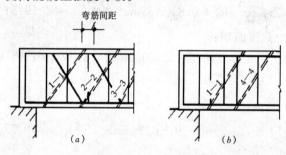

图 9.33 斜截面受剪承载力的计算位置

2. 确定是否要进行斜截面强度计算

若梁所承受的剪力设计值较小，截面尺寸较大，或混凝土强度较高，而满足下列条件时：

矩形、T形及工字形截面梁

$$V \leqslant 0.7 f_t b h_0 \tag{9.35}$$

承受集中荷载为主的矩形截面

$$V \leqslant 1.75 f_t b h_0 / (\lambda + 1) \tag{9.36}$$

则不需进行斜截面强度计算，仅需按构造配置腹筋；反之，需按计算配置腹筋。式 (9.35) 和式 (9.36) 中符号意义，与式 (9.29a) 和式 (9.30a) 相同。

3. 确定斜截面抗剪强度的计算位置

在计算斜截面强度时，取作用在该斜截面范围内的最大剪力作为剪力设计值，即取斜裂缝起始端的剪力作为设计剪力。具体位置应按下列规定采用：

(1) 支座边缘的截面 [图9.33(a)、(b) 中截面 1-1]；
(2) 受拉区弯起钢筋弯起点处的截面 [图9.33(a) 中截面 2-2 和 3-3]；
(3) 受拉区箍筋数量与间距改变处的截面 [图9.33(b) 中截面 4-4]；
(4) 腹板宽度改变处的截面。

4. 计算箍筋的数量

当剪力设计值全部由混凝土和箍筋承担，箍筋数量可按下式计算：

对于矩形、T形及工字形截面梁

$$A_{sv}/s \geqslant (V_{cs} - 0.7 f_t b h_0) / 1.25 f_{yv} h_0 \tag{9.37}$$

承受集中荷载为主的矩形截面梁

$$A_{sv}/s \geqslant [V_{cs} - 1.75 f_t b h_0 / (\lambda + 1)] / 1.25 f_{yv} h_0 \tag{9.38}$$

求出 $\dfrac{A_{sv}}{s}$ 后，再选定箍筋肢数 n 和单肢横截面面积 A_{sv1}，并计算出 $A_{sv} = n A_{sv1}$，最后

确定箍筋的间距 s。

箍筋除满足计算外，尚应符合构造要求。

5．计算弯起钢筋数量

若剪力设计值需同时由混凝土、箍筋及弯起钢筋共同承担时，先选定箍筋数量，按式（9.29a）或式（9.30a）算出 V_{cs}，然后按下式确定弯起钢筋横截面面积：

$$A_{sb} = \frac{V - V_{cs}}{0.8 f_y \sin\alpha_s} \tag{9.39}$$

在计算弯起钢筋时，剪力设计值按下列规定采用：

（1）当计算第一排（从支座算起）弯起钢筋时，取用支座边缘处的剪力值。

（2）当计算以后每一排弯起钢筋时，取用前一排弯起钢筋弯起点的剪力设计值。

弯起钢筋除满足计算要求外，尚应符合构造要求。

【例 9.6】 矩形截面简支梁 200mm×550mm（图9.34），计算跨度 $l = 6.00$m，承受荷载设计值（包括自重）$q = 46$kN/m，混凝土强度等级 C20，经正截面强度计算已配纵向受力钢筋 4Φ20，箍筋采用 HPB235 级钢筋。求箍筋数量。

解：1）计算剪力值设计值

最大剪力发生在支座处，但危险截面位于支座边。该处剪力略小于支座处剪力值，可近似按净跨 l_0 计算：

$$V = \frac{1}{2}ql_0 = \frac{1}{2} \times 46 \times 5.76 = 132.48 \text{kN}$$

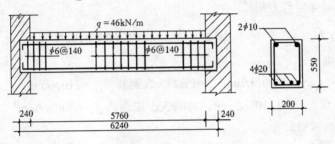

图 9.34

2）材料强度

由附录表 8.1 查得 $f_c = 9.6$N/mm^2，$f_t = 1.10$N/mm^2，由附表 8.2 查得 HPB235 级钢筋 $f_{yv} = 210$N/mm^2。

3）复核梁的截面尺寸

因为 $h_0/b = 510/200 = 2.55 < 4$

由式（9.33a）得：

$V = 0.25\beta_c f_c bh_0 = 0.25 \times 1 \times 9.6 \times 200 \times 510 = 298700\text{N} = 298.7\text{kN} > 132.48\text{kN}$

故截面尺寸符合要求。

4）验算是否需要按计算配置腹筋

按式（9.35）计算

$0.7 f_t bh_0 = 0.7 \times 1.10 \times 200 \times 510 = 78540\text{N} = 78.54\text{kN} < 132.48\text{kN}$

故应按计算配置腹筋

5）计算箍筋数量

根据式（9.37）

$$A_{sv}/s \geqslant (V_{cs} - 0.7f_t bh_0)/(1.25f_{yv}h_0)$$
$$= (132480 - 78540)/(1.25 \times 210 \times 510) = 0.4029 \text{mm}^2/\text{mm}$$

选用双肢箍 $\phi 6$ ($A_{sv1} = 28.3\text{mm}^2$)，于是箍筋间距为：

$$s \leqslant A_{sv}/0.4029 = nA_{sv1}/0.4029 = 2 \times 28.3/0.4029 = 140.5 \text{mm}$$

取用 $s = 140\text{mm}$，沿梁长均匀布置。

由于 $V < 0.25\beta_c f_c bh_0$，故配箍率不会超过最大配箍率。

实际配箍率为

$$\rho_{sv} = nA_{sv1}/bs = 2 \times 28.3/(200 \times 140) = 0.202\%$$

而最小允许配箍率为

$$\rho_{sv,\min} = 0.24 f_t/f_{yv} = 0.24 \times 1.10/210 = 0.126\% < 0.202\%$$

由此可见，配箍率满足最小配箍率的要求。

箍筋配置见图9.34。

【例9.7】 矩形截面简支梁，截面尺寸 $b \times h = 250\text{mm} \times 650\text{mm}$，轴线间跨度 $l = 7.24\text{m}$，净跨7.00m（图9.35），承受均布线荷载 $q = 60\text{kN/m}$（设计值），混凝土强度等级C20，按正截面强度计算已配置纵向受拉钢筋 $4\Phi 20 + 2\Phi 22$ ($A_s = 2020\text{mm}^2$)，箍筋采用HPB235级钢筋。试求腹筋数量。

解：1）绘制梁的剪力图

支座边缘剪力 $V_1 = \dfrac{1}{2}ql_0 = \dfrac{1}{2} \times 60 \times 7.00 = 210\text{kN}$

2）材料强度

$$f_c = 9.6\text{N/mm}^2, \text{HPB235级钢筋} f_{yv} = 210\text{N/mm}^2,$$
$$f_t = 1.10\text{N/mm}^2, \text{HRB335级钢筋} f_y = 300\text{N/mm}^2$$

3）复核梁的截面尺寸

$$h_0 = 650 - 65 = 585\text{mm}, h_0/b = 585/250 = 2.34 < 4$$

由式（9.33a）

$$0.25\beta_c f_c bh_0 = 0.25 \times 1 \times 9.6 \times 250 \times 585 = 351000\text{N} = 351\text{kN} > 210\text{kN}$$

故截面尺寸符合要求。

4）验算是否需要按计算配置箍筋

按式（9.35）

$$0.7f_t bh_0 = 0.07 \times 1.10 \times 250 \times 585 = 112612.5\text{N} = 112.61\text{kN} < 210\text{kN}$$

故应按计算配置腹筋。

5）计算腹筋用量

设选用箍筋 $\phi 6@200$，双肢箍筋，则 $A_{sv1} = 28.3\text{mm}^2$，$n = 2$

按式（9.29a）计算

$$V_{cs} = 0.7f_t bh_0 + 1.25 f_{yv}\dfrac{A_{sv}}{s}h_0 = 0.7 \times 1.10 \times 250 \times 585 + 1.25$$
$$\times 210 \times \dfrac{2 \times 28.3}{200} \times 585 = 156.07\text{kN}$$

按式（9.39）计算

$$A_{sb} = \frac{V - V_{cs}}{0.8 f_y \sin\alpha_s}$$
$$= (210000 - 156070)/(0.8 \times 300 \times \sin 45°)$$
$$= 317 \text{mm}^2$$

将纵向钢筋中弯起一根 1Φ22，$A_{sb} = 380.1\text{mm}^2 > 317\text{mm}^2$，故满足要求。

弯起一根 1Φ22 以后，还需验算弯起钢筋弯起点处截面 2-2 的抗剪强度。设第一根弯起钢筋的弯终点至支座边缘距离为 100mm < 250mm（见表 9.5），则弯起钢筋起点至支座边缘距离为 600 + 100 = 700mm。于是，可由三角形比例关系求得 2-2 截面的剪力

$$V_2 = V_1(3.5 - 0.7)/3.5$$
$$= 210 \times 0.8$$
$$= 168\text{kN} > 156.07\text{kN}$$

因此，尚需弯起第二根钢筋来承担该截面的一部分剪力。

按式（9.39）计算

$$A_{sb} = (168000 - 156070)/(0.8 \times 300 \times \sin 45°)$$
$$= 70\text{mm}^2$$

将纵向钢筋再弯起一根 1Φ22、$A_{zk} = 380.1\text{mm}^2$

由上面计算可知，第二排弯起钢筋的弯起点处斜截面 3-3 抗剪强度一定满足要求，不需再进行计算。

梁的腹筋配置情况见图 9.35。

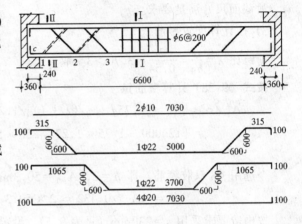

图 9.35

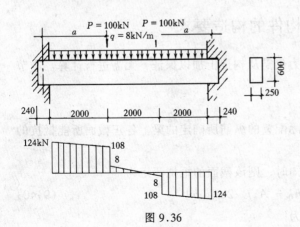

图 9.36

【例 9.8】 矩形截面简支梁，承受如图 9.36 所示的荷载设计值 $q = 8\text{kN/m}$，$P = 100\text{kN}$，梁的截面尺寸 $b \times h = 250\text{mm} \times 600\text{mm}$，纵筋按两排考虑。$h_0 = 540\text{mm}$，混凝土强度等级 C25（$f_c = 11.9\text{N/mm}^2$，$f_t = 1.27\text{N/mm}^2$），箍筋选用 HPB235 级钢筋（$f_{yv} = 210\text{N/mm}^2$）。试确定箍筋的数量。

解：1) 计算剪力设计值

由均布线荷载在支座边缘处产生的剪力设计值为：

$$V_q = \frac{1}{2}ql_0 = \frac{1}{2} \times 8 \times 6 = 24\text{kN}$$

由集中荷载在支座边缘处产生的剪力设计值为：
$$V_p = 100\text{kN}$$

在支座处总剪力为：
$$V = V_q + V_p = 24 + 100 = 124\text{kN}$$

集中荷载在支座截面产生的剪力占该截面总剪力的百分比：$100/124 = 80.6\% > 75\%$，故应按集中荷载作用下相应公式计算斜截面的抗剪强度。

2）复核截面尺寸

根据式（9.33a）

$0.25\beta_c f_c bh_0 = 0.25 \times 1 \times 11.9 \times 250 \times 540 = 401.625 \times 10^3 \text{N} > 124 \times 10^3 \text{N}$

故截面尺寸满足要求。

3）按计算配置箍筋

剪跨比 $\lambda = \dfrac{a}{h_0} = \dfrac{2}{0.54} = 3.70 > 3$ 取 $\lambda = 3$

按式（9.38）计算箍筋量

$$\begin{aligned}A_{sv}/s &\geqslant [V_{cs} - 1.75f_t bh_0/(\lambda+1)]/1.25f_{yv}h_0 \\ &= [124000 - 1.75 \times 1.27 \times 250 \times 540/(3+1)]/1.25 \times 210 \times 540 = 0.432\end{aligned}$$

今选用 $\phi 8$ 双肢箍筋，即 $n = 2$，$A_{sv1} = 50.3\text{mm}^2$，于是箍筋间距为
$$s = nA_{sv1}/0.432 = 2 \times 50.3/0.432 = 232.9\text{mm}$$

按构造要求采用 $s = 230\text{mm}$（见表9.5），沿梁全长布置。

4）验算最小配箍率条件
$$\rho_{sv} = nA_{sv1}/bs = 2 \times 50.3/250 \times 230 = 0.175\%$$

而最小配筋率
$$\rho_{sv,min} = 0.24f_t/f_{yv} = 0.24 \times 1.27/210 = 0.145\% < 0.175\%$$

故选用的配箍方案满足要求。

9.3 受弯构件的构造要求

如前所述，受弯构件斜截面受弯承载力仅需从构造上加以保证，无需进行计算。本节就是介绍有关的构造措施。

9.3.1 抵抗弯矩图

抵抗弯矩图，又称材料图，是指由实际配置的纵筋所确定的梁上各正截面所能抵抗的弯矩图形。

当截面实配纵向受拉钢筋的截面积已知时，则该截面的抵抗弯矩为
$$M_u = A_s f_y [h_0 - A_s f_y / 2\alpha_1 f_c b] \tag{9.40}$$

其中第 i 根钢筋所抵抗的弯矩近似取为

$$M_{ui} = \frac{A_{si}}{A_s} M_u \tag{9.41}$$

即认为抵抗弯矩与钢筋截面积成直线关系。

1. 纵筋不弯起、不截断的梁

图 9.37 为简支梁及其设计弯矩图，跨中最大弯矩设计值为

$$M_{max} = \frac{1}{8} q l_0^2 = \frac{1}{8} \times 26 \times 5.37^2 = 93.72 \text{kN} \cdot \text{m}$$

截面配置了 HRB335 级 3Φ20，它的抵抗弯矩值由公式（9.40）得

$M_u = 941 \times 300 \ (410 - 300 \times 941 / 2 \times 19.6 \times 180) = 92.68 \times 10^6 \text{N} \cdot \text{mm} = 92.68 \text{kN} \cdot \text{m}$

因为 3Φ20 沿梁通长布置，既没弯起，也没截断，各个正截面所能抵抗的弯矩值是相同的，于是可以画一根水平直线 $a'b'c'$ 表示梁中纵筋所能抵抗的弯矩值。

如果全部纵向钢筋沿梁通长布置，不弯起也不截断，在梁端又有足够锚固长度，则梁中任一正、斜截面的受弯承载力都能满足。因为纵向钢筋是根据跨中最大弯矩 M_{max} 计算的，而其他任何正、斜截面上的弯矩值均不大于 M_{max} 值。

钢筋沿梁通长布置，虽然所有正、斜截面受弯承载力都可得到保证，但是不经济，弯矩较小段的钢筋强度没有充分利用，因此通常将一部分纵向钢筋在不需要处截断或弯起抗剪（有时还抵抗负弯矩）。这样就会遇到如何保证斜截面受弯承载力的问题。

2. 纵筋弯起的梁

如果图 9.38 所示简支梁的纵向受拉钢筋中，2Φ18 通长伸入支座，1Φ18 因抗剪或构造要在支座附近弯起 [图 9.38 (a)]，则其抵抗弯矩图可这样绘制：

将跨中截面纵向钢筋抵抗弯矩 mm 值按钢筋截面积的比划分。现三根钢筋直径相等，等分 mm 即得每根钢筋所抵抗的弯矩值 [图 9.38 (b)]。③号钢筋在 D 和 D′ 截面处弯起，则在弯起过程中，随着离弯起点距离的不断增大，③号钢筋在正截面中的内力臂不断减小，它所能抵抗的弯矩也逐渐降低。直到 C 和 C′（弯起钢筋与梁中心线的交点）截面，就认为它不再能抵抗正截面的弯矩，即认为它的内力臂为零（图 9.39）。这样，在图 9.38 (b) 中，分别做出相应于截面 D 和 C 的点 d 和 c，以及相应于 D′ 和 C′ 的点 d′ 和 c′，分别用直线连接 cd 和 c′d′，就得用 $acdd'c'a'$ 表示的抵抗弯矩图。

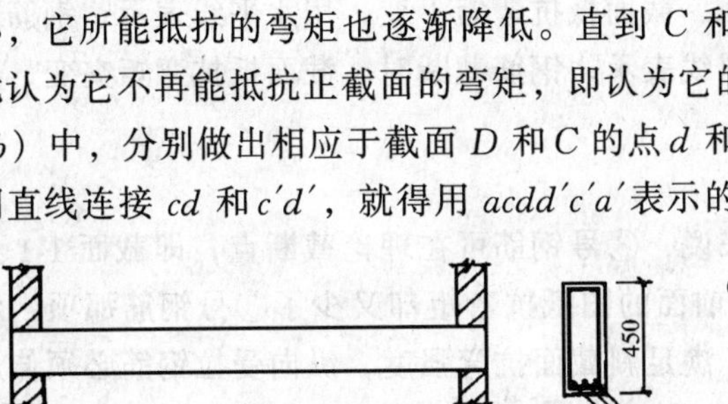

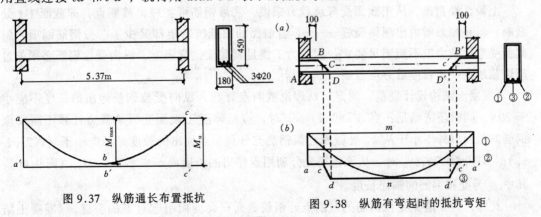

图 9.37 纵筋通长布置抵抗

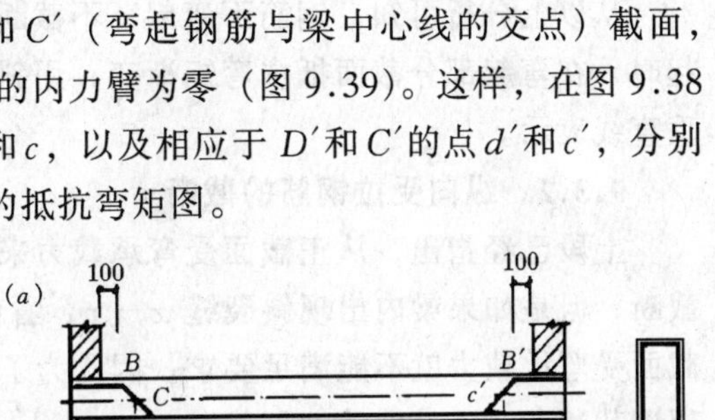

图 9.38 纵筋有弯起时的抵抗弯矩

3. 纵筋截断的梁

图 9.40 所示伸臂梁的伸臂部分配有 3Φ16 纵向受拉钢筋，已画出设计弯矩图和每一

根钢筋的抵抗弯矩。从图中可看出，点 a 处三根钢筋的强度被充分利用；点 b 处的两根钢筋被充分利用，或者说，③号钢筋在点 b 以外已不需要了；在点 c 处一根钢筋的强度被充分利用，或者说，②号钢筋在点 c 处就不需要了。这样，点 a 是③号钢筋的充分利用点；点 b 是③号钢筋的理论截断点，也是②号钢筋的充分利用点；点 c 是②号钢筋的理论截断点，也是①号钢筋的充分利用点。

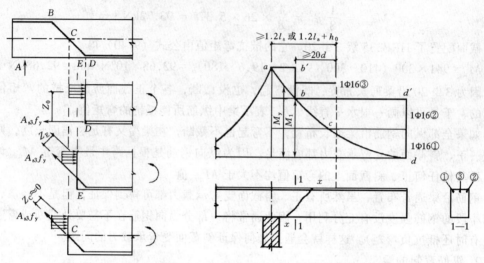

图 9.39　弯起筋在不同正截面中的内力臂　　图 9.40　纵筋有截断时的抵抗弯矩图

根据构造需要，①和②号钢筋应在伸臂部分通长布置，③号钢筋，从正截面受弯承载力来说，就可在理论断点 b 截断（考虑到斜截面受弯承载力，钢筋还需延伸，下段即将介绍），于是截面抵抗弯矩突变，图线 $ab'bd'd$ 表示截断③号钢筋后伸臂梁伸臂部分的抵抗弯矩图。

从以上分析可知：钢筋不弯起、不截断，截面抵抗弯矩不变，用水平线表示；钢筋弯起时，在弯起部分截面抵抗弯矩渐变，用斜线表示；钢筋截断时，截面抵抗弯矩突变，用垂直线表示。

9.3.2　纵向受拉钢筋的截断

上段已经指出，从正截面受弯承载力来说，③号钢筋可在理论截断点，即截面1-1处截断，但是如果梁内出现斜裂缝 $x-x$，看前面的图抵抗弯矩却又少了③号钢筋那项，斜截面受弯承载力就不能满足要求。因此为了满足斜截面抗弯强度，纵向受拉钢筋必须伸过理论截断点一定长度后方可截断。

《混凝土结构设计规范》规定：从理论截断点算起，纵向受拉钢筋伸出的长度不应小于 $20d$。同时还需满足：当 $V \geqslant 0.7 f_t b h_0$ 时，应延伸至正截面受弯承载力计算不需要该钢筋的截面以外不小于从 h_0 处截断且该钢筋充分利用点伸出的长度尚不应小于 $(1.2 l_a + h_0)$；当 $V < 0.7 f_t b h_0$ 时，从该钢筋充分利用点伸出的长度尚不应小于 $1.2 l_a$，（图 9.40）。其中 l_a 为受拉钢筋的锚固长度。

此外，为了避免受拉钢筋的截断点处钢筋截面积突变而引起过宽的裂缝，《混凝土结构设计规范》建议，尽可能避免在受拉区中切断受拉钢筋。一般情况下，梁的下部钢筋除了部分可能被弯起外，其余宜全部伸入支座，而在连续梁和伸臂梁中，负弯矩钢筋没有必要贯穿整个梁长，可在适当部位分批截断。

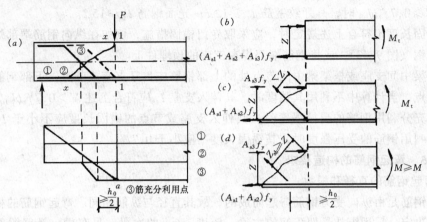

图 9.41　纵筋弯起点的位置

9.3.3　纵向受拉钢筋的弯起

如图 9.41（a），截面 1-1 是③号钢筋强度充分利用的截面，从正截面承载力来考虑，该钢筋可以在该截面弯起。但是如有与弯起钢筋相交的，上端恰好截止于截面 1-1 的斜裂缝 $x-x$ 发生，这时，斜截面上的弯矩值等于正截面 1-1 的弯矩值，但该弯起钢筋内力臂减小［图 9.41（c）］，抵抗矩减小，斜截面承载力就不能满足要求。显然，要保证斜截面受弯承载力，③号钢筋的弯起点应远离充分利用点一定距离，使得弯起后的内力臂 Z_{sb} 不小于未弯起时的内力臂［图 9.41（d）］。

《混凝土结构设计规范》规定：在梁的受拉区中，弯起钢筋的弯起点应设在该钢筋的充分利用点以外，其距离不小于 $h_0/2$ 处；弯起钢筋与梁中心线的交点应位于该钢筋的理论截断点以外。

9.3.4　纵向钢筋在简支梁支座处的锚固

梁的简支端正截面弯矩 $M=0$，按正截面承载力的要求，纵向钢筋适当伸入支座即可。但是，在支座边缘产生图 9.42 所示的斜裂缝 CD 时，则与斜裂缝相交的纵筋所受弯矩由 M_C 增加到 M_D，纵向钢筋拉力将明显增加。如果纵向钢筋伸入支座的锚固长度不足，就可能由于纵筋被拔出而造成斜截面弯曲破坏。为了防止锚固破坏，简支梁下部纵向受拉钢筋伸入支座的锚固长度 l_{as}（图 9.42）应符合下列条件：

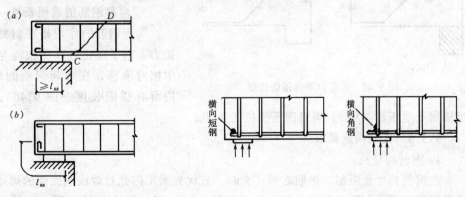

图 9.42　纵筋伸入支座的锚固长度　　　　图 9.43　专门锚固措施

当 $V \leqslant 0.7 f_t b h_0$ 时，$l_{as} \geqslant 5d$；

当 $V > 0.7 f_t b h_0$ 时，月牙纹钢筋 $l_{as} \geqslant 12d$；光面钢筋 $l_{as} \geqslant 15d$。

若锚固长度不符合上述规定时，应采取专门锚固措施，例如在纵向钢筋端部焊接横向短钢或角钢（图9.43），或将钢筋端部焊在支座的预埋件上。

连续梁中间支座或框架梁中间节点处的上部钢筋应贯穿支座或节点，下部钢筋应伸入支座或节点，当计算中不利用其强度时，其伸入支座 l_{as} 应符合上述 $V > 0.7 f_t b h_0$ 的规定。当计算中充分利用钢筋的受拉强度时，其伸入支座或节点的锚固长度应不小于 l_{as}。当计算中充分利用钢筋的受压强度时，其锚固长度不应小于 $0.7 l_a$。

9.3.5 弯起钢筋的构造要求

1. 弯起钢筋的直径和根数

弯起钢筋是由纵向受力钢筋弯起而成的，故其直径与纵筋相同。弯起钢筋的根数和排数由计算决定。采用绑扎骨架配筋的主梁、跨度 $\geqslant 6m$ 的次梁、吊车梁、悬臂梁等，不论计算是否需要，均宜设置弯起钢筋。

为了保证有足够的纵向钢筋伸入支座，跨中纵向钢筋最多弯起 2/3，至少有 1/3 而且不少于两根沿梁底两侧伸入支座。

当纵向钢筋不能弯起而斜截面又必须弯筋参加抗剪，可用仅承受剪力的鸭筋代替弯筋，但不允许用浮筋（图9.44）。

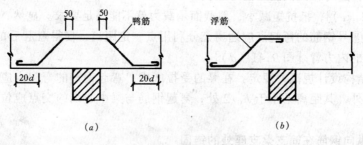

图 9.44 鸭筋和浮筋

2. 弯起钢筋的弯起角度和间距

弯起角度一般为 $45°$，当梁高 $h > 800mm$ 时采用 $60°$。

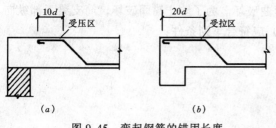

图 9.45 弯起钢筋的锚固长度

弯起钢筋最大间距不得大于箍筋的最大间距。

3. 弯起钢筋的锚固长度

弯起钢筋的作用是在斜截面上承受拉力。为了防止因其受拉而与混凝土产生相对滑移，在弯起钢筋的弯终点外，应留有锚固长度（图9.45），其值为：当锚固于受压区 $\geqslant 10d$；当锚固于受拉区 $\geqslant 20d$。

9.3.6 其他构造要求

1. 钢筋的接头

在钢筋长度受限制，钢筋必须接头时，宜优先采用闪光对焊或电弧焊的焊接接头。如果采用绑扎接头，则受拉钢筋搭接长度不应小于 $1.2 l_a$，且在搭接范围内箍筋间距不应大

于 $5d$（d 为搭接纵筋的最小直径）。

当采用搭接接头时，在规定的搭接长度区段上采用焊接接头，在焊接接头处的 $35d$ 且不小于 500mm 区段内，有接头的受力钢筋截面面积占受力钢筋总截面面积的百分率应符合表 9.7 的规定。

接头区段内受力钢筋接头面积允许百分率　　　　　　　　　表 9.7

项　次	接头形式	接头面积允许百分率（%）	
		受 拉 区	受 压 区
1	搭接接头	25	50
2	焊接接头	50	不限制

2. 钢筋尺寸

为了钢筋翻样加工的需要，在结构施工图中应给出钢筋细部尺寸：

(1) 直钢筋：给出实际长度，对于设置弯钩的光面钢筋指弯钩外皮至外皮的尺寸，于是总长度为实际长度加 $2 \times 6.25d$ [图 9.46（a）]。

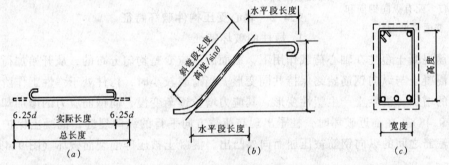

图 9.46　钢筋长度计算

(2) 弯筋：高度按钢筋外皮至外皮距离计算，水平段长度和斜弯段长度按 [图 9.46（b）] 计算，当 $\theta = 45°$ 时，水平段长度等于高度，斜弯段长度等于高度除以 $\sin\theta$。

(3) 箍筋：高度与宽度均按箍筋内皮至内皮计算 [图 9.46（c）]，故箍筋高度与弯筋高度相对应，宽度等于构件宽度减去两个保护层厚度。箍筋末端应加两个弯钩长度 $2a$，其值按表 9.8 采用，箍筋总长度 = 2（箍筋宽度 + 高度）+ $2a$。

箍筋增加的长度 $2a$（mm）　　　　　　　　　表 9.8

受力纵向钢筋直径 d	箍 筋 直 径				
	$\phi 5$	$\phi 6$	$\phi 8$	$\phi 10$	$\phi 12$
$\phi 10 \sim \phi 25$	80	100	120	140	160
$\phi 28 \sim \phi 32$	—	120	140	160	210

9.4　轴心受压构件及构造要求

9.4.1　概述

纵向压力的合力作用线与构件截面重心轴线重合时，该受压构件为轴心受压构件。在实际工程中，由于施工的误差造成截面尺寸和钢筋位置的不准确，混凝土本身的不均匀性，以及荷载实际作用位置的偏差等原因，很难使轴向力与截面重心完全重合。所以，在工程中理想的轴心受压构件是不存在的。但是，为简化计算，只要偏差不大，可将这种受压构件按轴心受压构件考虑。例如，水池无梁顶盖的支柱，由于与顶盖和底板的整体连接同时受到轴向压力和附加弯矩作用，但因附加弯矩很小，设计时按轴心受压柱计算；又如恒载较大的等跨多层房屋的中间柱，以及桁架的受压腹杆等，设计中均按轴心受压构件计算。

图9.47 配有纵向钢筋和普通箍筋的柱

钢筋混凝土柱按箍筋的形式不同可分为两类：一类是配有纵向钢筋和普通箍筋的柱（图9.47），另一类是配有纵向钢筋和螺旋形箍筋（或焊环）的柱。

纵向钢筋的作用是：（1）协助混凝土承受压力，减小构件的截面尺寸；（2）承受计算时忽略的弯矩，以及温度变化和混凝土收缩引起的拉应力；（3）防止构件突然的脆性破坏。

箍筋的作用是：（1）固定纵向钢筋的位置，防止纵向钢筋压曲，与纵向钢筋形成柱的钢筋骨架；（2）约束混凝土，提高混凝土的强度。

9.4.2 轴心受压构件破坏特征

1. 短柱的破坏特征

钢筋混凝土短柱在轴心荷载作用下，截面的压应变是均匀分布的，从开始加荷载直至破坏，混凝土与纵向钢筋始终保持共同变形。当荷载较小时，构件处于弹性工作阶段，随着荷载的增加，混凝土产生塑性变形，其应力增长逐渐变慢，而钢筋应力的增加却越来越快（图9.48）。在临近破坏时，柱子出现与荷载方向平行的纵向裂缝；混凝土保护层开始剥落，箍筋之间的纵向钢筋被压屈而向外凸出，混凝土被压碎崩裂而破坏（图9.49）。

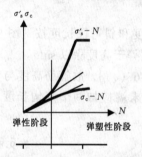

图9.48 $\sigma'_s - N$ ($\sigma_c - N$) 图

图9.49 混凝土被压碎崩裂破坏的情况

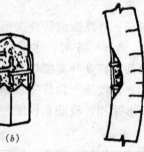

图9.50 长柱的破坏特征

破坏时，混凝土压应变达到极限应变 $\varepsilon_c = 0.002$，对于Ⅰ、Ⅱ、Ⅲ级钢筋，它的应力能达到屈服强度 f'_y，对于高强度钢筋，由于其屈服时的应变大于混凝土极限压应变，构件破坏时，钢筋应力达不到屈服强度，这时钢筋应力为 $\sigma_s = E_s \varepsilon_c = 2.0 \times 10^5 \times 0.002 = 400 \text{N/mm}^2$。因此，在轴心受压构件中，不宜采用高强度钢筋。

轴心受压柱的承载力由混凝土和钢筋两部分组成：

$$N_u = f_c A + f'_y A'_s \tag{9.42}$$

式中 f_c——混凝土轴心抗压强度设计值；

f'_y——纵向钢筋抗压强度设计值；

A——构件截面面积，当 $\rho' = A'_s/(bh) > 3\%$ 时，A 改用净面积 A_n，$A_n =$

$A - A'_s$;

A'_s——纵向受压钢筋截面面积。

2. 长柱的破坏特征

如上所述,钢筋混凝土柱由于各种原因而存在初始偏心距,在纵向压力作用下将产生附加弯矩和侧向挠曲。在短柱中,由于纵向压力引起的附加弯矩很小,可忽略不计。对于长柱,在纵向压力作用下产生侧向挠曲,使初始偏心距增大;随荷载增加,侧向挠曲和附加弯矩将不断增大,这样互相影响的结果,使长柱在轴力和弯矩共同作用下破坏。破坏时,柱已产生了较大的挠曲,柱中部外鼓的一侧受拉出现水平裂缝,凹侧纵向钢筋被压曲向外凸出,混凝土被压碎。长细比很大的长柱还可能发生失稳破坏(图9.50)。

试验表明,长柱的承载能力较同等条件的短柱的承载能力低,随构件长细比增大,承载能力的值也越小。设长柱承载能力与短柱承载能力的比值为稳定系数 φ。稳定系数 φ 值主要与构件的长细有关,《混凝土结构设计规范》给出的 φ 值见表9.9。

对于矩形截面按 l_0/b 来确定 φ 值,其中 l_0 为柱的计算长度,b 为矩形截面短边。从表中看出,长细比愈大,φ 值愈小,构件承载能力折减愈多,当 $l_0/b \leqslant 8$ 时,取 $\varphi = 1$,即等于短柱的承载能力。

9.4.3 基本计算公式

根据上述短柱的破坏特征画计算简图(图9.51),考虑纵向弯曲对长柱承载能力的影响,轴心受压构件的承载力计算公式为

$$N \leqslant N_a = 0.9\varphi(f_c A + f'_y A'_s) \tag{9.43}$$

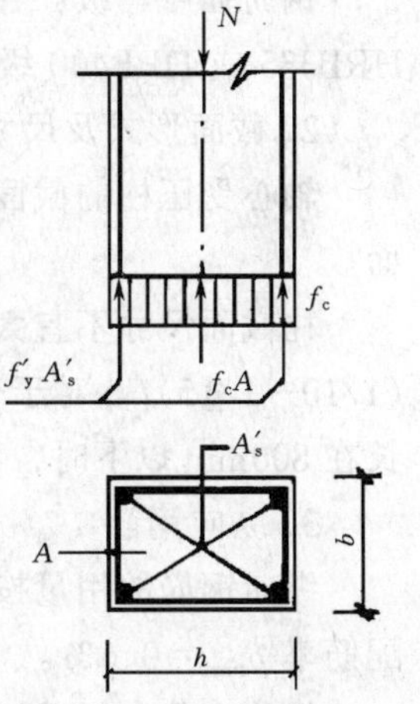

式中 N——纵向压力设计值;

φ——稳定系数,按表9.9取用。

图9.51 短柱受力计算简图

钢筋混凝土轴心受压构件的稳定系数 ψ 表9.9

l_0/b	≤8	10	12	14	16	18	20	22	24	26	28
l_0/d	≤7	8.5	10.5	12	14	15.5	17	19	21	22.5	24
l_0/I	≤28	35	42	48	55	62	69	76	83	90	97
φ	1.0	0.98	0.95	0.92	0.87	0.81	0.75	0.70	0.65	0.60	0.56
l_0/b	30	32	34	36	38	40	42	44	46	48	50
l_0/d	26	28	29.5	31	33	34.5	36.5	38	40	4.5	43
l_0/I	104	111	118	125	132	139	146	153	160	167	174
φ	0.52	0.48	0.44	0.40	0.36	0.32	0.29	0.26	0.23	0.21	0.19

注:表中 l_0 为构件计算长度;b 为矩形截面的短边尺寸;d 为圆形截面的直径;I 为截面最小回转半径。

构件的计算长度 l_0 与两端的支承条件有关,各种理想支承条件下的计算长度可按下列规定采用:

(1) 两端为铰支,$l_0 = l$;

(2) 两端固定,$l_0 = 0.5l$;

(3) 一端铰支,一端固定,$l_0 = 0.7l$;

(4) 一端自由,一端固定,$l_0 = 2l$。

其中 l 为构件的实际长度。

在实际工程中，由于支座条件并非是理想的铰支或固定，应根据具体情况对以上规定进行调整。例如水池顶盖的支柱，当顶盖为装配式时，取 $l_0=1.0H$，H 为从基础顶面至池顶梁底面的高度；当采用无梁顶盖时，取 $l_0=H-\dfrac{C_G+C_D}{2}$，其中 H 为水池净高，C_G、C_D 分别为上、下柱帽的计算宽度。

9.4.4 构造要求

1. 材料强度等级

混凝土强度等级：轴心受压构件的承载力主要取决于混凝土，在设计中宜采用 C20、C25、C30 或更高强度等级的混凝土。

钢筋强度等级：在受压构件中，高强度钢筋不能充分发挥作用，一般采用 HPB235、HRB335 或 HRB400 级钢筋。

2. 截面形式及尺寸

轴心受压柱的截面多采用正方形或矩形，当有特殊要求时，才采用圆形或多边形截面。

柱截面尺寸不宜太小，因为长细比越大，承载力降低越多，一般截面的短边尺寸为 $(1/10\sim1/15)l$。对于现浇柱，截面尺寸不宜小于 $250mm\times250mm$。为了施工方便，当边长在 800mm 以下时，截面尺寸以 50mm 为模数，800mm 以上时，以 100mm 为模数。

3. 纵向钢筋

纵向钢筋的用量按计算确定，常用的配筋率为 $(0.8\sim2)\%$，一般不超过 5%，最小配筋率 $\rho_{min}=0.6\%$。

钢筋直径一般采用 $12\sim32mm$，柱中宜选用根数较少、直径较粗的钢筋，以形成劲性较好的钢筋骨架，但不得少于 4 根。

柱内纵筋净距应不小于 50mm，对水平浇筑的混凝土预制柱，其间距为可按梁的规定采用。

4. 箍筋

箍筋一般采用 HPB235 级热轧钢筋，其直径不应小于 $d/4$，且不小于 6mm。当用冷拔低碳钢丝时，直径不应小于 $d/5$，且不小于 5mm（d 为纵向钢筋最大直径）。

箍筋间距不应大于 400mm，且不应大于柱截面的短边尺寸，同时，在绑扎骨架中不应大于 $15d$，焊接骨架中不大于 $20d$（此处 d 为纵向受力钢筋的最小直径）。

当柱中纵向钢筋配筋率 $\rho'>3\%$ 时，箍筋直径不宜小于 8mm，且应焊成封闭式，间距不应大于 $10d$（d 为纵向钢筋最小直径），且不大于 200mm。

柱中箍筋应做成封闭式，其形式及布置方法应视柱截面形状和纵向钢筋根数而定，当柱每边纵向钢筋较多时，应设置附加箍筋（图 9.52）。柱中各边钢筋不多于三根，或当每

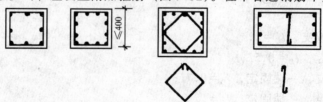

图 9.52 箍筋形式及布置方法

边纵向钢筋根数为四根且 $b \leqslant 400\text{mm}$ 时，可采用单个箍筋。

9.4.5 计算方法

1. 设计截面

已知 N、f_c、f'_y，求 A 及 A'_s。

解法 1：按构造要求及设计先直接确定截面尺寸，然后根据长细比查出 φ 值，再按式 (9.43) 计算 A'_s。

解法 2：先假设稳定系数 $\varphi = 1$，并选取适宜的配筋率，例如取 $\rho' = 1\%$，代入式 (9.43) 求出 A，根据 A 选定柱截面尺寸，以实际选定的截面尺寸重新计算长细比并查出 φ 值，再由式 (9.43) 求出 A'_s。

求得 A'_s 后，应验算配筋率是否合适。如发现 ρ' 过大或过小，则应调整 A 值，重新计算 A'_s。

【例 9.9】 某水池顶盖的中间支柱，承受轴心压力设计值 $N = 950\text{kN}$。其计算长度为 $l_0 = 4.50\text{m}$，材料选用 C20 级混凝土（$f_c = 9.6\text{N}/\text{mm}^2$）和 HPB235 级钢筋（$f'_y = 210\text{N}/\text{mm}^2$）。试设计该柱的截面。

解：1）确定柱截面尺寸

设 $\varphi = 1$，$\rho' = 1\%$，则 $A'_s = \rho' A$，代入式 (9.43) 中可得：

$A = N/0.9\varphi(f_c + \rho'f'_y) = 950000/0.9 \times 1(9.6 + 0.01 \times 210) = 90218.4\text{mm}^2$ 选为正方形截面，则

$b = h = 90218.4^{1/2} = 300.4\text{mm}$

取 $b = h = 300\text{mm}$

2）计算纵向钢筋数量 A_s

$l_0/b = 4500/300 = 15$ 由表 9.9 查得 $\varphi = 0.895$，由公式 (9.43) 可得，

$A'_s = (N/0.9\varphi - f_c A)/f'_y = (950000/0.9 \times 0.895 - 9.6 \times 300 \times 300)/210$

$\quad = 1501.86\text{mm}^2$

选 $4\phi 22$（$A'_s = 1520\text{mm}^2$）

若箍筋选用 $\phi 8@250$，截面配筋见图 9.53。

2. 截面复核

已知 f_c、f'_y、A、A'_s，求构件承载力。

根据截面尺寸，计算构件长细比，查出 φ 值，然后按公式 (9.43) 求 N。

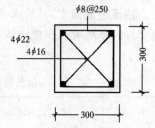

图 9.53 例题 9.9

【例 9.10】 某现浇钢筋混凝土轴心受压柱，截面尺寸 $b \times h = 350\text{mm} \times 350\text{mm}$，计算长度 $l_0 = 4.2\text{m}$，用 C20 级混凝土及 HRB335 级钢筋，配有纵向钢筋 $4\Phi 20$，求轴心受压柱所能承受的最大轴向压力。

解：1）已知：$b \times h = 350 \times 350\text{mm}$，$A'_s = 1256\text{mm}^2$，$f_c = 9.6\text{N}/\text{mm}^2$，$f'_y = 300\text{N}/\text{mm}^2$，$l_0 = 4.2\text{m}$

2）验算配筋率

$$\rho = \frac{A'_s}{A} = \frac{1256}{122500} = 0.0102 = 1\% > \rho_{\min} = 0.6\% < \rho_{\max} = 5\%$$

3) 求 ψ

$$\frac{l_0}{b} = \frac{4200}{350} = 12 \quad 查表9.9得 \psi = 0.95$$

4) 求 N

$N = 0.9\psi(f_c A + f'_y A'_s) = 0.9 \times 0.95(9.6 \times 350 \times 350 + 300 \times 1256)$
$\quad = 1327644\text{N} = 1327.644\text{kN}$

9.5 受弯构件裂缝宽度和挠度验算

钢筋混凝土构件除了有可能由于承载力超过承载能力极限状态外，还有可能由于变形过大或裂缝宽度过大，使构件超过正常使用极限状态而影响正常使用。

钢筋混凝土楼板变形过大，会造成粉刷开裂、剥落；轴流泵房中电动机的直接支承结构变形过大，会影响电动机和水泵的正常运行。《混凝土结构设计规范》规定屋盖、楼盖中的构件，在荷载效应标准组合下，并考虑荷载效应核准永久组合影响的允许挠度，根据构件跨度大小，确定允许挠度，见表9.10。

受弯构件的挠度限值 表9.10

构件跨度	挠度限值	构件跨度	挠度限值
$l_0 < 7\text{m}$	$l_0/200$（$l_0/250$）	$l_0 > 9\text{m}$	$l_0/300$（$l_0/400$）
$7\text{m} \leq l_0 \leq 9\text{m}$	$l_0/250$（$l_0/300$）		

注：1. 表中 l_0 为构件的计算跨度。
2. 表中括号内的数值适用于使用上对挠度有较高要求的构件。
3. 如果构件制作时预先起拱，且使用上也允许，则在验算挠度时，可将计算所得的挠度值减去起拱值。
4. 计算悬臂构件的挠度时，其计算跨度按实际悬臂长度的2倍取用。

钢筋混凝土构件一般要限制裂缝宽度，因为裂缝宽度过大会引起钢筋锈蚀，降低结构的强度，缩短结构的使用年限，对于承受水压力的结构，还会降低结构的抗渗性和抗冻性，甚至造成漏水。《给水排水工种结构设计规范》考虑构件处于水中或土中比露天的干湿交替的环境有利，规定清水池、给水处理池等最大裂缝允许值为0.25mm，其他情况见表9.11。

钢筋混凝土构筑物和管道最大裂缝宽度允许值 $[\omega_{\max}]$ 表9.11

类 别	部位或环境条件	$[\omega_{\max}]$(mm)	类 别	部位或环境条件	$[\omega_{\max}]$(mm)
水池、水塔	清水池、给水处理池等	0.25	沉 井		0.30
	污水处理池、水塔的水柜	0.20			
泵 房	贮水间、格栅间	0.20	地下管道		0.20
	其他地面以下部分	0.25			
取水头部	常水位以下部分及	0.25			
	常水位以上湿度变化部分	0.20			

变形、裂缝宽度都属于正常使用极限状态的验算，考虑超过这种极限状态的后果远不如超过承载能力极限状态那样严重，因此可适当降低结构的可靠度。计算时，荷载标准值不必乘以荷载分项系数，材料强度标准值不必除以材料分项系数，即直接取用各项标准值

进行计算。

9.5.1 受弯构件裂缝宽度验算

1. 计算最大裂缝宽度的一般公式

为了计算方便，规范给出了计算各种受力情况（轴心受拉、受弯、偏心受拉和偏心受压）和各种截面形式（矩形、T形、倒T形和工字形截面）的最大裂缝宽度的一般公式，即

$$\omega_{\max} = a_{cr}\psi\sigma_{sk}(1.9c + 0.1d_{eq}/\rho_{te})/E_s \tag{9.44}$$

$$\psi = 1.1 - 0.65 f_{tk}/(\rho_{te}\sigma_{sk}) \tag{9.45}$$

式中 a_{cr}——与构件受力特征有关的系数：对于轴心受拉构件，取 $a_{cr}=2.7$；对于偏心受拉构件，取 $a_{cr}=2.4$；对于受弯和偏心受压构件，取 $a_{cr}=2.1$；

ψ——裂缝间纵向受拉钢筋应变不均匀系数；

当 $\psi<0.2$ 时，取 $\psi=0.2$；

当 $\psi>1.0$ 时，取 $\psi=1.0$；

对直接承受重复荷载的构件，取 $\psi=1.0$；

d_{eq}——受拉区纵向钢筋公称直径（以 mm 计），当用不同直径的钢筋时，d_{eq} 改用换算直径 $d_{eq} = \sum n_i d_i^2 / \sum n_i v_i d_i$，其中：

v_i——与纵向受拉钢筋表面特征有关系数；

对于变形钢筋，取 $v=0.7$；

对于光面钢筋，取 $v=1.0$；

n_j——受拉区第 I 种纵向钢筋的根数；

d_i——受拉区第 I 种纵向钢筋的公称直径；

A_s——为纵向受拉钢筋的截面积；

c——最外一排纵向受拉钢筋的保护层厚度（以 mm 计），当 $c<20$ 时，取 $c=20$，当 $c>65$ 时，取 $c=65$；

ρ_{te}——按有效受拉混凝土面积计算的纵向受拉钢筋的配筋率，即 $\rho_{te}=\dfrac{A_s}{A_{te}}$，其中 A_{te} 为有效受拉混凝土截面面积；

对于轴心受拉构件，$A_{te}=0.5bh+(b'_f-b)h'_f$，其中 b'_f、h'_f 分别为受拉区翼缘的宽度和高度；当 $\rho_{te}<0.01$ 时，取 $\rho_{te}=0.01$；

σ_{sk}——在荷载效应的标准组合下裂缝截面的钢筋应力（图 9.54）。

受弯构件： $\sigma_{sk} = M_k/\eta h_0 A_s$

式中 M_k——裂缝截面的荷载效应的标准组合计算的弯矩值；

η——内力臂系数，在一般受弯构件可近似取 $\eta=0.87$，于是

$$\sigma_{sk} = M_k/0.87 h_0 A_s \tag{9.46}$$

轴心受拉构件： $\sigma_{sk} = N_k/A_s \tag{9.47}$

式中 N_k——荷载效应的标准组合计算的轴力值。

上面介绍的计算最大裂缝宽度的公式没有分别考虑荷载效应的标准组合和荷载效应准永久组合，没有分两方面来控制裂缝宽度，而是使用了比较笼统的办法，它包括：计算采

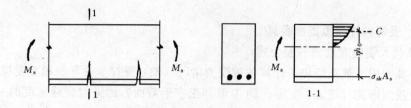

图 9.54 受弯构件裂缝截面的应力图形

用荷载效应的标准组合,推导公式中用了扩大系数来考虑荷载效应准永久组合的影响,验算时控制的是最大裂缝宽度。

2. 裂缝宽度验算

裂缝宽度验算的实用表达式为

$$\omega_{\max} \leqslant [\omega_{\lim}] \tag{9.48}$$

式中 $\omega_{\max}$——按荷载的短期效应组合下并考虑长期效应组合影响所求得的最大裂缝宽度,即按式(9.44)求得的最大裂缝宽度;

$[\omega_{\lim}]$——最大裂缝宽度允许值,取值见表 9.11。

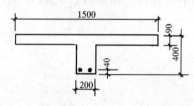

图 9.55 例题 9.11

【例 9.11】 图 9.55 形截面梁,纵向拉钢筋为 $2\phi12$ ($A_s = 226\text{mm}^2$),混凝土保护层厚 30mm,混凝土强度等级为 C25,按荷载效应标准组合的截面弯矩标准值 $M_k = 12.73\text{kN}\cdot\text{m}$,允许最大裂缝宽度为 0.2mm,试验算裂缝宽度。

解:由附录 8.1 和 8.4 查得

$$f_{tk} = 1.78\text{N/mm}^2, \quad E_s = 210000\text{N/mm}^2。$$

已知 $c = 30\text{mm}$, $h_0 = 400 - 40 = 360\text{mm}$。

有效受拉混凝土面积

$$A_{te} = 0.5bh + (b'_f - b)h'_f$$
$$= 0.5 \times 200 \times 400 = 40000\text{mm}^2$$

按有效受拉混凝土面积计算的纵向受拉钢筋配筋率

$$\rho_{te} = \frac{A_s}{A_{te}} = \frac{226}{40000} = 0.0056 < 0.01,\ \text{取}\ 0.01。$$

裂缝截面处纵向受拉钢筋应力

$$\sigma_{ss} = M_k / 0.87 h_0 A_s = 12730000 / 0.87 \times 360 \times 226 = 179.8\text{N/mm}^2$$

裂缝间纵向受拉钢筋应变不均匀系数

$$\psi = 1.1 - 0.65 f_{tk} / (\rho_{te}\sigma_{sk}) = 1.1 - 0.65 \times 1.78 / 0.01 \times 179.8 = 0.457$$

最大裂缝宽度

$$\omega_{\max} = a_{cr}\psi\sigma_{sk}(1.9c + 0.1d_{eq}/\rho_{te})/E_s$$
$$= 2.1 \times 0.457 \times 179.8(1.9 \times 30 + 0.1 \times 12 / 0.01)/210000$$
$$= 0.165\text{mm} < 0.2\text{mm} \quad \text{满足要求}$$

3. 减少裂缝开展宽度的措施

从上述计算理论的分析得知,钢筋的直径、外形和数量,裂缝截面钢筋的应力,混凝土强度等级，截面尺寸，保护层厚度等都对裂缝开展宽度有影响。

钢筋越细，钢筋的总表面积越大，与混凝土的粘结力就越大，从而使裂缝间距和裂缝宽度减小。所以只要不增加施工困难，选用直径较细钢筋是有利的，这往往是解决裂缝开展过宽的最方便、较经济的办法。

如果采用上述措施不能满足要求时，也可增加钢筋截面面积 A_s，以加大有效配筋率 ρ_{te}，从而减少钢筋应力 σ_{ss}，达到减少裂缝宽度、满足式（9.48）的目的。

改变截面形式、尺寸或提高混凝土强度等级对减少裂缝宽度的效果甚差，一般不宜采用。

由于裂缝宽度与使用荷载作用下裂缝截面的钢筋应力有很大关系，钢筋应力越大，裂缝就越宽，所以在普通钢筋混凝土结构中，不适宜用强度太高的钢筋。

9.5.2 受弯构件挠度验算

如果弹性匀质材料的简支梁承受均布荷载 q，则由材料力学可知，梁的最大挠度 $f=\dfrac{5ql_0^4}{384EI}$，或者说，对于弹性均质材料的梁，最大挠度为：

$$f = S \frac{Ml_0^2}{EI} \tag{9.49}$$

式中　S——与荷载形式和支承条件有关的系数，常见情况的 S 值可查静力计算手册，对于受均布荷载的简支梁 $S=\dfrac{5}{48}$，$M=\dfrac{1}{8}ql_0^2$；

　　　EI——截面抗弯刚度，对于弹性匀质等截面梁 EI 为常量。

钢筋混凝土梁的挠度也用式（9.49）表示，就是截面抗弯刚度要另行确定，下面先介绍钢筋混凝土受弯构件的变形发展规律，然后介绍刚度计算公式。

1．钢筋混凝土受弯构件的变形发展规律

适筋钢筋混凝土梁开始加荷到破坏的 M—f 曲线变化特征如图 9.56 所示，共经历了三个阶段：

第Ⅰ阶段　荷载较小时，梁的工作接近弹性，M—f 曲线接近直线，即抗弯刚度为常量。

第Ⅱ阶段　接近出现裂缝时，M—f 曲线已稍稍偏离直线，裂缝出现后，M—f 曲线发生转折，f 增加较快，说明由于受压区混凝土塑性变形的发展，使梁的抗弯刚度明显降低。

第Ⅲ阶段　钢筋屈服以后，M—f 曲线出现第二个转折，M 增加很少，而 f 激增，即刚度急剧降低。

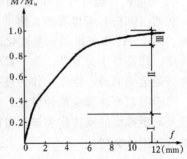

图 9.56　M—f 曲线

从上述 M—f 曲线可知，钢筋混凝土梁的抗弯刚度不是常量，而是随着荷载的增加而不断降低。

2．钢筋混凝土受弯构件在短期荷载作用下的刚度

（1）裂缝出现前的刚度

在裂缝出现以前，梁处于第Ⅰ阶段，刚度为常量，但由于受拉区混凝土已出现塑性，实际的抗弯刚度比理想的弹性抗弯刚度要小，因此对于使用阶段不出现裂缝的钢筋混凝土梁，在短期荷载作用下，抗弯刚度 B_s 按下式计算：

$$B_s = 0.85 E_c I_0 \tag{9.50}$$

式中　I_0——构件换算截面的惯性矩。

(2) 裂缝出现后的刚度

裂缝出现后，随着截面的削弱和受压区混凝土塑性变形的发展，截面刚度不断减小，刚度在各个截面也不尽相同。经分析和试验研究，对于矩形、T 形、倒 T 形和 I 字形截面，受弯构件短期刚度 B_s 按下式计算：

$$B_s = E_s A_s h_0^2 / [1.15\psi + 0.2 + 6\alpha_E \rho (1 + 35\gamma'_f)] \tag{9.51}$$

式中　ψ——裂缝间纵向受拉钢筋应变不均匀系数，按式 (9.45) 计算；

　　　γ'_f——受压区翼缘影响系数，$\gamma'_f = \dfrac{(b'_f - b) h'_f}{b h_0}$，受压区没有翼缘时，$\gamma'_f = 0$。

3. 长期荷载作用下的刚度计算公式

长期荷载作用下，因受压区混凝土的徐变，钢筋混凝土梁的挠度将随时间而增加，即刚度随时间而降低。长期荷载作用下的刚度可用下述近似方法求得。

$$B = M_k B_s / [M_q (\theta - 1) + M_k] \tag{9.52}$$

式中　M_k——按荷载长期效应组合计算的弯矩标准值；

　　　M_q——按荷载短期效应组合计算的弯矩标准值；

　　　θ——考虑荷载长期效应组合对挠度增大的影响系数，其值与受压钢筋有关，由于受压钢筋能减少受压区混凝土的徐变，因此 ρ' 越大，θ 就越小；

　　　　当 $\rho' = 0$ 时，$\theta = 2.0$；

　　　　当 $\rho' = \rho$ 时，$\theta = 1.6$；

　　　　当 ρ' 为中间数值时，θ 取内插值；

　　　　对翼缘位于受压区的 T 形截面，θ 应增加 20%。

4. 受弯构件挠度计算和变形验算

从式 (9.51) 可以看出，刚度 B_s 与弯矩 M_s，钢筋截面积 A_s 和配筋率 ρ 有关，一般说来，M_s、A_s 和 ρ 沿梁长是变化的，因此 B_s 也是沿梁长变化的。如严格按变刚度来计算挠度，计算将十分复杂。为了简化计算，对于钢筋混凝土等截面简支梁取最大弯矩处的刚度（是全梁的最小刚度）作为整根梁的刚度（图 9.57），以这个最小刚度来计算梁的挠度。对于等截面连续梁或伸臂梁，则可假定同号弯矩区段的刚度是相等的，并以该区段内的最大弯矩截面的刚度作为该区段的刚度（图 9.58）。构件刚度确定后，即可用结构力学提供的方法计算挠度。

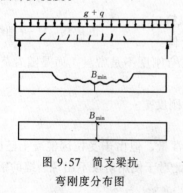

图 9.57　简支梁抗
弯刚度分布图

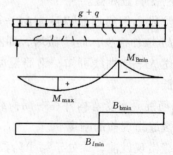

图 9.58　伸臂梁抗
弯刚度分布图

变形验算的实用表达式为

$$f \leqslant [f] \tag{9.53}$$

式中 f——在荷载短期效应组合下并考虑荷载长期效应组合影响的最大挠度计算值；

$[f]$——允许挠度值。

如果变形验算不能满足要求，则增大构件截面高度将是最有效的办法。除此之外，降低钢筋等级并相应增加钢筋用量，或不降低钢筋等级而直接增加钢筋用量也可以改善截面刚度，但不经济。

当梁的跨度大于 4m 时，如设计无具体要求，在施工中梁要起拱，起拱的高度为梁的跨度的 1‰～3‰。

【例 9.12】 某教学楼楼盖的一根钢筋混凝土简支梁，计算跨度 $l_0 = 7.2$m，截面尺寸如图 9.59 所示。混凝土强度等级为 C20，钢筋为 HRB335 级。梁上所承受的均布恒荷载标准值（包括自重） $g_k = 19.74$kN/m，均布活荷载标准值 $q_k = 10.50$kN/m。通过正截面承载力计算已选用受拉钢筋 2 Φ 22 + 2 Φ 20 ($A_s = 1388$mm^2)。设 $[f] = l_0/250$，试验算梁的变形。

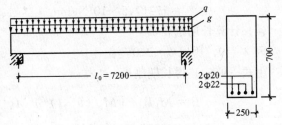

图 9.59 例题 9.12

解：(1) 计算梁内最大弯矩标准值

恒荷载标准值产生的跨中最大弯矩

$$M_{GK} = \frac{1}{8} g_k l_0^2 = \frac{1}{8} \times 19.74 \times 7.2^2 = 127.92 \text{kN·m}$$

活荷载标准值产生的跨中最大弯矩

$$M_{qk} = \frac{1}{8} g_k l_0^2 = \frac{1}{8} \times 10.50 \times 7.2^2 = 68.04 \text{kN·m}$$

《建筑结构荷载规范》规定，教学楼楼面活荷载的准永久值为标准值的 50%，故活荷载准永久值引起的跨中最大弯矩为

$$0.5 M_{qk} = 0.5 \times 68.04 = 34.02 \text{kN·m}$$

跨中最大标准组合弯矩为

$$M_k = M_{GK} + M_{qk} = 127.92 + 68.04 = 195.96 \text{kN·m}$$

跨中最大准永久组合弯矩为

$$M_q = M_{GK} + 0.5 M_{qk} = 127.92 + 34.02 = 161.94 \text{kN·m}$$

(2) 计算受拉钢筋的应变不均匀系数 ψ

由公式 (9.46)，裂缝截面钢筋应力为

$$\sigma_{sk} = M_k / 0.87 h_0 A_s = 195960000 / 0.87 \times 660 \times 1388 = 245.9 \text{N/mm}^2$$

按有效受拉混凝土面积计算的纵向受拉钢筋配筋率为

$$\rho_{te} = \frac{A_s}{0.5bh} = \frac{1388}{0.5 \times 250 \times 700} = 0.0159$$

查附录 8.1 得 $f_{tk} = 1.54$N/mm^2，由公式 (9.45) 得钢筋应变不均匀系数为

$$\psi = 1.1 - 0.65 f_{tk} / (\rho_{te}\sigma_{sk}) = 1.1 - 0.65 \times 1.54/0.0159 \times 245.9 = 0.844$$

(3) 计算短期刚度 B_s

由附录表 7 和附录表 8 得 $E_c = 2.55 \times 10^4 \text{N/mm}^2$，$E_s = 2 \times 10^5 \text{N/mm}^2$，于是

$$\alpha_E = \frac{E_s}{E_c} = \frac{2.0 \times 10^5}{2.55 \times 10^4} = 7.84$$

$$\rho = A_s/bh_0 = 1388/250 \times 660 = 0.0084$$

根据式（9.51），短期刚度 B_s 为

$$B_s = E_s A_s h_0^2 / [1.15\psi + 0.2 + 6\alpha_E \rho (1 + 35\gamma'_f)]$$
$$= 200000 \times 1388 \times 660^2 / [1.15 \times 0.844 + 0.2 + 6 \times 7.88 \times 0.0084]$$
$$= 77217.5 \times 10^9 \text{N/mm}^2$$

(4) 计算长期刚度 B

因 $\rho' = 0$，所以 $\theta = 2.0$。

由式（9.52）得长期刚度

$$B = M_k B_s / [M_q (\theta - 1) + M_k] = \frac{195.96}{161.94 + 195.96} \times 77217.5 \times 10^9$$
$$= 42278.7 \times 10^9 \text{N/mm}^2$$

(5) 计算跨中挠度 f

$f = 5 (g_k + q_k) l_0^4 / 384B = 5 (19.74 + 10.5) 7200^4 / 384 \times 42278.7 \times 0^9 = 25.03 \text{mm}$

$$[f] = \frac{l_0}{250} = \frac{7000}{250} = 28.0 \text{mm} > 25.03 \text{mm}$$

满足要求。

9.6 钢筋的代换

9.6.1 代换的原则

当施工中遇有钢筋的品种或规格与设计要求不符时，可参照以下原则进行钢筋代换：等强度代换，不同种类的钢筋代换，按抗拉强度设计值相等的原则进行代换；等面积代换，相同种类和级别的钢筋代换，应按等面积原则进行代换。

9.6.2 代换方法

1. 等强度代换

如设计图中所用的钢筋设计强度为 f_{y1}，钢筋总面积为 A_{s1}，代换后的钢筋设计强度为 f_{y2}，钢筋总面积为 A_{s2}，则应使：

$$A_{s1} f_{y1} \leqslant A_{s2} f_{y2} \tag{9.54}$$

$$n_1 \cdot \pi d_1^2 / 4 \cdot f_{y1} \leqslant n_2 \cdot \pi d_2^2 / 4 \cdot f_{y2}$$

$$n_2 \geqslant n_1 d_1^2 f_{y1} / d_2^2 f_{y2} \tag{9.55}$$

式中　n_1、n_2——代换前、后钢筋根数；

　　　d_1、d_2——代换前、后钢筋直径。

2. 等面积代换

$$A_{s1} \leqslant A_{s2} \tag{9.56}$$

$$n_2 \geqslant n_1 \cdot d_1^2 / d_2^2 \tag{9.57}$$

式中符号意义同上。

钢筋代换后，有时由于受力钢筋直径加大或根数增多而需要增加排数，则构件截面的有效高度减少，截面强度降低。通常对这种影响可凭经验适当增加钢筋面积，然后在作截面强度复核。

对于矩形截面的受弯构件，可根据弯矩相等，按下式复核截面强度：

$$N_2(h_{02} - N_2/2f_{cm}b) \geqslant N_1(h_{01} - N_1/2f_{cm}b) \tag{9.58}$$

式中 N_1——原设计的钢筋拉力，等于 $A_{s1} \cdot f_{y1}$；

N_2——代换钢筋拉力，等于 $A_{s2} \cdot f_{y2}$；

h_{01}——原设计钢筋的合力点至构件截面受压边缘的距离（即构件截面的有效高度）；

h_{02}——代换钢筋的合力点至构件截面受压边缘的距离；

f_{cm}——混凝土的弯曲抗压强度设计值；

b——构件截面宽。

9.6.3 钢筋代换注意事项

钢筋代换时，应征得设计单位同意，并应符合下列规定：

1．对重要受力构件，不宜用Ⅰ级光面钢筋代换变形钢筋，以免裂缝开展过大。

2．钢筋代换后，应满足《混凝土结构设计规范》所规定的钢筋间距、锚固长度最小钢筋直径、根数等要求。

3．当进行构件裂缝宽度或挠度控制时，钢筋代换后应进行刚度、裂缝验算。

4．梁的纵向受力筋与弯起筋应分别代换，以保证正截面与斜截面强度。偏心受压构件或偏心受拉构件作钢筋代换时，不取整个截面配筋量计算，应按受力面（受拉或受压）分别代换。

5．预制构件的吊环，必须采用未经冷拉的Ⅰ级热轧钢筋制作，严禁以其他钢筋代换。

小　　结

1．钢筋混凝土梁的单筋正截面有矩形和T形等形式。按配筋率的多少，梁又可分为适筋梁、超筋梁和少筋梁；构件应设计成适筋梁，避免设计成超筋梁和少筋梁。

2．适筋梁正截面的受力和破坏过程可分为Ⅰ、Ⅱ、Ⅲ三个阶段。适筋梁正截面的承载力计算是建立在第Ⅲa阶段的基础上，受拉钢筋先达到屈服强度 f_y，然后受压区混凝土到达极限应变。为方便起见，混凝土压应力分布图采用等效矩形分布图。

3．受弯构件除满足承载力要求外，还需满足构造要求。

4．斜截面受剪承载力计算以剪压破坏为依据，并且用限制截面最小尺寸和规定最小配箍率来防止发生斜压破坏。斜截面受弯承载力是采用构造措施来保证的。构造措施包括纵向钢筋弯起、截断和在支座中锚固等项的构造要求。

5．轴心受压构件的承载力由混凝土和纵向受力钢筋两部分的抗压能力组成，同时要考虑纵向弯曲对构件承载能力的影响。

6．在施工中，如遇现有钢筋与设计钢筋不符时，可进行钢筋代换，但必须经设计人员同意。

习 题

9.1 钢筋混凝土适筋梁从开始加荷到破坏,经历了几个阶段?各阶段特点如何?

9.2 单筋矩形梁的承载力计算简图中,α_1、f_c 是什么?x 是什么?ξ、ξ_b、ρ 各是什么?

9.3 T形梁有何优点?它分哪两类?怎样划分?

9.4 受弯构件中,斜截面有几种破坏形态?它们的特点是什么?

9.5 什么是钢筋的理论截断点和充分利用点?

9.6 怎样确定受压构件的计算长度?

9.7 在施工中,如遇现场钢筋与设计钢筋不符时,经设计人员同意,钢筋代换有几种方法?

9.8 已知梁的截面尺寸 $b \times h = 250\text{mm} \times 500\text{mm}$,承受弯矩设计值 $M = 90\text{kN} \cdot \text{m}$,采用混凝土强度等级 C20,HRB335 级钢筋。求所需纵向钢筋的截面面积。

9.9 已知梁的截面尺寸 $b \times h = 200\text{mm} \times 450\text{mm}$,混凝土等级为 C20,配有 HRB335 级钢筋 4Φ16 ($A_s = 804\text{mm}^2$)。若承受弯矩设计值 $M = 70\text{kN} \cdot \text{m}$,试验算此梁正截面强度是否安全。

9.10 T形截面梁,$b'_f = 550\text{mm}$,$b = 250\text{mm}$,$h = 750\text{mm}$,$h'_f = 100\text{mm}$,承受弯矩设计值 $M = 500\text{kN} \cdot \text{m}$,选用混凝土强度等级 C20,HRB335 级钢筋。试求纵向受拉钢筋截面面积 A_s。

9.11 有一承受均布荷载的钢筋混凝土矩形截面简支梁,截面尺寸 $b \times h = 250\text{mm} \times 400\text{mm}$,支座边缘处的最大剪力 $V = 121\text{kN}$,混凝土强度等级为 C20,箍筋用 HPB235 级钢筋,试按仅配箍筋方案计算腹筋用量。

9.12 一根钢筋混凝土矩形截面简支梁,两端支撑在砖墙上,净跨为 $l_n = 3660\text{mm}$,截面尺寸 $b \times h = 200\text{mm} \times 500\text{mm}$ ($h_0 = 465\text{mm}$),在该梁承受的均布荷载中,恒载标准值 $g_k = 25\text{kN/m}$(含自重),活荷载标准值 $q_k = 42\text{kN/m}$(荷载系数取 1.4),混凝土强度等级为 C20,箍筋采用 HPB235 级钢筋,纵向受拉钢筋采用 HRB335 级钢筋。按正截面承载力要求已选用 2Φ25 + 1Φ28 纵向受力钢筋,按同时配置箍筋和弯起钢筋计算梁的斜截面受剪承载力。

9.13 已知轴心受压柱的截面尺寸为 $400\text{mm} \times 400\text{mm}$,计算长度 $l_0 = 6400\text{mm}$,采用混凝土强度等级 C20,HRB335 级钢筋,承受轴向力设计值 $N = 1500\text{kN}$。求纵向钢筋截面面积。

9.14 一简支梁原设计采用 HRB335 级钢筋 4Φ16,现拟用 HPB235 级钢筋代换,试计算需代换钢筋面积、直径和根数。

第10章 预应力混凝土结构

10.1 概 述

钢筋混凝土是重要的建筑材料，但普通钢筋混凝土结构有下面两个显著的缺点：一个是混凝土的抗拉能力很低，在使用荷载下，构件受拉区过早地出现裂缝。为了保证结构的耐久性，必须限制裂缝宽度，当裂缝宽度限制在 0.2～0.25mm 以内时，受力钢筋只能达到 150～250MPa，高强度钢筋无法在钢筋混凝土结构中充分发挥其作用，与之相应的高标号混凝土也无法充分利用。另一个缺点是自重大，特别是跨度大，荷载大的情况，普通钢筋泥凝土结构很笨重，给施工制作、吊装造成困难，经济上也不合算，使钢筋混凝土结构的使用范围受到很大限制。因此，为了避免混凝土结构过早出现裂缝，充分利用高强材料，增加结构的跨越能力，必须采用预应力混凝土结构。

10.1.1 预应力混凝土结构的基本原理

预应力混凝土结构的基本原理是结构在受荷之前，在混凝土构件的受拉区预先施加压应力，当构件在荷载作用下产生拉应力时，首先要抵消混凝土的预压应力，然后随着荷载的增加，混凝土才受拉而后出现裂缝，因而可推迟裂缝的出现，减小裂缝的宽度，以满足使用要求。这种在构件受荷以前，预先对混凝土受拉区施加压力使之产生预压应力的结构，称为"预应力混凝土结构"。

现以预应力混凝土简支梁的受力为例，说明预应力混凝土的基本原理。如图10.1所示，简支梁在外荷载作用前，预先在梁的受拉区施加一对大小相等、方向相反的预压力 N，使梁跨中截面下边缘产生预压应力 σ_a（图10.1（a））。当外荷载（包括梁自重）作用时，梁跨中截面下边缘产生拉应力 σ_t（图10.1（b））。最后的应力分布为上述两种情况的叠加：梁跨中截面下边缘的应力可能是数值很小的拉应力（图10.1（c）），也可能是压应力。由此可见，由于预加应力 σ_a 的作用，可部分或全部抵消外荷载所引起的拉应力 σ_t，从而推迟了混凝土构件的开裂，提高了构件的抗裂性，为利用高强材料创造条件。

10.1.2 预应力混凝土结构的优缺点

与钢筋混凝土相比，预应力混凝土结构有以下主要优点：

（1）提高了构件的抗裂度和刚度。对构件施加了预应力后，使构件在使用荷载作用下不出现裂缝，或使裂缝大大推迟出现，因而，改善了结构的

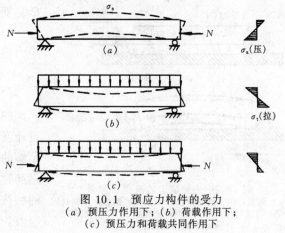

图10.1 预应力构件的受力
（a）预压力作用下；（b）荷载作用下；
（c）预压力和荷载共同作用下

使用性能，提高了构件的刚度，增加了结构的耐久性。

（2）可以节省材料，减轻自重。由于预应力混凝土结构必须采用高强材料。因而可减小截面尺寸及用钢量，减轻结构自重。特别在大跨度承重结构中采用预应力混凝土结构则更经济更合理。

（3）可以减小梁的竖向剪力和主拉应力。曲线配筋的预应力混凝土构件，将会产生与荷载引起的剪力方向相反的预剪力，可使梁支座附近的竖向剪力减小，又由于混凝土截面有预压应力。使荷载作用下的主拉应力亦相应减小，这有利于减小梁的腹板厚度，使预应力混凝土构件自重进一步减小。

（4）结构安全可靠。在施加预应力期间。钢筋和混凝土都经受了一次强度检验。如果施加预应力时，构件质量表现良好。那么，使用时也认为是安全可靠的。

（5）抗疲劳性能好。因为结构预先引入了人为的应力状态，在重复荷载下，钢筋应力变化幅度小，因而提高了结构耐疲劳性能。

预应力混凝土也存在一些缺点：

（1）工艺较复杂，需配备一支技术较熟练的专业队伍。

（2）需要有一定的专门设备，如张拉机具等。先张法需要有张拉台座；后张法要耗用数量较多的锚具。

（3）预应力反拱不易控制。它将随混凝土的徐变增加而加大，可能造成桥面不平顺，使得行车不够顺畅。

（4）预应力混凝土结构的开工费用较大，对于跨径小，构件数量少的工程，成本较高。

10.2 混凝土预应力的施加方法及设备

10.2.1 施加预应力的方法

对混凝土施加预应力一般是靠张拉钢筋来实现的，根据张拉钢筋与浇筑混凝土的先后顺序，施加预应力的方法主要有先张法和后张法两种。

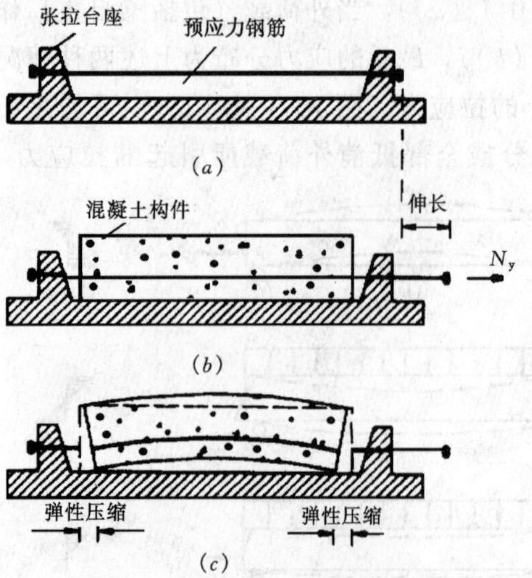

1．先张法

先张法指先张拉钢筋，后浇筑混凝土的方法。如图10.2所示。其工序是：

（1）在台座上按设计规定的张拉力张拉预应力钢筋。并将它用锚具临时固定（图10.2 (a)）。

（2）绑扎非预应力钢筋。立模浇混凝土。

（3）待混凝土达到一定强度（一般不低于设计强度的70%。以保证钢筋与混凝土间有足够的粘结力）后。放松钢筋，即放张。放松钢筋时，钢筋回缩，回缩力通过钢筋与混凝土的粘结力作用传给混凝土。使混凝土获得预压应力。

图10.2 先张法工艺流程示意图
（a）钢筋就位，准备张拉；（b）张拉钢筋，并临时固定，浇筑构件混凝土，并养护至硬；（c）放松钢筋，形成预应力混凝土构件

先张法所用的预应力钢筋，一般可用高强钢丝、直径较小的钢绞线和小直径的冷拉钢筋等。以获得较好的自锚性能。

2．后张法

后张法是指先浇筑混凝土，待混凝土结硬后，再张拉预应力钢筋的方法，如图10.3所示。其工序是：

（1）先浇筑混凝土构件，并在构件中预留孔道。

（2）待混凝土达到强度要求后，将预应力钢筋穿入孔道，以构件本身作为支承，用千斤顶张拉钢筋。同时混凝土产生压缩，受到预压。

（3）当预应力钢筋的张拉力达到设计要求后，用锚具将钢筋锚固于构件上。使混凝土截面上获得并保持预压应力。

（4）在预留孔道内压注水泥浆，以保护钢筋不受锈蚀，并使预应力筋与混凝土形成整体。

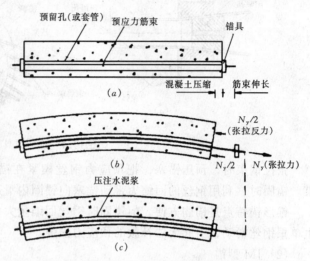

图 10.3 后张法工艺流程示意图
(a)浇混凝土，预留孔道，穿入钢筋；(b)张拉钢筋；
(c)用锚具将钢筋锚固，并在孔道内压浆

比较上述两种方法，可以看到，先张法的施工工序少，工艺简单，质量容易保证。不必耗费特制的锚具，临时锚固所用的锚具可重复使用，生产成本较低。但先张法需要有足够强度、刚度和稳定的台座，初期投资费用较大，且先张法一般宜生产直线配筋的中小型构件，而对大型曲线配筋构件，将使施工工艺复杂。后张法，不需要台座，张拉工作可在现场进行，比较灵活。但是，后张法施工工序多，操作麻烦，而且后张法耗费的锚具量大，成本较高。

10.2.2 夹具和锚具

夹具和锚具是在制作预应力混凝土构件时锚固钢筋的工具。一般认为，构件制成后能够取下重复使用的称为夹具；永久留在构件上，与构件连成一体共同受力，不再取下的称为锚具，为了简化起见，有时也将夹具和锚具统称为锚具。

1．锚具的分类

锚具按其传力锚固的受力原理，可分为：

（1）依靠摩阻力锚固的锚具。如锥形锚、楔形锚、JM锚以及XM、QM群锚等。这类锚具都是借张拉钢筋的回缩带动锥销或夹片，将钢筋楔紧在锥孔中而锚固的。

（2）依靠承压锚固的锚具。如镦头锚、钢筋螺纹锚等，是利用钢筋的镦粗头或螺纹承压进行锚固的。

（3）依靠粘结力锚固的锚具。如先张法钢筋的锚固等，是利用钢筋与混凝土之间的粘结力进行锚固的。

2．目前桥梁结构中几种常用的锚具

（1）锥形锚

锥形锚又称弗式锚,是由锚圈和锚塞组成。构造如图 10.4 所示。主要用于锚固 $18\phi^s 5mm$ 和 $24\phi^s 5mm$ 的钢丝束等。锚圈为带有锥形内孔的圆环,锚塞上刻有细齿槽,中间带有一个灌浆小孔。

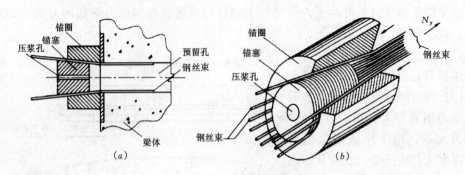

图 10.4　锥形锚具

张拉钢束时,预压锚塞,把预应力钢丝楔紧在锚圈与锚塞之间,借助摩阻力锚固钢束。锚固时,利用钢丝的回缩力带动锚塞向锚圈内滑进,使钢丝被进一步楔紧。

锥形锚特点是锚固方便,但锚固时钢丝回缩量大,特别是钢丝直径误差较大时,易产生单根钢丝滑动,引起无法补救的预应力损失。

(2) JM 型锚

JM 型锚是带有锥形内孔的锚环和楔块(夹片)组成,如图 10.5 所示。夹片的两个侧面设有带齿的半圆槽,每个夹片卡在两根被锚固的钢筋之间,这些夹片与被锚固钢筋共同形成组合式锚塞,将预应力筋楔紧。锚环可做成圆形或方形,夹片呈扇形,用两侧的半圆槽锚着预应力筋,夹片的数量取决于所锚固预应力钢筋束的根数。JM-12 型锚具主要用于锚固 $4\sim6\phi^s 12\sim25$ 钢绞线束,另外还可以用于锚固 $\phi 12$ 光圆钢筋或螺纹钢筋等。

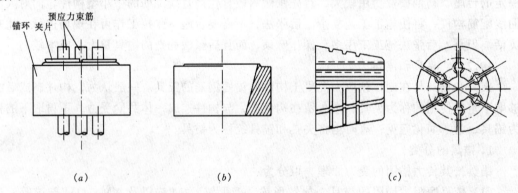

图 10.5　JM-12 型锚具
(a) JM-12 锚具装配图;(b) 锚板;(c) 夹板

JM 型锚具的优点是钢绞线相互靠近,构件端部不需扩孔。但是一个夹片的失效会导致整束钢绞线失效。

(3) 群锚

钢绞线束群锚体系是在一块有多个锥形孔的锚板上,利用每个锥形孔,装一幅内孔带齿槽的圆锥形夹片(由二片或三片组成),单独夹一根钢绞线的一种楔紧式锚具。这种锚具的主要特点是每根钢绞线是分开锚固的。任何一根钢绞线锚固失效都不会引起整束锚固失效。单根锚固失效易单独处理，可重新张拉锚固。每束钢绞线的根数不受限制，但构件端部需要扩孔。

群锚体系在国际上采用最为广泛，著名的有 VSL 体系等。国内亦已研制成功了 XM 型、QM 型、OVM 型及 BM 型等。

如图 10.6 所示，是 XM 型锚具。它由锚板与夹片组成，锚板采用 45 号钢。锚孔沿圆周排列，锚板顶面应垂直于锚孔中，以利夹片均匀塞入。夹片采用三片式，按 120°均匀开缝，开缝沿轴向有偏转角，偏转角的方向与钢绞线的扭角相反，以确保钢绞线被夹紧。

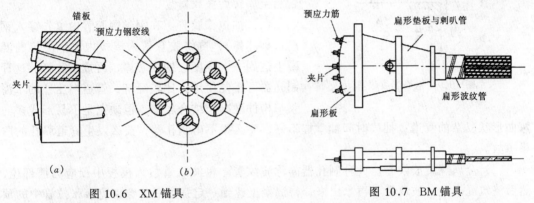

图 10.6　XM 锚具　　　　　图 10.7　BM 锚具

BM 型锚具，是由扁锚板及夹片组成，如图 10.7 所示，扁锚是为适应扁薄截面构件钢筋束锚固的需要而研制的。每个扁锚可锚 2～5 根钢绞线。

(4) 镦头锚

镦头锚主要用于锚固钢丝束，也有用于锚固直径较小的钢筋束。这种锚具是利用预应力钢筋的镦粗头来锚固预应力钢筋的一种承压型锚具。其工作原理如图 10.8 所示：先将预应力钢筋逐一穿过锚杯或锚板的孔洞。然后用特制的镦头机将钢材端头镦粗，在固定端将锚圈拧上。借镦粗头将钢筋锚固于锚杯或锚板上。锚杯的内外壁均有螺纹。张拉端，先将千斤顶连接的拉杆旋入锚杯内，之后可进行张拉，待张拉到设计吨位时。将锚固拧紧，再缓慢放松千斤顶，退出拉杆。这样，钢筋的回缩力通过锚固、垫板传给构件。

镦头锚特点是锚固可靠。不会出现锥形锚那样的滑丝问题，锚固时应力损失较小，可重复张拉。

(5) 钢筋螺纹锚具

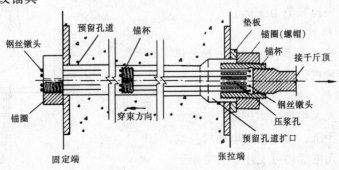

图 10.8　镦头锚锚具工作示意图

当采用高强粗钢筋作预应力钢筋时，可采用螺纹锚具固定，即借粗钢筋两端的螺纹，在钢筋张拉后直接拧上螺帽进行锚固，使钢筋的回缩力由螺帽经支承垫板传给构件而获得预应力，如图10.9所示。由于螺纹系冷轧而成，故又将这种锚具称为轧丝锚。

螺纹锚具，受力明确，锚固可靠；构造简单，施工方便；预应力损失小，可重复张拉。

10.2.3 制孔器

后张法构件的预留孔道是用制孔器形成的。国内桥梁结构构件常用的制孔器有两种，即抽拔橡胶管与金属螺旋波纹管。

（1）抽拔橡胶管。在钢丝网胶管内事先穿入钢筋（称芯棒），再将胶管放入模板内，待浇筑的混凝土达到一定强度，抽去芯棒，再拔出胶管。这种制孔器可重复使用，比较经济，管道内压注的水泥浆与构件混凝土结合较好。但缺点是不易形成多向弯曲形状复杂的管道；抽拔时间如掌握不好，要么拔不出制孔器，要么发生管道塌孔的质量事故。

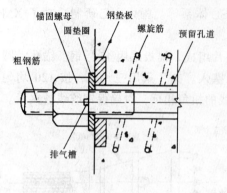

图 10.9 钢筋螺纹锚具

（2）金属螺旋波纹管。此种制孔器简称波纹管。将波纹管放入模板中预应力筋部位，然后浇筑混凝土。波纹管不再拿出来，待混凝土达到一定强度后，穿束直接张拉管中的预应力钢筋。这种制孔器的优点是可以制成任意形状的管道；管道的摩阻力小；尤其适合在布束很密的结构中，是现代预应力混凝土孔道成型用的理想材料。缺点是加工、接头困难，制孔器一次使用。成本较高。

10.2.4 张拉设备

张拉机具是制作预应力混凝土构件时，对预应力筋施加张拉力的专门设备。对它的要求是：简单可靠，能准确控制钢丝的拉力，并以稳定的速率增大拉力。目前常用的有各类液压拉伸机（由千斤顶、油泵、连接油管三部分组成），以及电动或手动张拉机等多种。随着预应力混凝土的发展，液压拉伸机也有很大的发展。目前品种规格已有数十种，并逐步定型化、系列化。

机械式张拉设备用机械传动的方法张拉预应力筋，主要用于小顶力、长行程的直线张拉、折线张拉和环向张拉等先张、后张预应力工艺中。用于直线配筋的机械式张拉设备一般包括张拉、夹持和测力三部分。

1. 手动张拉机具

手动张拉机具，大多利用简单的起重机械作动力机及变速机，然后再增添一些工作机构而成。它虽然不够理想，如张拉力较小，劳动强度较大，生产效率较低，但它非常简单、实用、经济，而且不需电动机及电工器材，不论有无电源均可工作。它常用于冷拔低碳钢丝配筋的先张法中小构件的生产

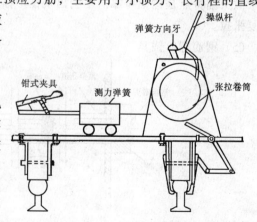

图 10.10 手动张拉车

中，进行单根钢丝的张拉。

图 10.10 是手动张拉车，它由手动绞车、测力弹簧和钳式夹具而成。张拉时，搬动操作杆，通过方向齿轮，带动绞车卷筒旋转。这时，被钳式夹具夹紧的钢丝被张拉。

2．电动张拉车

电动张拉车的型式较多，但总的来说，构造大体相似。一般均由下述几个部分组合而成：由电动卷扬机或电动机带动螺杆，通过夹头夹紧预应力钢丝，电动机起动及停机，由倒顺开关或磁力开关自行断电控制。张拉车前端放装有顶杆，使用时顶杆在台座横梁上。以上各部件均在一部小车上，小车可以前后左右移动和上下升降；从而达到调整夹头位置的目的。如图 10.11 为弹簧测力卷扬机式电动张拉车。

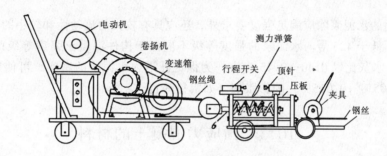

图 10.11　弹簧测力卷扬机式电动张拉车

3．液压拉伸机

液压拉伸机由千斤顶、油泵、连接油管三部分组成，液压千斤顶与油泵配套使用，是液压拉伸机的工作部分。

液压千斤顶按其作用可分三种：单作用式，即只能拉长钢丝用；双作用式，即不但能拉长钢筋，还能顶锚；三作用式即能拉长钢筋、顶紧锚头，还能退楔等。按其构造特点则可分为台座式，拉杆式（单缸、单作用），穿心式（双油缸、双作用式）和锥锚式（双作用和三作用）四种。

（1）台座式千斤顶

台座式千斤顶是先张法台座的张拉设备，它的特点是张拉行程长，适于卧式操作使用。而普通油压千斤顶的行程短，且为立式。目前它们有各种顶力，最大达 5000kN。

（2）YL 型拉杆式千斤顶

拉杆式千斤顶又称拉伸机、单作用千斤顶，主要用于张拉带有螺丝端杆或采用镦头锚、夹具的预应力钢筋；它由油缸、活塞、拉杆、连接头、撑脚等部分组成，以活塞杆作为拉力杆件。将钢筋连接在连接头上，油液送进油缸使活塞杆带动连接头行动，就将钢筋拉伸；千斤顶并有回程复位装置，通过两个油嘴进、回油以实现回程复位。

建筑工程中最多用的是 YL-60 型拉杆式千斤顶。为了大张拉力的需要，可委托生产厂家专门制作 YL-400 型和 YL-500 型拉杆式千斤顶，它们的额定张拉力分别为 4000kN 和 5000kN。

（3）YC 型穿心式千斤顶

这种千斤顶主要用于张拉带有夹片式锚、夹具的单根钢筋、钢筋束及钢绞线束。它的特点是沿千斤顶轴线有一穿心孔道，作为穿入预应力筋或张拉杆之用；随机配有撑脚、拉杆等附件，装上之后可以作为拉杆式千斤顶使用。定型产品有YC-60型、YC-20型和YC-120型等几种。

（4）YZ型锥锚式千斤顶

这种千斤顶与锥形锚具配套使用，能连续完成张拉钢筋、顶压锚固、自动退楔三项作业的称为三作用千斤顶；张拉能力较小的锥锚式千斤顶不能自动退楔，则称为双作用千斤顶。这种千斤顶主要用于张拉直径为5mm的高强度钢丝组成的钢丝束。

10.2.5 水泥浆

后张法预应力混凝土构件，在预应力钢筋张拉完后，应尽早进行孔道灌浆工作。以防预应力钢筋锈蚀，降低结构耐久性，同时也是为了使预应力钢筋与混凝土能尽早结合为整体。

灌浆用的水泥浆除应满足强度要求外，还应具有较大的流动性和较小的干缩性。所用水泥标号不低于425号。水泥浆的强度等级不应低于构件混凝土强度等级的80%，且不低于C30。水灰比以0.40~0.45为宜，为保证孔道内水泥浆的密实，可使用少量（约占水泥重0.005%~0.015%）的膨胀剂（如铝粉等）。

10.3 预应力混凝土的材料

预应力混凝土结构应尽量采用高强度材料，这是与普通钢筋混凝土结构的不同特点之一。

10.3.1 预应力钢材

用于预应力混凝土结构中的钢材有钢筋、钢丝和钢绞线三大类。工程上对于预应力钢材有下列要求：

（1）强度高 预应力混凝土结构中预压应力的大小取决于钢筋的张拉应力。考虑到构件在制作和使用过程中会出现各种应力损失。因此需要采用较高的张拉应力，这就要求预应力筋的强度要高。否则，就不能有效地建立预应力。

（2）塑性、可焊性能好 为了保证构件在破坏前有较大的变形，避免发生脆性破坏，要求预应力钢筋具有一定的塑性性能。预应力粗钢筋常在施工中要焊接。则要求钢筋有良好的可焊性能。

（3）粘结性能要好 先张法构件的预应力是靠钢筋和混凝土之间的粘结力传递和保持的，因此。要求预应力钢筋具有良好的粘结性能。为此，可采用在钢丝上刻痕等方法或把钢丝扭绞成钢绞线，以增加钢丝与混凝土之间的粘结力。

目前，桥涵工程中常用的预应力钢材有下列几种：

1. 冷拉钢筋

HPB235、HRB335、HRB400、RRB400为普通钢筋混凝土构件中常用的四种钢筋，均属软钢钢筋，强度不高，不能直接用作预应力钢筋。但经过冷拉或冷拔处理后，可以提高其屈服强度，即能用于预应力混凝土结构中。其中冷拉RRB钢筋是公路预应力桥梁中所使用的主要钢筋。冷拉HRB钢筋大多用作竖向预应力钢筋或桥面横向预应力钢筋。至于冷拉HRB钢筋因其强度较低，较少应用。需要注意的是冷拉RRB钢筋虽使用性能良好，但可焊性能较差，在使用时必须有合理的焊接工艺，确保焊接质量。冷拉RRB钢筋不宜用作非预应力钢筋，否则将不能发挥其高强作用。

钢筋的冷拉可用卷扬机或其它张拉设备进行。由于钢筋的冷拉应力（或应变）超过一定限度，钢筋的脆性就会过大，因此，钢筋冷拉时，要控制应力或控制应变。只控制其中一项者，称为"单控"；考虑到钢筋的不匀质情况，每根钢筋的伸长率和屈服点不很一致，常常同时控制冷拉应力和冷拉伸长率，称为"双控"。

经过冷拉的钢筋，其强度可得到提高，但脆性也随之增加，弹性模量略有降低。

2．高强钢丝

在预应力混凝土结构中，常用的高强钢丝有碳素钢丝和刻痕钢丝。我国生产的高强钢丝有直径为 2.5mm、3.0mm、4.0mm 和 5.0mm 四种，直径愈细强度愈高，其中直径 2.5mm 的钢丝强度最高。在桥涵工程中，高强钢丝被广泛使用。

3．冷拔低碳钢丝

冷拔低碳钢丝是由 HPB235 钢筋（多为小直径的盘圆）经多次冷拔后得到的钢丝。HPB235 钢筋来源广泛，加工工艺简单，但由于冷拔低碳钢丝材性不稳定、分散性大、所以仅用于次要结构或小型预应力混凝土构件中。

4．钢绞线

钢绞线是把多根平行的高强钢丝围绕一根中心芯线用绞盘绞捻成束而形成。我国生产的钢绞线的规格有 7ϕ2.5、7ϕ3.0、7ϕ4.0、7ϕ5.0 四种。如 7ϕ5.0 钢绞线系由六根强度为 147×10^4 MPa，直径为 5mm 的钢丝围绕一根直径为 5.15～5.20mm 的钢丝扭结后，经低温回火处理而成。

10.3.2　混凝土

为了充分发挥高强钢筋的抗拉性能，预应力混凝土结构也要相应地采用高标号混凝土才能充分发挥其优越性。因此，《桥规》（JTJ023—85）中规定公路桥梁预应力混凝土构件的混凝土标号不宜低于 C30；当采用碳素钢丝、钢绞线、热处理钢筋（Ⅴ级钢筋）作预应力钢筋时，混凝土标号不宜低于 C40。

用于预应力混凝土结构的混凝土，不仅要求高强度，而且要求有很高的早期强度。以便能早日施加预应力，从而提高构件的生产效率和设备的利用率。此外，为了减少预应力损失，还要求混凝土具有较小的收缩值和徐变值。工程实践证明，采用干硬性混凝土，施工中注意水泥品种选择。适当选用早强剂和加强养护是配制高标号和低收缩率混凝土的必要措施。

10.4　受弯构件的基本构造

10.4.1　一般构造

1．截面形式和尺寸

预应力混凝土受弯构件常用的截面有空心矩形、槽形、T 形和箱形。图 10.12（a）为空心板，构件重量较轻，适用于跨径 8～16m 的桥梁；图 10.12（b）所示的槽形截面梁，属于组合式截面梁，一般均采用先张法在工厂预制；图 10.12（c）所示的 T 形截面在桥梁中用得最多，为了布置钢丝束，常将下缘加宽成马蹄形；图 10.12（d）所示的箱形截面，用在大跨径桥梁上，其主要优点是抗扭度大，整体性好。

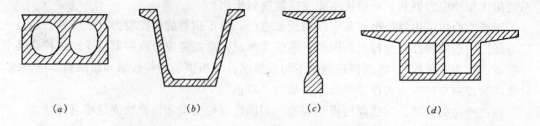

图 10.12 预应力钢筋混凝土构件常用截面形状

小跨径的公路桥梁，常采用空心板，其厚度一般为 0.4～0.7m，装配式空心板宽度一般 1m 左右，但若起重条件许可，板宽可增加到 1.4～1.6m，这样可减少板块，提高安装速度。空心板开孔型式常见的是圆形、圆端形或椭圆形等。

公路桥梁中用得最多的 T 形截面梁，其高跨比一般为 1/15～1/20，在城市桥梁中有用到 1/25 的。预应力混凝土 T 形梁沿跨长方向一般均做成相等高度。上翼缘作为行车道板，其尺寸按计算决定。悬臂端的最小厚度一般不宜小于 8cm。下翼缘加宽呈马蹄形的高度应与钢丝束的弯起相配合。在支点附近的区段，通常是全部加宽，以适应钢丝束弯起和梁端布置锚具。安放张拉千斤顶的需要。腹板起连接上、下翼缘和承受剪力的作用，由于预应力混凝土梁中剪力较小，故腹板无需太宽，一般取 16～20cm，腹板宽度约为马蹄形宽度的 1/2～1/4。

决定预应力混凝土受弯构件截面尺寸。要考虑构件的强度、抗裂度和刚度的需要。同时，也必须考虑施工时模板制作、钢筋与锚具的布置要求。

2．钢筋的布置

在预应力混凝土受弯构件中，主要的受力钢筋是预应力钢筋（包括纵向预应力筋和弯起预应力筋）和箍筋。此外，为使构件设计得更为合理及满足构造要求，有时还需设置一部分非预应力钢筋及辅助钢筋。

(1) 纵向预应力钢筋的布置

纵向预应力钢筋一般有以下三种布置形式：

1）直线布置 ［如图 10.13 (a)］ 直线布置多适用于跨径较小、荷载不大的受弯构件。工程中多采用先张法制造。

2）曲线布置 ［如图 10.13 (b)］ 曲线布置多适用于跨度与荷载均较大的受弯构件。工程中多采用后张法制造。

3）折线布置 ［如图 10.13 (c)］ 折线布置多适用于有倾斜受拉边的梁；工程中多采用先张法制造。在桥涵工程中这类构件应用较少。

(2) 箍筋的设置

尽管预应力混凝土梁的剪应力较小、但还是需要设置普通箍筋，用以防止剪力裂缝和

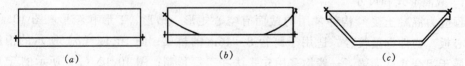

图 10.13 纵向预应力钢筋的布置形式
(a) 直线形；(b) 曲线型；(c) 折线型

突然的剪力破坏。

工程中，箍筋应根据计算设置，且应符合下列构造要求：

1）箍筋直径不小于8cm。对预应力空心板，箍筋间距不大于20cm；对预应力T形梁，其腹板箍筋（主要箍筋）间距不应大于25cm。

2）预应力T形梁。在配有预应力钢筋的马蹄中、应设置闭合式箍筋（辅助箍筋），其间距不大于l5cm。

(3) 辅助钢筋的设置

在预应力T形梁中，除主要受力钢筋外，还需设置一些辅助钢筋，以满足构造要求：

1）架立钢筋 架立钢筋用以支承箍筋和固定预应力钢筋的位置；

2）防收缩钢筋 防收缩钢筋一般系用小直径的钢筋、沿腹板两侧，紧贴箍筋布置；

3）局部加固钢筋 在集中力作用处（如锚具底面），须布置钢筋网格或螺旋筋进行局部加固，以加强其局部抗压和抗剪强度。

(4) 预应力钢筋的接头

预应力钢筋在构件内最好采用整根，以避免出现接头。只有在不得已时才考虑把钢筋连接起来用。工程中，受弯构件中的预应力钢筋的接头必须采用焊接接头。其类型和质量应符合有关规定。

(5) 非预应力纵向钢筋的布置

在预应力混凝土梁中，常常在需要和合理的位置，配置适量的非预应力纵向钢筋。

为了防止在受弯构件制作、运输、堆放和吊装时其预拉区出现裂缝，或为减少裂缝宽度，可在构件截面上部布置适量的非预应力钢筋［如图10-14（a）］；非预应力钢筋在使用阶段，还可以帮助梁的跨中截面预拉区提高抗压能力［图10.14（b）］；当梁预压区所施加的预应力已能满足构件在使用阶段的抗裂要求时，则按强度计算所需的其余受拉钢筋允许采用非预应力钢筋，并以较小的直径及较密的间距布置在梁预压区边缘［如图10.14（c）］。

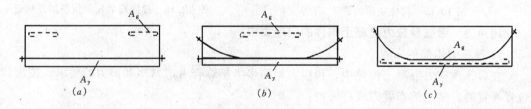

图 10.14 非预应力纵向筋的布

由于预先对预应力钢筋进行了张拉，所以非预应力钢筋的实际应力在使用阶段始终低于预应力钢筋。设计中为充分发挥非预应力钢筋的作用，非预应力钢筋的强度级别宜低于预应力钢筋。

10.4.2 先张预应力混凝土构件的构造要求

1. 钢筋的类型与间距

在先张预应力混凝土构件中，为保证钢筋和混凝土之间有可靠的粘结力。宜采用具有螺纹的预应力钢筋。当采用光面钢丝作预应力钢筋时，应采取适当措施，保证钢丝在混凝土中可靠地锚固，防止钢丝与混凝土粘结力不足而造成钢丝滑动。

在先张预应力混凝土构件中，预应力钢筋间或锚具间的净距，应根据浇筑混凝土、施加预应力及钢筋锚固等要求确定，并应符合下列规定：

1）预应力粗钢筋的净距不应小于其直径，且不小于3cm；

2）预应力钢丝的净距不应小于1.5cm，冷拔低碳钢丝当排列有困难时，可以两根并列；

3）预应力钢丝束之间或锚具之间的净距不应小于钢丝束直径，且不小于6cm；

4）预应力钢丝束与埋入式锚具之间的净距不应小于2cm。

2．钢筋的保护层厚度

在先张预应力混凝土构件中，预应力钢筋及埋入式锚具与构件表面之间的保护层厚度不应小于2.5cm。

3．构件端部构造

在先张预应力混凝土构件中，预应力粗钢筋端部周围的混凝土应采取下列局部加强措施：

1）对于单根预应力钢筋，其端部宜设置不小于15cm的螺旋筋（如图10.15）。

2）对于多根预应力钢筋，其端部在$10d$（d为预应力钢筋直径）范围内应设置3～5片钢筋网（如图10.16）。

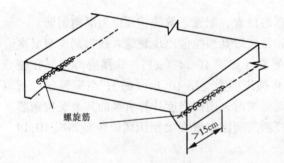

图 10.15　构件端部加强

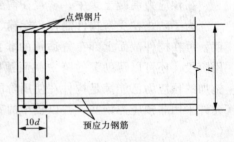

图 10.16　锚固端部局部钢筋加强构造

10.4.3　后张预应力混凝土构件的构造要求

1．预应力钢筋的布置

在后张预应力混凝土构件中，预应力钢筋多半是综合考虑弯矩和剪力的要求，按设计位置布置的。常见的布置方式有两种：

1）图10.17（a）所示布置方式，所有的钢丝束均伸到梁端，它适合于用粗大钢丝束配筋的中小跨径桥梁；

2）图10.17（b）所示布置方式，有一部分钢丝束不伸到梁端，而在梁的顶面截断锚

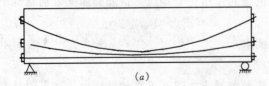
(a)

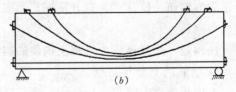
(b)

图 10.17　后张法预应混凝土配筋方式

固,这样能更好地符合弯矩的要求,并可缩短钢筋长度,它适合小钢丝束配筋的大跨径桥梁。

2. 弯起预应力筋（或弯起钢丝束）的形式与曲率半径弯起预应力筋的形式,原则上宜为抛物线,若施工方便,则又宜采用悬链线,或采用圆弧弯起,并以切线伸出梁端或梁顶面。弯起部分的曲率半径宜按下列规定确定：

1) 钢丝束、钢绞线不小于 4m；
2) 钢筋直径 $d \leqslant 12mm$ 的钢筋束不小于 4m；
3) $12mm < d \leqslant 25mm$ 的钢筋不小于 12m；
4) $d > 25mm$ 的钢筋不小于 15m。

3. 预应力钢筋的净距及预留管道布置

后张预应力混凝土构件,预应力钢筋的净距及预应力钢筋的预留管道应符合下列要求：

(1) 布置在明槽内的钢丝束,其净距不应小于钢丝束直径,且不小于：水平方向 3cm；垂直方向 2cm。

(2) 采用抽拔橡胶管成型的管道,其净距不应小于 4cm；采用预埋铁皮套管,其水平净距不应小于 4cm,垂直方向在直线段可两套管叠置,叠置套管的水平净距也应不小于 4cm。

(3) 管道至构件顶面或侧面边缘的净距不小于 3.5cm；至构件底面边缘的净距不小于 5cm。

(4) 管道的内径应比预应力钢筋的外径至少大 1cm。

(5) 凡需设置预拱度的构件,预留管道应随构件同时起拱。

4. 构件端部构造

为防止施加预应力时在构件端部截面产生纵向水平裂缝,不仅要求在靠近支座部分将一部分预应力钢筋弯起,而且预应力钢筋应沿构件端部均匀布置。同时,需将锚固区段内的构件截面加宽,构件端部尺寸应考虑锚具的布置、张拉设备的尺寸和局部承压的要求。预应力钢筋锚固区段应设置封闭式箍筋或其他形式的构造钢筋。

预应力钢筋依靠锚具锚固于构件,锚下应设置钢垫板。垫板可用 3 号钢,其厚度应根据板的大小、张拉吨位及锚具型式等确定,但不小于 15mm,并应在锚下构件内设置钢筋网或螺旋筋进行局部加强。

对于埋置在梁体内的锚具,在预加应力完毕后在其周围应设置钢筋网,然后灌注混凝土,其标号不宜低于本身标号的 80%,也不宜低于 C30 号。

长期外露的金属锚具应采取涂刷或砂浆封闭等防锈措施。

10.5 其他预应力混凝土简介

10.5.1 部分预应力混凝土

前面我们介绍的预应力混凝土构件。其预加力的大小和偏心是根据使用荷载作用的不同阶段整个截面均不得出现拉应力的条件来确定的。这种在一切荷载组合情况下,都必须保持全截面受压的预应力混凝土,就是所谓的全预应力混凝土。

全预应力混凝土虽然具有抗裂性好、刚度大，可节约钢材等优点，但在预应力混凝土结构的一些早期实践中，也发现存在一些严重的缺点。例如，反拱过大，结构延性差，对抗震不利，裂缝有时仍然存在等。

部分预应力混凝土是针对全预应力混凝土在理论和实践中存在的这些问题，在最近十几年内发展起来的一种新的预应力混凝土。所谓部分预应力混凝土构件。系指其处于以全预应力混凝土和普通钢筋混凝土为两个极端的中间领域的预应力混凝土构件。图10.18中1、2、3折线分别表示具有相同承载能力 M_u 的全预应力、部分预应力和普通钢筋混凝土梁的 M-f 关系。从图中可知，部分预应力混凝土梁受力特性与全预应力梁基本相似；在自重与有效预加力 N_y 作用下，它具有反拱 f_{y2}，但其值较全预应力的反拱 f_{y1} 小；当荷载增大，弯矩 M 达到 B 点时，梁的挠度为零，但此时受拉区边缘的混凝土应力不为零。当荷载继续增大达到折线2的 C 点时，荷载产生的梁底混凝土拉应力正好与梁底有效预压应力 σ_{hy} 相互抵消即混凝土截面下缘应力为零，此时对应的荷载弯矩即为消压弯矩（M_0）。如继续加载至 D 点，混凝土边缘拉应力达到极限抗拉强度。随着外荷载增加，受拉区混凝土就进入塑性阶段，达到 D' 点时构件即将出现裂缝，此时对应的弯矩即为部分预应力混凝土构件的抗裂弯矩 M_{yf}，显然（$M_0 - M_{yf}$）就相当于钢筋混凝土构件的抗裂弯矩 M_f，即有 $M_f = M_{yf} - M_0$，外荷继续加大，裂缝展开，到达 E 点时受拉钢筋屈服。E 点以后的裂缝进一步扩展，至 F 点时构件达到极限承载能力而破坏。

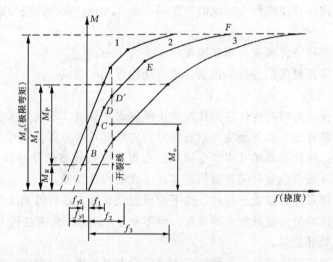

图10.18 三种混凝土梁的 M-f 关系

与全预应力混凝土相比，部分预应力混凝土节省高强钢材，避免了过大的预应力反拱，具有较好的延性；与普通钢筋混凝土相比，其裂缝宽度与挠度小，尤其是最不利荷载卸载后的恢复性能较好。

10.5.2 无粘结预应力混凝土

前述后张预应力混凝土构件。通常的做法是在构件中预留孔道，待预应力钢筋的应力张拉至控制应力后将预应力钢筋锚固在构件上。然后用压力灌浆法将预留孔道孔隙填实。这种预应力钢筋沿其全长均与混凝土接触表面之间存在粘结作用。如果预应力钢筋全长与混凝土接触表面之间不存在粘结作用。两者产生相对滑移，这种预应力钢筋称为无粘结预应力钢筋。

无粘结预应力混凝土，通常是指配置无粘结预应力钢筋的后张法预应力混凝土。

无粘结预应力钢筋的一般做法是将预应力钢筋沿其全长的外表面涂刷有沥青、油脂等润滑防锈材料，然后用纸带或塑料带包裹或套以塑料管。在施工时，跟普通钢筋一样。可以直接放入模板中，然后浇筑混凝土。待混凝土达到强度要求后，即可利用混凝土构件本身作为支承件张拉钢筋、待张拉到控制应力之后，用锚具将无粘结预应力钢筋锚固于混凝土构件上构成无粘结预应力混凝土构件。

无粘结预应力混凝土不需要预留孔道、穿筋、也不必灌浆。可简化施工工艺；无粘结预应力钢筋，在张拉时、由于摩擦阻力小，可有效地应用于曲线配筋的梁体。因此，无粘结预应力混凝土施工快速、简便、工程造价较低。但是．它也存在不足之处，它的开裂荷载相对较低，而且受载开裂时，将仅出现一条或几条裂缝。随着荷载的少量增加。裂缝的宽度与高度将迅速扩展，使构件很快破坏，为此，需要设置一定数量的非预应力钢筋以改善构件的受力性能。

无粘结预应力混凝土可用于非地震区的各种部分预应力混凝土结构中。在地震地区，如果无粘结预应力钢筋的锚具有足够的强度和可靠性。能够承受动力荷载和地震力引起的应力波动，或无粘结预应力钢筋的两端采用局部灌浆加强时，也可用于简支梁和连续梁。

小 结

1．预应力混凝土能够合理地利用高强度材料，减小截面尺寸，减轻了结构自重，从而可大大提高结构的抗裂性、刚度、耐久性，从本质上改善了钢筋混凝土结构，使混凝土结构得到广泛的应用。

2．施加预应力的方法主要有先张法和后张法。施工工艺不同，建立预应力的方法也即就不同。先张法是靠粘结力传递并保持预加应力的。

3．预应力混凝土结构中，预压应力的大小主要取决于钢筋的张拉应力。要能有效建立预应力，则必须采用高强度钢材和较高等级的混凝土。

4．张拉机具是制作预应力混凝土构件时，对预应力筋施加张拉力的专门设备。对它的要求是：简单可靠，能准确控制钢丝的拉力，并以稳定的速率增大拉力。目前常用的有各类液压拉伸机（由千斤顶、油泵、连接油管三部分组成），以及电动或手动张拉机等多种。

5．夹具和锚具是在制作预应力混凝土构件时锚固钢筋的工具。构件制成后能够取下重复使用的称为夹具；永久留在构件上，与构件连成一体共同受力，不再取下的称为锚具，有时也将夹具和锚具统称为锚具。

6．在一切荷载组合情况下，构件全截面受压的预应力混凝土，称全预应力混凝土。部分预应力混凝土构件是指其处于以全预应力混凝土和普通钢筋混凝土两个中间领域的预应力混凝土构件。

习 题

10.1 何谓预应力？为什么要对构件施加顶应力？

10.2 预应力混凝土结构与钢筋混凝土结构相比，有何特点？
10.3 施加预应力的方法主要有哪些？各有何特点？
10.4 预应力混凝土结构对材料有何要求？为什么？
10.5 在预应力混凝土梁中配置非预应力钢筋的目的是什么？
10.6 先张法预应力混凝土构件中的预应力钢筋或锚具间的净距有何要求？
10.7 后张法预应力混凝土构件中预应力钢筋的预留管道间的净距有何要求？
10.8 部分预应力混凝土与无粘结预应力混凝土受弯构件与全预应力混凝土受弯构件有何异同？

第 11 章 砖石及混凝土结构

砖石及混凝土结构一般是指由砖、石料及混凝土等材料构成的结构。其中通过砂浆的作用，把各单独的砖、石料、混凝土预制块联结成整体，共同承受外力的方式，称为"浆砌"；不用砂浆，仅靠砖、石料叠砌而成的方式，称为"干砌"。砖石及混凝土结构中的砖、石料（片石、块石、料石）及混凝土预制块，称为块材。由各种不同尺寸和形状的块材通过砂浆浆砌而成的整体称为圬工砌体。砖石及混凝土结构在工程中统称为圬工结构。

用砖、天然石料等浆砌或干砌而成的结构，称为砖石结构；用整体浇筑的混凝土、片石混凝土或混凝土预制块构成的结构，称为混凝土结构。由于砖、石料及混凝土等材料的共同特点是抗压强度大，抗拉、抗剪能力小，因此在桥涵工程中常用作以承压为主的结构部件，如拱桥的拱圈、梁（拱）桥的墩台及基础、涵洞的涵墙和路线附属工程——重力式挡土墙等。

11.1 砖石及混凝土结构材料

11.1.1 砖

砖石结构所用的砖主要包括黏土砖、灰砂砖、矿渣砖及硅酸盐砖。其中黏土砖是由黏土焙烧而成；灰砂砖是由石灰与砂加压成型后经过碳化而成；矿渣砖与硅酸盐砖则用工业废料粉煤灰或炉渣，加入石灰、石膏和水搅拌加压成型并用蒸汽养护而成。

目前桥涵砖结构中常用的砖多为黏土实心砖（黏土实心砖即普通砖）。其规格是 240mm×115mm×53mm。砖的标号（根据标准试验方法所测得的标准砖破坏时的极限抗压强度）分为 Mu5.0、7.5、10.0、15.0、20.0 五种。

砖质拱圈和墩台所用的砖，要经过仔细选择，砖质应均匀良好，断面质地紧密一致，且不应有脱层、裂纹和空隙，形状要求方正。

11.1.2 石料

石料多用于桥涵工程中的承重结构。桥涵结构所用石料应选择质地坚硬、均匀、无裂缝、且不易风化者。常用天然石料的种类有花岗岩、石灰岩、凝灰岩等。工程上根据天然石料的开采、加工方法与外形的不同，石料可分为：

1．片石：由爆破取得的、不规则的石料。使用时，形状不限。
2．块石：它一般是按岩石层理放炮或锲劈而成的石料。
3．粗料石：它是由岩层或大块石料开劈并经粗略修凿而成。
4．细料石：它是经细凿加工的符合规定形状的石料。尺寸要求同粗料石，其表面凸凹差在 5mm 以内，且每一面凹陷部分面积应不超过该面接触面积的 50%。

桥涵结构中所用石料的标号有 30、40、50、60、80、100 六种。不同标号石料的极限强度见表 11.1。

石 料 极 限 强 度（MPa） 表 11.1

强度类型 \ 石料标号	30	40	50	60	80	100
抗压 R_a^j	21.6	28.8	36.0	43.2	57.6	72.0
弯曲抗拉 R_{WL}^j	1.8	2.4	3.0	3.6	4.8	6.0

11.1.3 混凝土

混凝土预制块：它可根据结构构造与施工要求预先设计其形状与尺寸，然后进行浇筑。其尺寸要求不低于粗料石，且表面应较为平整。应用混凝土预制块，可大大节省石料的开采加工工作，对于形状复杂的块材，难于用石料加工时，更显示其优越性。

大体积混凝土：在其中可掺入含量不多于25%的片石。片石标号不低于表11.2规定的石料最低标号，且不低于混凝土强度等级，此时各项极限强度和弹性模量与同标号混凝土相同。这种混凝土，人们又称之为片石混凝土。

小石子混凝土：混凝土中的骨料采用粒径为1～2cm的小石子。常用的小石子混凝土强度等级为C15和C20。小石子混凝土是圬工砌体中常用的黏结材料。用它代替水泥砂浆砌筑片石、块石砌体，不仅可以节约水泥用量，而且可以提高砌体质量。

11.1.4 砂浆

砂浆在浆砌结构中起粘结作用，又填平了砖石间的缝隙，使其受力均匀，并提高了砌体的保温性能与抗冻性能。

砂浆是由胶结料（如水泥、石灰、黏土）、粒料（砂）和水配制而成。其物理力学性能指标主要有抗压极限强度（标号）、和易性、保水性三项。砂浆的强度等级用每边长为7.07cm的立方体试块28d龄期的极限抗压强度来表示。标号愈高，抗渗性愈强；和易性是指砂浆在自身与外力作用下流动性程度，和易性愈好，愈易铺砌，从而使砌缝均匀密实。保水性是指砂浆在运送与砌筑过程中保持其均匀程度的能力，保水性差的砂浆易发生离析现象，从而影响砌筑质量。砂浆依其所用胶结料的不同可分为：

1. 水泥砂浆：以水泥为胶结材料，它是不加掺和料的纯水泥砂浆，强度较高，可达M40。

2. 混合砂浆：以石灰、黏土为掺和料的水泥砂浆。如水泥石灰砂浆，强度等级最高可达M40。

3. 非水泥砂浆：在配合成分中不含水泥的砂浆。而用石灰、黏土作胶结料。如石灰砂浆、石灰黏土砂浆、黏土砂浆。此类砂浆强度不高，最高也只能达到M2.5。

桥涵结构中，凡经常处于水中或经常接触饱和土壤的部位不宜采用石灰砂浆而应采用水泥砂浆，其他部位可使用水泥石灰砂浆。这里应注意，砂浆的强度应和块材的强度相配合，较硬的块材宜配用强度较高的砂浆，较软的块材则配用强度稍低的砂浆。

要强调，上述材料应本着因地制宜、就地取材、充分利用工业废料的原则，根据桥涵结构的使用要求、重要性、使用年限、桥涵荷载类型、砌体受力特点、工作环境、施工条件等多方面因素选用。

工程中各种结构所用的砖、石料及混凝土材料与砌筑砂浆的最低标号规定见表11.2。

砖、石和混凝土材料及其砌筑砂浆的最低强度等级　　表 11.2

结构物种类	材料最低强度等级	砌筑砂浆最低强度等级	结构物种类	材料最低强度等级	砌筑砂浆最低强度等级
拱圈	30号石料 C20号混凝土（现浇） C25号混凝土（预制）	M7.5（大、中桥） M5（小桥）	大、中桥墩台及基础，梁式轻型桥台	25号石料 C15混凝土 Mu10砖	M5
	Mu7.5砖（小桥）		小桥涵墩台及基础，挡土墙	25号石料 C15混凝土 Mu7.5砖	M2.5

砖、石料及混凝土材料，在工程中除应符合上述规定的强度要求外，还应具有耐风化和抗侵蚀性的能力。对于一月份平均气温低于零下10℃的地区，砌体所用块材，除气候干旱地区的不受冰冻部位外，还应满足抗冻性要求。

11.2　圬工砌体的主要力学性能

11.2.1　圬工砌体的种类

根据选用块材的不同，圬工砌体可分为片石砌体、块石砌体、粗料石砌体、混凝土预制块砌体及标准砖砌体。组成这些砌体的块材规格见表 11.3。

在砌筑片石、块石时，若用小石子混凝土代替砂浆，则成为小石子混凝土砌片、块石砌体。试验表明，小石子混凝土砌体的抗压强度比同强度等级的砂浆砌体高。

大体积结构，如桥墩身、桥台身等可采用片石混凝土砌体，以节约水泥。它是在混凝土中分层加入片石，但要求片石含量控制在砌体体积的 50%～60%，石块净距为 4～6cm。

总之，在桥涵工程中砌体种类的选用应根据结构的重要程度、尺寸大小、工作环境、施工条件以及材料供应情况等综合考虑。

11.2.2　标准砖砌体的受压试验研究

标准砖砌体是由标准砖用砂浆垫平黏结而成，因此它的受压工作与匀质的整体结构有很大的差别。由试验得知，标准砖砌体的受压破坏可分为三个阶段：

第一阶段：整体工作阶段。即砖砌体从开始加荷载到个别砖出现第一批裂缝阶段。其特征是裂缝在单块砖内出现［如图 11.1（a）］，且荷载不增大，裂缝亦不扩大。此时荷载约为破坏荷载 N_p 的 0.5～0.7。

第二阶段：带裂缝工作阶段。即当荷载继续增加，裂缝不断扩展。其特征是单块砖内的裂缝，已经形成穿过若干块砖的连续裂缝，而当荷载不增加时，裂缝仍继续扩展。这时的荷载约为破坏荷载 N_p 的 0.8～0.9，如图 11.1（b）所示。

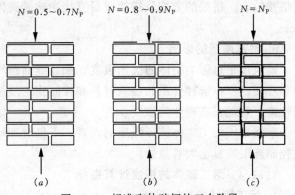

图 11.1　标准砌体破坏的三个阶段
（a）整体工作阶段；（b）带裂缝工作阶段；（c）破坏阶段

第三阶段：破坏阶段。即砖砌体完全破坏的瞬间。在第二阶段后稍加荷载，裂缝就急剧扩展，砌体已裂成若干个小柱。各小柱受力严重不均匀，个别砖最后被压碎或小柱丧失稳定而导致砌体的完全破坏 [图 11.1 (c)]。

标准砖砌体的受压实验结论，基本上适用其他砌体。

11.2.3 影响圬工砌体抗压强度的因素

1. 块材强度

块材是圬工砌体的骨架，块材的强度是确定砌体强度的主要因素之一。由试验得知，块材自身的强度愈高，砌体的强度也愈高，但从上面分析得知，砌体强度要比块材自身的强度低得多。

2. 砌体水平灰缝饱满程度及砂浆厚度

砌体中块材之间的应力要通过水平灰缝来传递。水平灰缝不饱满，块材与砂浆就不是全面接触，从而削弱了砌体中块材的横向联系，降低了砌体强度。

但是，增加灰缝的饱满程度并不等于增加灰缝的厚度。砌体中灰缝愈厚，愈难保证均匀和密实，同时也增加了砌体的变形，降低了砌体强度。所以通常限制砖砌体的水平和垂直灰缝宽度不得超过 10mm，粗料石砌体的灰缝宽度不得超过 20mm。

3. 砂浆强度与和易性

砂浆在料石和砖砌体中，主要起垫衬作用，在块石或片石砌体中主要起胶结作用，因此，砂浆的强度直接影响砌体的强度。而砂浆的和易性也会影响砌体的强度。砂浆和易性愈好，在砌筑时愈容易铺开，做到灰缝薄而均匀，从而减小个别砖石中的弯曲与剪切应力，同时可减少砌体变形，提高砌体强度。

4. 块材的尺寸和形状

砌体强度随着块材厚度的增加而增加。因为块材厚度增加了，灰缝数量则减少，单个块材受弯、受剪和受拉等复杂应力状态就会有所缓解，从而导致砌体强度提高。而块材形状的规则程度也会影响砌体的强度。用几何形状不规则的块材砌筑形成的灰缝，厚度不一致，砂铺砌层不均匀，势必会加剧单个块材在砌体中的受弯、受剪，从而降低了砌体的强度。

5. 砌体中的块材错缝

砌体中，块材与块材之间的结合不仅依靠砂浆的胶结，更主要的是依靠块材之间的相互搭接咬合。搭接的方式及搭接质量直接影响着砌体的强度。一般搭接错缝距离不应小于10cm。

6. 砌筑质量的影响

砌筑质量也影响砌体的抗压强度，如砌缝铺砌均匀、饱满，可以改善块材在砌体内的力学性能，严格选择合适的建筑材料和控制施工质量，使砂浆与块材充分密实，发挥各自的性能，就能提高砌体的强度。

掌握影响圬工砌体抗压强度的因素，不仅对理解圬工砌体的强度指标有所帮助，而且对控制施工质量也大有益处。

11.2.4 圬工砌体的强度计算指标

1. 圬工砌体的抗压强度

圬工砌体，在桥涵工程中常用作以承压为主的结构部件，因此，圬工砌体的抗压强度是一项重要的强度计算指标。圬工砌体的抗压极限强度见表11.3。

砖石及混凝土预制块砌体抗压极限强度（MPa）　　　表11.3

砌体种类	砖石或混凝土预制块（C）	砂浆（M）				
		12.5	10	7.5	5	2.5
片石砌体：厚度不小于15cm的石料，砌筑时敲去其尖锐凸出部分，放置平稳，用小石块填塞空隙	100	7.2	6.6	5.8	4.9	3.7
	80	6.4	5.8	5.1	4.3	3.3
	60	5.5	4.9	4.4	3.7	2.7
	50	5.0	4.5	3.9	3.3	2.5
	40	4.4	4.0	3.5	2.9	2.2
	30	3.8	3.4	3.0	2.5	1.8
	25	3.4	3.1	2.7	2.2	1.6
块石砌体：厚度20～30cm的石料，形状大致方正，宽度约为厚度的1～1.5倍，长度约为厚度的1.5～3倍，每层石料高度大致一律，并错缝砌筑	100	14.8	13.8	12.6	11.5	10.1
	80	12.3	11.3	10.5	9.5	8.3
	60	9.8	9.0	8.3	7.3	6.5
	50	8.5	7.8	7.0	6.3	5.5
	40	7.3	6.5	6.0	5.3	4.5
	3.0	5.8	5.3	4.8	4.3	3.5
	25	5.0	4.5	4.0	3.7	3.0
粗料石砌体：厚度20～30cm的石料，宽度为厚度的1～1.5倍，长度为厚度的2.5～4倍，表面凹陷深度不大于2cm，外形方正的六面体，错缝砌筑，缝宽不大于2cm	100	17.3	16.5	15.8	15.0	13.8
	80	14.5	13.8	13.3	12.3	11.3
	60	11.5	11.0	10.3	9.8	8.8
	50	10.0	9.5	9.0	8.3	7.5
	40	8.3	8.0	7.5	7.0	6.3
	30	6.8	6.3	6.0	5.5	4.8
	25	5.8	5.5	5.3	4.8	4.3
混凝土预制块砌体：同粗料石砌体，但砌体表面平整砌缝宽度不大于1cm	30	9.5	9.0	8.5	7.8	7.0
	25	8.5	8.0	7.5	7.0	6.0
	20	7.3	6.8	6.3	5.8	5.0
	15	5.8	5.5	5.0	4.7	4.0
	10	4.5	4.0	3.8	3.3	2.8
标准砖砌体：砌缝宽度不大于1cm	20	5.3	5.0	4.5	4.0	3.5
	15	4.5	4.3	3.8	3.5	3.0
	10	3.8	3.5	3.0	2.8	2.3
	7.5	3.3	3.0	2.8	2.5	2.0

注：1. 砌体龄期为28d；

2. 块石、粗料石或混凝土预制块厚度为30～40cm者，抗压极限强度乘以1.25；大于40cm者乘以1.45；拱波砌体抗压极限强度不提高；干砌片、块石砌体的抗压极限强度为2.5号砂浆砌体的0.5倍；

3. 对于具有两个大致的平行面的片石（大面片石）砌筑的砌体，其抗压极限强度按片石的1.5倍采用。

2．圬工砌体的抗拉、抗弯与抗剪强度

圬工砌体的抗拉、抗弯和抗剪强度远比抗压强度低，因此，应尽可能使圬工砌体主要承受压力。但在实际工程中，砌体承受拉力、剪力与弯矩的情况也是经常遇到的，如主拱圈横断面上就存在这三个内力。

实验证明，砌体的抗拉及抗剪强度和块材与砂浆间的粘结强度有关，而粘结强度又与受力方向有关。当力的作用方向与灰缝垂直时［图11.2（a）］，其强度称为法向粘结强度；当力的作用方向平行于灰缝时［图11.2（b）］，其强度称为切向粘结强度。试验结果表明，切向粘结强度约为法向粘结强度的两倍。

（1）砌体沿齿缝截面的轴心抗拉强度

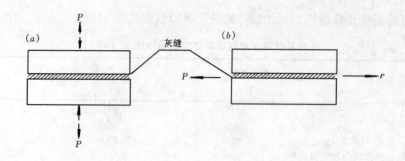

图 11.2 粘结强度
(a) 法向粘结强度；(b) 切向粘结强度

砌体沿齿缝截面的轴心抗拉强度，主要取决于砌体中灰缝的切向粘结强度，块材的抗拉强度以及砌筑形式。

试件的破坏情况主要有两种：当砂浆强度等级较低时，试件主要沿灰缝成齿形或阶梯破坏，如图 11.3（a）；当砂浆强度等级较高，砌体中灰缝的切向粘结强度高于砖石的抗拉强度时，则沿竖向灰缝和块材破裂，破裂面较为平整［图 11.3（b）］。砌体的抗拉极限强度见表 11.4。

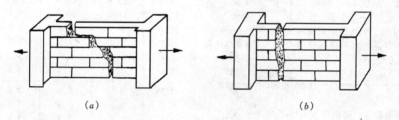

图 11.3 轴心受压试件的破坏情况

(2) 砌体沿通缝截面的弯曲抗拉强度

砌体沿通缝截面的弯曲抗拉强度［图 11.4（a）］，主要取决于砂浆与块材之间的法向粘结强度，因而与砂浆的抗拉强度密切相关。

(3) 砌体沿齿缝截面的弯曲抗拉强度

砌体沿齿缝截面的弯曲抗拉强度［图 11.4（b）］，主要取决于砌体中灰缝的切向粘结强度，块材的抗弯强度及砌体的砌筑形式。

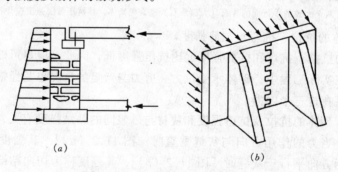

图 11.4 砌体受拉示意图
(a) 通缝截面弯曲受拉；(b) 齿缝截面弯曲受拉

砌体主要沿灰缝成齿形或阶梯形破坏，也有沿竖向灰缝和块材破裂的。砌体的弯曲抗拉极限强度见表11.4。

砖石及混凝土预制砌块的极限强度（MPa）　　　表11.4

强度类别	截面	砌体种类	砂浆强度等级				
			12.5	10	7.5	5	2.5
直接抗剪 R_j^j	通缝	各种砌体	0.36	0.33	0.27	0.24	0.15
	齿缝	片石砌体	0.72	0.66	0.54	0.48	0.30
		规则块材砌体	见注②				
抗拉 R_l^j	齿缝	片石砌体	0.33	0.33	0.27	0.24	0.18
		规则块材砌体	0.48	0.45	0.39	0.36	0.27
弯曲抗拉 R_{wl}^j	通缝	各种砌体	0.54	0.48	0.42	0.33	0.24
	齿缝	片石砌体	0.63	0.60	0.54	0.45	0.36
		规则块材砌体	0.90	0.84	0.75	0.66	0.51

注：1. 砌体龄期为28d。
2. 规则块材砌体包括：块石砌体、粗料石砌体、混凝土预制块砌体、砖砌体。
3. 规则块材砌体在齿缝方向受剪时，系通过块材和灰缝剪切破坏，如图11.5（b）；此时，不计灰缝抗剪作用，由块材抗剪强度承受，计算时不计入灰缝面积。块材直接抗剪强度按表11.5采用。

1) 砌体沿通缝截面［图11.5（a）］的抗剪强度，主要决定于块材与砂浆的切向粘结强度，也与砂浆的粘结强度有关。

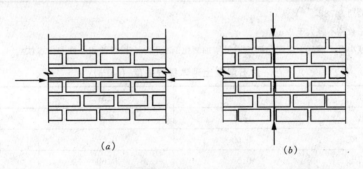

图11.5　砌体受剪示意图
（a）通缝受剪；（b）齿缝受剪

2) 砌体沿齿缝截面［图11.5（b）］的抗剪强度与块材的抗剪强度及块材与砂浆的粘结强度有关，随砌体种类而不同。片石砌体齿缝抗剪强度采用通缝抗剪强度的两倍（见表11.4）；规则块材砌体的齿缝抗剪强度，决定于块材的直接抗剪强度，而不计灰缝的抗剪强度（见表11.5）。

规则块材直接抗剪极限强度（MPa）　　　表11.5

块材等级	≥20	15	10	7.5
直接抗剪 R_j^j	2.64	2.16	1.68	1.44

小石子混凝土砌片石、块石砌体及片石混凝土砌体的直接抗剪强度可分别见其极限强

度表（表11.6及表11.7）。

小石子混凝土砌片、块石砌体极限强度（MPa） 表11.6

强度类别	砌体种类	石料标号	小石子混凝土强度			
			20	15	10	5
抗压 R_a^j	片石砌体	100	14.4	12.3	10.2	7.5
		80	12.9	11.1	9.3	6.6
		60	8.1	7.5	6.3	4.2
		50	7.2	6.3	5.4	3.9
		40	6.3	5.7	4.8	3.6
		30	5.4	4.8	4.2	3.3
		25	5.1	4.5	3.9	3.0
抗压 R_a^j	块石砌体	100	20.5	18.5	15.3	11.0
		80	16.8	14.8	12.3	9.0
		60	12.3	10.8	9.0	6.5
		50	10.5	9.3	7.8	5.8
		40	9.3	8.5	7.3	5.0
		30	7.8	7.3	6.3	4.8
		25	7.3	6.5	5.8	4.5
直接抗剪 R_j^j	片、块石砌体通缝		0.42	0.36	0.30	0.21
	片石砌体通缝		0.72	0.60	0.48	0.42
弯曲抗拉 R_{wl}^j			0.72	0.72	0.72	0.48

注：1. 砌体龄期为28d。
2. 小石子粒径不宜大于2cm。
3. 低标号小石子混凝土在配制时应适量增加塑化剂或石灰，以增加和易性和保水性。

片石混凝土砌体极限强度（MPa） 表11.7

块材等级	10	15	20
抗压 R_a^j	7.2	8.4	9.6
直接抗剪 R_j^j	0.60	0.66	0.72
弯曲抗拉 R_{wl}^j	0.54	0.60	0.60

11.3 砖石及混凝土构件的强度计算

11.3.1 计算原则

1. 概述

砖、石及混凝土结构的计算，采用分项安全系数的极限状态法设计。设计中根据构件的使用要求和工作特征，将极限状态法分为承载能力和正常使用极限状态法两类。把影响安全的因素用结构的重要性系数、即荷载安全系数、荷载组合系数及材料安全系数分开来表示，而在材料强度与部分荷载取值上采用数理统计方法，具有一定的科学性，但其他安全系数仍是根据经验判断来确定，因此，砖、石及混凝土结构的设计方法属半经验、半概率的极限状态法。

圬工结构设计中,由于其正常使用极限状态的要求一般可由构造措施予以保证,故可仅进行按承载能力极限状态法计算。

2．设计原则

砖、石及混凝土结构的计算设计原则是:荷载效应不利组合的计算值小于或等于结构抗力效应的计算值,可表示为

$$S_d(\gamma_{s0}\phi\Sigma\gamma_{s1}Q) \leq R_d\left(\frac{R^j}{\gamma_m}, \alpha_k\right) \tag{11.1}$$

式中 S_d——荷载效应函数;

Q——荷载在结构上产生的效应;

ϕ——荷载组合系数,按表11.8采用;

γ_{s0}——结构的重要性系数,当计算跨径 $L<50$m 时,$\gamma_{s0}=1.0$;当计算跨径 $50m \leq L \leq 100m$ 时 $\gamma_{s0}=1.03$;当计算跨径 $L>100m$ 时,$\gamma_{s0}=1.05$;

γ_{s1}——荷载安全系数,对于结构自重,当其产生的效应汽车(或挂车或履带车)产生的效应同号时,$\gamma_{s1}=1.2$,异号时 $\gamma_{s1}=0.90$;对于其他荷载 $\gamma_{s1}=1.4$;

R_d——结构抗效应函数;

γ_m——材料或砌体的安全系数,见表11.9;

R^j——材料或砌体的极限强度见表11.4~11.7;

α_k——结构几何尺寸。

荷载组合系数 φ 值　　　　　　表 11.8

荷载组合	荷载Ⅰ	荷载Ⅱ、Ⅲ、Ⅳ	荷载Ⅴ
φ	1.0	0.8	0.77

注：1．各类荷载组合见《公路桥涵设计通用规范》(JTJ02—185)
2．当荷载组合Ⅰ中考虑了水的浮力或基础变位影响时,则应采用荷载Ⅱ中的 φ 值。

γ_m 值　　　　　　表 11.9

砌体种类	受压情况		砌体种类	受压情况	
	受压	受弯、受拉或受剪		受压	受弯、受拉或受剪
石料	1.85	2.31	块石砌体 粗料块石砌体 混凝土预制块砌体 砖砌体	1.92	2.31
片石砌体 片石混凝土砌体	2.31	2.31	混凝土	1.54	2.31

11.3.2 轴心受压构件正截面强度计算

轴心受压构件正截面强度计算按下式计算：

$$N_j \leq \varphi A R_a^j / \gamma_m \tag{11.2}$$

式中 N_j——荷载效应最不利组合设计值;

A——构件的截面面积,对于组合截面则为换算截面面积,其值按强度比换算,即 $A = A_0 + \eta_1 A_1 + \eta_2 A_2 + \cdots\cdots$,$A_0$ 截面面积,$\eta_1 = \frac{R_{a1}^j}{R_{a0}^j}$、$\eta_2 = \frac{R_{a2}^j}{R_{a0}^j}\cdots\cdots$,

R_{a0}^j 为标准层极限强度，R_{a1}^j、R_{a2}^j……为组合截面中其他层的极限强度；

R_a^j——材料的抗压极限强度，对于组合截面为标准层极限强度；

γ_m——材料的安全系数，按表 11.9 采用，对于组合截面 $\gamma_m = \dfrac{\gamma_{m1} + \gamma_{m2} + \cdots\cdots}{A_1 + A_2 + \cdots\cdots}$，$\gamma_{mi}$ 为 i 层材料安全系数，A_i 为第 i 层截面面积；

φ——受压构件纵向安全系数，按表 11.10 取用。

砌体中心受压构件纵向弯曲系数 φ 表 11.10

$\dfrac{l_0}{h}$ 或 $\dfrac{l_0}{h_w}$	$\dfrac{l_0}{r}$ 或 $\dfrac{l_0}{r_w}$	混凝土构件	砌体砂浆强度等级（M_u）		
			≥5	2.5	1
≤3	≤10	1.00	1.00	1.00	1.00
4	14	0.99	0.99	0.99	0.98
6	21	0.96	0.96	0.96	0.93
8	28	0.93	0.93	0.91	0.86
10	35	0.88	0.88	0.85	0.78
12	42	0.82	0.82	0.79	0.70
14	49	0.76	0.76	0.72	0.62
16	56	0.71	0.71	0.66	0.55
18	63	0.65	0.65	0.60	0.48
20	70	0.60	0.60	0.54	0.42
22	76	0.54	0.54	0.49	0.37
24	83	0.50	0.50	0.44	0.33
26	90	0.46	0.46	0.40	0.30
28	97	0.42	0.42	0.36	0.20
30	104	0.38	0.38	0.33	0.24

注：h——轴心受压构件矩形截面短边边长；

r——轴心受压构件任意形状截面较小的回转半径。

11.3.3 偏心受压构件正截面强度计算

承受纵向力 N 的偏心受压构件，随着纵向力偏心矩 e_0 的变化，截面上的应力将不断变化。如图 11.6 所示。当偏心距 e_0 为零时。截面压应力为均匀分布 [图 11.6（a）]。当 e_0 较小时，为全能参加工作，应力分布如图 11.6（b）所示。当偏心距继续增大，远离荷载的截面边缘由受压逐渐变为受拉。一旦拉应力超过砌体沿通缝的抗拉强度时。将产生水平向裂缝，从而使实际受力截面面积减小，压应力有所增加，随着荷载的不断增加，裂缝不断开展。当剩余截面积减小到一定程度时。砌体受压边出现竖向裂缝，最后导致构件破坏。

试验结果表明，偏心受压构件的承载能力低于同条件下的轴心、受压构件的承载能

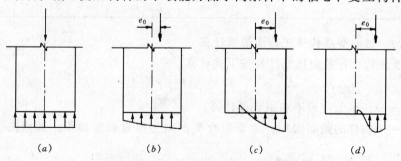

图 11.6 偏心受压时截面应力变化

力。

偏心受压构件强度计算公式如下：

$$N_j \leqslant \varphi \alpha A R_a^j / \gamma_m \tag{11.3}$$

式中 α——纵向力的偏心影响系数；

φ——纵向弯曲系数；

其余符号意义同轴心受压构件计算。

纵向力的偏心影响系数按下式计算：

$$\alpha = \frac{1 - (e_0/y)^m}{1 + (e_0/y\gamma_m)^2} \tag{11.4}$$

式中 e_0——纵向力偏心距，对于组合截面为纵向力到换算截面重心轴的距离。其值不得超过表11.11的规定；

y——截面或换算截面重心至偏心方向截面边缘的距离；

γ_m——弯曲平面内截面的回转半径；

m——截面形状系数，对圆形截面取2.5；对T形和双曲拱截面取3.5；对箱形和矩形取8。

弯曲平面内的纵向弯曲系数 φ 可按下式计算：

$$\varphi = \frac{1}{1 + \alpha\beta(\beta - 3)[1 + 1.33(e_0/r_w)^2]} \tag{11.5}$$

式中 α——与砂浆有关的系数对于Mu5、2.5、1砂浆 α 分别取0.002、0.025和0.004，对于混凝土 α 采用0.002；

β——l_0/h_w，l_0 为构件计算长度，h_w 为偏心受压构件矩形截面在弯曲平面内的高度；对非矩形截面，可根据 l_0/r_w 从表11.10查得相应的 l_0/h_w 值代入式（11.5）。

偏心受压构件，除了按式（11.3）验算弯曲平面内强度外，还应按轴心受压验算非弯曲平面内的强度。

据试验结果表明，若荷载的偏心距较大，随荷载的增加，构件截面受拉边出现水平向裂缝，截面的受压区逐渐减小，同时计入纵向弯曲影响，故构件承载能力显著下降，这时不仅结构不安全，而且材料不能充分利用。为了控制裂缝的出现和开展，就应对偏心距有所限制。《公桥规》建议荷载偏心距 e_0 不得超过表11.11的限值。若偏心距 e_0 超过表11.11的限值时，可按下式计算确定截面尺寸。

容许偏心距 e_0   表11.11

荷载组合	结构名称	容许偏心距	荷载组合	结构名称	容许偏心距
荷载组合Ⅰ	中、小跨径拱圈其他结构	≤0.6y ≤0.5y	荷载组合Ⅱ、Ⅲ、Ⅳ	中、小跨径拱圈其他结构	≤0.7y ≤0.6y
			荷载组合Ⅴ		≤0.7y

注：1. 当混凝土结构截面受拉一边布设有不小于截面面积0.05%的纵向钢筋时，表内规定值可增加0.1y。
2. 当截面配筋率符合纵向受拉钢筋最小配筋率规定时，按钢筋混凝土截面计算，偏心距不受此限制。
3. 荷载组合Ⅰ中考虑了设计水位浮力或墩台变位作用时，其容许偏心距按荷载组合Ⅱ采用。

$$N_j \leqslant \frac{AR_{wl}^j}{(Ae_0/w - 1)\gamma_m} \tag{11.6}$$

式中 γ_m——材料安全系数，按表 11.9 用，对于组合截面，按式（11.2）中 γ_m 的计算方法计算；

A——截面面积，对组合截面为换算截面面积，其值按弹性模量比换算，即 $A = A_0 + \eta_1 A_1 + \eta_2 A_2 + \cdots\cdots$，$A_0$ 为标准层截面面积，$\eta_1 = \dfrac{E_1}{E_0}$，$\eta_2 = \dfrac{E_2}{E_0}\cdots\cdots$，$E_0$ 为标准层的弹性模量，E_1，$E_2\cdots\cdots$为其他层弹性模量；

w——截面受拉边缘的弹性抵抗矩，对组合截面，应按弹性模量比换算截面计算。

【例 11.1】 已知截面尺寸 $b \times h = 49\text{cm} \times 62\text{cm}$ 的轴心受压构件，采用 Mu10 标准粘土砖，M5 水泥砂浆砌筑，柱高 $l = 6\text{m}$，两端铰支，该柱承受的轴向压力 $N_j = 350\text{kN}$。试计算该柱的强度。

解：由砖和砂浆的强度等级，查表 11.3 得：$R_a^j = 2.8\text{MPa}$，查表 11.9 得：$\gamma_m = 1.92$
该柱两端铰支，则查表可得柱子的计算长度 l_0，即

$$l_0 = 1.0l = 1.0 \times 6 = 6\text{m}$$

而

$$l_0/b = 600/49 = 12.4$$

查表 11.10 得 $\varphi = 0.8128$
由式（11.2）求解受压柱的强度，即

$$\begin{aligned} N_u &= \varphi A R_a^j / \gamma_m \\ &= 0.8128 \times 490 \times 620 \times 2.8/1.92 \\ &= 360104.3\text{N} = 360\text{kN} \end{aligned}$$

$N_u = 360\text{kN} > N_j = 350\text{kN}$

故该柱强度满足要求。

【例 11.2】 已知某块石砌体立柱，截面尺寸 $b \times h = 55\text{cm} \times 65\text{cm}$ 的轴心受压构件，采用 M40 块石，Mu5 水泥砂浆砌筑，截面承受的计算荷载 $N_j = 450\text{kN}$，$M_j = 68\text{kN} \cdot \text{m}$（荷载组合Ⅰ）构件计算长度 $l_0 = 6\text{m}$，试验计算该柱的强度、偏心距。

解：1. 强度验算
（1）弯曲平面内强度验算
由表 11.3 表 11.9 查得：$R_a^j = 5.3\text{MPa}$，$\gamma_m = 1.92$

$$e_0 = \frac{M_j}{N_j} = \frac{68}{450} = 0.1511\text{m} = 151.1\text{mm}$$

$$r_w = \sqrt{I/A} = \sqrt{\frac{bh^3/12}{bh}} = \frac{h}{\sqrt{12}} = \frac{65}{\sqrt{12}} = 187.6\text{mm}$$

$$\beta = \frac{l_0}{h_w} = \frac{600}{65} = 9.23$$

纵向弯曲系数：

$$\begin{aligned} \varphi &= \frac{1}{1 + \alpha\beta(\beta - 3)[1 + 1.33(e_0/r_w)^2]} \\ &= \frac{1}{1 + 0.002 \times 9023(9.23 - 3)[1 + 1.33(151.1/187.6)^2]} = 0.8236 \end{aligned}$$

纵向力的偏心影响系数

$$\alpha = \frac{1-(e_0/y)^m}{1+(e_0/y\gamma_m)^2} = \frac{1-(151.1/650/2)^8}{1+(151.1/187.6)^2} = 0.6065$$

由式（11.3）可解得弯曲平面内强度，即

$$N_u \leqslant \varphi\alpha AR_a^j/\gamma_m = 0.8236 \times 0.6065 \times 550 \times 650 \times 5.3/1.92$$
$$= 492944.3\text{N} = 492.9\text{kN} > N_j = 450\text{kN}$$

（2）非弯曲平面内强度验算

$$l_0/b = 600/55 = 10.9$$

查表 11.10 得 $\varphi = 0.853$

$$N_u \leqslant \varphi AR_a^j/\gamma_m = 0.853 \times 550 \times 650 \times 5.3/1.92$$
$$= 84172.2\text{N} = 841.8\text{kN} > N_j = 450\text{kN}$$

故非弯曲平面内强度符合要求。

2．偏心距验算

$$e_0 = 151.1\text{mm} < 0.5y = 0.5 \times 650/2 = 162.5\text{mm}$$

故偏心距符合要求。

小 结

1．圬工砌体结构通常是将一定数量的块材通过砂浆按一定的砌筑规则砌筑而成。施工时应精心选择块材，对砂浆的物理力学性能（如强度、和易性和保水性等）要有一定要求，砌筑应按错缝进行。

2．受压砌体中，由于块材处于受弯、受剪及受拉等复杂应力状态，因此，砌体的抗压强度远小于块材的抗压强度。

3．砌体在受弯、受拉、受剪时，在多数情况下，破坏一般发生于砂浆与块材的连接面上，此时，砌体的抗拉、抗弯、抗剪强度将取决于砌缝中砂浆与块材的粘结强度。但有时亦出现沿齿缝截面的砌缝和块材本身发生破坏，这时，砌体的抗拉、抗剪、抗弯强度则主要由块材强度决定。

4．圬工结构的计算是采用分项安全系数的极限状态设计方法，即承载能力极限状态和正常使用极限状态法进行设计计算。正常使用极限状态的要求一般可由构造措施加以保证。进行偏心受压构件设计计算时，除了进行正截面强度计算外，为控制裂缝的出现和开展，还应对荷载的偏心距值有所限制。

习 题

11.1 桥涵结构中所用的石料应满足哪些要求？常用的石料有哪几种？

11.2 砌筑砂浆的主要功能有哪些？桥涵工程对砌筑砂浆有哪些要求？常用的砌筑砂浆有哪几种？各适用于什么场合？

11.3 常见的圬工砌体有哪几种？各自的特征如何？

11.4 砌体的抗压强度为什么低于构成砌体的块材的抗压强度？

11.5 影响砌体抗压强度的主要因素有哪些？

11.6 试描述砌体通缝和齿缝的受力特征？

11.7 已知某混凝土预制块砌体轴心受压柱。截面尺寸为 60cm×50cm，采用 C15 混凝土预制块、7.5 号水泥砂浆砌筑，柱计算长度 $l_0=6.5$m。试求该柱能承受多大的纵向力。

11.8 已知一截面为 37cm×49cm 的轴心受压砖柱、采用 Mu15 砖和 M5 砂浆砌筑、柱的计算长度为 4m、该柱承受的轴向力 $N_j=180$kN。试验算该柱的强度。

11.9 某一等截面无铰拱，主拱圈厚为 50cm。宽为 950cm、拱圈采用 40 号块石。5 号砂浆砌筑。拱顶截面每米拱圈承受的计算弯矩 $M_j=38.5$kN·m。计算纵向力 $N_j=455$kN（荷载组合Ⅰ），试验算拱顶截面弯矩作用平面内的强度及偏心距。

第 12 章 工程结构计算软件介绍

12.1 概 述

钢筋混凝土结构传统的设计方法是：人工查阅资料，手工计算和绘图。结构设计的每一部分工作，设计人员都需付出巨大劳动、需较长的设计周期，而且在许多情况下，只能采用精度较低的近似计算，查用设计图表方法去完成，从而影响设计质量。随着社会生产的飞速发展，以及建筑形式日趋复杂，建筑规模日趋庞大，人们对结构设计也提出了新的更高的要求。例如，传统的经验设计代之以理论设计，静态分析代之以动态分析及因素的综合考虑等，从而使结构设计的难度越来越大，工作量也随之显著增加。这样，传统的手工设计方法已很难适应这种不断发展的需要了。

自 20 世纪 60 年代有限单元方法广泛应用以来，许多国家都先后研制出了若干大型通用结构分析程序。到 70 年代，计算机用于结构分析，在我国已相当普遍，受到工程界的一致欢迎。然而，尽管结构的有限单元法分析可以帮助工程师们求出结构的变形和内力等，但结构设计中还有许多其他方面的工作要做。例如，结构设计，施工图的绘制等。

自 60 年代以来，逐步形成了一门新兴学科——计算机辅助设计（Computer—Aided Design），简称 CAD。CAD 技术是把计算机的快速、准确、直观与设计者的逻辑思维、综合分析能力及设计经验结合起来，融为一体的高科技产物，他可以起到加快工程或产品设计过程，缩短设计周期，提高设计质量和效率，降低工程造价等作用。

CAD 设计系统的形式主要以系统是否具有人机交互功能而分成交互式和非交互式两大类。交互式系统是指它的全部或大部分作业过程要在人的直接参与下，以人机对话的交互作业方式进行工作。所以这种系统仍然是以人为中心的。这种系统适用于设计目标难以用目标函数和其他教学过程来定量描述的设计问题。例如,建筑形体设计、产品造型设计等。

非交互式系统是指不以人机对话方式为主的系统。它的作业过程无需人的直接参与或只要很少的人工参与，机器便能根据已编制好的程序自动完成各个设计步骤。这种以机器为中心的设计系统常称为自动设计（Automated Design）系统，简称 AD。它适用于设计目标能用明确函数来定量描述的问题。

交互式和非交互式两者有机的结合起来，使各自的优点都得以充分发挥，进一步方便用户的使用和提高了软件的适应能力，这是 CAD 软件开发的一种新趋势。

12.2 结构 CAD 的任务

结构设计的内容很多，同时由于许多环节紧密配合，每个环节，每个阶段的部分或全部工作都可借助于计算机来完成。结构设计内容大致可分为结构计算、构件设计和绘制结构施工图三部分。

1. 结构计算

结构计算要求计算机完成的工作是：对结构计算简图进行静力、动力，线性、非线性等力学分析；按规范要求进行内力和荷载组合，找出截面的最不利内力值；截面和构件的强度设计，即计算截面所需钢筋面积，依据规范对各分析阶段做可行性判断及优化处理等。计算机用于结构计算是结构 CAD 中历史最长而又比较成熟的部分。但是随着 CAD 软件技术的发展和硬件设备性能的提高，结构计算程序的开发和应用也有较大的进展，其中除了计算范围的扩充外，主要表现在前后处理功能的重大改进。因此，进一步加强前后处理功能仍然是今后结构计算程序的主要任务之一。

2. 构件设计

在整个 CAD 系统中技术难度较大的一部分。它的主要任务是根据结构计算的结果，完成构件和截面的选配筋等构造设计。构件选配筋设计不但要使各截面满足内力包络图的强度要求，而且整个构件中得主筋、箍筋和其他构造筋都必须符合有关的规范规定和设计习惯做法。

3. 绘制施工图

结构施工图是将结构设计的全部内容和各构件在整个结构中的几何图形的形式完整的表达出来。其结构施工图的绘制总可以分成成图（几何图形构思）和绘图两部分。尽管 CAD 的成图过程有多种形式，但通常都需要经过将几何图形转换成点的坐标和图形符号的步骤。绘图是将成图后的信息经绘图机（或其他图形输出设备）处理以线条和符号的形式表示在图上，构成一张完整的施工图。

在结构 CAD 系统中，根据成图方法的不同大致可分为以下几种类型：

(1) 根据构件设计草图（人工完成），直接利用通用图形软件包（如 AutoCAD）的各种交互式作图功能屏幕上作图，然后由绘图机绘出。

(2) 利用通用图形软件包括其他手段，事先做好许多通用、常用图块，形成本专业所用图库。作图时可将图库中的相应图块调出在屏幕上拼装成完整的施工图。

(3) 据结构计算的输出结果，结合设计者自己的设计意图，将有关数据（所构思的草图）输给专用的图形生成软件，让其加工成完整的施工图。

(4) 从结构计算到形成施工图全部由程序控制分段自动完成，但各阶段也可进行中间监控进行若干中间修改。

(5) 集成化 CAD 系统。这种软件系统适应各种不同形式结构的设计，以一个统一的有限元力学分析程序为核心，配有各专门结构 CAD 应用程序，可调用统一的工程数据库和图形库。这种软件具备交互式和非交互式 CAD 的各种特点。

12.3　结构 CAD 系统构造

1. 专门结构 CAD 系统

结构设计涉及的内容范围很大，包括不同材料、不同类型的结构的设计。如钢结构、砖石结构、木结构、钢筋混凝土结构。每一类型的结构，从内力分析到构造设计者有其自身的特点。那么，CAD 系统往往也应照顾到不同结构类型的特点进行设计和开发。所以，结构 CAD 应用系统的开发一开始就针对不同的结构类型分别研制专门结构 CAD 子系统。

这种专门结构CAD子系统具有规模小、使用简单、操作方便的特点，直到现在它们仍然在土木工程CAD应用领域中占着相当重要的地位。连续梁CAD子系统、柱下独立基础CAD子系统等。

专门结构CAD子系统具有如下所示的模块结构：

2．综合化CAD系统

专门结构CAD子系统一般只能完成某一类型的结构，或只能完成建筑物或构筑物中部分结构构件的设计。因此，如果将若干个结构CAD子系统组合起来，就能完成建筑物或构筑物的全部或大部分结构设计。

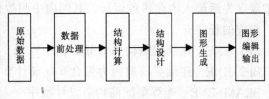

这种由CAD子系统组合而成的CAD系统，是在各子系统相对独立的基础上，协调其间的数据文件或增设接口程序拼合而成的综合系统；其中各子系统的独立性很强，但共用一个图形系统；每个子系统都有其自身一套力学分析程序，需要各自的输入信息文件，也输出各自的设计中间文件和最后文件。

3．集成化CAD系统

对于结构CAD系统，如果只简单地将各种结构的CAD子系统连接起来，必然会有许多冗余重复部分。理想的CAD系统是设置一个中心管理系统，所有的信息均指向这个中心库，由它实现统一管理和转换，调用通用的有限元分析核心摸块。这种理想的高级的理想方式就是集成化CAD系统。

4．智能化CAD系统

CAD技术不仅是一个图形学问题，它牵涉到专业领域的众多知识，如力学、计算方法、设计规范、设计习惯和设计经验等，而且对同一个设计对象，不同的工程师完全可能设计出不同的结果；其结果可能有长短高低之分，但都要符合设计规范要求。当前一些非交互式工程结构CAD软件，设计出来的施工图普遍存在专业设计方面的问题，如构造设计（节点、配筋）错误多、图面深度不够、软件的使用复杂、操作不符合专业设计的习惯等。这些缺陷降低了CAD软件的实用性和可靠性。人们寄希望于智能化的专家系统来提高CAD软件的实用性和可靠性。专家系统的核心部分是知识库和推理机。知识库中储存着专业领域的知识，其结构应便于知识的灵活增删修改以反应不同的知识及知识积累、更新。推理机则根据知识库内的知识进行推理，推出判断和设计结果。因此，专家系统的工作过程类似于人脑的思维判断过程，能做出多种选择和最佳方案。知识库内的知识也同人脑内储存的知识一样，可以灵活方便地变动、更新或积累，因而可以灵活地反映各种不同的设计经验和习惯。

12.4 程序设计简述

借助计算机来完成某项工作，通常都要先编写相应计算机程序，也称程序设计。完成一个结构CAD系统也必然经过程序设计才能实现。

程序设计要使用专门的程序语言，我国结构程序设计中所采用的语言，在60年代和

70年代初以 ALGOL 为主，此后逐步广泛使用的主要是 BASIC 语言和 FORTRAN 语言。随着 CAD 和人工智能的发展，PASCAL、C、LISP、PROLOG 等有着各自特长的程序语言也逐步进入土木工程领域的计算机程序设计中。

例如钢筋混凝土连续梁 CAD 程序由几大部分组成，分别编译成几个 EXE 文件，运行时按顺序先后调入内存覆盖运行，其间用中间数据文件接口，形成信息流。

相应的程序有：

BP1.EXE　连续梁结构内力分析程序
BP2.EXE　连续梁荷载内力组合和配筋计算程序
BEAM.EXE　连续梁配筋构造设计程序
BMFG.EXE　连续梁模板配筋施工图形成程序
FL.EXE　连续梁钢筋表施工图形成程序
T8.EXE　显示布图程序

下面只介绍连续梁结构内力组合计算程序

1. 程序标识符说明

M	连续梁总跨数；
TF	支座负弯矩调幅系数；
S	荷载工况总数；
IJN	一次计算连续梁根数；
B，H	截面尺寸 b、h；
Y	钢筋强度设计值 f_y；
XB	混凝土界限相对受压区高度 ξ_b；
IB	混凝土保护层厚度；
ID	最大的钢筋直径；
T	梁单元等分数；
M4	组合后的截面弯矩（单位：N·mm）；
XX	混凝土受压区高度；
UG	截面配筋百分率；
BH (＿＿,＿＿)	单元截面尺寸 b、h；
AM (＿＿,＿＿)	组合后的截面弯矩；
AM (i, 1)	第 i 个截面的 M_{max}；
AM (i, 2)	第 i 个截面的 M_{min}；
AQ (＿＿, 2)	组合后的截面剪力；
AQ (i, 1)	第 i 个截面的 V_{max}；
AQ (i, 2)	第 i 个截面的 V_{min}；
GF (4)	一个截面永久荷载产生的弯矩和剪力；
HF (4)	截面活荷载内力组合后的弯矩和剪力；
BM (＿＿,＿＿)	单组内力的截面弯矩；
QQ (＿＿,＿＿)	单组内力的截面剪力；

2. 程序

```
***********************************************
*      THE PROGRAM OF COMBINATION FOR BEAM     *
***********************************************
      INTEGER S, T, E, B, H, CRT, AG (11, 2), ASG (20, 11, 2)
      CHARACTER * 20 CCC
      REAL W (4), WM (4), AM (11, 2), AQ (11, 2), BH (50, 2)
      REAL M4, R (50), X (50), HF (4), GF (4), ASQ (20, 11)
      COMMON/C2/BM (60, 220), QQ (60, 220) /CR/R, X

      OPEN (10, FILE= 'DATA1, MID', STATUS= 'NEW')
      OPEN (15, FILE= 'LG.MID', STATUS= 'NEW')
      OPEN (1, FILE= 'B1.MID')
      OPEN (11, FILE= 'EDATA')
      READ (11, *) C, C, LM, TF, S, IJN, CRT, Y
      CLOSE (11)
      OPEN (13, FILE= 'FDATA.MID')
      READ (13, *) ( (BH (E, J), E=1, LM), J=1, 2)
      CLOSE (13)
      IF (IJN.GT.1) OPEN (16, FILE= 'EBEAM.MID')
      IJS=0
      ID=25
      IB=25
      T=10
      CJ=1.
      IF (Y.CE.210) ES=210000
      IF (Y.EQ.310) ES=200000
      WRITE (10, 10)
      WRITE (*, 10)
10    FORMAT (//, 5X, 'The/results of the beam reinforcement', //)
20    CALL SUB2 (CRT, LM)
      WRITE (10, 25) IJS+1
      WRITE (*, 25) IJS+1
25    FORMAT (//, 20X, 'Beam', I6)
      READ (1, ' (A20)') CCC
      DO 30I=1, 4
30    HF (I) =0.
      XB=.8/ (1+Y/ (.0033*ES))
      DO 40I=1, S
      READ (1, ' (A20)') CCC
```

```
        DO 40 E=1, LM
           READ (1,' (A20)') CCC
           READ (1, *) (BM (I, (T+1) * (E-1) +K), K=1, T+1)
40         READ (1, *) (QQ (i, (T+1) * (E-1) +K), K=1, T+1)
        DO 1000 E=1, LM
           B=INT (BH (E, 1) +.02)
           H=INT (bh (E, 2) +.02)
           HO=H-IB-5*ID
           WRITE (10, 43) E, B, H, CRT
           WRITE (*, 43) E, B, H, CRT
43      FORMAT (1X,' E = ', I3, 10x,' b = ', I4,' mm h = ' * mm concrete = C'
12)
           IF (TF.LT.1) THEN
C       对支座负弯矩调幅
           DO 50 K=1, S
           J=11* (E-1) +1
           IF (BM (K, J) .GE.0.AND.BM (K, J+10) .GE.0) GOTO 50
           ZM=0
           YM=0
           IF (BM (K, J) .LT.0) ZM= (TF-1) *BM (K, J)
           IF (BM (K, J+10) .LT.0) YM= (TF-1) *MB (K, J+10)
           DO 45I=0, 10
45         BM (K, J+1) =BM (K, J+I) + ( (10-I) *ZM+I*YM) /10.
50      CONTINUE
           ENDIF
C       荷载组合
           DO 300K=0, T
           DO 60 J=1, 4
           W (J) =0.
60         WM (J) =0.
           IF (S.GT.0) THEN
C       活荷载内力组合
           CALL SUB1 (HF, E, S, T, K)
           DO 200I=1, 4
200        W (I) =1.4*HF (I)
           ENDIF
           GF (1) =BM (1, (T+1) * (E-1) +K+1)
           GF (2) =GF (1)
           GF (3) =QQ (1, (T+1) * (E-1) +K+1)
```

```
         GF (4) = GF (3)
         DO 210 J = 1, 4
         CC = GF (J) + CC
         IF (W (J) * CC.LT.0) THEN
         W (J) = W (J) + CC
         ELSE
         W (J) = W (J) + 1.2 * CC
         ENDIF
210      CONTINUE
         DO 220 I = 1, 4
         IF (W (1) .GT.WM (1)) WM (1) = W (1)
         IF (W (2) .LT.WM (2)) MW (2) = W (2)
         IF (W (3) .GT.MW (3)) MW (3) = W (3)
         IF (W (4) .LT.WM (4)) MW (4) = W (4)
220      CONTINUE
C        一个截面的正负内力包络存数据
         AM (K+1, 1) = WM (1)
         AM (K+1, 2) = MW (2)
         AQ (K+1, 1) = WM (3)
         AQ (K+1, 2) = WM (4)
300      CONTINUE
```

12.5 钢筋混凝土结构计算机辅助设计

1. 有限单元法原理

是把分析的结构物假想地看做是由有限个单元组合而成的组合体。如图 12.1。

由 5 个单元组成。先把结构拆分成有限个独立的单元（杆件），再将这些单元按一定原则组合成原来的整体结构，在"一分一合，拆了再搭"的过程中使问题得到解答。

2. 结构 CAD 的前后处理

（1）启动　据设计的结构类型，选择不同的软件。

使用 CAD 系统的第一步是启动（开启）系统，系统启动是用户使用系统的第一印象。对开启系统时的标题叫封面。如图 12.2 是一连续梁 CAD 系统的菜单封面。

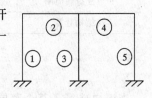

图 12.1

控制整个系统运行的处理方式，可以多种多样。下面只介绍菜单操作方式。用菜单控制系统的操作运行就是把系统的全部功能模块以菜单形式在屏幕上显示出来，用户通过选择（执行）菜单去完成相应操作。菜单是一组功能、对象、数据或其他用户可选择实体的列表。菜单技术普遍用于接口界面中。

菜单驱动就是根据用户选择的菜单项转向相应的程序入口去驱动执行相应的程序。它

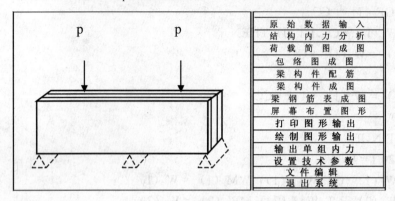

图 12.2 连续梁 CAD 系统的菜单封面

即可用来控制整个系统的运行，也可用作某个程序段内的流程控制。菜单的选择通常采用交互技术中的选择技术来实现，常用的选择技术有两种：

1）名（字串）选择，通过键盘键入相应的菜单项名。

2）位置选择，计算机可通过读取当前光标的所在位置来确定要执行的程序分支。图 12.2、图 12.3。

钢筋混凝土框架及连续梁计算机辅助设计系统

Super—FBCAD

A 技术参数设置	H 包络图变形图	O 独立基础计算	V 连续 ACAD
B 文件编辑	I	P 独立基础成图	W 输出计算结果
C 原始数据前处理	J 形成梁图	Q 形成基础钢筋	X 输出单组内力
D 框架图形输入	K 形成梁钢筋表	R 形成图纸说明	Y 推出 FBCAD
E 连续梁图形输入	L 选配柱钢筋	S 显示布图	1 系统接口一
F 形成荷载简图	M 形成柱图	T 图形打印	2 系统接口二
G 结构计算	N 形成柱钢筋表	U 绘图	3 系统接口三

湖南大学结构工程研究所研制

图 12.3 框架 CAD 系统的操作菜单

当用户选择了某个菜单项后，就需要计算机去执行相应的功能模块。

（2）原始数据输入

原始数据的输入方式，在结构 CAD 系统中主要有两种：交互式（人机对话式）和批处理输入方式（数据文件形式）。早期的交互式输入是在程序运行过程中，根据程序提示，用户适时地从键盘上直接输入所需的数据。这种输入方式内容直观，容易掌握。但存在占用终端时间长，影响计算机效益的充分发挥，难以适时处理输入错误等不足，一般只适用于规模很小和输入数据很小的情况。数据文件输入是在程序运行前，先利用编辑软件建立一个数据文件，将程序所需要的全部原始数据按照事先规定好的先后顺序和格式要求输入到数据文件中，程序运行时让计算机从这个已建立的文件上读取所需信息。

下面是钢筋混凝土连续梁原始数据文件的格式及内容：

1. 计算简图的准备

对于每一个结构，在向计算机输入数据前，都应草绘出计算简图。简图中除标明荷载、几何尺寸等有关数据外，还应进行结点编号和单元编号等。本章介绍的连续梁结构CAD系统中，对计算简图的编号原则是：从左到右每个支座编一个结点号；每跨（两个支座之间）编一个单元号，单元编号顺序也取从左到右。单元编号一经确定，后面凡要求按单元顺序填写的数据都必须按此编号顺序填写。

有了计算简图，便可开始原始数据输入工作。原始数据可通过任何一个文本文件编辑程序输入到计算机。考虑到执行程序的相对独立性，根据不同程序模块的需要，本章所介绍的连续梁结构CAD系统的原始数据文件名规定为EDATA。下面介绍其具体内容和格式要求。

2. 基本数据文件（文件名EDATA）

本系统可一次计算多根连续梁或单跨梁，每根梁均须填写如下数据。

（1）总信息

总信息共8个数，其顺序与代码见表12.1。

连续梁结构总信息表　　　　　　表 12.1

序号	1	2	3	4	5	6	7	8
信息内容	左端支承信息	右端支承信息	跨数	调幅系数	荷载工况总数	一次计算根数	混凝土强度等级	钢筋强度
代码	LZ	RZ	N	TF	S	KN	CR	FY

总信息说明：

LZ、RZ：分别为连续梁的左、右端支承信息。规定：固定端填0，铰支座填1。

TF：梁单元调幅系数（TF≤1），用于支座负弯矩峰值的调整。如 TF=0.8 则表示调幅后的支座负弯矩仅为调幅前的80%，即下降了20%。具体的调幅方法是：对每一个梁单元，将单组工况下的两端负弯矩分别乘以（TF−1）得调幅值，并将其弯矩图叠加到正弯矩区，调整后的负弯矩值等于原负弯矩减去调幅值。不考虑调幅时，TF=1。

S：程序规定第一组工况为永久荷载，即 S=1+活荷载工况组数。活荷载可按每跨一组工况考虑，也可一跨多组或多跨一组，不考虑或没有活荷载时 S=1。

KN：在一个数据文件内一次计算的连续梁根数。

CR：连续梁结构的混凝土强度等级。CR=10~60，即代表C10~C60。

FY：纵向受拉钢筋强度设计值（单位：N/mm^2）。Ⅰ级钢 FY=210，Ⅱ级钢 FY=310。

（2）各跨梁单元截面宽度 b（单位：mm）。按从左到右的顺序填写。

（3）各跨梁单元截面高度 h（单位：mm）。按从左到右的顺序填写。

（4）连续梁的各跨跨度（单位：mm）。按从左到右的顺序填写。

（5）荷载信息。荷载的符号与类型规定：

在本系统内，用户输入的外荷载按标准值考虑，荷载的符号规定为：集中力和分布力以向下为正；力偶以绕顺时针方向为正。力的单位用kN。长度单位用m。作用在单元上的荷载共分成 7 类。

荷载数据的填法：

每组荷载工况须填写如下信息，共填 S 组。

1）结点荷载个数 JD，非结点荷载个数 JF。某项没有时间应填 0。

2）结点荷载信息（JD=0 时不填此项）。

每个结点荷载填写如下 2 个数，共填 JD 组：

荷载值，作用结点号，荷载方向

第二个数为一复合数形式，小数点前面为荷载所在结点号，小数点后面为该结点荷载的作用方向代号，规定：水平力=1；竖向力=2；力偶=3。

3）非结点荷载信息（JF=0 时不填此项）。

每个非结点荷载填写如下 3 个数，共填 JF 组：

荷载值，荷载作用位置，荷载作用单元号，荷载类型

第三个数小数点前面的单元号为连续梁的跨号（按从左到右顺序），小数点后面的为荷载类型。

荷载信息填写完毕后，一根连续梁的基本数据便已填完，当有多根时则接着填写下一根。

（6）绘图附加数据

1）梁名。图纸上标注的梁的代号，字符个数不大于 8。

2）图形比例系数 KH，KV，KP。

KH 为梁立面图沿长度方向的比例系数；KV 为高度方向比例系数；KP 为剖面图比例系数。如取 1∶50 的图形比例，则填 50。

3）钢筋表面形状代号 SHP。规定：光面钢筋 SHP=0；月牙钢筋 SHP=1；螺纹钢筋 SHP=2。

4）保护层厚度（单位：mm）。

5）支座信息。

①支座上方横填（或柱）两边缘到支座（或下柱）中心线距离（单位：mm），共填 2(N+1) 个数（见表 12.2）。当梁的上方无柱或填时，其值填 0。

表 12.2

AL (1)	AR (1)	AL (2)	AR (2)	…	AL (N+1)	AR (N+1)
左边第一支座		左边第二支座		…	右边第一支座	
左、右边缘距下支座（柱）中心线的距离		左、右边缘距下支座（柱）中心线的距离		…	左、右边缘距下支座（柱）中心线的距离	

②支座（或下柱）宽度（单位：mm）

从左至右填写每个支座（或下柱）沿梁长方向的宽度（单位：mm）。

③支座类型。

从左至右填写每个支座的类型代号。程序共设计了三个连续梁支座形式，规定：框架梁梁柱等宽支座=1；框架梁梁柱不等宽支座=2；砖墙或其他支座=3。

6）轴线差（单位 mm）。

从左至右填写每个连续梁支座的中心线与建筑轴线的差值。轴线差值的正负号规定为：建筑轴线在支座中心线以左为正。

7) 轴线符号。

从左至右填写每个连续梁支座的轴线符号。轴线符号一般是一个字符（如 A, B, C…, 或者是数字 1, 2, 3…）且不得大于 2 个字符。每个轴线符号单独占一个记录。

8) 各跨梁截面参数。

为适应各梁截面形式，须对每跨梁截面填写如下 8 个数：

$$B1, B2, Z1, Z2, Z3, Y1, Y2, Y3$$

各符号所代表的量值如图 14-2 所示。其中若为矩形梁预制楼面则填 8 个 0；若为矩形梁现浇楼面则将 B1, B2 填成 10000。

至此，一根连续梁的数据已全部填写完毕，当有 KN 根时则填 KN 组。

9) 基本参数配置文件 FBL.CFG

对于一些不经常变化但又不能完全固定不变的常用参数，本系统将其存放在一个独立的参数配置文件内，文件名为 FBL.CFG。该文件一旦建立，系统便按其内所给出的参数进行设计，直到对参数配置文件进行新的修改为止。FBL.CFG 的格式如下：

受力钢筋直径序列（The bar diameter set）：

12, 14, 16, 18, 20, 22, 25

构造钢筋等级（The construcsion bar grade）：

1

构造钢筋直径（The construcsion bar diameter）：

12

受力钢筋净距（The net distance between bars）：

30

短跨定义长度（The short span limit）：

2500

负筋面积增大系数（The modifing factor to negative bar area）：

1.0

正筋面积增大系数（The modifing factor to positive bar area）：

1.0

以上格式和参数个数是固定不变的，修改时只能对某个参数进行修改而不能对其增删。

3．数据前处理

数据前处理主要是处理计算结果产生前所需获得的原始的数据，达到输入简单、校对方便等目的。

4．计算结果的输出与后处理

"计算结果"是指通常的结构分析结果而不包括根据分析结果所作出的施工图。

计算结果的输出方式有三种：

（1）屏幕显示与联机打印；

（2）数据文件输出；

(3) 图形输出。

下面举一个例子是连续梁的计算结果的数据文件输出：

内力组合、荷载组合和截面配筋计算在一个程序模块内完成。连续梁结构的荷载组合比较简单，只有永久荷载和活荷载两种外荷载的组合。截面内力在进行最不利组合前，当弯矩调幅系数小于1时，还需进行调幅计算。

当各截面的最不利内力，即 M_{max}、M_{min}、V_{max}、V_{min} 求出后即可进行截面配筋计算。由于箍筋的配置与后面的构造设计关系紧密，因而在该模块内未进行配箍计算，只根据最大剪力值按规范要求进行了最小截面尺寸验算。在进行截面配筋计算过程中，如果所选定的截面尺寸不满足规范要求，程序将在屏幕上给出警告信息，如"截面超筋"、"截面尺寸太小"等，以提醒用户注意，并使后续程序不能运行。

该模块的计算结果输出到一个文件名为 DATA1.MID 的外部文本文件中，其输出格式如下：

      Beam 1（梁构件顺序号）

E=1 b=＊＊＊mm h=＊＊＊mm concrete=C＊＊（单元号、截面尺寸、混凝土等级）

M_{max}　（kN-m）　（最大弯矩）

 ……　（从左至右共11个截面的 M_{max}）

As　（mm＊mm）　（相应于 M_{max} 的纵向钢筋面积）

 ……　（从左至右共11个截面的 A_s）

M_{min}　（kN-m）　（最小弯矩）

 ……　（从左至右共11个截面的 M_{min}）

$-A_s$　（mm＊mm）　（相应于 M_{min} 的纵向钢筋面积）

V_{max}（kN）　（最大剪力）

 ……　（从左至右共11个截面的 V_{max}）

V_{min}（kN）　（最小剪力）

 ……　（从左至右共11个截面的 V_{min}）

+u=＊＊（%）　（最大正弯矩含钢率）-Zu=＊＊（%）-Yu=＊＊（%）（左右端负弯矩）

同学们可运用不同的软件上机练习。

第三篇 土力学与地基基础

第13章 土力学基本知识

13.1 土的组成与结构

任何一种土一般都是由三种物质组成：矿物颗粒（固相）、水（液相）、空气（气体）。矿物颗粒是土的骨架，空气和水则填充孔隙。这种土具有三相，故称为三相体系。当孔隙完全被气体充满时称为干土。饱和土和干土均属于二相体系。

13.1.1 矿物颗粒

矿物颗粒就是岩石经风化作用后形成的碎粒，粗大的土粒呈块状，细小的土粒呈片状或粉粒。土粒大小与矿物成分的不同，对土的物理力学性质有较大的影响。例如土的颗粒由粗变细，可使土从无黏性变化到有黏性。因此将土粒进行分组，把物理力学性质较为接近的土粒划为同一粒组。

1. 土粒粒组的划分

天然土中所含的固体颗粒是大小混杂的，为确定土的粒径组成，需要把大小相近的颗粒归入同一"粒组"或"粒级"。我国比较普遍采用的粒组划分办法示于图13.1中。图上粒组的大小用"粒径"（mm）表示，土粒被分成六大粒组，即漂石（块石）、卵石（碎石）、圆砾（角砾）、砂粒、粉粒及黏粒。

建筑、铁路等部门	漂石、块石	卵石、碎石	圆砾、角砾	砂粒 粗 中 细			粉粒	黏粒
水利部门	漂(块)石粒	卵(碎)石粒	粗砾 细砾	砂 粒			粉 粒	黏粒
分界粒径(mm)	200	60	20	2	0.5	0.25 0.075	0.005	

图 13.1 粒组划分示意图

所谓粒径是指颗粒直径。但土粒形状与圆球相差很大，特别是黏粒土，多呈薄片状，还有很少量是棒状、管状等。故土粒粒径有其特定含意，可从下面介绍的粒径分析方法中了解到。

2. 土粒粒径分析

对土的粒径大小及组成可通过颗粒分析确定。对粒径大于0.1mm的黏粒土可用筛分法。筛分法就是用一套不同孔径的标准筛（20，10，2，0.5，0.25，0.01mm），经过摇筛机振摇，即可筛分出不同粒组的含量。由此可知，用筛分法得到的土粒粒径是指其刚好能通过筛孔的孔径。自然界存在的岩石碎屑由于生成条件不同，用筛分法得到相同粒径土粒的形状和体积常不相同。

颗粒大小及组成通过筛分法分析，可用级配曲线表示（图 13.2），图中纵坐标表示小于（或大于）某粒径的土重百分比，横坐标表示粒径。由于粒径相差较大，故采用对数横坐标表示。图中曲线 a、b 分别表示两种土样的颗粒分析结果。曲线平缓，表示粒径相关较大，颗粒不均匀，级配不良好。曲线较陡，表示粒径相差不大，颗粒较均匀，级配不好。级配良好的土较密实。曲线 b 较平缓，故土样的级配要比土样 a 为好。

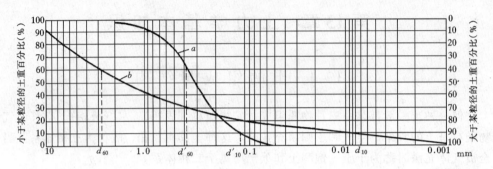

图 13.2 颗粒级配曲线

工程上用不均匀系数 C_u 来反映颗粒组成的不均匀程度：

$$C_u = \frac{d_{60}}{d_{10}} \tag{13.1}$$

式中 d_{60}——小于某粒径的土重百分比为 60% 时相应的粒径，又称限定粒径；
d_{10}——小于某粒径的土重百分比为 10% 时相应的粒径，又称为有效粒径。

把 $C_u > 5$ 的土看做级配均匀，$C_u < 5$ 的土看做级配不均匀。图 13.2 土样 a 的不均匀系 $C_u = 0.37/0.11 = 3.36 < 5$，级配不好。土样 b 的不均匀系数 $C_u = 2.7/0.0085 = 318 > 5$，级配良好。

对于粒径小于 0.1mm 的细粒土是难以用筛分法测定的，可采用吸管法或比重计法进行颗粒分析。

3. 矿物成分分析

对于漂石、卵石、圆砾等粗大土粒的矿物成分与原生矿物相同。矿粒大部分是原生矿物的单矿物颗粒，如石英、长石、云母。粉粒的矿物成分是多样的，主要有原生矿物的石英、次生矿物的难溶盐（$CaCO_3$、$MgCO_3$）。黏土粒几乎都是次生矿物及腐殖质，包括黏土矿物、氧化物与盐类等。其中黏土矿物又分为高岭土、伊利土（水云母）和蒙脱土三种。

13.1.2 土中水

水在土中的存在状态有液态水、气态水和固态水。

固态水是当气温低于 0℃ 时水冻结成冰，形成冻土，土的强度增强。但解冻时土的强度迅速降低，而且往往低于原来的强度。

气态水即是土中出现的水蒸气，一般对土的性质影响不大。液态水包括化学结合水、表面结合水及自由水。化学结合水是存在于土粒晶格结构内部的水，可作为矿物颗粒物的一部分。故液态水主要是指表面结合水和自由水两大类。

1. 表面结合水

矿物颗粒表面一般带负电荷,能吸引水分子及水溶液中的游离阳离子(如Na^+、Ca^{2+}、Al^{3+}等)于土粒表面,从而形成周围的结合水膜。结合水膜分两层,内层为固定层,外层为扩散层。在固定层中的水因直接靠近土粒表面,受到的吸力极大,称为强结合水。强结合水的性质接近于固体,有较大的抗剪强度。在105℃温度下将土烘干达恒重时,才能将强结合水排除。黏土中仅含有强结合水时呈固体状态。砂土仅有较少的强结合水呈散粒状态。在扩散层中的水,因受到土粒的吸力较少,故称为弱结合水。其性状呈黏滞体状态,在外界压力下可以挤压变形。弱结合水对黏性的物理力学性质影响最大。砂土可以认为不含弱结合水。

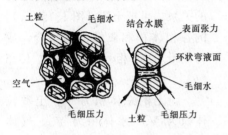

图 13.3 土粒毛细水及毛细压力

2. 自由水

自由水就是在结合水膜之外的水,有重力水和毛细水两种。重力水存在于地下水位以下的土孔隙中,只受重力作用,能传递水压力和产生浮力作用。毛细水存在于地下水位以上的土孔隙中,在土粒之间形成环状弯液面(图 13.3),形成毛细压力,使土粒挤紧。土粒间的孔隙互相贯通,形成无数不规则的毛细管。在表面张力作用下,地下水沿着毛细管上升,上升高度在黏土中约 5~6m,在砂土中约 2m 以下,故在工程中要注意地基土的润湿、冻胀及基础的防潮。

13.1.3 土中气体

粗粒土中的气体常与大气相通,在土受力变形时很快逸出。细粒土中的气体常与大气隔绝而成封闭气泡,在受压时气体体积缩小,卸荷后体积恢复,故土的弹性变形增加而透水性减小。含水有机质的土,在土中分解出如甲烷、硫化氢等可燃气体,使土层在自重作用下长期得不到压密,形成高压缩性软土层。

土的结构主要是指土体中土粒的排列与连接,土的结构有单粒结构、蜂窝结构和绒絮结构三种(图 13.4)。

具有单粒结构的土由砂粒及更粗土粒组成,土粒之间只有微弱的毛细水连接,土的强度主要来自土粒间的内摩擦力。当土粒排列密实时,土的强度较大;当土粒疏松时,结构不稳

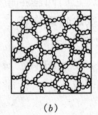

(a)　　　　　　(b)　　　　　　(c)

图 13.4 土的结构

(a)单粒结构;(b)蜂窝结构;(c)绒絮结构

定,易变形。具有蜂窝结构的土是由粉粒串联而成。具有绒絮结构的土是由黏粒集合体串联而成。蜂窝结构及绒絮结构又称海绵结构,土中的孔隙较多,有较大的压缩性。在土质学中对具有海绵结构的土称为有结构性土。

13.2 土的物理性质指标

13.2.1 土的三相含量指标

了解土的生成特点和三相组成特性有助于正确地评估土的工程性质，但这基本上是定性的，为了进行工程的具体设计和施工，还必须作定量的计算，首先就需要确定土的一系列物理性质指标。

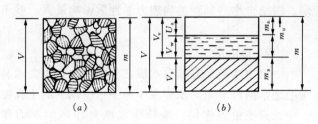

图 13.5 土的三相含量及计算

为了更方便地说明土中三相的相对含量指标和确定它们之间的关系，可把土体 [图 13.5 (a)] 的各相体积和质量分别集合，成为简化的三相示意图 [图 13.5 (b)]。

设土的总体积为 V，土颗粒体积为 V_s，水体积为 V_w、气体体积为 V_a，土的总质量为 m、颗粒质量 m_s、水的质量为 m_w，土的总重力为 W、颗粒重力为 W_s，水的重力为 W_w，气体重力、质量略去不计，则土总体积、总质量、总重力分别为：

$$V = V_s + V_w + V_a = V_s + V_v \text{ (m}^3\text{)} \tag{13.2}$$

$$m = m_s + m_w \text{ (kg)} \tag{13.3}$$

$$W = W_s + W_w \text{ (kN)} \tag{13.4}$$

式中 $V_v = V_w + V_a$ 为土中空隙体积。

在下面介绍的三相含量指标中，前三个可通过实验室有关试验直接测得，可称基本指标，其他指标可通过它们同基本指标之间的关系求得。

13.2.2 土的基本物理指标

1. 质量密度和重力密度

土的质量密度 ρ 是土的质量 m 与其体积 V 之比，即单位体积土的质量，简称土的密度，单位多用 g/cm³ 或 kg/m³，即

$$\rho = \frac{m}{V} \tag{13.5}$$

土的密度可在实验室中用容积为 V 的环刀切取土样，并用天平称土的质量 m 求得，此法称环刀法。不能用环刀取样时可改用蜡封法等测定。

土的重力密度 γ 是单位体积土所受的重力，一般简称为重度，单位为 kN/m³。如土受到的总重力为 W，则

$$\gamma = \frac{W}{V} \tag{13.6}$$

显然，土的重度即土的密度乘以重力加速度 g。天然土的重度一般为 16~22kN/m³，有机软黏土因有机质和水（含量大）的比重小，可能小于 15kN/m³。

2. 含水量

土的含水量 w 是土中水的质量 m_w 与干土粒的质量 m_s 之比，也是两者所受的重力比。含水量常用百分数表示，即

$$w = \frac{m_w}{m_s} = \frac{W_w}{W_s} \times 100\% \tag{13.7}$$

测定含水量的方法最简单的是烘干法。将土样称后以 105～110℃ 左右的温度烘干，由失去水的质量与烘干土质量之比求得含水量。上述烘干温度只是统一的温度，实际上可能有部分强结合水没有除去，而矿物内部的结合水则可能减少，但数量都很小，一般不予考虑。如土中含有机质超过 5%，为避免因烘干时分解损失而导致过大误差，应在 65～70℃ 下烘干。

粉土的湿度按其含水量 w（%）分为稍湿（$w<20$）、湿（$20 \leqslant w \leqslant 30$）、很湿（$w>30$）三种情况。

天然土的含水量差别很大。砂土通常不超过 40%，黏性土多在 10%～80%。但近代沉积的松软黏性土的天然含水量可达 100% 以上。国外介绍的一种有机粉土的含水量为 680%，而泥炭含水量可为 50%～2000%。

3. 土粒重力密度和土粒比重（土粒相对密度）

土粒重力密度 γ_s 是土粒所受重力 W_s 与土粒体积 V_s 之比，即

$$\gamma_s = \frac{W_s}{V_s} \tag{13.8}$$

土粒相对密度 G_s 是烘干土粒与同体积的 4℃ 纯水之间的质量比或重力比。如水的密度为 ρ_w，则

$$G_s = \frac{m_s}{M_w} = \frac{m_s}{V_s \cdot \rho_w} \tag{13.9}$$

测定土粒相对密度较多用比重瓶煮沸法，即将干土粒放入比重瓶，加蒸馏水煮沸除气，测得土粒排出水的体积，代入式（13.9）求得。如土中含有较多水溶盐、亲水性胶体，特别是有机质时，求得土粒排出水的体积偏小，因而所得土粒比重偏大，应以苯、煤油等中性液体替换蒸馏水。

土粒相对密度多在 2.65～2.75 之间。砂土约为 2.65，黏性土变化范围较大，以 2.65～2.75 最常见。如土中含铁锰矿物较多时，比重较大。含有机质较多的土粒比重较小，可能会降至 2.4 以下。

4. 孔隙比和孔隙率

孔隙比 e 是土中孔隙体积 V_v 与土粒体积 V_s 之比，即

$$e = \frac{V_v}{V_s} \tag{13.10}$$

孔隙率 n 是土中孔隙体积与（三相）土的体积 V 之比，一般用百分数表示：

$$n = \frac{V_v}{V} = \frac{V_v}{V_s + V_v} \times 100\% \tag{13.11}$$

孔隙比或孔隙率的大小反映了一定的土的松密程度。e 或 n 越大，土越松，反之则土越密。因为土受压力后，土粒体积几乎没有减小，由式（13.10）可知土体积的减少量（可看做孔隙体积的减小）与孔隙比减少量成正比，故一般用孔隙比计算比较方便。

孔隙比或孔隙率不能直接测得。现用土粒体积 V_s 为1的单元土三相简图（图13.6）推导孔隙比与上述基本指标的关系式。根据 γ_s 及 w 的定义，当土粒体积为1时，其 $W_s = \gamma_s \cdot 1$，这时水重为 $W_s \cdot w = \gamma_s \cdot w$，故其和为 $\gamma_s (1+w)$。又根据 e 及 γ 的定义，此单元土的体积应为 $1+e$，土重为 $\gamma(1+e)$。故 $\gamma_s(1+w) = \gamma(1+e)$，由此得

$$e = \frac{\gamma_s(1+w)}{\gamma} - 1 \quad (13.12)$$

孔隙率也可用同法得到。但孔隙率与孔隙比有固定关系，这从它们的定义可容易得到：

$$n = \frac{e}{1+e} \text{ 或 } n = \frac{n}{1-n} \quad (13.13)$$

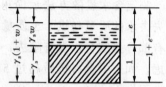

图13.6 土的三相含量及计算

孔隙比的变化范围很大，多在 0.25～4.0 之间。砂土一般为 0.5～0.8，黏性土一般为 0.6～1.2。少数近代沉积未经压实黏性土的 e 可大于4，泥炭一般为 5～15，有的高达 25。

5. 饱和度

土的饱和度 S_r 是土中水的体积 W_w 与孔隙体积 V_v 之比。其表达式及按单元三相简图导得关系式为

$$S_r = \frac{W_w}{V_v} = \frac{wG_s}{e} \quad (13.14)$$

饱和度多用小数表示，也有用百分数表示的。砂土的潮湿程度可根据其饱和度划分为稍湿（$S_r \leq 0.5$）、很湿（$0.5 < S_r \leq 0.80$）、饱和（$S_r > 0.8$）三种情况。完全饱和时 $S_r = 1$。

6. 土的饱和重力密度、浮重力密度、干重力密度

土的饱和重力密度是指 $S_r = 1$ 的饱和重度 γ_{sat}。根据定义并按单元三相简图可得：

$$\gamma_{sat} = \frac{\gamma_s + e\gamma_w}{1+e} \quad (13.15)$$

式中 γ_w——水的重力密度（单位体积水受到的重力）。

土的浮重力密度 γ' 是浸入水中受到浮力的土的重力密度。据其定义可得：

$$\gamma' = \gamma_{sat} - \gamma_w = \frac{\gamma_s - \gamma_w}{1+e} \quad (13.16)$$

土的干重力密度 γ_d（也有采用干密度 ρ_d 的）是单位体积土中的干土粒重。由单元三相简图得：

$$\gamma_d = \frac{W_s}{V} = \frac{\gamma_s}{1+e} = \frac{\gamma}{1+W} \quad (13.17)$$

在工程计算中，应根据具体情况采用不同状态的土的重力密度。例如：作为天然地基的土在地下水位以上部分应采用原状土的重力密度，在地下水以下部分，有的部门常采用浮重力密度，有的部门则可能还要根据土的透水性和工程特点等因素确定是采用浮重力密度还是采用饱和重力密度。

同工程有关的土一般都或多或少含有或多或少水分。但由式（13.17）可知：γ_d 越大 e 越小（γ_s 不变），即土越密实，故堤坝、路基、机场、填土地基等工程常以土压实后的干重度作为保证填土质量的指标。如填筑黏性土路堤，堤面以下 1.2m 以下要求达到 85%

~90%；而在填土地基，则一般应达到94%~97%。

【例 13.1】 某处而压实填土 7200m³，从铲运机卸下松土的重力密度为 15kN/m³，含水量为 10%，土粒相对密度为 2.7。求松土的孔隙比。如压实后含水量为 15%，饱和度为 95%，问共需松土多少立方米？并求压实土重力密度及干重力密度。

解：由三相简图（见图13.6）可导出三相指标关系式，从而可得：

松土孔隙比 $e = \dfrac{\gamma_s(1+w)}{\gamma} - 1 = \dfrac{2.7 \times 10 \times 1.1}{15} - 1 = 0.98$

压实土孔隙比 $e = \dfrac{V_w}{V_v} = \dfrac{wG_s}{S_r} = \dfrac{0.15 \times 2.7}{0.95} = 0.426$

共需松土 $V = 7200 \times \dfrac{1+0.98}{1+0.426} = 9997.2 \text{m}^3$

压实土重力密度 $\gamma = \dfrac{\gamma_s(1+w)}{1+e} = \dfrac{2.7 \times 10 \times 1.15}{1+0.426} = 21.77 \text{kN/m}^3$

压实土干重力密度 $\gamma_d = \dfrac{\gamma_s \cdot 1}{1+e} = \dfrac{2.7 \times 10 \times 1}{1+0.426} = 18.93 \text{kN/m}^3$

13.2.3 土的物理状态及基本指标

1. 无黏性土的密实度

无黏性土一般是指碎石土与砂土，天然状态下无黏性土的密实程度不一样，当为松散状态时，其压缩性与透水性较高，强度较低。当为密实状态时，其压缩性小，强度较高，为良好的天然地基。密实度是评定碎石土与砂土地基承载力的主要指标。

评定密实度的方法有多种，对于砂土可用相对密实度 D_r 来评定。相对密实度考虑了砂土的孔隙及级配因素，用下式计算：

$$D_r = \dfrac{e_{\max} - e}{e_{\max} - e_{\min}} \qquad (13.18)$$

式中 $e_{\max}$——土在最松散状态时的孔隙比即最大孔隙比；

$e_{\min}$——土在最密实状态时的孔隙比即最小孔隙比；

e——砂土的天然孔隙比。

根据 D_r 值可把砂土的密实度分为三种：

$$1 \geqslant D_r > 0.67 \text{ 密实}$$

$$0.67 \geqslant D_r > 0.33 \text{ 中密}$$

$$0.33 \geqslant D_r > 0 \text{ 松散}$$

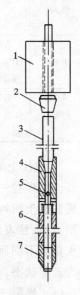

图 13.7 标准贯入试验设备
1—穿心锤；2—锤垫；3—触探杆；4—贯入器头；5—出水孔；6—贯入器身；7—贯入器靴

相对密实度的概念比较合理。但测定 $e_{\max}$ 和 $e_{\min}$ 的方法不够完善，且砂土的原状土不易取得，尤其是在地下水位以下的砂土，故天然孔隙比也难定准。这是相对密实度试验不足之处。

采用标准贯入试验可以避免上述缺点。试验方法的要点是用质量为 63.5kg 的穿心锤，以 760mm 的落距，把一个特制的对开式标准贯入器（图 13.7）按一定的要求打入土中，记录每打下 300mm 所需的锤击数，即 $N_{63.5}$ 或 N 值。根据实测平均的 $N_{63.5}$ 值即可划分砂土的密实程度（表 13.1）。

标准贯入试验锤击数 $N_{63.5}$ 划分砂土的密实（程）度　　　表 13.1

岩土工程勘察规范		铁路桥规	
	N		$N_{63.5}$
密实	>30	密实	30～50
中密	15<N≤30	中密	10～29
稍密	10<N≤15	稍松	5～9
松散	≤10	松散	
		极松	<5

碎石土是比砂土粒径更大的粗粒土，既难取原状土样，又不易打下标准贯入器，故一般在现场根据具体情况综合评定其密实程度，见表 13.2。

碎石土密实度野外鉴别方法　　　表 13.2

密实度	骨架颗粒含量和排列	可控性	可钻性
密实	骨架颗粒质量大于总质量的 70%，呈交错排列。连续接触	镐挖掘困难，用撬棍方能松动，井壁一般较稳定	钻进极困难，冲击钻探时钻杆、吊锤跳动剧烈，孔壁较稳定
中密	骨架颗粒质量等于总质量的 60%～70%，呈交错排列，大部分接触	锹镐可挖掘，井壁有掉块现象，从井壁取出大颗粒处，能保持颗粒凹面形状	钻进较困难，冲击钻探时钻杆吊锤跳动石剧烈、孔壁有坍塌现象
稍密	骨架颗粒质量小于总质量的 60%，排列混乱，大部分不接触	锹镐可以挖掘，井壁易坍塌，从井壁取出大颗粒后，砂性土立即坍落	钻进较容易，冲击钻探时，钻杆稍有跳动，孔壁易坍塌

2. 黏性土的物理特性

土的颗粒一般有砂粒、粉粒与黏粒混合而成的，当土中颗粒主要是黏粒成分时，则土呈现黏性土所特有的工程性质。例如由于颗粒较细，土的比表面大（单位体积的颗粒总表面积），颗粒表面与水相互作用的能力就较强；具有内聚力与灵敏度；此外，黏性土由于含水量的不同而具有不同的工程性质。随着含水量的增加，土可从固体状态经可塑状态而转为流塑状态，土的强度显著降低。现分述如下：

(1) 界限含水量

黏性土由某一种状态转入另一种状态时的分界含水量称为界限含水量。土由半固态转为固态的界限含水量称为缩限（w_s）。土由半固态转为可塑状态的界限含水量称为塑限（w_P），也称为塑性下限含水量。土由可塑状态转为流动状态的界限含水量称为液限（w_L），也可称塑性上限含水量（图 13.8）。

土中含有大量自由水时呈流动状态，即土粒由自由水分开。当水分减少到多数土粒为弱结合水分开，土粒在外力作用下可相互滑动而不产生颗粒间联系的破坏时，土呈可塑状态。可塑料状态的土可塑成各种形状而不发生裂缝，在外力除去后仍可保持原状。当弱

图 13.8　土的物理状态与含水量的关系

结合水减少而主要含水量强结合水时，土呈半固态。当土中只含有强结合水时，土呈固体状态。

(2) 液限与塑限的测定

黏性土液限的测定，常用锥式液限仪（图 13.9）。将 76g 重的平衡锥放在调匀的浓塑糊状土样的表面中心。靠自重下沉至深度 10mm 时的土中含水量即是液限。为避免放平衡锥时的操作误差，可用电磁放锥正好接触土样表面，然后关闭电源，使三角锥体自由下落土中。

黏性土塑限的测定，一般用搓条法。先将土样捏成小圆球，在毛玻璃上，用手掌搓成直径为 3mm 的细条。刚好开始裂开时的含水量即为塑限。但搓条法的操作误差较大。此外还可以按液限与塑限的相关关系，利用锥式液限仪与搓条法联合测定液限与塑限，最后确定塑限，这种方法称联合测定法。

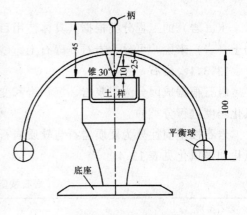

图 13.9 锥式液限仪

(3) 塑性指数和液性指数

塑性指数是液限与塑限的差值，表示土的可塑性范围，即

$$I_P = w_L - w_P \tag{13.19}$$

式中 I_P——塑性指数；
w_L——液限（%）；
w_P——塑限（%）。

塑性指数愈高，即液限与塑限差值愈大（计算时不带%符号），表示土中细粒含量增多，含水量范围增大，土的黏性与可塑性愈好。工程上常以塑性指数对土进行分类。

塑性指数 $I_P > 10$ 的土为黏性土；$10 < I_P \leqslant 17$ 为粉质黏土；$I_P > 17$ 为黏土。

对于塑性指数 $I_P \leqslant 10$ 的土，《工业与民用建筑地基基础设计规范》将该土列为粉土。

液性指数 I_L 是判别黏性土的软硬程度的指标，又称稠度。用下式表示：

$$I_L = \frac{w - w_P}{w_L - w_P} = \frac{w - w_P}{I_P} \tag{13.20}$$

式中，w 表示土的天然含水量。

从上式看出，当 $w < w_P$ 时，$I_L < 0$，土为坚硬状态。当 $w > w_P$ 时，$I_L > 1$，土为流动状态。当 w 在 w_P 与 w_L 之间即 I_L 在 0 与 1 之间时为可塑状态。工程上根据 I_L 值将黏性土分为五种软硬状态：

坚硬　　　$I_L \leqslant 0$
硬塑　　　$0 < I_L \leqslant 0.25$
可塑　　　$0.25 < I_L \leqslant 0.75$
软塑　　　$0.75 < I_L \leqslant 1$
流塑　　　$I_L > 1$

13.3 土的工程分类

土（岩）的工程分类根据其具体使用目的不同有不同的分类方法。对于作为建筑地基的土（岩）来说，可分为岩石、碎石土、砂性土、粉土、黏性土和人工填土几大类。

13.3.1 岩石

岩石根据成因分为岩浆岩、沉积岩和变质岩。作为建筑地基的岩石是根据其坚固性和风化程度进行分类的。

岩石按坚固性分为硬质岩石与软质岩石（表13.3）；岩石按风化度分为微风化、中等风化和强风化见表13.4。

岩石按坚固性的划分　　　　　　　　　　　　　　　　表 13.3

岩石类别	代表性岩石
硬质岩石	花岗岩、花岗片麻岩、闪长岩、玄武岩、石灰岩、石英砂岩、石英岩、硅质砾岩等
软质岩石	页岩、黏土岩、绿泥石片岩、云母片岩等

岩石风化程度的划分　　　　　　　　　　　　　　　　表 13.4

风化程度	特　征
微风化	岩质新鲜，表面稍有风化迹象
中等风化	1. 结构和构造层理清晰 2. 岩体被节理、裂隙分割成块状（200～500mm），裂隙中填充少量风化。锤击声脆，且不易击碎 3. 用镐难挖掘，岩芯钻方可钻进
强风化	1. 结构和构造层理不甚清晰，矿物成分已显著变化 2. 岩体被节理、裂隙分割成碎石状（20～20mm），碎石用手可以折断 3. 用镐可以挖掘，手摇钻不易钻进

13.3.2 碎石土

粒径大于2mm的颗粒含量超过全重50%的土为碎石土。根据粒组含量及形状分为漂石（块石）、卵石（碎石）、圆砾（角砾）等（表13.5）。

碎石土分类　　　　　　　　　　　　　　　　　　　　　表 13.5

土的名称	颗粒形状	粒组含量	土的名称	颗粒形状	粒组含量
漂石	圆形及亚圆形为主	粒径大于200mm的颗粒超过全重50%	圆砾	圆形及亚圆形为主	粒径大于2mm的颗粒超过全重50%
块石	棱角形为主		角砾	棱角形为主	
卵石	圆形及亚圆形为主	粒径大于20mm的颗粒超过全重50%			
碎石	棱角形为主				

13.3.3 砂土

粒径大于2mm颗粒含量不超过全重50%，粒径大于0.074%的颗粒超过全重50%的土为砂土。根据粒组含量分为砾砂、粗砂、中砂、细砂和粉砂（见表13.6）。

砂 土 分 类　　　　表 13.6

土的名称	粒组含量	土的名称	粒组含量
砾砂	粒径大于 2mm 的颗粒占全重 25%～50%	细砂	粒径大于 0.074mm 的颗粒超过全重 85%
粗砂	粒径大于 0.5mm 的颗粒超过全重 50%	粉砂	粒径大于 0.074mm 的颗粒超过全重 50%
中砂	粒径大于 0.25mm 的颗粒超过全重 50%		

砂性土湿度根据饱和度 S_r（%）分为：

稍湿　　$S_r \leqslant 50$

很湿　　$50 < S_r \leqslant 80$

饱和　　$S_r > 80$

13.3.4 粉土

塑性指数 I_P 小于或等于 10，粒径小于 0.074mm 的颗粒含量不超过全重 50% 的土为粉土。粉土的湿度根据饱和度 S_r（%）分为：

稍湿　　$S_r \leqslant 50$

很湿　　$50 < S_r \leqslant 80$

饱和　　$S_r > 80$

粉土的密实度根据天然孔隙比 e 分为：

密实　　$e < 0.7$

中密　　$0.7 \leqslant e < 0.85$

稍密　　$e \geqslant 0.85$

13.3.5 黏性土

塑性指数 I_P 大于 10 的土为黏性土。

1. 黏性土

根据沉积的年代不同有老黏性土（第四纪晚更新世 Q_3 及其以前沉积的黏性土）、一般黏性土（第四纪全新世 Q_4 沉积的黏性土）及新近沉积的黏性土。在湖、塘、沟、谷与河漫滩地段新近沉积的黏性土（包括粉土），一般未经充分压实（欠固结）、强度低，故工程性能较差。而老黏性土一般具有较高的强度和较低的压缩性，故工程性能通常较好。黏性土的分布面积广，为最常见的一种土。黏性土按塑性指数分为黏土和粉质黏土。当塑性指数 $I_P > 17$ 时称为黏土；$10 < I_P \leqslant 17$ 时称为粉质黏土。

2. 淤泥和淤泥质土

在静水或缓慢的流水环境中沉积，经生物化学作用形成，天然含水量 w 大于液限 w_L，天然孔隙比 e 大于 1.5 的黏性土称为淤泥。而当天然孔隙比小于 1.5 但大于 1 时为淤泥质土。我国沿海一带有大面积淤泥和淤泥质土，内陆各地的河流下游、湖泊与沼泽地区也有分布。淤泥和淤泥质土的主要特点是强度低、压缩性高、透水性差、压实所需时间很长。

3. 红黏土

北纬 33°以南，碳酸盐岩系出露区的岩石，经红土化作用形成的棕红、褐黄等色的高塑性黏土称为红黏土。其液限 w_L 大于 50，上硬下软，具明显的收缩性，裂隙发育。经再搬运后仍保留红黏土基本特征，液限 w_L 大于 45 的土称为次生红黏土。

红黏土土层厚度变化较大，在土层的上部处于硬塑或坚硬状态，土的工程性质较好。

虽然天然孔隙比较大，含水量较高，但仍具有较高的强度和较低的压缩性。

13.3.6 人工填土

人工填土是指由于人类活动而堆填的土。成分复杂，均匀性差，堆积时间不同，故用作地基时应慎重对待。

人工填土可分为：

1. 素填土

由碎石土、砂土、粉土、黏性土等组成的填土。经分层压实者统称为压实填土。

2. 杂填土

含有建筑垃圾、工业废料、生活垃圾等杂物的填土。

3. 冲填土

由水力冲填泥砂形成的填土。

地基土定名时，对于碎石土、砂土可根据粒组含量由大到小以最先符合者确定。

【例 13.2】 已知某土样不同粒组的重量占全重的百分比如下：粒径 5~2mm 占 3.1%，2~1mm 占 6%，1~0.5mm 占 41.5%，0.25~0.074mm 占 30%，0.074~0.05mm 占 5%，全重为 100%（粒径级配曲线见图 13.2 中曲线 a），试定土的名称。

解：由土的颗粒分析，粒径大于 2mm 的占全重的 3.1%＜25% 不属于砾砂，粒径大于 0.5mm 的占全重的 23.5%（14.4%＋6%＋3.1%）＜50% 不属于粗砂，粒径大于 0.25mm 的占全重的 65%（41.5%＋14.4%＋6%＋3.1%）＞50%，故该土样的名称为中砂。

【例 13.3】 某土样的天然含水量 $w(\%)=46.2$，天然重力密度 $\gamma=17.15\text{kN/m}^3$，土粒比重 $G_S=2.74$，液限 $w_L(\%)=42.4$，塑限 $w_P(\%)=22.9$，确定该土样的名称。

解：塑性指数 $I_P = w_L - w_P = 42.4 - 22.9 = 19.5$

液性指数 $I_L = \dfrac{w - w_P}{w_L - w_P} = \dfrac{46.2 - 22.9}{19.5} = 1.19$

孔隙比 $e = \dfrac{\gamma_s(1+w)}{\gamma} - 1 = \dfrac{G_s \gamma_w (1+w)}{\gamma} - 1 = \dfrac{2.74 \times 10 \times 1.462}{17.15} - 1 = 1.30$

因 $I_P > 17$，$I_L > 1$ 为黏土处于流塑状态，又因 $w > w_L$，$1.5 > e > 1$，故该土定名为淤泥质黏土。

13.4 土 中 应 力

地基土在自重及基础传来的荷载作用下，在地基中产生应力。按产生的原因和作用效果的不同，可分为自重应力和附加应力。

自重应力是由土中自重力所引起的应力。对长期形成的天然土而言，土在自重应力作用下，其沉降早已稳定，不会引起新的变形。在地基变形计算中，自重应力的作用效果多属于这一种。所以自重应力又称为常驻应力或原存应力。

附加应力是指建筑物荷载或其他外荷载作用于土体上时，在土中引起的应力增量。显然，附加应力将使地基产生新的变形。附加应力过大，地基还可能因强度不够而丧失稳定性，使土体遭到破坏。

因此，土体中任意点的地基应力等于自重应力与附加应力之和。

在实际应用中，地基应力用得较多的是竖向正应力，下面主要介绍竖向正应力的计算。

13.4.1 自重应力计算

在计算自重应力时，假定土体为半无限体，即土体的表面尺寸和深度都是无限大，这样，土中某点的自重应力将只与该点的深度有关。如图 13.10 所示，设土中某点 M 距地面的深度为 Z，土的重力密度为 γ，作用于 M 点竖向正应力 σ_{cz}。可在 M 点平面内取截面积 ΔA，然后以 ΔA 为底，截取高度为 z 的土柱。由于土体为半无限体，土的 4 个竖直面都是对称面，对称面上无剪应力作用，因此作用在 ΔA 的土压力就等于该土柱的重力，即 $\gamma z \Delta A$，于是 M 点的竖向自重应力为：

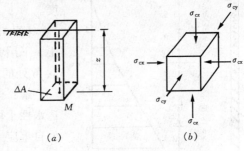

图 13.10　自重应力
(a) 土柱；(b) 应力单元体

$$\sigma_{cz} = \frac{\gamma z \Delta A}{\Delta A} = \gamma z, \quad \text{kPa} \tag{13.21}$$

式中　γ——土的重力密度，kN/m^3；

Z——计算点的深度，m；

M 点水平方向自重应力为：

$$\sigma_{cx} = \sigma_{cy} = \xi \gamma z, \quad \text{kPa} \tag{13.22}$$

式中　ξ——土的侧压力系数，与土的类别与状态有关。

由式（13.20）、式（13.21）可见，在匀质土中，自重应力均与深度 z 成正比。实际计算中，竖向应力用得较多若没有特别说明，自重应力均指竖向应力且用 σ_c 表示。

一般地基常为非匀质成层土，即由重力密度不同的多层土组成，计算时应考虑不同土层的影响，如图 13.11 所示，各土层底面上的竖向自重应力为：

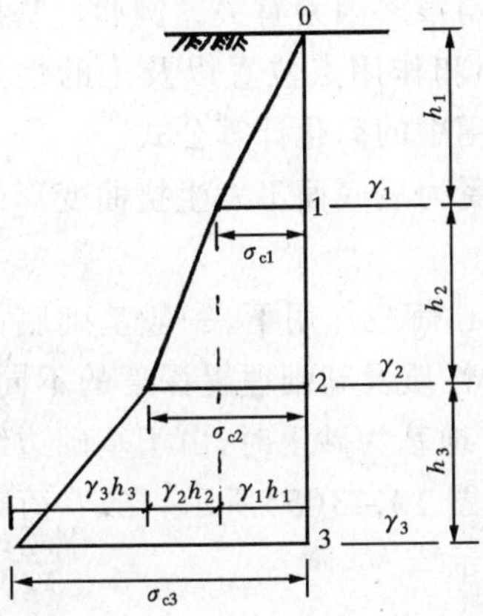

$$\sigma_{c1} = \gamma_1 h_1 \tag{13.23}$$

$$\sigma_{c2} = \gamma_1 h_1 + \gamma_2 h_2 \tag{13.24}$$

$$\sigma_{c3} = \gamma_1 h_1 + \gamma_2 h_2 + \gamma_3 h_3 \tag{13.25}$$

式中　γ_1、γ_2、γ_3——分别为第 1、2、3 层土的重力密度；

h_1、h_2、h_3——分别为第 1、2、3 层土层的厚度。

图 13.11　成层土的自重应力分布线

为书写方便，任意 i 层面的竖向自重应力可用下式表示：

$$\sigma_{ci} = \sum_{i=1}^{n} \gamma_i h_i \tag{13.26}$$

可见，一般地基的自重应力应当用自上而下逐层累计的方法进行计算。

计算自重应力时，对于地面水或地下水位以下的土层，若为透水性（如砂、碎石类土及液性指数 $I_L \geqslant 1$ 的黏性土等），应考虑水的浮力作用，即式中 γ 要用浮重度 γ'；若为非

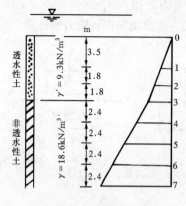

图 13.12 例 13.4 图示

透水性（如 $I_L<1$ 的黏土、$I_L<0.5$ 的亚砂土及致密的岩石等），可不考虑水的浮力作用，即采用天然重力密度。

【例 13.4】 图 13.12 所示的土层，上层为透水性土，下层为非透水性土，求河底处及点 1、2、3、4、5、6 处的竖向自重应力，并绘出应力分布线。

解：竖向自重应力按式（13.26）计算，其中水下透水性土用浮重力密度 γ'，非透水性土则用 γ，河底处自重应力为零，其他各点为：

点 $1\sigma_{c1} = \gamma' h = 9.3 \times 3.5 = 32.6$ kPa

点 $2\sigma_{c2} = \gamma'(h_1+h_2) = 9.3 \times 5.3 = 49.3$ kPa

点 $3\sigma_{c3} = \gamma'(h_1+h_2+h_3) = 9.3 \times 7.1 = 66.0$ kPa

点 $4\sigma_{c4} = \gamma'(h_1+h_2+h_3) + \gamma h_4 = 66.0 + 18.6 \times 2.4 = 110.6$ kPa

点 $5\sigma_{c5} = 66.0 + 18.6 \times 4.8 = 155.3$ kPa

点 $6\sigma_{c6} = 66.0 + 18.6 \times 7.2 = 199.9$ kPa

点 $7\sigma_{c7} = 66.0 + 18.6 \times 9.6 = 244.6$ kPa

由各点的计算结果，按一定比例可绘出应力分布线，见图 13.12。

13.4.2 基础底面的压力分布

作用于地基上的外荷载，通常是通过建筑物基础传递的，基础底面压力分布情况如何，将会影响土中附加主应力的分布，所以为了计算土中附加主应力，必须首先搞清在荷载作用下基础底面具体的压力分布情况。这种压力分布情况与很多因素有关，例如：基础刚度、基础底面形状和尺寸、基础埋置深度、荷载合力大小和作用点位置以及土的性质等。下面介绍刚性基础底面压力分布的概念，及其在实际应用中的简化计算公式。

所谓刚性基础是指本身刚度相对于地基土来说很大，在受力后底面不发生挠曲变形的基础。一般桥梁中采用的圬工基础就是属这一类。

当基础底面为对称形状（如矩形、圆形）时，刚性基础在中心荷载作用下，一般基础底面压力分布呈马鞍形，如图 13.13(a) 所示。随着荷载大小、土的性质及基础埋置深度的不同，其分布图形还可能变化。如荷载较大或基础埋置深度较小、或地基为砂土时，由于基础边缘土的挤出而使边缘压力减小，基底压力分布将呈抛物线形，如图 13.13(b) 所示。随着荷载的继续增大，基底压力分布可发展成倒钟形，如图 13.13(c) 所示。

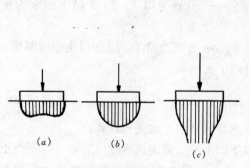

图 13.13 刚性基础底面压力分布

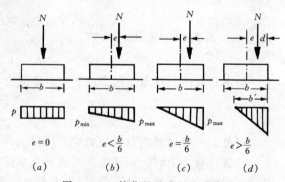

图 13.14 简化的基底压力分布

上述情况将使土中附加应力计算变得十分复杂。但理论和实验都已证明：在荷载合力大小和作用点不变的前提下，基底压力分布形状对土中附加应力分布的影响，在超过一定深度后就不显著了。因此，在实际计算中，可以假定基底压力分布呈直线变化，这样就大大简化了土中附加应力的计算。根据这个假定，基础底面压应力分布图形如图13.14所示，可用下列公式计算基底压应力值。

中心荷载作用时：

$$p = \frac{N}{A} \tag{13.27}$$

式中　p——基础底面压力，kPa；
　　　N——作用于基底中心上的竖向荷载合力，kN；
　　　A——基础底面积，m²。

偏心荷载作用时，当合力作用点不超过基底截面核心时，可按材料力学的偏心受压公式计算：

$$\left.\begin{array}{l} p_{\max} \\ p_{\min} \end{array}\right\} = \frac{N}{A} \pm \frac{M}{W} = \frac{N}{A} \pm \frac{Ne}{W} \tag{13.28}$$

式中　$p_{\max}$、$p_{\min}$——基底边缘处压应力，kPa；
　　　N、A——同前；
　　　M——偏心荷载对基底形心的力矩，kN·m；
　　　e——荷载偏心距，$e = \frac{M}{N}$，m；
　　　W——基础底面的截面抵抗矩，m³。

对长度为 a、宽度为 b 的矩形底面，$A = ab$，$W = \frac{ab^2}{6}$，故当 $e \leqslant \rho = \frac{b}{6}$ 时，基底边缘应力也可写成：

$$\left.\begin{array}{l} p_{\max} \\ p_{\min} \end{array}\right\} = \frac{N}{ab}\left(1 \pm \frac{6e}{b}\right) \tag{13.29}$$

13.4.3　附加应力计算

土中附加应力是由建筑物荷载在地基内引起的应力，通过土粒之间的传递，向水平与深度方向扩散，附加应力逐渐减少。如图（13.15）所示。

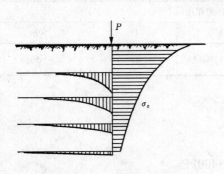

图 13.15　土中附加应力扩散

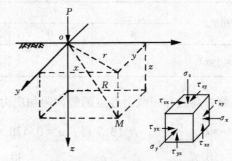

图 13.16　半无限体表面受集中力作用时的应力

土中附加应力的计算方法有两种，一种是弹性理论方法，一种是应力扩散角方法。弹性理论方法是假定地基为半无限均质弹性体，用弹性力学公式求解。下面介绍用弹性理论计算集中荷载作用下土中附加应力的计算。

当一个集中力垂直作用于均匀的、各向同性的半无限弹性体的表面时，弹性体内任意点 M 的应力计算，首先由法国的 J·布辛奈斯克解出，称布辛奈斯克公式。

如图 13.16 所示，xoy 叫平面为地面，M 点的坐标为 (x, y, z)，其竖向正应力：

$$\sigma_z = \frac{3}{2\pi\left[1+\left(\frac{r}{z}\right)^2\right]^{5/2}} \times \frac{P}{z^2} = \alpha \frac{P}{z^2} \text{（kPa）} \tag{13.30}$$

式中　P——集中荷载，kN；

　　　z——M 点距弹性体表面的深度，m；

　　　r——M 点到力 P 的作用点 O 的水平距离，$r = \sqrt{x^2+y^2}$（m）；

　　　α——应力系数，可由 r/z 值查表 13.7。

集中力作用下竖向应力系数　　　　表 13.7

$\frac{r}{z}$	α	$\frac{r}{z}$	α	$\frac{r}{z}$	α	$\frac{r}{z}$	α
0	0.478	0.9	0.108	1.8	0.013		
0.1	0.466	1.0	0.084	1.9	0.010	2.7	0.002
0.2	0.433	1.1	0.065	2.0	0.008	2.8	0.002
0.3	0.385	1.2	0.051	2.1	0.007	2.9	0.002
0.4	0.329	1.3	0.040	2.2	0.006	3.0	0.001
0.5	0.273	1.4	0.032	2.3	0.005	3.2	0.001
0.6	0.221	1.5	0.025	2.4	0.004	3.5	0.0007
0.7	0.176	1.6	0.020	2.5	0.003	4.0	0.0003
0.8	0.139	1.7	0.016	2.6	0.003	5.0	0.0001

【例 13.5】　作用在地面上的集中荷载 $P = 30\text{kN}$，试求 P 的作用线上 A、B、C、D、E 各点的竖向附加应力，A、B、C、D、E 各点位置见表 13.8。

表 13.8

所求点	在 P 的作用线上				
	A	B	C	D	E
z (cm)	1	7	14	28	56

解：荷载作用线上各点的竖向附加应力：

$r = 0$，$\frac{r}{z} = 0$，查 13.7 得：$\alpha = 0.478$

A 点的应力：$\sigma_z = \alpha \frac{P}{z^2} = 0.478 \times \frac{30}{0.01^2} = 143400\text{kPa}$

其余各点列于表 13.9 计算。由表 13.9 所得结果可绘出力作用线下的 σ_z 分布线图。

表 13.9

项目 所求点		r (m)	z (m)	α	σ_z (kPa)	附加应力 σ_z 分布曲线
P 的作用线上	A	0	0.01	0.478	143400	
	B		0.07		2927	
	C		0.14		732	
	D		0.28		183	
	E		0.56		46	

13.5 地基抗剪强度及容许承载力

土体在荷载作用下，不仅会产生压缩变形，而且还会产生剪切变形，剪切变形的不断发展，可使土体发生剪切破坏，即丧失稳定性。剪切破坏的特征是土体中的一部分与另一部分沿着某一裂面发生相对滑动。剪切破坏对工程建筑的危害相当严重。图 13.17 列举了几种例子：由于土体失稳，路堤出现滑坡、路堑边坡坍塌及挡土墙产生倾覆或滑动；而地基的失稳则可导致建筑物倾倒和破坏（图中虚线表示剪裂滑动面）。产生这些现象的主要原因是土的强度不够。工程实践和室内试验都证实了这一点：土体的强度破坏都是剪切破坏。因此，土的强度实质上就是指土的抗剪强度。它是土体抵抗剪切破坏的极限能力。

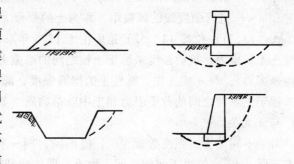

图 13.17 工程中的强度问题

13.5.1 直接剪切试验测定土的强度指标

测定土的抗剪强度的常用方法有直接剪切试验、无侧限压缩试验、三轴剪切试验、十字板剪切试验等。其中直接剪切试验是最简便、应用也最广泛的一种试验方法。

直接剪切试验的主要仪器是直接剪切仪，其中剪切盒部分如图 13.18 所示。剪切盒分上盒和下盒两部分，上盒固定，下盒底部有滚珠可以移动。用固定销把上、下盒位置固定起来，将环刀切取的土样推入剪切盒，拔去固定销，通过传压活塞向土样施加竖向压应力 σ。然后等速转动手轮，推动下盒，即可向土样施加水平剪力。剪应力 τ 的大小由百分表显示的测力计变形量换算确定。随着上、下盒间相对位移的增大，土样的剪切变形和剪切面上的剪应力也随之增大，当土样被剪切破坏时，所测得的剪应力 τ 的最大值，即为该土样在正应力 σ 作用下的抗剪强度 τ_f。重复取 4~5 个相同的试样做试验，每次分别施加不同的竖向压应力 σ_1、σ_2、σ_3…，可得到相应的抗剪强度 τ_1、τ_2、τ_3…。以正应力为横坐标，抗剪强度 τ_f 为纵坐标，把试验所得数据点绘到坐标图上，如图 13.19 所示。通过点群重心，可绘出一条直线，称抗剪强度线，以近似地表示 $\tau_f - \sigma$ 的关系。其表达式为：

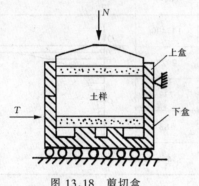

图 13.18 剪切盒

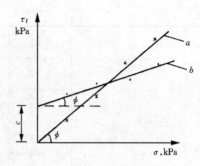

图 13.19 抗剪强度线
(a) 砂土；(b) 黏性土

砂土　　$\tau_f = \sigma \cdot \text{tg}\phi$ (13.31)

黏性土　$\tau_f = \sigma \cdot \text{tg}\phi + c$ (13.32)

式中　τ_f——土的抗剪强度，kPa；

σ——作用于剪切面上的法向应力，kPa；

$\text{tg}\phi$——抗剪强度线的斜率，称为土的内摩擦系数；

ϕ——抗剪强度线的倾角，称为土的内摩擦角，(°)；

c——抗剪强度线的纵截距，称为土的凝聚力，kPa。

式(13.31)和式(13.32)是库伦于 1776 年总结出来的，故称为库伦定律。它说明：砂性土无凝聚力，抗剪强度来源于土粒之间的摩擦力（因为摩擦力来源于土体内部，故称为内摩擦力），与 σ 成正比；黏性土的抗剪强度，除内摩擦力外，还有凝聚力，凝聚力主要来源于土颗粒之间的分子引力和土中胶结物质（如硅、铁、碳酸盐等）对土粒的胶结作用，与 σ 无关。

对于不同的土，强度指标 ϕ、c 值不同；同一种土，若物理状态（如密度、含水量等）不同，ϕ、c 值也不相同；同一种土，即使物理状态相同，若受力后的固结情况不同时，ϕ、c 值也会有变化。因此，严格地说，对同一种土，ϕ、c 值也非常数。

根据有效应力原理可知，作用在土样剪切面上的总应力为有效应力与孔隙水压力之和。在外荷载作用下，随着时间的延长，孔隙水压力逐渐减小，有效应力不断增加。孔隙水压力作用在土中自由水上，与土粒间的内摩擦力无关；只有作用在土颗粒上的有效应力，才能产生土体间的内摩擦力。因此，土的抗剪强度试验条件不同，土中孔隙水排出的程度不同，有效应力的大小不同，测得的 ϕ、c 值也不同。工程上根据实际地质情况和孔隙水压力消散程度，采用三种不同的试验方法。

1. 快剪

土样在承受竖向压力后，立即快速把土样剪坏（剪切速率为 9.8mm/min），整个试验过程时间很短，孔隙水压力来不及消散，土样不能排水固结，试验前后含水量基本不变。当地基土为较厚的饱和黏土，工程施工进度又快，土体将在没有排水固结的情况下承受荷载时，宜用此法。快剪测得的 τ_f 较小。

2. 慢剪

土样在竖向压力作用下,让其充分排水固结,在土样压缩稳定后,再缓慢施加水平剪力把土样剪坏(剪切速率为0.02mm/min)。在剪切过程中,允许孔隙水排出。慢剪测得的τ_f较大。当地基土排水条件良好(如砂土或砂土中夹有较薄的黏性土层),土体易在较短时间内固结,且工程施工速度相对较慢时,可选用此法。

3．固结快剪

土样在竖向压力作用下,让其充分排水固结,在土样压缩稳定后,再快速把土样剪坏(剪切速率为0.8mm/min),剪切前后含水量基本不变。固结快剪测得的τ_f介于上述两者之间。当建筑物在施工期间允许土体充分排水固结,但完工后可能有突然增加的活荷载作用时,宜用此法。

13.5.2 荷载试验及压力-沉降曲线

建筑物的建造,导致地基中应力变化,使地基产生变形,建筑物基础产生竖向变位,这种竖向变位,一般称为沉降。为了反映地基土受压后的变形情况,可以在建筑现场通过荷载试验测得地基土的压缩变形指标。实际上荷载试验是一种基础的加载模拟试验。

荷载试验主要步骤是:在拟修基础的地点开挖基坑,使基坑深度等于基础的埋置深度,然后在坑底安置刚性承压板、加载设备和量测地基变形的仪器,如图13.20所示。上面为加载平台可堆放钢块、石块、沙箱和水箱等重物。加载平台与承压板之间放千斤顶,用来对承压板进行加载,承压板的沉降值用测微表量测。

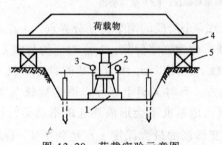

图 13.20 荷载实验示意图
1—承压板;2—千斤顶;3—测微表;
4—钢梁;5—枕木垛

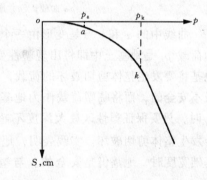

图 13.21 p-s 曲线图

用p表示承压板的压力强度,s表示承压板的稳定沉降量,由试验结果可以绘出p-s曲线,或称压力-沉降曲线,如图13.21所示。

13.5.3 地基容许承载力

地基容许承载力是指在保证地基不发生剪切破坏且基础沉降量不超过允许值时,地基上单位面积上所能承受荷载的能力,单位kPa,用$[\sigma]$表示。正确评定地基容许承载力,是合理进行基础设计的前提,也是土力学理论中的重要课题之一。

1．地基变形破坏分析

确定地基承载力,首先要分析地基的变形破坏过程。根据荷载试验结果,结合p-s曲线,如图13.22(a)所示,可以把地基变形破坏分为三个阶段。

(1)压密阶段:相应于曲线上的oa段,近于直线关系。此阶段地基中各点的剪应力均小于地基土的抗剪强度,地基土处于弹性平衡状态(如图13.22(b))。基础沉降的主要原因是土颗粒互相挤密、孔隙减小,地基土产生压缩变形。

(2) 局部剪切阶段：相应于 p-s 曲线上的 ak 段。在此阶段，变形的增加率随荷载的增加而增大，p-s 曲线向下弯曲。其原因是在地基土中的局部区域内，发生了剪切变形（如图 13.22 (c)）。这些区域称为塑性变形区。随着荷载的增加，地基土中塑性变形区的范围逐渐增大。

(3) 破坏阶段：相应于 p-s 多曲线上的 kc 段。当荷载增加到某一极限值时，地基变形突然增大，说明地基土中的塑性变形区已形成了与地面贯通的连续滑动面（如图 13.22 (d)）所示），地基土向基础的一侧或两侧挤出，地面隆起，地基整体失稳，基础急剧下沉。

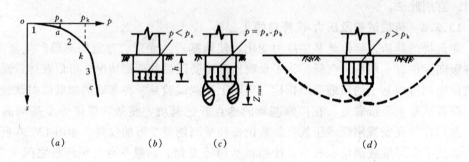

图 13.22 地基变形三个阶段
(a) p-s 曲线；(b) 压密阶段；(c) 局部剪阶段；(d) 破坏阶段

曲线中的 a 和 k 点是变形由一个阶段过渡到另一个阶段的两个特征分界点。a 点对应的荷载 p_a 是地基土中即将出现塑性变形区的荷载，称为临塑荷载；k 点对应的荷载 p_k 是地基将要发生整体剪切破坏的荷载，称为极限荷载。显然以 p_k 作为地基的容许承载力是极不安全的，而将临塑荷载作为地基的容许承载力，有时又偏于保守，因为荷载 p 大于 p_a 时，只要保证塑性区最大深度不超过某一界限，地基就不会形成连通的滑动面，就不会发生整体剪切破坏。实践表明，地基土中塑性变形区的最大深度 z_{max} 达到 1/4~1/3 的基础宽度时，地基仍是安全的。与塑性区最大深度 z_{max} 相对应的荷载强度，称为临界荷载。

2. 地基承载力理论公式

(1) 临塑荷载及临界荷载

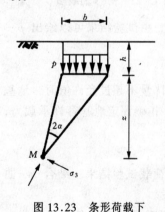

图 13.23 条形荷载下的地基应力

对于宽度为 b、埋置深度为 h 的条形基础（如图 13.23）。假定地基土是匀质的，作用于地基表面的均布荷载为 p，附加应力则为 p-γh。

在土中任意点 M，在土体自重引起的竖向应力 $\gamma(h+z)$，水平方向应力 $\xi\gamma(h+z)$（其中 ξ 为土的侧压力系数，假定 ξ=1）作用下，处于极限平衡状态，其临界荷载为：

$$p_a = N_q \gamma h + N_c c \tag{13.33}$$

式中 $N_q = \dfrac{\operatorname{ctg}\phi + \phi + \dfrac{\pi}{2}}{\operatorname{ctg}\phi + \phi - \dfrac{\pi}{2}}$，$N_c = \dfrac{\pi \operatorname{ctg}\phi}{\operatorname{ctg}\phi + \phi - \dfrac{\pi}{2}} c$

承载力系数 N_q、N_c 均为 ϕ 的函数，可由表 13.10 查得。

承载力系数　　　　　　　　　表 13.10

ϕ	0°	5°	10°	15°	20°	25°	30°	35°	40°	45°
N_b	0	0.08	0.18	0.32	0.51	1.78	1.15	1.68	2.46	3.66
N_q	1.00	1.32	1.73	2.30	3.06	4.11	5.59	7.71	10.84	15.64
N_c	3.14	3.61	4.17	4.84	5.66	6.67	7.95	9.58	11.73	14.64

若地基中允许塑性区发展的深度 $Z_{max} = \dfrac{b}{4}$ 时，其相应的临界荷载，用 $p_{1/4}$ 表示：

$$p_{1/4} = N_b \gamma b + N_q \gamma h + N_c c \tag{13.34}$$

式中　$N_b = \dfrac{\pi}{4\left(\operatorname{ctg}\phi + \phi - \dfrac{\pi}{2}\right)}$，$N_q$、$N_c$ 意义同前。

承载力系数 N_b、N_q、N_c 可由表 13.10 查得。

(2) 极限荷载

极限荷载是地基即将失去稳定性，土即将从基底被挤出时，作用于地基上的荷载强度。到目前为止，已有很多极限荷载的计算公式，但多限于条形荷载和匀质地基。这里只介绍一种修正的普朗特公式，作为极限荷载理论公式的例子，这个公式针对均布条形

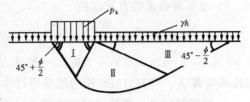

图 13.24　地基剪切破坏形式

荷载、匀质地基且假定基础和地基之间无摩擦力、地基破坏时滑裂面由两个平面和对数螺旋曲面组成，如图 13.24 所示，再根据土体Ⅰ、Ⅱ、Ⅲ三部分之间相互间力系平衡的原理导出。修正的普朗特公式的最后结果：

$$p_k = N_b \gamma b + N_q \gamma h + N_c c \tag{13.35}$$

式中　$N_b = \dfrac{1}{2}\operatorname{tg}\left(45° + \dfrac{\phi}{2}\right)\left[\operatorname{tg}^2\left(45° + \dfrac{\phi}{2}\right)e^{\pi \operatorname{tg}\phi} - 1\right]$；

$N_q = \operatorname{tg}^2\left(45° + \dfrac{\phi}{2}\right)e^{\pi \operatorname{tg}\phi}$；

$N_c = \operatorname{ctg}\phi\left[\operatorname{tg}^2\left(45° + \dfrac{\phi}{2}\right)e^{\pi \operatorname{tg}\phi} - 1\right]$。

极限承载力系数 N_b、N_q、N_c 可查表 13.11。

修正的普朗特公式承载力系数　　　　　　表 13.11

ϕ	0°	5°	10°	15°	20°	25°	30°	35°	40°	45°
N_b	0	0.31	0.88	1.92	3.86	7.58	15.1	31.0	67.8	162
N_q	1.00	1.57	2.47	3.94	6.40	10.7	18.4	33.3	64.2	135
N_c	5.14	6.49	8.34	11.0	14.8	20.7	30.1	46.1	75.3	134

(3) 利用理论公式确定地基容许承载力

从荷载试验的 $p\text{-}s$ 曲线分析中，我们已经知道：临塑荷载 P_a 或临界荷载 $p_{1/4}$ 均能作为地基容许承载力；极限荷载 p_k 必须具有足够的安全储备，即取 p_k/K 作为地基许承载力，其中 K 为安全系数，一般用 2~3。比较以上两种结果，宜取两者的较小值作为地基容许

承载力。

【例 13.6】 某条形基础，底面宽 $b=1.0$m，埋置深度 $h=2.0$m，地基土的重度 $\gamma=19.0$kN/m³，$\phi=25°$，$c=30$kPa，试按理论公式计算地基承载力，并提出地基容许承载力的建议值。

解：1）计算临塑荷载和临界荷载

由 $\phi=25°$ 查表 13.10：$N_b=0.78$，$N_q=4.11$，$N_c=6.67$；由式（13.33）得：

$$p_a = N_q \gamma h + N_c c = 4.11 \times 19 \times 2.0 + 6.67 \times 30 = 356.3 \text{kPa}$$

由式（13.34）得：

$$p_{1/4} = N_b \gamma b + N_q \gamma h + N_c c = 0.78 \times 19 \times 1.0 + 356.3 = 371.1 \text{kPa}$$

2）计算极限荷载

由 $\phi=25°$ 查表 13.11：$N_b=7.58$，$N_q=10.7$，$N_c=20.7$；由式（13.35）得：

$$p_k = N_b \gamma b + N_q \gamma h + N_c c = 7.58 \times 19 \times 1.0 + 10.7 \times 19 \times 2.0 + 20.7 \times 30 = 1171.6 \text{kPa}$$

3）地基容许承载力建议值

取安全系数 $K=3.0$，$\dfrac{p_k}{K} = \dfrac{1171.6}{3.0} = 390.5$kPa，大于 p_a 与 $p_{1/4}$，地基容许承载力可取 p_a 或 $p_{1/4}$；当地基变形不大时，一般认为作为 p_a 作为地基容许承载力稍嫌保守，所以取临界荷载 $p_{1/4}=371.1$kPa 作为地基容许承载力将更为合适一些。

3. 按桥涵地基与基础设计规范确定地基容许承载力

现行的《公路桥涵地基与基础设计规范》（JTJ024—85），根据大量的桥涵工程建筑经验和荷载试验资料，综合理论和试验研究成果，通过统计分析，制定了一般情况下可供采用的地基容许承载力确定方法。由于按规范法确定地基容许承载力比较简便，因此在一般的桥涵设计中得到广泛应用。其方法和步骤如下：

（1）确定地基土的类别和物理力学性质指标

按照《公路土工试验规程》（JTJ051—93）要求，进行必要的土工试验，根据试验结果和现场勘察资料，确定出地基土的物理性质和状态指标。

（2）确定地基容许承载力 $[\sigma_0]$

当基础宽度 $b \leqslant 2$m，埋置深度 $h \leqslant 3$m 时，地基土的容许承载力 $[\sigma_0]$ 可从规范相应的表中查得。现选常用土类的 $[\sigma_0]$ 值列于表 13.12～表 13.16，其他土类的 $[\sigma_0]$ 值，可查规范有关表格。

1）黏性土

（A）一般黏性土地基的容许承载力 $[\sigma_0]$，可按 I_L 和 e 查表 13.12。

（B）老黏性土地基的 $[\sigma_0]$，可按土的压缩模量 E_{s1-2} 确定，见表 13.13。

一般黏性土的 $[\sigma_0]$（kPa）　　　　表 13.12

$[\sigma_0]$ I_L e	0	0.1	0.2	0.3	0.4	0.5	0.6	0.7	0.8	0.9	1.0	1.1	1.2
0.5	450	440	430	420	400	380	350	310	270	240	220		
0.6	420	410	400	380	360	340	310	280	250	220	200	180	—
0.7	400	370	350	330	310	290	270	240	220	190	170	160	150

续表

$[\sigma_0]$ \ I_L \ e	0	0.1	0.2	0.3	0.4	0.5	0.6	0.7	0.8	0.9	1.0	1.1	1.2
0.8	380	330	300	280	260	240	230	210	180	160	150	140	130
0.9	320	280	260	240	220	210	190	180	160	140	130	120	100
1.0	250	230	220	210	190	170	160	150	140	120	110	—	—
1.1	—	—	160	150	140	130	120	110	100	9	—	—	—

注：1. 一般黏性土是指第四纪全新世（Q_4）（文化期以前）沉积的黏性土，一般为正黏性土。
2. 土中含有粒径大于 2mm 的颗粒质量超过全部质量 30% 以上的，$[\sigma_0]$ 可酌量提高。
3. 当 $e<0.5$ 时，取 $e=0.5$；$I_L=0$。此外，超过表列范围的一般黏性土，$[\sigma_0]$ 可按下式计算：

$$[\sigma_0] = 57.22 E_s^{0.57} \text{ (kPa)}$$

式中 E_s——土的压缩模量，MPa。

老黏性土的 $[\sigma_0]$ 表 13.13

E_{s1-2} (MPa)	10	15	20	25	30	35	40
$[\sigma_0]$ (kPa)	380	430	470	510	550	580	620

注：1. 老黏性土是指第四纪晚更新世（Q_3）及其以前沉积的黏性土，一般具有较高的强缩性。
2. 当老黏性土 $E_{s1-2}<10$MPa 时，其 $[\sigma_0]$ 按一般黏性土（表13.12）确定。

2) 砂土地基的 $[\sigma_0]$，可按表 13.14 选用。

砂土地基的 $[\sigma_0]$ 表 13.14

土名	$[\sigma_0]$(kPa) \ 湿度 \ D_r	≥0.67 密实	0.67>D_r≥0.33 中密	<0.33 松散
砾砂、粗砂	与湿度无关	550	400	200
中砂	与湿度无关	450	350	150
细砂	水上	350	250	100
细砂	水下	300	200	—
粉砂	水上	300	200	—
粉砂	水下	200	100	—

3) 碎石土地基的 $[\sigma_0]$，可按表 13.15 选用。

碎石土地基的 $[\sigma_0]$ 表 13.15

$[\sigma_0]$(kPa) \ 土名 \ 密实程度	密实	中密	松散	$[\sigma_0]$(kPa) \ 土名 \ 密实程度	密实	中密	松散
卵石	1200~1000	1000~600	500~300	圆砾	800~600	600~400	300~200
碎石	1000~800	800~500	400~200	角砾	700~500	500~300	300~200

注：1. 硬质岩碎石，填充砂土者取高值，软质岩碎石，黏性土者取低值，其余内插。
2. 半胶结的碎石土，可按密实的同类土的 $[\sigma_0]$ 值提高 10%~30%。
3. 松散的碎石土在天然河床中很少遇见，需特别注意鉴定。
4. 漂石、块石的 $[\sigma_0]$ 值，可参照卵石、碎石适当提高。

4）岩石地基的 $[\sigma_0]$ 可按表 13.16 选用。

岩石地基的 $[\sigma_0]$ 表 13.16

$[\sigma_0]$ (kPa) 岩石名称	岩石破碎程度 碎石状	碎块状	大块状
硬质岩（$R_a^j>30$MPa）	1500～2000	2000～3000	>4000
软质岩（$R_a^j=5$～30MPa）	800～1200	1000～1500	1500～3000
极软岩（$R_a^j<5$MPa）	400～800	600～1000	800～1200

注：1. 表中 R_a^j 为岩块单轴抗压强度。表中数值视岩块强度、厚度、裂隙发育程度等因素适当选用。易软化的岩石及极软岩受水浸泡时，宜用较低值。

2. 软质岩强度 R_i 高于 30MPa 者仍按软质岩计。

3. 岩石已风化成砾、砂、土状的（即风化残积物），可比照相应的土类定其 $[\sigma_0]$。如颗粒间有一定的胶结力，可比照相应的土类适当提高。

4. 岩石的分类、风化程度、软化系数、破碎程度的划分，参照规范执行。

(3) 计算修正后的地基容许承载力 $[\sigma]$

地基容许承载力不仅与地基土的性质和状态有关，而且与基础底面尺寸、埋置深度等有关。因此，当基底宽度 $b>2$m、埋置深度 $h>3$m，且 $h/b\leqslant4$ 时，松散土地基的容许承载力应按下式计算：

$$[\sigma] = [\sigma_0] + K_1\gamma_1(b-2) + K_2\gamma_2(h-3) \quad (13.36a)$$

式中　$[\sigma_0]$——按表 13.12～表 13.16 或规范有关表格查得的地基容许承载力，kPa；

K_1、K_2——地基土容许承载力随基础宽度、深度的修正系数，按持力层土查表 13.17；

b——基础底面的短边宽度（或直径），当 $b<2$m 时，取 $b=2$m；当 $b>10$m 时，按 $b=10$m 计；

h——基础底面的埋置深度，m；对于受水流冲刷的基础，由一般冲刷线算起；不受水流冲刷者，由天然地面算起；位于挖方内的基础，由开挖后地面算起，当 $h<3$m 时，取 $h=3$m；

γ_1——基底下持力层土的天然重度，kN/m³；如持力层在水面以下且为透水者，应采用浮重度计算；

γ_2——基底以上土的重度，kN/m³；如持力层在水面以下，且为不透水者，不论基底以上土的透水性如何，应一律采用饱和重度；如持力层为透水者，应一律采用浮重度；当基底以上土由多层土组成时，应按换算重度 $\left(\gamma_2 = \dfrac{\Sigma\gamma_i h_i}{\Sigma h_i}\right)$ 计算。

当墩台建筑在水中而其基底土又为不透水层时，自平均常水位至一般冲刷线处的水深每增 1m，基底容许承载力 $[\sigma]$ 可增加 10kPa，即：

$$[\sigma] = [\sigma_0] + K_1\gamma_1(b-2) + K_2\gamma_2(h-3) + 10h_w \quad (13.36b)$$

式中　h_w——平均常水位到一般冲刷线的深度，m；其他符号意义同前。

式（13.36）中的第二项和第三项分别表示基础宽度和埋置深度引起的地基容许承载力提高值。应该指出，确定地基容许承载力时，不仅要考虑地基强度，还要考虑基础沉降的影响。粘性土在外荷载作用下，后期沉降量较大，基础越宽，沉降量也越大，故对粘性土的 $[\sigma]$ 不再作宽度修正，所以表 13.17 中 $K_1=0$；在进行深度修正时，要求基础相对埋深 $h/b \geqslant 4$，因为当 $h/b > 4$ 时，地基承载力不随埋深成正比例增加，上式就不再适用。

地基土容许承载力修正系数 K_1、K_2　　　　　表 13.17

土的类别 \ 系数	黏性土					黄土			砂土								碎石土			
	老黏性土	一般黏性土		新近堆积黏性土	残积黏性土	新近堆积黄土	一般新黄土	老黄土	粉砂		细砂		中砂		砾砂粗砂		碎石圆砾角砾		卵石	
		$I_L \geqslant 0.5$	$I_L < 0.5$						中密	密实	中密	密实	中密	密实	中密	密实	中密	密实	中密	密实
K_1	0	0	0	0	0	0	0	0	1.0	1.2	1.5	2.0	2.0	3.0	3.0	4.0	3.0	4.0	3.0	4.0
K_2	2.5	1.5	2.5	1.0	1.5	1.0	1.5	1.5	2.0	2.5	3.0	4.0	4.0	5.5	5.0	6.0	5.0	6.0	6.0	10.0

注：1. 对于稍松状态的砂土和松散状态的碎石土，K_1、K_2 值可采用表列中密值的 50%。
　　2. 节理不发育或较发育的岩石不作宽、深修正，节理发育的岩石，K_1、K_2 可参照碎石的系数，但对已风化成砂、土状者，则参照砂土、黏性土的系数。
　　3. 冻土的 $K_1=0$、$K_2=0$。

对于强度低，压缩性高的软土地基，容许承载力可参照规范有关的公式计算确定，但同时必须验算基础的沉降量。

应当注意，表 13.17 附注中，对节理不发育或较发育的岩石及冻土，均不作深、宽度修正。

（4）地基容许承载力的提高

修正后的地基容许承载力 $[\sigma]$，适用于荷载组合 I 的情况，对于其他荷载组合，容许承载力可按表 13.18 所列的系数 K 予以提高。当受地震力作用时，应按《公路工程抗震设计规范》规定执行。

地基土容许承载力的提高系数　　表 13.18

序号	荷载与使用情况	提高系数 K
一	荷载组合 I	1.00
二	荷载组合 II、III、IV、V	1.25
三	经多年压实未受破坏的旧桥基	1.50

注：1. 荷载组合 V 中，当承受拱施工期间的单向恒载推力时，$K=1.50$。
　　2. 各项提高系数不得互相叠加。
　　3. 岩石旧桥基的容许承载力不得提高。
　　4. 容许承载力小于 150kPa 的地基，对于表列第二项情况，$K=1.0$；对于第三项及注 1 情况；$K=1.25$。
　　5. 表中荷载组合 I 如包括由混凝土收缩及徐变或水浮力引起的荷载效应，则与荷载组合 II 相同对待。

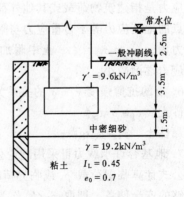

图 13.25　例题 13.7

【例 13.7】 某水中基础，其底面为 $3.6\text{m}\times 9.6\text{m}$ 的矩形，水文地质情况如图 13.25，试确定地基的容许承载能力。若把基础放置在黏土层顶面，再求其容许承载力。

解：1）持力层为中砂（透水）查表（13.14）：
$[\sigma_0]=200\text{kPa}$；查表（13.17）：$K_1=1.5$，$K_2=3.0$。
按式（3.15a）计算得：
$$[\sigma]=[\sigma_0]+K_1\gamma_1(b-2)+K_2\gamma_2(h-3)$$
$$=200+1.5\times 9.6\times(3.5-3)=237.4\text{kPa}$$

2）把基础放置在黏土层顶面时，按 $I_L=0.45$，$e=0.7$ 查表 13.12：$[\sigma_0]=300\text{kPa}$，查表 13.17：$K_1=0$，$K_2=2.5$；由于黏土持力层 $I_L<0.5$，呈硬塑状态，可视为不透水层故应考虑地面水影响，容许应力为
$$[\sigma]=[\sigma_0]+K_1\gamma_1(b-2)+K_2\gamma_2(h-3)+10h_w$$
$$=300+0+2.5\times(9.6+9.8)\times(3.5+1.5-3)+10\times 25$$
$$=442.5\text{kPa}$$

注意，持力层不透水时，$\gamma_2=\gamma_f=\gamma'+\gamma_w$，水的重力密度 $\gamma_w=9.8\text{kN/m}^3$，$h_w$ 为平均水位到正常冲刷线的水深。

小　结

1. 土的分类：土是岩石经长期风化作用与地质作用形成的。工程上根据岩土的粒组含量及其特征可分为碎石土、砂土、粉土、黏性土及人工填土。土的组成：土一般都由矿物颗粒、水和空气组成，称为三相体系。

2. 土的物理指标：土的重度 γ、土粒比重 G_S 和土的天然含水量 w 称为土的基本物理指标，由实验测定，又称实验指标。其他指标 γ_s、γ'、n、e、S_r 均可由基本物理指标导出。

3. 密实度是评定碎石土、砂土地基承载力的主要指标。评定砂土密实度的方法可根据土的孔隙比大小或标准贯入试验的锤击数 $N_{63.5}$ 确定。

4. 黏性土根据含水量的不同而有不同的工程性质。塑性指数是表示土的可塑范围，是土分类的重要指标。液性指数是判别黏性土的软硬程度的指标。

5. 土中应力可分为自重应力和附加应力。自重应力是由土中自重力所引起的应力。附加应力是指建筑物荷载或其他外荷载作用于土体上时，在土中引起的应力增量。土体中任意点的地基应力等于自重应力与附加应力之和。竖向自重应力为：$\sigma_{cz}=\gamma z$ 水平方向自重应力为：$\sigma_{cx}=\sigma_{cy}=\xi\gamma z$ 土中附加应力通过土粒之间的传递，向水平与深度方向扩散，附加应力逐渐减小。

6. 土的抗剪强度 $\tau_f-\sigma$ 的关系为：
砂土　$\tau_f=\sigma\cdot\text{tg}\phi$
黏性土　$\tau_f=\sigma\cdot\text{tg}\phi+c$

7. 地基容许承载力可采用理论公式计算及按设计规范确定。
公式计算临塑荷载 p_a 或临界荷载 $p_{1/4}$ 均能作为地基容许承载力；极限荷载 p_k 必须具有足够的安全储备，即取 p_k/K 作为地基许承载力，其中 K 为安全系数。两种结果，宜取两者的较小值作为地基容许承载力。

习 题

13.1 试在图13.6的三相图中用 $V=1$ 表示三相的重力、体积及各指标的换算公式。

13.2 在土的物理性质指标中，哪些指标对砂土影响较大？哪些指标对黏性土影响较大？

13.3 什么叫自重应力？什么叫附加应力？

13.4 多层土自重应力如何计算？

13.5 刚性基础底面压力分布图有哪些形状？与哪些因素有关？

13.6 剪切破坏的特征是什么？为什么说土的强度就是指土的抗剪强度？

13.7 砂土与黏性土的抗剪强度线有何不同？一般土的抗剪强度由哪两部分组成？

13.8 同一种土的 ϕ、c 值是不是常数？为什么？为什么直剪试验方法要有快剪、固结快剪和慢剪之分？几种试验方法的结果有何区别？主要原因是什么？

13.9 何谓临塑荷载、临界荷载和极限荷载？

13.10 如何利用理论公式确定地基容许承载力？

13.11 怎样用规范法确定地基容许承载力？

13.12 已知某土样天然含水量 w（%）$=37.2$，天然重力密度 $\gamma=17.05\text{kN/m}^3$，土粒相对密度 $G_S=2.71$，液限 w_L（%）$=28.8$，塑限 w_P（%）$=19.2$。颗粒分析结果，粒径大于0.074mm的颗粒含量不超过全重的50%。试计算该土样的孔隙比、孔隙率、饱和度、塑性指数、液性指数、并确定土的名称。

13.13 已知某土样的天然含水量 w（%）$=27.2$，天然重力密度 $\gamma=18.82\text{kN/m}^3$，土粒相对密度 $D_S=2.72$，液限 w_L（%）$=29.8$，塑限 w_P（%）$=19$，试确定土的名称。

13.14 已知某土样的天然含水量 w（%）$=42.7$，天然重力密度 $\gamma=18.05\text{kN/m}^3$，土粒相对密度 $D_S=2.72$，液限 w_L（%）$=35.1$，塑限 w_P（%）$=22$，试确定土的名称。

13.15 某地基土的天然含水量 w（%）$=28$，天然重力密度 $\gamma=18.6\text{kN/m}^3$，土粒相对密度 $G_S=2.7$，$I_P=2.5$，筛分法结果如下表，试确定土的名称。

孔径（mm）	10	2	0.5	0.25	0.1	底盘
留在筛上土重力（%）	0	4.2	19.8	28	30	18

13.16 在地面上有两个集中力：$P_1=2.0\text{MN}$，$P_2=3.0\text{MN}$（见图示），求 M 点的竖向附加应力。

13.17 某土样的直接剪切试验结果如下表。

σ（kPa）	100	200	300	400
τ_f（kPa）	68	120	162	210

试用作图法求该土的 ϕ、c 值，写出其库伦公式；并求出正应力 $\sigma=520\text{kPa}$ 时的抗剪强度值。

13.18 已知土的 $c=100\text{kPa}$，$\phi=30°$，当作用于此土中平面上的斜应力 $p=180\text{kPa}$，且 p 的方向与该平面成 $\theta=35°$ 角时，该平面上会不会产生剪切破坏？

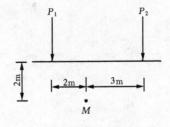

题 13.16 图示

13.19 某条形基础及地基土情况如图所示，求（1）临塑荷载；（2）临界荷载 $p_{\frac{1}{4}}$、（3）极限荷载。并提出容许承载力的建议值（取安全系数 $=3$）。

13.20 某水中基础，矩形底面尺寸为 $3.4\text{m}\times 9.0\text{m}$，当地的水文与地质情况如题 13.20 图示，试用规范方法确定其容许承载力；如果其他资料不变，基础埋置深度改为 4.0m，再求其地基容许承载力。

13.21 某水中基础，矩形底面尺寸为 4m×8m，当地的水文与地质情况如题 13.21 图示，用规范方法确定其地基容许承载力。

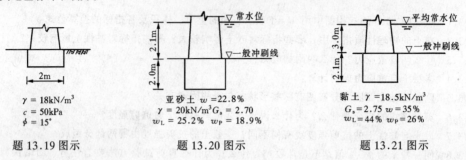

题 13.19 图示　　　　　题 13.20 图示　　　　　题 13.21 图示

第14章 土压力与土坡稳定

14.1 土 压 力

14.1.1 概述

在土建工程中,常需设置一些挡土结构物,用来支挡侧向的土体,如图14.1中的挡土墙、桥台、驳岸等,均属这类结构物。土体作用于这些挡土结构物上的侧向压力,通常称为土压力,它是挡土结构物的主要作用荷载。

土压力的大小及其分布规律,不仅与土的性质、挡土墙的刚度及高度等因素有关,而且与挡土墙水平位移的方向及位移量关系很大。采用刚性挡土墙模型,以砂土作为墙后填料进行试验,发现当墙体背离填方方向产生位移时,墙后土压力随位移量增大而逐渐减小,待位移达到一定值时,墙后土体产生滑动面,土压力减至最小值,如图14.2和图14.3(b)所示;当墙体推动填土产生位移时,墙后土压力随位移量增加而逐渐

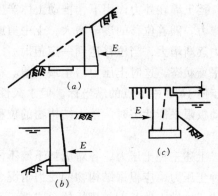

图14.1 挡土构筑物
(a)挡土墙;(b)驳岸;(c)桥台

增大,当位移达到一定值时墙后土体也将产生滑动面,土压力增至最大值,如图14.2和图14.3(c)所示;而墙体未移动时的土压力大小,则介于上述两者之间。实用中,根据挡土墙可能产生位移的方向和墙后填土中不同的应力状态,将土压力分为如下三种:

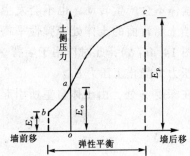

图14.2 挡土墙位移与土压力关系

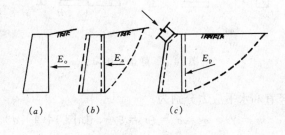

图14.3 三种土压力
(a)静止土压力;(b)主动土压力;(c)被动土压力

1. 静止土压力

挡土墙保持初始位置静止不动时,墙后填土对墙背的侧压力,称为静止土压力,见图14.3(a)。作用于每延米挡土墙上的静止土压力的合力用E_0(kN/m)表示,其大小相

263

当于图 14.2 中 a 点的纵坐标。这时墙后填土中各点均处于弹性平衡状态。嵌固于岩基上的挡土墙所承受的土压力，属于这种情况。

2. 主动土压力

挡土墙在墙后填土作用下，背离填土方向发生位移，墙后填土也将随墙体发生位移，土中出现剪应力。随着位移的逐渐增大，土中剪应力随之增大，作用于挡土墙上的土压力由静止土压力逐渐减小，当位移达到一定值时，土中剪应力达到极限值（即 $\tau = \tau_f$），土体达到极限平衡状态，这时土压力减至最小值，称为主动土压力，用 E_a(kN/m) 表示，其大小相当于图 14.2 中 b 点的纵坐标。一般挡土墙所承受的土压力多属这种情况。

3. 被动土压力

挡土墙在外力作用下，推动土体产生位移，墙后填土也将随墙体发生位移，土中出现剪应力。随着位移的逐渐增大，土中剪应力随之增大，作用于挡土墙上的土压力由静止土压力逐渐增大，当位移达到一定值时，土中剪应力达到极限值（即 $\tau = \tau_f$），土体达到极限平衡状态，这时土压力增至最大值。称为被动土压力，用 E_p(kN/m) 表示，其大小相当于图 14.2 中 c 点的纵坐标。但永久性结构物一般不采用 E_p 值，因为当墙后填土达到被动极限平衡状态时，挡土结构物的位移将达到墙高的 3% 甚至更大，为一般结构物所不允许。

上述三种土压力，各对应挡土墙不同的位移情况，在设计挡土结构物时，究竟采用哪一种土压力，应根据结构物的受力情况、可能产生的位移及填土等具体情况来确定。一般对建于松散土地基上的梁桥桥台或挡土墙，按主动土压力计算；对拱桥桥台应根据受力和填土的压实情况，采用静止土压力或静止土压力加土抗力；对临时性挡土结构物（如板桩），按其变位和位置的不同，采用主动土压力或被动土压力。

14.1.2 静止土压力计算

在坚硬土质地基上，修筑断面很大的挡土墙，由于地基不会产生不均匀沉降，墙体不会产生转动，也不会发生移动，挡土墙背面的土体处于弹性平衡状态如图 14.4（b），此时作用于墙背 AB 的土压力为静止土压力 E_0。

在深度 z 处，由土体自重所引起的

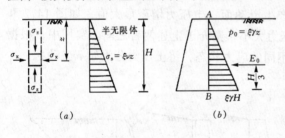

图 14.4 静止土压力

竖直和水平应力分别为：

$\sigma_z = \gamma z$、$\sigma_x = \sigma_y = \xi \sigma_z = \xi \gamma z$，如图 14.4（$a$）所示。

作用于墙背上的静止土压力强度为

$$p_0 = \sigma_x = \xi \sigma_z = \xi \gamma z, \text{kPa} \tag{14.1}$$

式中 p_0——作用于墙背上的静止土压力强度，kPa；

ξ——静止土压力系数（即侧压力系数）。压实土的 ξ 值可参考表 14.1；

γ——墙后填土的重力密度，kN/m³；

z——计算点离填土表面的深度，m。

压实土的静止土压力系数					表 14.1
压实土的名称	砾石、卵石	砂土	粉质砂土	粉质黏土	黏土
ξ	0.20	0.25	0.35	0.45	0.55

由式（14.1）可知，p_0 与 z 成正比，所以 p_0 沿深度的分布因为三角形。当墙高为 H 时，作用于每延米挡土墙上的静止土压力为：

$$E_0 = \frac{1}{2}(\xi\gamma H)H = \frac{1}{2}\xi\gamma H^2 \quad \text{kN/m} \tag{14.2}$$

E_0 的方向水平，作用线通过 p_0 的分布图形心，离墙脚的高度为 $H/3$。如图 14.4 (b) 所示。在墙后填土表面作用有均布荷载 q 时，竖向应力为 $\sigma_z = q + \gamma z$，代入式 (14.1) 得：$P_0 = \xi(q + \gamma z)$，绘出 p_0 的分布图，分布图形的面积即为作用在每延米挡土墙上的合力 E_0，P_0 分布图形心的高度即为 E_0 的作用高度。

在墙后填土中有地下水时，水下土应考虑水的浮力，即式（14.1）中的 γ 采用浮重度 γ' 计算，同时考虑作用在挡土墙上的静水压力。

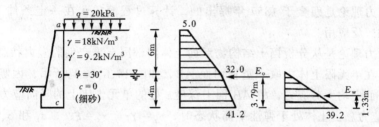

图 14.5 例 14.1（单位 E_0、E_w：kN/m）

【例 14.1】 计算作用在图 14.5 所示挡土墙上的静止土压力及水压力。

解：1）求各特征点的竖向应力

$$\sigma_{za} = q = 20\text{kPa}$$

$$\sigma_{zb} = q + \gamma_1 h_1 = 20 + 18 \times 6 = 128\text{kPa}$$

$$\sigma_{zc} = q + \gamma_1 h_1 + \gamma_2 h_2 = 128 + 9.24 \times 4 = 164.8\text{kPa}$$

2）求各特征点的土压力强度

查表 14.1 得 $\xi = 0.25$

$$p_{0a} = \xi\sigma_{za} = 0.25 \times 20 = 5.0\text{kPa}$$

$$p_{0b} = \xi\sigma_{zb} = 0.25 \times 128 = 32.0\text{kPa}$$

$$p_{0c} = \xi\sigma_{zc} = 0.25 \times 164.8 = 41.2\text{kPa}$$

c 点静水压力：$p_{wc} = \gamma h_w = 9.8 \times 4 = 39.2\text{kPa}$

按计算结果绘 p_0 及 p_w 分布图见图 14.5。

3）求 E_0 及 E_w

把 p_0 分布图分为四块（矩形或三角形），分别求其面积，总和后即得 E_0：

$$E_{01} = p_{01}h_1k = 5.0 \times 6 = 30.0\text{kN/m}$$

$$E_{02} = 1/2(p_{0b} - p_{0a})h_1 = 0.5(41.2 - 32.0) \times 4 = 18.4\text{kN/m}$$

$$E_{03} = -p_{0a}h_2 = 32.0 \times 4 = 128.0\text{kN/m}$$

$$E_{04} = 1/2(p_{0c} - p_{0b})h_2 = 0.5(32.0 - 5.0) \times 6 = 81 \text{kN/m}$$
$$E_0 = E_{01} + E_{02} + E_{03} + E_{04} = 30.0 + 81.0 + 128.0 + 18.4 = 257.4 \text{kN/m}$$
$$E_w = 1/2 p_{wc} h_w = 0.5 \times 39.2 \times 4 = 78.4 \text{kN/m}$$

4. 求 E_0 和 E_w 的作用点的位置

$$Z_{oc} = \frac{\Sigma E_{oi} \cdot Z_i}{\Sigma E_{oio}} = \frac{E_{01}\left(h_2 + \frac{h_1}{2}\right) + E_{02}\left(h_2 + \frac{h_1}{3}\right) + E_{03} \cdot \frac{h_2}{2} + E_{04} \cdot \frac{h_2}{3}}{E_0}$$

$$= \frac{30.0 \times \left(4 + \frac{6}{2}\right) + 81.0 \times \left(4 + \frac{6}{3}\right) + 128.0 \times \frac{4}{2} + 18.4 \times \frac{4}{3}}{257.4}$$

$$= 3.794 \text{m}$$

$$Z_{wc} = \frac{h_w}{3} = \frac{4}{3} = 1.33 \text{m}$$

14.1.3 朗金土压力理论

朗金土压力理论是朗金于1857年提出的,计算过程简单,在一定条件下比较准确,所以目前仍被广泛应用。

朗金土压力理论是从分析挡土结构物后面土体内部因自重产生的应力状态入手,去研究土压力的。在半无限土体中取一竖直切面 AB,如图14.6(a)所示,因竖直面(是对称面)和水平面上均无剪应力,故 AB 面上深度 z 处的单元土体上的竖向应力 σ_z 和水平应力 σ_x 均为主应力。当土体处于弹性平衡状态时,$\sigma_z = \gamma z$,$\sigma_x = \xi \gamma z$,σ_z 和 σ_x 分别为最大及最小主应力),称为朗金主动极限平衡状态,土体中产生的两组滑动面与水平面成夹角 $(45° + \phi/2)$,如图14.6(b)所示。在 σ_z 不变的条件下,若 σ_x 不断增大,在土体达到极限平衡时,σ_z 为最小主应力,σ_x 为最大主应力,称为朗金被动极限平衡状态,土体中产生的两组滑动面与水平面成夹角 $(45 - \phi/2)$,如图14.6(c)所示。

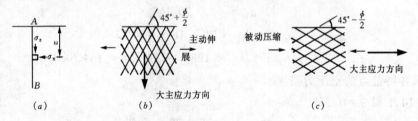

图14.6 朗金极限平衡状态

朗金设想:把半无限土体中的任一竖直面(如图14.6(a)中的 AB),换成一个光滑(无摩擦)的挡土墙墙背,当墙体位移使墙后土体达到主动或被动极限平衡状态时,墙背上的土压力强度等于相应状态下的水平应力 σ_x。注意,这里介绍的朗金土压力公式只适用于墙背竖直、光滑(墙背与土体间摩擦力不计)、墙后填土表面水平且与墙顶齐平的情况。

1. 主动土压力计算

当土体推墙发生位移,土体达到主动极限平衡状态时 $\sigma_x = \sigma_3 = p_a$,$\sigma_z = \sigma_x$,$\sigma_x = \gamma z$,根据极限平衡条件可得出深度 z 处的土压力强度为:

$$p_a = \sigma_z \text{tg}^2\left(45° - \frac{\phi}{2}\right) - 2c \cdot \text{tg}\left(45° - \frac{\phi}{2}\right) \Big\}\quad(14.3)$$
或 $\quad p_a = \sigma_z m^2 - 2c \cdot m$

式中 p_a——主动土压力强度，kPa；

σ_z——深度 z 处的竖向应力，kPa；

ϕ——土体的内摩擦角，(°)；

c——土的凝聚力，kPa；

m——土压力系数，$m = \text{tg}\left(45° - \frac{\phi}{2}\right)$，可按 ϕ 值查表14.2。

土 压 力 系 数　　　　　　　　　表 14.2

ϕ	$m = \text{tg}\left(45° - \frac{\phi}{2}\right)$	m^2	$\frac{1}{m}$	$\frac{1}{m^2}$	ϕ	$m = \text{tg}\left(45° - \frac{\phi}{2}\right)$	m^2	$\frac{1}{m}$	$\frac{1}{m^2}$
0°	1.000	1.000	1.000	1.000	26°	0.625	0.391	1.600	2.560
2°	0.996	0.992	1.036	1.073	28°	0.601	0.361	1.664	2.769
4°	0.933	0.870	1.072	1.149	30°	0.577	0.333	1.732	3.000
6°	0.900	0.810	1.111	1.234	32°	0.554	0.307	1.804	3.254
8°	0.869	0.755	1.150	1.323	34°	0.532	0.283	1.881	3.538
10°	0.839	0.704	1.192	1.421	36°	0.510	0.260	1.963	3.853
12°	0.810	0.657	1.235	1.525	38°	0.488	0.238	2.050	4.203
14°	0.781	0.610	1.280	1.638	40°	0.466	0.217	2.145	4.601
16°	0.754	0.569	1.327	1.76	42°	0.445	0.198	2.246	5.045
18°	0.727	0.528	1.376	1.893	44°	0.424	0.180	2.356	5.551
20°	0.700	0.490	1.428	2.039	46°	0.404	0.163	2.475	6.126
22°	0.675	0.455	1.483	2.199	48°	0.384	0.147	2.605	6.786
24°	0.649	0.423	1.540	2.372	50°	0.364	0.132	2.747	7.546

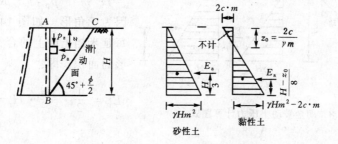

图 14.7　朗金主动土压力计算图式

对于砂性土，$c = 0$，$p_a = \sigma_z m^2 = \gamma z m^2$，$p_a$ 与 z 成正比例，其分布图为三角形，如图 14.7 所示。作用于每延米挡土墙上的主动土压力合力 E_a 等于该三角形的面积，即：

$$E_a = \frac{1}{2}(\gamma H m^2)H = \frac{1}{2}\gamma H^2 m^2 \quad \text{kN/m} \quad (14.4)$$

E_a 的方向水平（指向挡土墙墙背），通过分布图的形心，即作用点离墙脚的高度为 $z_c = H/3$，如图 14.7 所示。

对于黏性土（$c \neq 0$），当 $z = 0$ 时，$\sigma_z = \gamma z = 0$

$p_a = -2c \cdot m$；$z = H$ 时，$\sigma_z = \gamma H$，$p_a = \gamma H m^2 - 2c \cdot m$，其余分布见图 14.7，图中

阴影部分表示受拉，设 $p_a=0$ 处的深度为 z_0，由式（14.3）得 $z_0=\dfrac{2c}{\gamma m}$。由于墙背与土体间不可能有拉应力，故计算土压力时，这部分应略去不计。因此，作用于每延米挡土墙上的主动土压力合力 E_0 等于分布图中压力部分三角形的面积，即：

$$E_a = \frac{1}{2}(\gamma H m^2 - 2c \cdot m)(H - z_0)$$

$$= \frac{1}{2}\gamma H^2 m^2 - 2Hc \cdot m + \frac{2c^2}{\gamma} \quad (\text{kN/m}) \tag{14.5}$$

E_a 的方向水平（指向挡土墙墙背），通过分布图的形心，即作用点离墙脚的高度为：$(H-z_0)/3$。

2. 被动土压力计算

同理，当墙推土产生位移，土体达到被动极限平衡状态时，$p_p = \sigma_x = \sigma_1$，$\sigma_z = \gamma z = \sigma_3$，根据极限平衡条件可得出被动土压力计算式：

$$\left.\begin{array}{l} p_p = \sigma_z \text{tg}^2\left(45° + \dfrac{\phi}{2}\right) + 2c \cdot \text{tg}\left(45° - \dfrac{\phi}{2}\right) \\[2mm] \text{或} \qquad p_p = \sigma_z \dfrac{1}{m^2} + 2c \dfrac{1}{m} \end{array}\right\} \tag{14.6}$$

式中　p_p——被动土压力强度，kPa；

$\dfrac{1}{m} = \text{tg}\left(45° + \dfrac{\phi}{2}\right)$ 可按 ϕ 值查表 14.2；其他符号意义同前。

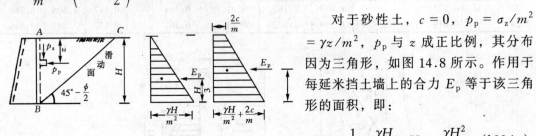

图 14.8　朗金被动土压力计算图式

对于砂性土，$c = 0$，$p_p = \sigma_z/m^2 = \gamma z/m^2$，$p_p$ 与 z 成正比例，其分布图为三角形，如图 14.8 所示。作用于每延米挡土墙上的合力 E_p 等于该三角形的面积，即：

$$E_p = \frac{1}{2} \cdot \frac{\gamma H}{m^2} \cdot H = \frac{\gamma H^2}{2m^2} \quad (\text{kN/m}) \tag{14.7}$$

对于黏性土（$c \neq 0$），当 $z = 0$ 时，$\sigma_z = 0$，$p = 2c/m$；$z = H$ 时，$\sigma_z = \gamma H$，$p_p = \gamma H/m^2 + 2c/m^2$，其分布图形为梯形（如图 14.8）所示。作用于每延米挡土墙上的合力 E_p 等于该梯形分布图的面积，即：

$$E_p = \frac{\gamma H^2}{2m^2} + \frac{2cH}{m} \quad (\text{kN/m}) \tag{14.8}$$

E_p 的方向水平（指向挡土墙），作用点位置与其分布图的形心同高。

3. 填土表面作用有连续均布荷载时的土压力计算

当填土表面作用有连续均布荷载 q 时，（如图 14.9（a））所示，深度 z 处的竖向应力为 $\sigma_z = q + \gamma z$，代入式（14.3）得：

$$p_a = \sigma_z m^2 - 2c \cdot m = (q + \gamma z)m^2 - 2c \cdot m$$

对于砂性土，$c=0$，当 $z=0$ 时，$p_a = qm^2$，当 $z=H$ 时，$p_a = (q+\gamma H)m^2 - 2c \cdot m$，其土压力分布图为梯形，如图 14.9（b）所示。

对于黏性土（$c \neq 0$），当 $z=0$ 时，$p_a = qm^2 - 2c \cdot m$，若 $qm^2 > 2c \cdot m$，则 $p_a > 0$，p_a 分布图为梯形；若 $qm^2 \leqslant 2c \cdot m$，则 $p_a \leqslant 0$，p_a 分布图为三角形，如图 14.9（c）所示，负值部分仍不计。

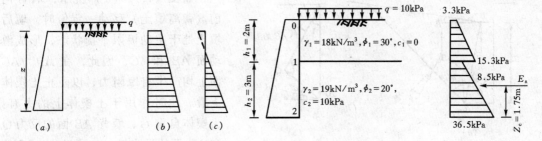

图 14.9 填土上有荷载时主动土压力计算　　　图 14.10 例题 4.2

【例 4.2】 作用于填土面上的荷载和各层土的厚度及物理力学性质指标见图 14.10，求作用于图中挡土墙上的主动土压力。

解：1) 求各特征点的竖向应力

$$\sigma_{z0} = q + \gamma h = 10 \text{kPa}$$

$$\sigma_{z1} = q + \gamma_1 h_1 = 10 + 18 \times 2 = 46 \text{kPa}$$

$$\sigma_{z2} = q + \gamma_1 h_1 + \gamma_2 h_2 = 46 + 19 \times 3 = 103 \text{kPa}$$

2) 求各特征点的土压力强度

由 $\phi_1 = 30°$，$\phi_2 = 20°$ 查表 14.2 得：$m_1 = 0.577$，$m_1^2 = 0.333$，$m_2 = 0.70$　$m_2^2 = 0.49$

上层：$p_{a0} = \sigma_{z0} m_1^2 - 2c_1 m_1 = 10 \times 0.333 - 0 = 3.3 \text{kPa}$

　　　$p_{a1} = \sigma_{z1} m_1^2 - 2c_1 m_1 = 46 \times 0.333 - 0 = 15.3 \text{kPa}$

下层：$p_{a1} = \sigma_{z1} m_2^2 - 2c_2 m_2 = 46 \times 0.49 - 2 \times 10 \times 0.7 = 8.5 \text{kPa}$

　　　$p_{a2} = \sigma_{z2} m_2^2 - 2c_2 m_2 = 103 \times 0.49 - 2 \times 10 \times 0.7 = 36.5 \text{kPa}$

按计算结果绘出分布图（见图 14.10）。

3) 求 E_a 值及其作用点高度

求 p_a 分布图面积可得：

$$E_a = E_{a1} + E_{a2} + E_{a3} + E_{a4}$$

$$= 3.3 \times 22 + \frac{(15.3 - 3.3) \times 2}{2} + 8.5 \times 3 + \frac{(36.5 - 8.5) \times 3}{2}$$

$$= 6.6 + 12.0 + 25.5 + 42.0 = 86.1 \quad \text{kN/m}$$

E_a 作用点高度：

$$Z_c = \frac{\Sigma E_{ai} Z_i}{\Sigma E_{ai}} = \frac{6.6 \times \left(3 + \frac{2}{2}\right) + 120 \times \left(3 + \frac{2}{3}\right) + 255 \times \frac{3}{2} + 420 \times \frac{3}{3}}{861} = 1.75 \text{m}$$

14.1.4 库伦土压力理论

库伦土压力理论假定：墙后填土是松散、匀质的砂性土；墙体产生位移，使墙后填土达到极限平衡状态时，将形成一个滑动土楔体；其滑裂面是通过墙脚的两个平面，一个是墙背 AB 面，另一个是通过墙脚的 AC 面，如图 14.11（a）或图 14.13（a）所示；滑动土楔体是一个刚性整体。根据土楔体静力平衡条件，可解出墙背上的土压力。

1. 主动土压力计算

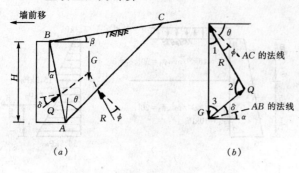

图 14.11 库伦主动土压力计算

如图 14.11（a）所示，墙背向前（背离填土）移动一定值时，墙后填土处于主动极限平衡状态，形成滑动面 AB 和 AC，因此，在 AB、AC 面上均产生有摩阻力，以阻止土楔体下滑。此时作用于土楔体上的力有：土楔体自重 G、墙背 AB 面的反力 Q 和 AC 面的反力 R。G 通过 △ABC 的形心，方向垂直向下；Q 与 AB 面的法线成 δ 角（δ 是墙背与土体间的摩擦角），Q 与水平面夹角为 $\alpha+\delta$；R 与 AC 面的法线成 ϕ 角（ϕ 为土的内摩擦角），AC 面与竖直面成 θ 角，所以 R 与竖直面夹角为 $90°-\theta-\phi$。根据力的平衡原理可求出 Q_{max}，这个极大值 Q_{max} 即所求的主动土压力 E_a（E_a 与 Q 是作用力与反作用力），即

$$E_a = Q_{max} = \frac{1}{2}\gamma H^2 \mu_a \tag{14.9}$$

其中

$$\mu_a = \frac{\cos^2(\phi-\alpha)}{\cos^2\alpha \cos(\alpha+\delta)\left[1+\sqrt{\frac{\sin(\phi+\delta)\sin(\phi-\beta)}{\cos(\alpha+\delta)\cos(\alpha-\beta)}}\right]^2} \tag{14.10}$$

式中 μ_a——库伦主动土压力系数，当 $\beta=0$ 时可查表 14.3；
γ——墙后填土的重度，kN/m^3；
H——挡土墙高度，m；
ϕ——填土的内摩擦角，(°)；
δ——墙背与土体之间的摩擦角，(°)；
α——墙背与竖直面间的夹角，(°)，墙背俯斜时为正值，仰斜时为负值；
β——填土面与水平面间的夹角，(°)；

当 $\beta=0$、$\alpha=0$、$\delta=0$ 时，$\mu_a = \text{tg}^2(45°-\phi/2) = m^2$，可见在这种特定条件下，库伦公式与朗金公式计算结果是相同的。

由式 (14.9) 可以看出，库伦主动力土压力 E_a 是墙高 H 的二次函数，故主动土压力强度 p_a 是沿墙高按直线规律变化的，即深度 z 处，$p_a = \frac{dE_a}{dz} = \mu_a \gamma z$，式中 γz 是竖向应力 σ_z，故该式可写为：

$$p_a = \mu_a \sigma_z = \mu_a \gamma z \tag{14.11}$$

$\beta = 0$ 库伦主动土压力系数 μ_a　　　　表 14.3

墙背坡度	墙背与填土的摩擦角 δ (°)	主动土压力系数 μ_a 土的内摩擦角 ϕ (°)					
		20	25	30	35	40	45
1:0.33 ($\alpha = 18°26'$)	$\frac{1}{2}\phi$	0.598	0.523	0.459	0.402	0.353	0.307
	$\frac{2}{3}\phi$	0.594	0.522	0.461	0.408	0.362	0.321
1:0.29 ($\alpha = 16°10'$)	$\frac{1}{2}\phi$	0.572	0.498	0.433	0.376	0.327	0.283
	$\frac{2}{3}\phi$	0.569	0.496	0.435	0.381	0.334	0.295
1:0.25 ($\alpha = 14°02'$)	$\frac{1}{2}\phi$	0.556	0.479	0.414	0.358	0.309	0.265
	$\frac{2}{3}\phi$	0.550	0.477	0.414	0.361	0.313	0.277
1:0.20 ($\alpha = 11°19'$)	$\frac{1}{2}\phi$	0.532	0.455	0.390	0.334	0.285	0.241
	$\frac{2}{3}\phi$	0.525	0.452	0.389	0.336	0.289	0.249
1:0.29 ($\alpha = 16°10'$)	$\frac{1}{2}\phi$	0.351	0.269	0.203	0.150	0.110	0.077
	$\frac{2}{3}\phi$	0.340	0.260	0.190	0.147	0.108	0.076
1:0.25 ($\alpha = 14°02'$)	$\frac{1}{2}\phi$	0.363	0.279	0.214	0.161	0.119	0.086
	$\frac{2}{3}\phi$	0.352	0.271	0.208	0.157	0.117	0.085
1:0.20 ($\alpha = 11°19'$)	$\frac{1}{2}\phi$	0.377	0.295	0.229	0.176	0.133	0.098
	$\frac{2}{3}\phi$	0.366	0.237	0.223	0.173	0.132	0.098
1:0 ($\alpha = 0$)	$\frac{1}{2}\phi$	0.446	0.368	0.301	0.247	0.198	0.160
	$\frac{2}{3}\phi$	0.439	0.361	0.297	0.245	0.199	0.162

填土表面处 $\sigma_z = 0$，$p_a = 0$，随深度 z 的增加，σ_z 呈直线增加，p_a 也呈直线增加，所以，库伦主动土压力强度分布图为三角形，如图 14.12 所示。E_a 的作用点距墙脚的高度即 p_a 分布图形心的高度，即 $z_c = H/3$；其作用线方向与墙背法线成 δ 角，与水平面成 $\alpha + \delta$ 角。

E_a 可以分解为水平向和竖向两个分量：

$$E_{ax} = E_a \cos(\alpha + \delta) \quad (14.12a)$$
$$E_{az} = E_a \sin(\alpha + \delta) \quad (14.12b)$$

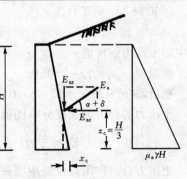

图 14.12　主动土压力计算

其中 E_{az} 至墙脚的水平距离为 $x_c = z_c \cdot \mathrm{tg}\alpha$。

2. 被动土压力计算

如图 14.13 所示，墙背 AB 在外力作用下，推动土体发生位移，当位移达到一定值时，土体达到被动极限平衡状态，墙后填土中出现滑裂面 AC，土楔体将沿 AB、AC 面向上滑动，因此，在 AB、AC 面上作用于土楔体的摩阻力均向下（与主动极限平衡时的方向相反）根据 G、Q、R 三力平衡条件，可推导出被动土压力公式：

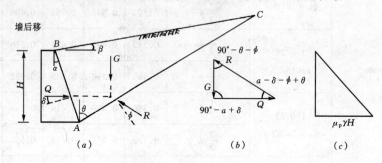

图 14.13 库伦被动土压力计算

$$E_p = \frac{1}{2}\gamma H^2 \mu_p \tag{14.13}$$

其中

$$\mu_p = \frac{\cos^2(\phi+\alpha)}{\cos^2\alpha\cos(\alpha-\delta)\left[1-\sqrt{\dfrac{\sin(\phi+\delta)\sin(\phi+\beta)}{\cos(\alpha-\delta)\cos(\alpha-\beta)}}\right]^2} \tag{14.14}$$

式中　μ_p——库伦被动土压力系数；

其他符号意义同前。

库伦被动土压力强度沿墙高的分布也呈三角形，如图 14.13（c）所示，合力作用点距墙脚的高度也为 $H/3$。

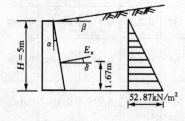

图 14.14 例题 14.3

3. 库伦公式的应用

（1）填土面上有荷载时

【例 14.3】　某一挡土墙高 5m，墙背俯斜 $\alpha = 10°$，填土面坡角 $\beta = 25°$，填土重力密度 $\gamma = 17\mathrm{kN/m^3}$，内摩擦角 $\phi = 30°$，凝聚力 $c = 0$，填土与墙背的摩擦角 $\delta = 10°$。试求库仑主动土压力的大小、分布及作用点位置。

解：根据 $\alpha = 10°$、$\beta = 25°$、$\delta = 10°$、$\phi = 30°$。由式（14.10）得主动土压力系数 $\mu_a = 0.622$，由式（14.11）得主动土压力强度值：

在墙顶　$p_a = \gamma z \mu_a = 0\mathrm{kPa}$

在墙底　$p_a = \gamma z \mu_a = 17 \times 5 \times 0.622 = 52.87\mathrm{kPa}$

土压力的合力为强度分布图面积，也可按式（14.9）直接求出：

$$E_a = \frac{1}{2}\gamma H^2 \mu_a = \frac{1}{2} \times 17 \times 5^2 \times 0.622 = 132.18\mathrm{kPa}$$

土压力合力作用点位置距墙底为 $H/3 = 5/3 = 1.67\mathrm{m}$，与墙背法线成 10°上倾。土压力强度分布如图 14.14，注意该强度分布图只表示大小，不表示作用方向。

（2）有连续均布荷载作用时

当填土面上有连续均布荷载 q 作用时，如图 14.15，$\sigma_z = q + \gamma z$，$p_a = \mu_a \sigma_z$，仍按前述方法及步骤计算，绘出 p_a 分布图，求出分布图面积即得土压力合力 E_a。

为便于应用，可以用厚度为 h、重度 γ 与填土相同的等代土层来代替 q，即 $q = \gamma h$，于是等代土层的厚度 $h = q/\gamma$，同时设想墙背为 AB'，因而可求绘出三角

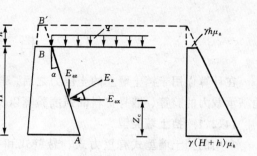

图 14.15 连续均布荷载作用

形的土压力强度分布图。但 BB' 段墙背是虚设的，高度范围内的侧压力不应计算，因此作用于墙背 AB 上的土压力，应为实际墙高 H 范围内的梯形面积，即：

$$E_a = \frac{H}{2}[\mu_a \gamma h + \mu_a \gamma (H + h)]$$

故
$$E_a = \frac{1}{2} \mu_a \gamma H (H + 2h) \quad \text{kN/m} \tag{14.15}$$

E_a 的作用点高度等于梯形形心的高度，即 $z_c = \frac{H}{3} \cdot \frac{H + 3h}{H + 2h}$，方向与水平面成 $\alpha + \delta$ 角。

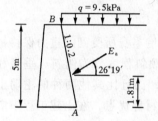

图 14.16 例题 14.4

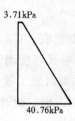

E_a 在水平向和竖向的分量分别为：

$$E_{ax} = E_a \cos(\alpha + \delta) \tag{14.15a}$$
$$E_{az} = E_a \sin(\alpha + \delta) \tag{14.15b}$$

【例 14.4】 某挡土墙如图 14.16 所示，填土为细砂，$\gamma = 19 \text{kN/m}^3$，$\phi = 30°$，取 $\delta = \phi/2 = 15°$，试按库伦理论求其主动土压力。

解：$\sigma_{zB} = q = 9.5 \text{kPa}$

$\sigma_{zA} = q + \gamma h = 9.5 + 19 \times 5 = 104.5 \text{kPa}$

由 $\phi = 30°$ 查表 14.3 得：$\mu_a = 0.390$ $\alpha = 11°19'$

$$p_{aB} = \mu_a \sigma_{zB} = 0.390 \times 9.5 = 3.71 \text{kPa}$$
$$p_{aA} = \mu_a \sigma_{zA} = 0.390 \times 104.5 = 40.76 \text{kPa}$$

p_0 分布图见图 14.16；而

$$E_a = E_{a1} + E_{a2} = 3.71 \times 5 + 0.5 \times (40.76 - 3.71) \times 5$$
$$= 18.6 + 92.6 = 111.2 \text{kN/m}$$

$$Z_c = \frac{\Sigma E_{ai} Z_i}{\Sigma E_{ai}} = \frac{18.6 \times \frac{5}{2} + 92.6 \times \frac{5}{3}}{111.2} = 1.81 \text{m}$$

E_a 与水平面间的夹角为 $\alpha + \delta = 11°19' + 15° = 26°19'$

$$E_{ax} = E_a \cos(\alpha + \delta) = 111.2 \times \cos 26°19' = 99.7 \text{kN/m}$$
$$E_{az} = E_a \sin(\alpha + \delta) = 111.2 \times \sin 26°19' = 49.3 \text{kN/m}$$

14.2 挡土墙设计

在计算作用于挡土墙上的土压力之后,挡土墙设计主要包括墙型选择、稳定性验算、地基承载力的验算、墙身材料的强度验算以及一些设计中的构造措施。

14.2.1 挡土墙类型

常用的挡土墙型式有重力式、悬壁式和扶壁式三种,如图14.17所示。另外还有锚杆、锚定板挡土墙和其他各种型式的挡土墙。

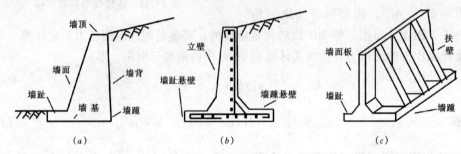

图 14.17 常用挡土墙类型
（a）重力式挡土墙；（b）悬壁式挡土墙；（c）扶臂式挡土墙

1. 重力式挡土墙

重力式挡土墙一般用块石、砖或素混凝土筑成,它靠挡土墙本身所受到的重力保持稳定,常用于 $h<5m$ 的低挡土墙。重力式挡土墙又可按墙背的倾斜程度分为俯斜、垂直和仰斜三种,见图14.18。其中仰斜式在挖方贴坡时施工较方便,而且比其他两种的主动土压力要小。重力式挡土墙具有结构简单,施工方便,能就地取材等优点,在土建工程中广泛采用。

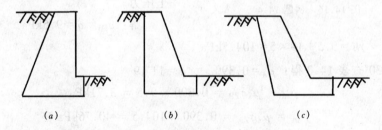

图 14.18 重力式挡土墙型式
（a）俯斜；（b）垂直；（c）仰斜

2. 悬壁式挡土墙

悬壁式挡土墙多用钢筋混凝土做成,它的稳定性主要靠墙踵悬壁以上的土所受重力维持,它的悬壁部分的拉应力由钢筋承受。这种挡土墙截面尺寸较小,适用于当地地基土质差、又缺少石料、墙高 $h>5m$ 的重要工程。在市政工程和厂矿贮库中常采用这种型式,如图14.17（b）。

3. 扶壁式挡土墙

当挡土墙高 $h>10\text{m}$ 时，为了增加悬壁的抗弯刚度，沿墙长纵向每隔 $0.8\sim1.0h$ 设置一道扶壁（图 14.17c），故称为扶壁式挡土墙。一般在较重要的大型土建工程中采用。

4. 锚杆、锚定板挡土墙

锚定板挡土墙（见图 14.19）由预制的钢筋混凝土墙面板、立柱、钢拉杆和埋在填土中的锚定板所组成。在锚定板挡土结构内部，墙面上受土压力作用，锚杆受到拉力，锚定板受到锚板的拉力。为了维持内力平衡，必须使锚定板的抗拉力大于墙面上的土压力。

为了保持整体稳定，在锚定板挡土结构的周围边界上，必须满足土的摩擦阻力大于由土和超载引起的土压力。锚杆式挡土墙则是利用伸入坚实岩层的灌浆锚杆作拉杆的挡土墙。

锚杆挡土墙通常是由立柱、墙面板和锚杆三部分组成的轻型支挡结构，如图 14.20 所示。它不同于一般重力式挡土墙依靠自重来维持挡土墙的稳定性，而是依靠锚固在稳定岩土中的锚杆所提供的拉力来保证挡土墙的稳定，它能适用于承载力较低的地基，而不必进行复杂的地基处理，是一种有效的挡土结构。

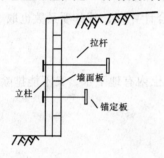

图 14.19 锚定板挡土墙

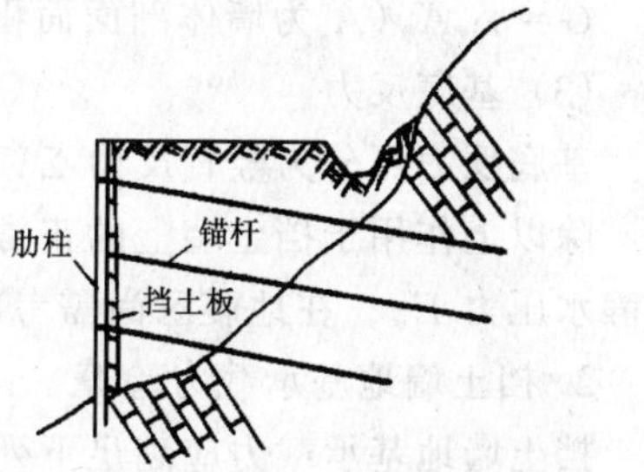

图 14.20 锚杆挡土墙

5. 加筋挡土墙

加筋土挡土墙是由面板、拉筋组成。填土、拉筋之间的摩擦力使填土与拉筋结合成一个整体，如图 14.21。

面板的作用是阻挡填土坍落挤出，迫使填土与拉筋结合为整体。

拉筋是与填土产生摩擦力并承受水平力作用而维持复合结构内部稳定的重要构件。对拉筋要求是：较高的抗拉强度；受力后变形较小；能与

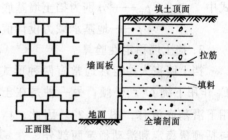

图 14.21 加筋挡土墙

填料产生足够的摩擦力；抗老化、耐腐蚀；加工、接长以及与面板的连接简单。竹条、钢带、钢筋混凝土带、聚丙烯复合材料及其他符合上述要求的材料均可作为拉筋。但一般要求铁路、高速公路、一级公路上的加筋土工程应采用钢带或钢筋混凝土带。

加筋土填料一般以摩擦性较大、透水性较好的砂性土为佳。若无砂性土时，也可选用黏性土作填料，但必须注意加筋土结构的排水和分层压实。

14.2.2 重力式挡土墙设计

重力式挡土墙的截面尺寸需计算确定，一般顶宽约为 $\dfrac{h}{12}$，底宽为 $\dfrac{1}{2}\sim\dfrac{1}{3}h$（$h$ 为墙

高)。

1. 挡土墙上的作用力

挡土墙上的作用力,如图 14.22。

(1) 侧土压力 E_a、E_p

侧土压力是作用在挡土墙上的主要荷载,当墙体向前位移时,在墙后作用有主动土压力 E_a;在墙前作用有被动土压力 E_p。为安全计,一般将墙前被动土压力忽略不计。

在计算重力式挡土墙的土压力时,荷载按基本组合,但其分项系数取 1.0。在计算薄壁式挡土墙配筋时,分项系数取大于 1.2 的数值。

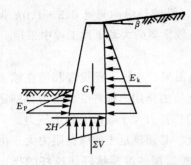

图 14.22 挡土墙上的作用力

(2) 墙体自重 G

计算墙体自重时取 1m 墙长为一计算单元。

$G = \gamma_w A$(A 为墙体剖面面积)。按基本荷载组合计算时,其分项系数也取 1.0。

(3) 基底反力

基底反力可分为竖直反力 ΣV 和水平反力 ΣH。

除以上作用于挡土墙上的正常荷载外,如墙后填土内有地下水,又不能排除时,应考虑静水压力 E_w;在地震区尚需考虑地震作用的影响。

2. 挡土墙地基承载力验算

挡土墙地基承载力应满足下列条件:

$$p_{max} \leqslant 1.2f \tag{14.16}$$

$$p_m \leqslant f \tag{14.17}$$

式中 p_{max}、p_m——分别为挡土墙基底最大压力与平均压力;

f——地基承载力设计值。

3. 挡土墙稳定性验算

挡土墙丧失稳定性通常有两种形式:一种是在土压力 E_a 作用下绕 O 点外倾;另一种是在土压力的水平分力作用下沿基底滑移,图 14.23。因此,挡土墙的稳定性验算包括倾覆稳定和滑动稳定两部分。

(1) 倾覆稳定性验算

如图 14.23,将主动土压力分解为水平分力 E_{ax} 和竖直分力 E_{az},则挡土墙抗倾覆稳定性应满足的条件是:

$$K_t = \frac{Gx_0 + E_{az}x_f}{E_{ax}z_f} \geqslant 1.5 \tag{14.18}$$

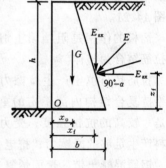

图 14.23 挡土墙稳定性验算

式中 K_t——抗倾覆安全系数;

G——每延米挡土墙自重;

z_f、x_f、x_0——分别为 E_{ax}、E_{az}、G 对墙趾 O 点的力臂。

(2) 滑动稳定性验算

挡土墙抗滑稳定性应满足以下要求： $K_s = \dfrac{(G + E_{az})\mu}{E_{az}}$

式中　K_s——抗滑安全系数（一般取≥1.3）；

　　　μ——基底摩擦系数，按表14.4采用。

挡土墙基底对地基的摩擦系数 μ　　　　　　　　　表 14.4

岩土的类别		摩擦系数 μ
黏性土	可塑	0.25～0.30
	硬塑	0.30～0.35
	坚硬	0.35～0.45
粉土	S_r	0.30～0.4
中砂、粗沙、砾砂		0.4～0.5
碎石土		0.4～0.6
软质岩石		0.4～0.6
表面粗糙的硬质岩石		0.4～0.6

【例 14.5】　试设计一浆砌块石挡土墙，墙高 $h = 4$m、墙背光滑、竖直，墙后填土水平，土的物理力学指标：$\gamma = 19$kN/m³，$\phi = 36°$，$c = 0$，基底摩擦系数 $\mu = 0.6$，地基承载力设计 $[\sigma] = 200$kN/m²。

解：1）挡土墙断面尺寸选择

顶宽采用 0.5m＞$h/12 = 4/12 = 0.33$m

底宽取 1.5m，在（$1/2 \sim 1/3$）$h = 2 \sim 1.33$m 之间。

2）土压力计算（取 1m 墙长为计算单元）

$$E_a = \frac{1}{2}\gamma h^2 \text{tg}^2\left(45° - \frac{\varphi}{2}\right) = \frac{1}{2} \times 19 \times 4^2 \times \text{tg}^2\left(45° - \frac{36°}{2}\right) = 39.5 \text{kN/m}$$

土压力作用点距墙趾距离：

$$z_f = h/3 = 4/3 = 1.33\text{m}$$

3）挡土墙自重和重心距墙趾距离

将挡土墙按图14.24分成一个三角形和一个矩形，浆砌块石重度为22kN/m³，则自重为：

$$G_1 = 0.5 \times 1.0 \times 4 \times 22 = 44\text{kN/m}$$

$$G_2 = 0.5 \times 4 \times 22 = 44\text{kN/m}$$

G_1、G_2 作用点距墙趾 O 点的水平距离分别为：$x_1 = 0.67$m，$x_2 = 1.25$m。

4）倾覆稳定验算

$$K_t = \frac{G_1 x_1 + G_2 x_2}{E_a z_f} = \frac{44 \times 0.67 + 44 \times 1.25}{39.5 \times 1.33} = 1.60 > 1.5$$

5）滑动稳定性验算

$$K_s = \frac{(G_1 + G_2)\mu}{E_a} = \frac{(44 + 44) \times 0.6}{39.5} = 1.34 > 1.3$$

6）地基承载力验算

作用于基底的总竖向力 Q

$$Q = G = G_1 + G_2 = 44 + 44 = 88\text{kN/m}$$

总竖向偏心力作用点距 O 点的距离 x

$$x = \frac{G_1 x_1 + G_2 x_2 - E_a z_f}{Q} = \frac{44 \times 0.67 + 44 \times 1.25 - 39.5 \times 1.33}{88} = 0.36\text{m}$$

总竖向偏心力的偏心距为：

$$e = b/2 - x = 1.5/2 - 0.36 = 0.39\text{m} > b/6 = 0.25\text{m}$$

$$p_{\max} = \frac{2Q}{3\left(\dfrac{b}{2} - e\right)} = \frac{2 \times 88}{3\left(\dfrac{1.5}{2} - 0.39\right)} = 163\text{kN/m}^2 < 1.2f = 240\text{kN/m}^2$$

$$p_m = \frac{1}{2}(p_{\max} + p_{\min}) = \frac{1}{2}(163 + 0) = 81.5 < f = 200\text{kN/m}^2$$

$$b' = 3\left(\frac{b}{2} - e\right) = 3\left(\frac{1.5}{2} - 0.39\right) = 1.08\text{m}$$

7）墙身强度验算（略）

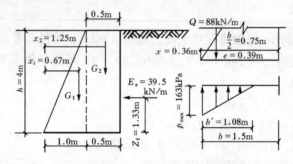

图 14.24　例 14.5

14.3　土坡稳定性分析

14.3.1　土坡稳定的意义

在土建工程中，常遇到土坡稳定问题。当土坡内某一滑裂面上的下滑力矩大于该滑面抗剪强度提供的抗滑力矩时，坡体下滑的现象称为土坡失稳，工程上称为滑坡。土坡失稳不仅影响工程进度，有时还会危及生命安全，造成工程事故。对此应有足够的重视。

14.3.2　土坡稳定分析圆弧法简介

用圆弧法分析土坡稳定是基于对失稳土坡现场观察测量得知。土坡失稳时的滑动曲面接近圆弧面，因此，可对图 14.25 中 1m 长的土体 ABD 绕圆心 O 转动时（即沿 AB 弧滑动时），处于极限平衡状态来判断土坡是否失稳。

用圆弧法分析土坡稳定时，一般将滑动土体 ABD 分条编号，尽量准确计算。现取第 i 条进行分析。此条所受重力 $G_i = \gamma_i b_i H_i$，在 mn 圆弧上分解为下滑力 $F_i = G_i \sin\theta_i$ 和正压力 $N_i = G_i \cos\theta_i$，下滑力 F_i 乘以滑动半径 R 形成该土条的滑动力矩 $M_{T2} = F_i R = G_i \sin\theta_i R$，而正压力 N_i 与 mn 弧面处的抗剪强度指标 ϕ_i、c_i 形成抵抗滑动的抗滑力 f_i。

抗滑力 f_i 乘以滑动半径 R 即形成该土条的抗滑力矩 $M_R = f_i R$。

将所有土条的滑动力矩，与抗滑力矩进行比较便可知土体 ABD 是否稳定，

即

$$\frac{抗滑力矩}{滑动力矩} \quad \frac{M_R}{M_T} = K_s \tag{14.19}$$

K_s 为土坡稳定系数。其值大于 1.1~1.5 时，土坡稳定。

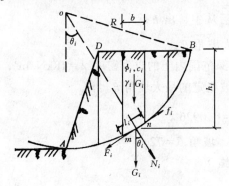

图 14.25　土坡稳定分析圆弧法　　　图 14.26　粗粒土土坡稳定分析

14.3.3　简单土坡稳定分析

所谓简单土坡系由均质土组成，坡面单一，其顶面与底面均为水平，且长度为无限长的土坡。

1. 粗粒土简单土坡稳定计算

在土坡表面取一个土粒 m 分析（图 14.26），土粒自重 G，其法向分力 $N = G\cos\theta$，切向分力 $F = G\sin\theta$，其中 θ 为坡角。显然，切向分力 F 将使土粒 m 下滑，而阻止土粒下滑的力是法向分力产生的摩擦力 $f = N\mathrm{tg}\theta = G\cos\theta\mathrm{tg}\varphi$。为了保证土坡稳定，稳定安全系数 K_s 应不小于 1.1~1.5，即

$$K_s = \frac{f}{F} = \frac{G\cos\theta\mathrm{tg}\varphi}{G\sin\theta} = \frac{\mathrm{tg}\varphi}{\mathrm{tg}\theta} \geqslant 1.1 \sim 1.5 \tag{14.20}$$

可见，当坡角 θ 小于粗粒土（砂土）的内摩擦角 φ 时，土坡是稳定的。由试验可知自然坡面是指砂土在自重作用下的稳定斜面，此时 $\theta = \varphi$。

2. 细粒土简单土坡稳定计算

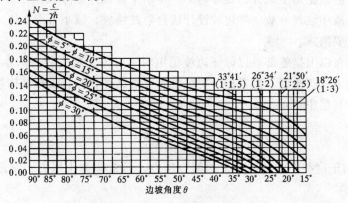

图 14.27　细黏土简单土坡计算图

细粒土（黏性土与粉土）土坡稳定分析可按图 14.27 进行。图中曲线的横坐标轴表示坡角 θ，纵坐标表示 $N=\dfrac{c}{\gamma h}$。其中 c、γ 分别为土的黏聚力和重力密度，h 为土坡高度，利用此图计算以下两类问题：

(1) 已知 θ、ϕ、c 和 γ，求最大高度 h。

根据 θ、ϕ 由图 14.27 查得系数 $N=\dfrac{c}{\gamma h}$，然后从中解出 h；

(2) 已知 ϕ、c、γ、h，求边坡稳定时的最大坡角 θ。

【例 14.6】 下水管道沟槽开挖深度 6m，埋深范围内土的重力密度 $\gamma=18\text{kN/m}^3$，内摩擦角 $\theta=30°$，黏聚力 $c=10\text{kN/m}^3$，求沟槽边坡稳定的最大坡角 θ。

解：
$$N=\dfrac{c}{\gamma h}=\dfrac{10}{18\times 6}=0.0926$$

由图 14.27 查得，当 $N=0.0926$、$\phi=30°$时，坡角 $\theta=72.5°$

14.3.4 土坡稳定因素分析和防治失稳的措施

1. 影响土坡稳定的因素

从以上分析可知，影响土坡稳定的因素分为两方面：

一是产生下滑的土体自重，影响土体自重大小的因素除了土体种类不同、重度不同外，主要是边坡坡角 θ 和土坡高度 h。显然坡角愈小，土坡高度愈小，土坡愈稳定。其原因在于滑动土体的自重小，下滑分力就小。

二是阻止下滑的土体的抗剪强度。主要表现在抗剪强度指标 ϕ、c 的大小，土体的密实程度、地下水位的高低、地表水的渗入都将影响 ϕ、c 值。显然，土愈松，含水量愈多，土体的稳定性愈差。

2. 边坡失稳防治措施

为了保证基槽边坡的稳定，防止山坡土体下滑危及坡脚建筑物，在设计边坡时，首先应使边坡坡度即坡高与坡宽之比不超过有关规定的边坡坡度允许值。

其次，防止边坡失稳、山体滑坡，应根据工程地质，水文地质条件及施工影响因素，认真分析土坡可能失稳的原因，采取下列有关措施：

(1) 排水　对地面水，应设置排水沟，防止地面水渗入容易产生滑坡地段，必要时，应采取防渗措施，如坡面、坡脚的保护，不得在影响边坡稳定范围内积水。在地下水影响较大的情况下，应根据地质条件，做好地下水排水工程或井点降水。

(2) 卸载　减小坡顶堆载，将边坡设计成台阶或缓坡，减小下滑土体的自重，也是防止边坡下滑的重要措施。

(3) 支挡　在以上措施都难以保证边坡稳定时，可据边坡失稳时的推力大小、方向、作用点，设置重力式挡土墙、阻滑桩、护坡桩等支挡结构，并将支挡结构埋置于滑动面以下稳定的土（岩）层中。

小　结

1. 土体作用于这些挡土结构物上的侧向压力，通常称为土压力，它是挡土结构物的主要作用荷载。

2. 土压力分为静止土压力、主动土压力和被动土压力。作用于墙背上的静止土压力

强度 $p_0 = \sigma_x = \xi\sigma_z = \xi\gamma z$，主动土压力和被动土压力可用朗金土压力理论和库伦土压力理论进行计算，计算公式分别为：

朗金土压力理论：

计算主动土压力 $E_a = \frac{1}{2}\gamma H^2 m^2 - 2Hc \cdot m + \frac{2c^2}{\gamma}$ kN/m

计算被动土压力 $E_p = \frac{\gamma H^2}{2m^2} + \frac{2cH}{m}$ kN/m

库伦土压力理论：

计算主动土压力 $E_a = \frac{1}{2}\gamma H^2 \mu_a$

计算被动土压力 $E_p = \frac{1}{2}\gamma H^2 \mu_p$

3. 常用的挡土墙型式有重力式、悬臂式和扶壁式三种。另外还有锚杆、锚定板挡土墙和其他各种型式的挡土墙。挡土墙设计主要包括墙型选择、稳定性验算、地基承载力的验算、墙身材料的强度验算以及一些设计中的构造措施。

4. 土建工程中，坡体下滑的现象称为土坡失稳。土坡稳定分析可用圆弧法，粗粒土简单土坡稳定计算为：$K_s = \frac{f}{F} = \frac{G\cos\theta \operatorname{tg}\varphi}{G\sin\theta} = \frac{\operatorname{tg}\varphi}{\operatorname{tg}\theta} \geq 1.1 \sim 1.5$

土坡失稳防治措施：边坡坡度不超过有关规定的边坡坡度允许值。其次，应注意排水、卸载、支挡。

习 题

14.1 何谓静止土压力、主动土压力、被动土压力？为什么要把土压力分成这几种？

14.2 静止土压力强度如何计算，其分布图形有何特点？

14.3 朗金土压力理论的基本假定是什么？其主动和被动土压力强度计算公式是根据什么原理导得的？

14.4 按朗金理论如何求土压力合力（包括大小、方向、作用点）？当填土面上有连续均布荷载，应如何处理？

14.5 试述库伦土压力理论的基本假定及其与朗金理论的主要差别。

14.6 如何求库伦主动土压力（包括大小、方向、作用点）？

14.7 当填土为黏性土时，库伦理论是如何处理的？

14.8 挡土墙有哪几种形式，设计重力式挡土墙有哪些内容？

14.9 如何防止土坡失稳？

14.10 挡土墙及填土情况如图所示，试求绘出静止、主动和被动土压力强度分布图，并按分布图求出土压力合力 E_0、E_a 和 E_p（包括大小、方向、作用点）。

14.11 某挡土墙，填土面作用有连续均布荷载如图所示，试用朗金理论求主动土压力。

14.12 挡土墙高 6m，填土面水平，填土重力密度 $\gamma = 19\text{kN/m}^3$，$\phi = 35°$，$c = 0$，$\delta = \phi/2$，当 α 分别为 $+14°$、$0°$、$-14°$ 时，分别求作用于墙背上的库伦主动土压力。

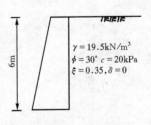

题 14.10 图示

14.13 挡土墙及填土情况如图所示，分别用朗金理论（取 $\delta = 0$）和库伦理论求其主动土压力。

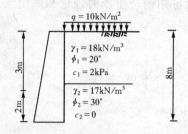

题 14.11 图示

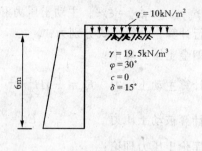

题 14.13 图示

第15章 地基与基础

15.1 概 述

15.1.1 基础设计原则

在设计任何建筑物的时候，设计人员总是需要考虑三方面的问题：(1) 保证建筑物的质量，也就是技术上要求建筑物稳固、耐用和适用；(2) 保证方案的经济性，即要求建筑物总造价尽可能低廉；(3) 保证方案的可行性，也就是根据当时、当地的具体情况（如技术和施工队伍的现实能力和水平、材料、机械设备及现场的具体条件等），确定设计方案是切实可行的。

15.1.2 建筑物对地基与基础的要求

1. 保证地基有足够的强度。也就是说地基在建筑物等外荷载作用下。不允许出现过大的、有可能危及建筑物安全的塑性变形或丧失稳定性的现象。

2. 保证地基的压缩变形在允许范围以内。地基变形的允许值决定于上部结构的结构类型、尺寸和使用要求等因素。

3. 防止地基土从基础底面被水流冲刷掉。

4. 防止地基上发生冻胀。当基础底面以下的地基土发生严重冻胀时，对建筑物往往是十分有害的。冻胀时地基虽有很大的承载力，但其所产生的冻胀力有可能将基础向上抬起，而冻土一旦融化，土体中固态水变成液态水，地基承载力会突然大大降低，基础有可能发生很大沉陷，这是绝对不能允许的。所以对寒冷地区，这一点必须予以考虑。

5. 保证基础有足够的强度和耐久性。基础的强度和耐久性与砌筑基础的材料有关，只要施工能保证质量，一般比较容易得到保证。

6. 保证基础有足够的稳定性，基础稳定性包括防止倾覆和防止滑动两方面，这个问题与荷载作用情况、基础尺寸和埋置深度及地基土的性质均有关系。

此外，整个建筑物还必须处于稳定的地层上，否则上述要求虽然都得到满足，也可能导致整个建筑物出现事故。设计地基与基础时，必须全面考虑上述这些要求，保证技术经济的合理性，而要做到这一点，必须在着手设计以前，首先掌握准确、足够而又必要的资料。

15.1.3 基础设计所需要的资料

1. 建筑物的情况 如上部结构型式和结构设计图、建筑物用途、桥梁和墩台的构造与尺寸等。选择基础的类型、形状和尺寸时，必须掌握这方面资料。

2. 荷载作用情况 包括可能作用于建筑物上的各种荷载大小、方向、作用位置、荷载性质（静荷载还是动荷载）及作用时间久暂等，对公路桥梁必须掌握其活载载重等级。

3. 水文资料 如桥梁所在江河水流的高水位、低水位、常水位、水流流速及冲刷深度等。

4．工程地质资料　主要是地质剖面图或柱状图，图上有各土层的分布情况，厚度、冻结深度、地下水位高度、土中有无大而硬的孤石或其他物质，岩面标高，倾斜度及其他的地质情况等，还必须有各种地基土必要的物理、力学性质指标。

15.1.4　作用于基础上的荷载

作用于桥梁或其他结构物上的荷载都要通过基础传给地基。《公路桥涵设计通用规范》把作用荷载分为永久荷载（恒载）、可变荷载和偶然荷载三类。

永久荷载（恒载）是长期作用的荷载，且荷载值不变。如建筑物自重、土重及土的侧压力、水的浮力和基础变位影响力等。

可变荷载，这类荷载的作用时间和大小是可变的。按其对桥涵结构的影响程度又分基本可变荷载（活载）和其他可变荷载两种。由车辆行驶所引起的荷载（包括车重、车重引起的土侧压力，汽车冲击力和离心力）和人群荷载是桥涵上经常作用的荷载属基本可变荷载，也称活载；风力，汽车制动力，支座摩阻力，流水压力及冰压力等不经常出现，属其他可变荷载。

上述各种荷载有可能同时作用于结构物上，所以在具体计算时，要考虑各种不同荷载组合的作用。规范把荷载组合归纳为六类：

组合Ⅰ　由基本可变荷载（平板挂车或履带车除外）和永久荷载所组成，这是主要的荷载组合；

组合Ⅱ　由基本可变荷载（平板挂车或履带车除外）、永久荷载及其他可变荷载组成的荷载组合；

组合Ⅲ　由平板挂车或履带车与永久荷载所组成的荷载组合；

组合Ⅳ　组合Ⅰ中再计入船只或漂流物撞击力所组成的荷载组合；

组合Ⅴ　桥涵在进行施工阶段的验算时，由施工荷载所组成的荷载组合；

组合Ⅵ　由结构重量、预应力、土重及土侧压力、常水位浮力与地震力所组成的荷载组合。

以上单一类荷载组合中，根据不同的具体情况，还可以有很多种组合。对一定的验算项目，应按实际与可能情况从中选取最不利的荷载组合。有时几种组合之间不容易判别究竟哪一个最不利，在这种情况下，几种组合就需要同时进行验算。

15.2　地基与桥梁基础的分类

建筑物地基一般可分为天然地基和人工地基两大类。基础直接砌筑在天然地层上的地基，称为天然地基；如天然地基的承载力不够，可以先通过人工加固的办法提高地基的强度或减小其压缩性，然后砌筑基础，这种经过人工处理的地基，称为人工地基。基础的类型还可按基础的刚度，埋置深度和构造形式等来分类。

15.2.1　按基础的刚度分类

按基础的刚度，也即按受力后基础的变形情况，分为刚性基础和柔性基础两种，如图15.1所示。受力后不发生挠曲变形的基础称刚性基础，一般可用抗弯强度较差的材料（如浆砌块石，片石混凝土等）做成。这种基础不需要钢材，但圬工体积较大，且支承面

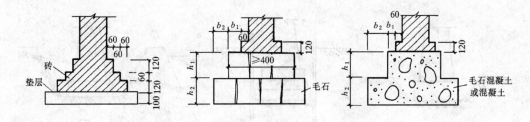

图 15.1 刚性基础

积受到一定限制；容许发生较大挠曲变形的基础称柔性基础或弹性基础，通常需用钢筋混凝土做成。由于钢筋可以承受较大的弯曲应力和剪应力，所以当礅柱尺寸不大、地基承载力又较低时，采用这种基础可以有较大的支承面积（图15.2），从而能更好地发挥基础本身承上启下的作用。但这种基础多用于埋置深度较小时，在桥梁工程中，多数采用刚性基础。

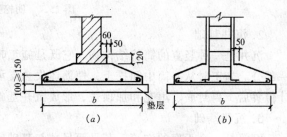

图 15.2 柔性基础

15.2.2 按基础的埋置深度分类

按基础的埋置深度分有浅基础和深基础两种。埋置深度较小的浅基础，适用于浅层地基的承载力较大时。浅基础施工较简单，通常从地面用明挖法开挖基坑后，直接在基坑底面上砌筑基础。当基础埋置深度大于 5m 时，就不宜采用上述方法，而是需要用特殊的施工手段和相应的基础形式，如沉井、沉箱和桩基础等，这类基础都属深基础。

15.2.3 按构造形式分类

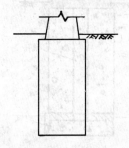

图 15.3 实体基础

按构造形式分，对桥梁墩台基础来说，可归纳为实体式基础和桩柱式基础两类。当整个基础都由圬工材料筑成时，称为实体式基础。其特点是基础整体性好，但自重较大，所以对地基承载力要求较高，如图 15.3 所示。实体基础多属刚性基础。由多根基桩或小型管柱并用承台把它们联结成整体的那种基础，称桩柱式基础，如图 15.7、图 15.8 所示。

这种基础比实体基础能省很多圬工材料，整个基础的重量也较轻，因此对地基强度的要求可比实体基础较低一些，但桩柱本身一般要用钢筋混凝土制成。

15.2.4 按基础施工方法分类

1．明挖基础

在明挖基坑中建筑的基础通常称为明挖基础。根据基坑土质、开挖的深浅与大小以及有无水和水量大小等情况的不同，可直接开挖如图 15.4（a）所示，加坑壁防护（如衬板、围圈或板被等）的开挖如图 15.4（b）所示和设置围堰（用土、草袋或麻袋装土，木板桩或钢板桩等材料制成）抽水后开挖如图 15.4（c）所示等。明挖基础的结构形式，一般为刚性实体，从上而下逐渐扩大。因此，又称为扩大基础。

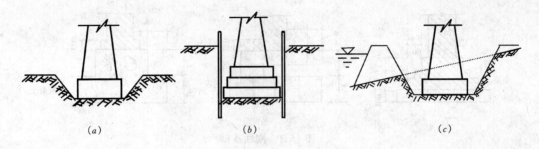

图 15.4 明挖基础

2. 沉井基础

沉井是一种竖直的筒状结构物。它既是施工时的临界时围壁，又是永久性基础结构的一部分。施工时从井筒中间挖土，使筒体失去支承而在自重作用下逐渐下沉。井筒沉到设计位置后，再封底、填充和加顶盖，形成沉井基础，见图 15.5 所示。

3. 沉箱基础

沉箱是一个无底的空箱，其平面尺寸与基础底面尺寸相同。在水下施工时，用压缩空气通入沉箱室将水挤出，使工人在沉箱室内无水的条件下挖土，并通过升降筒和气闸把弃土外运。在沉箱自重和上部砌体重量的共同作用下，沉箱逐步下沉。沉至设计位置后，用混凝土封底、填充，即成为沉箱基础，见图 15.6 所示。

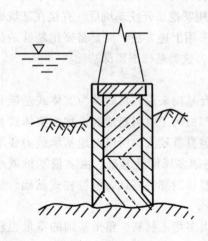

图 15.5 沉井基础

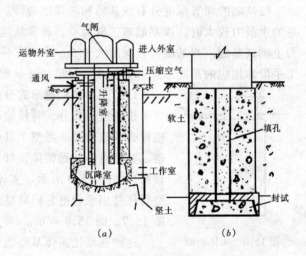

图 15.6 沉箱基础
(a) 下沉过程；(b) 沉箱完成

4. 桩基础

桩基础是借助设于土中的桩，将墩台和上部结构的荷载传到深层土中的一种基础，见图 15.7。当坚硬土层埋得较深，或河流冲刷严重时，采用桩基础或沉井基础是比较合适的。

通常将采用大直径预制管桩的桩基础称为管柱基础。管柱基础一般适用于深水、有覆盖层或无覆盖层、岩面起伏较大等桥址条件时，见图 15.8。

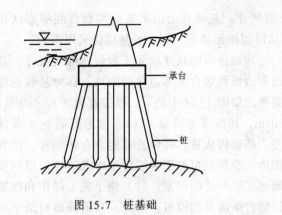
图 15.7 桩基础

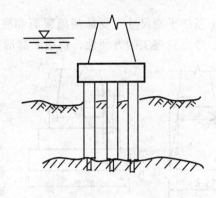
图 15.8 管柱桩基

15.3 刚性浅基础的设计与计算

天然地基上的浅基础是桥梁基础中最简单的方案。与其他类型基础相比，其设计计算内容自然也要简单一些。但其设计中所考虑的一些基本问题，其他类型基础也要涉及到。因此掌握浅基础的设计计算原理，将有助于理解和掌握其他类型基础的设计计算原理和内容。

基础设计主要包括对地基做出评价，结合建筑物和其他具体条件初步拟定基础的材料、埋置深度、类型及尺寸。然后通过验算，证实各项设计要求是否能得到满足，最后定案。浅基础有刚性基础和柔性基础之分。刚性基础结构比较简单，只需圬工材料，不需要钢材，桥梁工程中用得很多。所以这里只介绍刚性浅基础设计计算。

15.3.1 刚性浅基础设计步骤和内容

刚性浅基础设计一般步骤和内容为：
（1）初步选定基础的埋置深度；
（2）选定基础的材料（用块石砌筑还是片石混凝土），初步拟定基础的形状和尺寸；
（3）验算地基强度（持力层和软弱下卧层）；
（4）验算基底的合力偏心距；
（5）验算基础抗滑动和抗倾覆稳定性。

验算中如发现某项设计要求得不到满足，或虽然满足，但尺寸或埋深显得过大而不经济，则需适当修改尺寸或埋置深度，重复各项验算，直到各项要求全部满足，使基础尺寸较为合理为止。

15.3.2 基础尺寸的拟定

基础尺寸包括平面尺寸和立面尺寸两方面。拟定时一般要考虑上部结构的形式、荷载大小、初定的基础埋置深度、地基允许承载力及墩台底面的形状和尺寸等因素。

1. 基础高度

考虑整个建筑物的美观，并保护基础不受外力破坏。基础一般要求不外露。规范规定墩台基础顶面不宜高于最低水位或地面的标高。在基础埋置深度也即基础底面标高已选定的情况下，基础顶面标高一确定，基础总高度即为顶面标高和底面标面之差。

2. 基础平面尺寸

基础平面尺寸主要是基础顶面和底面尺寸。基础顶面的形状应与墩台底部形状相适应。考虑到施工的方便性，桥墩底部形状以圆端形居多，但一般基础仍采用矩形。

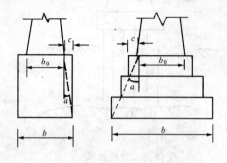

图 15.9 基础襟边和扩散

基础顶面的尺寸应大于墩台底部的尺寸。基础顶面边缘到墩台底部边缘的距离，称为基础的襟边宽度，如图 15.9 中的 c。襟边宽度不得小于 15～30cm，其作用主要是：(1) 考虑基础施工条件较差，基础砌成后，其位置可能会有些偏移，设置了襟边，墩台就可按正确的定位要求放样，以纠正基础施工所产生的误差；(2) 便于施工操作和搭置浇筑墩台所需要的模板。因此，基础顶面的最小尺寸应为：

$$b_{\min} = b_0 + 2c \tag{15.1}$$

式中　$b_{\min}$——基础顶面的最小宽度或长度；

　　　b_0——墩台底部的宽度或长度；

　　　c——襟边宽度的最小值，取 15～30cm。

基础底面尺寸当然不得小于基础顶面的最小尺寸。对于刚性基础来说，在基础高度已经确定的情况下，基础底面的最大尺寸也要受到一定限制。因为基础底面尺寸超过墩台底部尺寸太多，在基础中所产生的最大弯应力和最大剪应力，有可能超过圬工材料的强度，使基础底面发生开裂以致遭到损坏。从墩台底部外缘到基础底面外缘的连线与竖线的夹角，常称基础扩展角，如图 15.9 中的 α。为了保证刚性基础本身有足够的强度，通常限制扩展角 α 不超过一定的极限值，该扩展角的极限值常称基础的刚性角，用 $\alpha_{\max}$ 表示。它与基础所采用的材料有关，规范规定：

用 M5 以下水泥砂浆砌筑块石时　　　　$\alpha_{\max} = 30°$

用 M5 以上水泥砂浆砌筑块石时　　　　$\alpha_{\max} = 35°$

水泥混凝土　　　　　　　　　　　　　$\alpha_{\max} = 40°$

因此，必须使基础的扩展角 $\alpha \leqslant \alpha_{\max}$，这样基础底面的最大尺寸应为：

$$b_{\max} = b_0 + 2H \mathrm{tg} \alpha_{\max} \tag{15.2}$$

式中　H——基础的总高度。

基础底面形状应与顶面相配合，其合理的尺寸，一般要通过试算最后确定。先应根据荷载大小和地基强度，参照上述最小襟边宽度和刚性角所要求的最小和最大尺寸，从中初选一个底面尺寸，然后进行各项验算，根据验算结果，再作适当修改。如果采用最大尺寸还不能满足验算要求，那就应改用强度较大的圬工材料或加深基础的埋置深度。

3. 基础的立面尺寸

基础的立面形式应力求简单，既要便于施工，又能节省圬工材料，所以当地基强度很大时，基底可采用最小尺寸，不设台阶，如图 15.9 所示；一般地基强度比基础强度小，多采用立面为台阶形的扩大基础，并满足 $\alpha \leqslant \alpha_{\max}$ 的条件。台阶数和台阶高度按基础总高度和底面尺寸，视具体情况而定，每级台阶高度一般在 75cm 以上，台阶扩展角也不得超过刚性角。

15.3.3 地基与基础的验算

1. 持力层地基强度验算

持力层强度验算的主要步骤是：先确定地基允许承载力（一般用规范方法），再计算最不利荷载组合作用下的基础底面压应力 σ_{max} 和 σ_{min}，要求 $\sigma_{max} \leqslant K[\sigma]$，其中 K 为不同荷载组合作用时的承载力提高系数，见表 13.18。

如图 15.10 所示，N 与 M 为作用于基础底面形心上的竖向合力和力矩，当合力偏心距不超出截面核心时，按式（15.3）计算基础底面压应力：

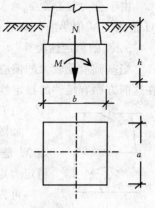

图 15.10 竖向合力和力矩

$$\sigma_{min}^{max} = \frac{N}{A} \pm \frac{M}{W} \qquad (15.3)$$

当基础底面为 $a \times b$ 的矩形，且受力情况如图 15.10 所示时，上式适用于合力偏心距：

$$e_0 = M/N \leqslant b/6, \text{ 其中 } A = ab, \ W = ab^2/6$$

对设置在基岩上的墩台基础，当基底合力偏心距超出核心半径（$e_0 > \rho$）时，仅按受压区计算基底最大压应力，不考虑基底承受拉力。

当墩台基底为矩形时最大压应力按式（15.4）计算：

$$\sigma_{min}^{max} = \frac{2N}{3\left(\dfrac{b}{2} - e_0\right)a} \qquad (15.4)$$

分析上两式，当基础底面尺寸为一定时，N 和 M 值愈大，σ_{max} 愈大。可见在验算地基强度时，应选用能使 N 和 M 值尽可能大的荷载组合为最不利的荷载组合。

2. 基底偏心距验算

从式（15.3）中可知，基底合力偏心距愈大，基底压应力的最大值和最小值相差愈大，基础愈易发生较大的不均匀沉降，致使墩台倾斜，这对建筑物必将造成不利影响。为了防止基础发生过大的倾斜，必须控制偏心距 e_0 的值。《公路桥涵地基与基础设计规范》规定 e_0 的控制值见表 15.1。表中 ρ 为截面核心半径，$\rho = W/A$，其中，W——相应于应力较小基底边缘的截面抵抗矩；A——基底截面积。建筑在岩石地基上的单向推力墩，当满足强度和稳定性的要求时，e_0 不受限制。

墩台基础合力偏心距的限制　　　　表 15.1

荷载情况	地基条件	合力偏心距	备注
墩台仅受恒载作用时	非岩石地基	桥墩 $e_0 \leqslant 0.1\rho$ 桥台 $e_0 \leqslant 0.75$	对拱桥墩台，其合力作用点应尽量保持在基底中线附近
墩台受荷载组合 Ⅱ、Ⅲ、Ⅳ	非岩石地基	$e_0 \leqslant \rho$	
	石质较差的岩石地基	$e_0 \leqslant 1.2\rho$	
	坚密岩石地基	$e_0 \leqslant 1.5\rho$	

由于合力偏心距 $e_0 = M/N$，M 愈大，N 愈小，e_0 将愈大。因此对该项验算，应取 M 值大、N 值小的荷载组合为最不利的荷载组合。

3. 基础稳定性验算

当基础承受较大的偏心力矩和水平力时，基础有发生倾覆和滑动的危险，为确保基础在这两方面有足够的稳定性，必须进行本项验算。

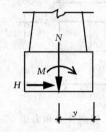

图 15.11 倾覆稳定性验算

（1）抗倾覆稳定性

如图 15.11 所示，假定基础将绕基底最大受压边缘转动，那么力矩 M 是倾覆因素，N 是抵抗倾覆的稳定因素。应保证抗倾覆力矩（即稳定力矩）大于倾覆力矩，并具有足够的安全度。

可先按下式算出抗倾覆稳定系数 K_0：

$$K_0 = \frac{Ny}{M} = \frac{Ny}{Ne_0} = \frac{y}{e_0} \tag{15.5}$$

式中 y——基底截面形心致最大受压边缘的距离；

e_0——合力的竖向分力对基底截面形心的偏心距。

要求 K_0 值不小于规范的规定值，见表 15.2。

抗倾覆和抗滑动的稳定系数 K_0　　　　　　　　　　表 15.2

荷载情况	验算项目	稳定系数	备注
荷载组合Ⅰ	抗倾覆 抗滑动	1.5 1.3	
荷载组合Ⅱ、Ⅲ、Ⅳ	抗倾覆 抗滑动	1.3	荷载组合Ⅰ。如包括由混凝土收缩、徐变相水的浮力引起的效应，则应采用荷载组合Ⅱ时的稳定系数
荷载组合Ⅴ	抗倾覆 抗滑动	1.2	

由式（15.5）可见，e_0 愈大，K_0 愈小，愈不利，所以选最不利荷载组合的原则与验算合力偏心距相同。

（2）滑动稳定性

图 15.11 中 H 为滑动力，基底与地基土之间的摩擦力为抗滑力。要求抗滑力大于滑动力，并具有足够的安全度。可先按下式算出抗滑动稳定系数 K_0：

$$K_0 = \frac{Nf}{H} \tag{15.6}$$

式中 N——竖向力总和；

H——水平力总和；

f——摩擦系数，当缺少资料时，可查表 15.3。

当基础采取抗滑措施时，在抗滑动验算中，除去考虑基底摩阻力外，并应考虑由上述措施所产生的阻力。要求 K_0 值不小于规范的规定值，见表 15.2。

基 底 摩 擦 系 数 f　　　　　表 15.3

地基土分类	f	地基土分类	f
软塑（1>I_L≥0.5）黏土	0.25	碎石类土	0.5
硬塑（0.5>I_L≥0）黏土	0.30	软质岩石	0.40~0.60
亚砂土、亚黏土、半硬性（I_L<0）黏土	0.30~0.40	硬质岩石	0.60~0.70
砂类土	0.40		

由式（15.6）可见，N 愈小，H 愈大，则 K_0 值愈小愈不利，所以本项验算时应选取 N 小、H 大的荷载为最不利荷载组合。

4．基础沉降计算

基础沉降的计算方法，一般对小桥或跨径不大的简支梁桥，在满足地基容许承载力的情况下，可不进行沉降计算。

桥梁墩台符合下列情况之一时，应验算基础沉降量：

(1) 墩台建于地质情况复杂、土质不均匀及承载力较差地基上的一般桥梁；

(2) 需预先考虑沉降量确定净高的跨线桥；

(3) 超静定体系的桥梁（如连续梁桥、两铰或无铰拱桥等），一般应计算墩台基础沉降和相邻基础的沉降差；

(4) 相邻跨径差别悬殊必须计算沉降差的桥梁。

15.3.4　设计算例

1．设计资料

(1) 上部构造：17.5m 钢筋混凝土装配式 T 型简支梁，桥面净宽为 7m+2×0.75m；

(2) 下部构造：混凝土重力式桥墩；

(3) 设计活载：汽－10 级，履带－50，人群荷载为 2.5kPa

(4) 地质资料：

1) 地质柱状图见图 15.12；

2) 地基土的物理性质指标见表 15.4。

(5) 水文资料：

设计水位标高 25.0，常水位标高 19.5，一般冲刷线标高 18.0，局部冲刷线标高 17.5（标高均以 m 计）。

(6) 其他：桥梁处于公路直线段上，无冻结现象。

2．设计任务：设计桥的中墩基础，风速为 40m/s，拟在枯水季节施工。

3．确定基础埋设深度

由上部结构和设计荷载资料知道，本桥对地基要求不高，从地质条件看，表层黏土层厚约 6m，其液性指数：

$$I_L = \frac{w - w_P}{w_L - w_P} = 0.5, e = 0.656$$

查表 13.12（内插法）得容许承载力 $[\sigma_0]$ = 312kPa，由于荷载不大，故该土层可作为持力层。考虑黏土 I_L=0.5<1.0，可视为不透水，常水位时水深仅 0.8m，可采用土围堰明挖法修筑扩大浅基础。因此初定基础底面设在局部冲刷线以下 2m 处，标高为 17.5－2.0 ＝15.5m。

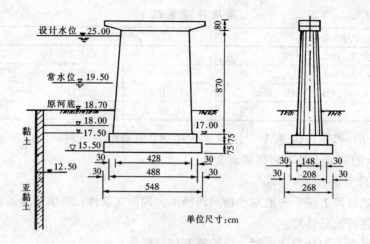

图 15.12 设计算例

地基土物理性质指标   表 15.4

层次	土 名	γ (kN/m³)	Gs	w (%)	w_L (%)	w_p (%)	e
1	黏土	19.8	2.74	22.0	23.9	10.1	0.656
2	亚黏土	17.9	2.72	33.1	36.0	19.8	0.984

4．基础尺寸的拟定

选用 10 号片石混凝土基础。由于荷载不大，地基承载力较高，初定基础设两层台阶，每层厚 75cm，台阶宽 30cm，由此算出台阶扩展角 $\alpha = \mathrm{arctg}\dfrac{30}{75} = 22° < \alpha_{\max} = 40°$，符合要求。于是基础顶面尺寸为：

$$a_1 = 428 + 2 \times 30 = 488\mathrm{cm} = 4.88\mathrm{m}$$

$$b_1 = 148 + 2 \times 30 = 208\mathrm{cm} = 2.08\mathrm{m}$$

基础底面尺寸为：

$$a_2 = 428 + 4 \times 30 = 548\mathrm{cm} = 5.48\mathrm{m}$$

$$b_2 = 148 + 4 \times 39 = 268\mathrm{cm} = 2.68\mathrm{m}$$

根据本桥情况，顺桥向验算应控制设计，故以下均为纵向验算。

5．计算多种荷载组合下作用于基础底面形心处的 N、H 和 M 值（计算从略），结果列于表 15.5 中。

6．合力偏心距验算

由合力偏心距 $e_0 = \dfrac{M}{N}$，对照表 15.5 中所列的荷载组合情况，较易看出最不利的荷载组合应为表中序号 2 中的荷载组合 IIB，其 $M = 651\mathrm{kN \cdot m}$ 属最大，而 $N = 2720\mathrm{kN}$ 比荷载组合 IIA 中的 N 大得不多。

基底截面积　　　　　　　　$A = 2.68 \times 5.48 = 14.7\mathrm{m}^2$

截面抵抗矩　　　　　　　　$W = \dfrac{1}{6} \times 5.48 \times 2.68^2 = 6.56\mathrm{m}^3$

故
$$\rho = \frac{W}{A} = \frac{6.56}{14.7} = 0.446 \text{m}$$

合力偏心距计算结果见表 15.6。

N、H、M 值 表 15.5

序号	荷载组合情况	作用于基底形心处的力和力矩		
		N (kN)	H (kN)	M (kN·m)
1	用于验算地基强度			
	荷载组合 Ⅰ			
	A：恒载 + 双孔汽 - 10 + 双孔人群	3330	0	42
	B：恒载 + 单孔汽 - 10 + 单孔人群	3175	0	86
	荷载组合 Ⅱ			
	A：恒载 + 双孔汽 - 10 + 双孔人群 + 双孔制动力 + 风力（常水位时）	3330	54.9	607
	B：恒载 + 单孔汽 - 10 + 单孔人群 + 单孔制动力 + 常水位时风力	3175	54.9	651
	荷载组合 Ⅲ	3300	0	0
	A：恒载 + 双孔履带 - 50	3260	0	107
	B：恒载 + 单孔履带 - 50			
2	用于验算基础偏心距和稳定性			
	荷载组合 Ⅰ			
	恒载 + 单孔汽 - 10 + 单孔人群 + 设计水位时的浮力荷载组合 Ⅱ	2420	0	86
	A：恒载 + 单孔汽 - 10 + 单孔人群 + 单孔制动力 + 设计水位时风力 + 设计水位时浮力	2420	34	458
	B：恒载 + 单孔汽 - 10 + 单孔人群 + 单孔制动力 + 常水位时风力 + 常水位时浮力	2720	54.9	651
	荷载组合 Ⅲ	2500	0	107
	恒载 + 单孔履带 - 50 + 设计水位时浮力			
3	恒载 + 常水位时浮力	2830	0	0

合力偏心矩计算结果 表 15.6

序号	荷载情况	N (kN)	M (kN·m)	$e_0 = \dfrac{M}{N}$ (m)	要求
2	荷载组合 ⅡB	2720	651	0.239	$e_0 < \rho$
3	恒载	2830	0	0	$e_0 \leqslant 0.1\rho$

由表 15.6 计算结果可见均符合要求。

7．地基强度验算

（1）持力层强度

按地质资料，采用规范方法，先求得持力层的容许承载力，由式（13.40）：

$$[\sigma] = [\sigma_0] + K_1 \gamma_1 (b - 2) + K_2 \gamma_2 (h - 3) + 10 h_w$$

持力层为黏土，已查得 $[\sigma_0] = 312 \text{kPa}$，由 $I_L = 0.5$ 查表 13.17 得到 $K_1 = 0$，故无宽度修正；由于 $h = 2.5 \text{m}$（从一般冲刷线算起）小于 3m，也无深度修正；持力层为塑态黏土，可视为不透水，故可考虑水深修正，$h_w = 19.5 - 18.0 = 1.5 \text{m}$，于是：

$$[\sigma] = 312 + 0 + 0 + 10 \times 1.5 = 327 \text{kPa}$$

对于荷载组合Ⅱ、Ⅲ来说，容许承载力提高系数 $K=1.25$。

按表 15.5 序号 1 的荷载组合 IIB 情况：

$$e_0 = \frac{M}{N} = \frac{651}{3175} = 0.205, \frac{W}{A} = \rho = 0.446, e_0 < \rho$$

故基底应力可按式（15.3）计算：

$$\sigma_{\min}^{\max} = \frac{N}{N} \pm \frac{M}{W} = \frac{3175}{14.7} \pm \frac{651}{6.56} = \frac{315}{117} \text{kPa}$$

各种荷载组合下的基底应力，列表计算于表 15.7 中。

基 底 应 力 计 算 表　　　　　表 15.7

荷载情况		N (kN)	M (kN·m)	N/A (kPa)	$\frac{W}{A}$ (kPa)	$\sigma_{\max}$ (kPa)	$\sigma_{\min}$ (kPa)
荷载组合Ⅰ	A	3330	42	227	0	233	221
	B	3175	86	216	13	229	203
荷载组合Ⅱ	A	3330	607	227	93	320	134
	B	3175	651	216	99	315	117
荷载组合Ⅲ	A	3300	0	224	0	224	224
	B	3260	107	222	16	238	206

从计算结果可以看出，对荷载组合Ⅰ而言，A 是最不利组合，但与 B 比较，并不明显，故两种情况都要计算；对荷载组合Ⅱ、Ⅲ而言，ⅡA 最不利，但与ⅡB 比较也不明显；至于与荷载组合Ⅲ的两种情况比较，则荷载组合Ⅱ明显处于不利情况。所以在验算地基强度时，实际上组合Ⅲ的应力计算完全可省略。

表列结果各 $\sigma_{\max}$ 均小于 $[\sigma]=327 \text{kPa}$。肯定符合 $\sigma \leqslant K[\sigma]$ 要求，故持力层强度足够。

（2）软弱下卧层强度（略）

8. 基础稳定性

（1）抗倾覆稳定性

$K_0 = \frac{y}{e_0}$，其中 $y = b/2 = 1.34 \text{m}$，$e_0 = \frac{M}{N}$，取不利荷载组合，K_0 计算如表 15.8，结果符合要求。

K_0 计 算 结 果　　　　　表 15.8

不利荷载组合	N (kN)	M (kN·m)	e_0 (m)	K_0	要求最小稳定系数
荷载组合Ⅰ	2420	86	0.036	37.2	1.3
荷载组合ⅡB	2720	651	0.239	5.6	1.3

（2）抗滑动稳定性

$K_0 = \frac{Nf}{H}$，$I_L = 0.5$，属软塑态，查表 15.3 得 $f = 0.25$，K_0 列表计算如表 15.9。K_0 很大，满足要求。

K_0 计 算 结 果　　　　　　　　表 15.9

不利荷载组合		N (kN)	H (kN)	Nf (kN)	K_0	要求最小稳定系数
荷载组合Ⅱ	A	2420	34.0	605	17.8	1.3
	B	2720	54.9	680	12.4	1.3

9. 地基变形　本桥为静定梁桥，跨径不大，且地基土质良好。可不必计算沉降。

15.4 人 工 地 基

15.4.1 概述

相对密度 $D_r<0.33$ 的松砂土和天然含水量大于液限（即 $I_L>1.0$），孔隙比 $e>1$ 的黏性土，都具有抗剪强度低，压缩性高的特点。这些土作为地基往往容许承载力很低，所以统称为软弱地基。

在软弱地基上修建桥涵或其他建筑物基础时，其天然地基的承载力往往不能满足要求。当基础位于无显著冲刷之处时，对软弱地基可用人工加固方法增强其强度和减小其压缩性，从而提高地基的容许承载力，使之符合建筑物的要求。这种经过人工加固的地基，统称人工地基。

人工地基按不同的加固原理，可分为三类：

1. 换土法：在一定范围内将软土挖除，换填强度高的砂砾作为垫层，通常称砂砾垫层。

2. 机械密实法：通过在土中设砂桩、预压砂井固结、重锤夯实、振动密实和强夯等方法，减小土的孔隙比，提高地基土的密实度。

3. 化学加固法：在土中灌注水泥浆或水玻璃等化学溶液，利用它们的化学胶结和凝固作用加固地基。

上述方法均应因地制宜、就地取材、技术上可能和经济上合理的原则选用，尤其必须结合具体情况与其他设计方案（如桩基础和其他实体深基础等）经过比较后确定。

15.4.2 换土法

换填法又称为换土垫层法，是将基础底面下处理范围内的软弱土层挖去，分层换填强度大、压缩性小、性能稳定且无侵蚀性的材料，并夯（压、振）实至要求的密实度，作为地基的持力层。

1. 换土垫层的材料

(1) 中砂、粗砂、砾石、碎石、卵石。要求级配良好，不含植物残体、垃圾等杂质。当使用粉细砂时，应掺入 25%～30% 的碎石或卵石。最大粒径不宜大于 50mm。这类材料应用最广。

(2) 素土。土料中有机质含量不得超过 5%，亦不得含有冻土或膨胀土。当含有碎石时，其粒径不宜大于 50mm。

(3) 灰土。灰与土的体积配合比宜为 2∶8 或 3∶7。土料宜用黏性土或塑性指数大于 4 的粉土，不得含有松软杂质，并应过 15mm 筛。灰土应用新鲜的消石灰，颗粒不得大于

5mm。灰与土拌和均匀。

(4) 工业废料。如矿碴，应质地坚硬，性能稳定和无侵蚀性。其最大粒径及级配宜通过试验确定。

2．换土垫层的作用

(1) 提高地基承载力

浅基础的地基承载力与基础底面下土的抗剪强度大小有关，若上部荷载超过软弱地基土的强度，则从基础底面开始发生剪切破坏，并向软弱地基的纵深发展。若以强度大的砂石代替软弱土，就可避免地基剪切破坏，提高地基承载力。

(2) 减小地基沉降量

软弱地基土的压缩性高，沉降量大，换填压缩性低的砂石，则地基沉降量减小。此外，由于垫层对附加应力的扩散作用，使垫层底面软弱下卧层的附加应力减小，也可使沉降量减小。湿陷性黄土换成灰土垫层可消除湿陷性。

(3) 加速软土的排水固结

砂、石垫层透水性大，软弱下卧土层在荷载作用下，以砂、石垫层作为良好的排水体，使孔隙水压力迅速消散，从而加速软土的固结过程。

(4) 防止冻胀　消除膨胀土地基的胀缩作用。

3．换土垫层的适用范围

换土垫层法适用于淤泥、淤泥质土、湿陷性黄土、素填土、杂填土以及暗沟、暗塘等的浅层处理。

4．垫层的设计

上述垫层材料虽有不同，其应力分布也有差异，但从试验结果分析，其极限承载力比较接近，而且由沉降观测资料发现不同垫层上的建筑物沉降特点也基本相似。垫层的设计主要包括：垫层的厚度、宽度与质量控制标准。

(1) 垫层的厚度

垫层的厚度 z 应根据软弱下卧层的承载力确定，即垫层底面处的附加应力与自重压力之和不大于该处土层的地基承载力。

垫层的压力扩散角 θ，可按表 15.10 采用。

垫层的压力扩散角 (°)　　　　表 15.10

z/b	换填材料	中砂、粗砂、砾砂 圆砾、角砾、卵石、碎石	黏性土和粉土 ($8<I_P<14$)	灰　土
0.25		20	6	30
≥0.50		30	23	

注：1．当 $z/b<0.25$ 时，除灰土仍取 $\theta=30°$ 外，其余材料均取 $\theta=0°$。
　　2．当 $0.25<z/b<0.5$ 时，θ 值可内插求得。

一般垫层厚度不宜大于 3m，否则造价太高，施工困难。但如垫层太薄小于 0.5m 时，其作用不显著。通常垫层厚度为 1~2m 左右。

(2) 垫层的宽度（见图 15.13）

垫层的宽度应满足基础底面应力扩散的要求，根据垫层侧面土的承载力，防止垫层向两侧挤出。

1）垫层的顶宽

垫层顶面宽度每边宜超出基础底边不小于300mm，或从垫层底面两侧向上按当地开挖基坑经验的要求放坡。

2）垫层的底宽

垫层的底部宽度按下式计算或根据当地经验确定，即

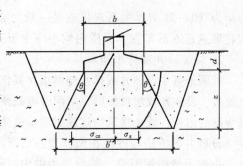

图 15.13　垫层尺寸

$$b' \geqslant b + 2z\,\mathrm{tg}\theta \tag{15.7}$$

式中　b'——垫层底面宽度，m；

z——基础底面下垫层厚度，m；

θ——垫层压力扩散角，可按表 15.10 采用；当 $z/b<0.25$ 时，仍按表中 $z/b=0.25$ 取值。整片垫层的宽度可根据施工的要求适当加宽。

15.4.3　机械密实法

1. 砂桩

砂桩是挤密加固地基的一种方法。砂桩地基的作用，适用于处理 $D_r<0.33$ 的松砂地基和黏土粒含量不高、孔隙比大，且 $I_L>1$ 的黏性土地基。

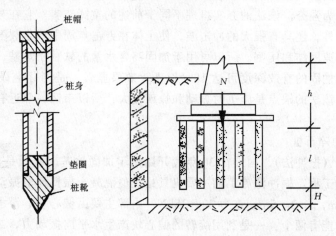

图 15.14　砂桩

砂桩构造：如图 15.14 所示，用下端装有埋入式桩靴的钢管桩打入土中，然后从钢管中灌入中砂或粗砂，边分层灌砂夯实，边将钢管向上拔起（桩靴留在孔底），直到桩孔都灌满砂，形成砂桩。在黏性土中也可打入木桩，将桩拔出后，再在遗留的桩孔中填砂夯实。随着地基土密实度的增加，强度提高，压缩性降低。用生石灰或生石灰和砂的混合料作填料，称为生石灰桩（石灰桩）。生石灰有吸水的性能，可加速减小土中的含水量，同时生石灰吸水后膨胀，能进一步挤实地基土。生石灰桩适用于缺乏砂砾地区，并可用于湿陷性黄土地基的加固，其设计原理与砂桩相同。砂桩直径一般为 $d=30\sim60$cm。桩间中

心距为（3~5）d。生石灰桩桩径一般为20cm，间距80cm。砂桩或石灰桩可按等距离的梅花形或正方形布置，纵横向均不应少于三排。

2．袋装砂井和排水塑料板

软弱地基中设砂井或排水塑料板，其作用是加速地基排水固结，适用于较厚的饱和软黏土地基。设砂井或塑料板后，常配合堆载预压，使地基在预压荷载下加速固结，从而加速地基强度的增长，减小建筑物建成后地基的变形。实践证明，预压砂井固结法效果较显著。

设砂井的方法与砂桩相似。现在已推广采用比普通砂井效果更好的袋装砂井。砂袋透水，由聚丙烯编织而成，装灌风干的中粗砂。先将钢管桩打入土中，再将砂袋插入钢管内至管底后拔出钢管，砂袋留在土中，即形成砂井。袋装砂井直径一般为7cm，砂井的深度、根数和间距按设计要求定。在平面上有正方形和梅花形两种布置形式。

排水塑料板（带状）宽度为10cm，厚度0.3~0.4cm，长度方向有槽孔，用插板机或砂井打设机将塑料板插入软土后，槽孔作为连续的竖向排水通道。砂井或塑料板上端应伸入厚为0.5~1.0m的砂垫层，以便让排出的水能通过砂垫层流入排水沟。

3．重锤夯实和振动压实

重锤夯实的夯锤质量不小于1.5t，夯打落距2.5~4.5m，一般要夯打6~8遍。振动压实法是用质量为2t左右的振动机振动压实松散地基，以减小土的孔隙比，增加其密实度。这两种方法加固的有效深度均不超过1.5m。

4．强夯

用起重机将质量为5~40t的巨型锤吊起，以16~40m的高落差自由下落，击实地基。这种方法称为强夯。该法的夯实机理不同于前述的重锤夯实。它在夯击地基时，除产生强大的冲击能外，还具有强大的冲击波，使土体在夯击点周围产生裂隙，强迫孔隙水逸出，促使土体迅速固结和压密。所以可用于加固高含水量的软粘土地基，而不会出现"橡皮土"现象。其加固的有效深度可达10m以上，效果显著，是国际上最近发展的一种加固地基新方法。该法的缺点是施工时振动和噪声极大，所以市区或邻近有建筑物的地方应控制使用。

5．振动水冲碎石桩

振动水冲法（振冲法），国外在30年代开始用于加固地基，我国是在70年代开始试验研究，并用于工程。振冲法施工的主要机具是类似混凝土振捣棒的振动水冲器，其外壳直径0.2~0.37m，长2~5m，重力20~25kN，内部主要由偏心块、潜水电机和通水管三部分组成。其功能有两个：一是利用旋转的偏心块产生水平向振动力，二是通过下端和侧部的喷嘴射水，使振冲器易于在土中钻进成孔，并在成孔后起清孔和护壁作用。

施工时，振冲器由吊车吊住就位后，即可下插冲振造孔，待下端沉到设计标高，经过水冲清孔，上提振冲器出孔，再从地面向孔内逐段添加填料（砾砂、碎石等），每段填料还要用振冲器下插振挤密实，在达到要求密实度后，上提振冲器，再加填料。重复上述操作直到地面，从而形成密实的、有一定直径的碎石桩；同时桩四周一定范围内的土也被挤实。桩的数量和深度由设计要求定。目前这种方法主要用于加固砂土和黏粒含量小于5%~10%的黏性土地基。

15.4.4 化学加固法

化学加固法主要是利用化学溶液或流质胶结剂，用机械（泵或压缩空气）压力将其灌入地基土中，浆液以填充、切割和渗透的方式，挤走土粒间或岩石裂缝中的水分和空气并占住其位置，将松散土粒或裂隙固结起来，形成一种高强、防水、防渗的"人工石"结构，改变了岩土的力学性质，提高了地基承载力。

这种方法适用于砂类土、黏性土、湿陷性黄土等地基，特别适用于已建成的工程地基的事故处理。

常用的化学浆液材料有：

1）水泥浆液 以高标号的硅酸盐水泥和速凝剂组成的浆液用得较多，适用于最小粒径为 0.4mm 的砂砾地基。

2）浆液 浆液以硅酸钠（水玻璃 $Na_2O·nSiO_2$）为主的成分，适用于土料较细的地基土，常称硅化法或电渗硅化法。

在透水性较大的土中，将水玻璃溶液用压力通过注射管注入土中，然后再注入氯化钙溶液，两者发生化学作用后，产生有胶结性的硅胶膜，使土体变硬；也可取水玻璃和磷酸的混合液注入土中，硅酸钠分解时生成凝胶把土体胶结。这种方法称硅化法。当地基土的渗透系数较小时（$k<10^{-4}$cm/s），水玻璃溶液就较难注入土中，可利用电渗原理，帮助溶液渗入土中，这种方法称为电渗硅化法或电化学加固法。如图 15.15 所示，先在土中打入两个电极，其中浆液注射管应为阳极，滤水管则为阴极，然后将化学浆液通过注射管注入土中，同时通直流电。这样在电渗作用下，孔隙水流向阴极，通过滤水管可将水抽出，而浆液则能渗入到土中更微小的孔隙中去，并使其分布得更为均匀，从而达到加固地基的目的。

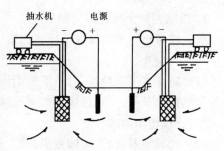

图 15.15 电化法示意

15.4.5 湿陷性黄土地基的处理

1. 黄土的特性

黄土的特性，主要表现在大孔性和湿陷性两点上，即普遍存在很大的孔隙（$e>1.0$），同时当受水浸湿时，在自重与荷载的作用下，会突然发生较大的、不均匀的变形，从而引起基础的不均匀沉降，使建筑物遭到损坏。因此在黄土地基上修筑建筑物，必须根据黄土的特性，采取相应的措施，防止危害建筑物。

湿陷性与土中含有相当数量的可溶盐有很大关系，当土中含水量较小时，可溶盐起了胶结物的作用，使黄土具有较大的强度；但一旦受水浸湿，盐类即溶于水中。土粒骨架间联结力显著减小，土体强度明显降低，在压力作用下原始结构迅速破坏，产生显著变形。

黄土在我国分布很广。黄河中游是黄土的中心地带。包括甘肃、陕西、山西的大部分地区，河南、宁夏、河北的部分地区。此外，新疆、山东、辽宁、内蒙古、吉林、黑龙江及青海等地也有局部分布，由于各地的地理、地质和气候条件的不同，黄土的湿陷性质也因地而异。

黄土的湿陷性，常通过固结试验用湿陷系数来判别。湿陷系数 δ_{sh} 按下计算：

$$\delta_{sh} = \frac{h_p - h'_p}{h_0} \tag{15.8}$$

式中　h_p——保持天然湿度和结构的土样。加压至一定压力 p 时，压缩稳定时的高度，cm；

　　　h'_p——上述加压稳定后的土样在浸水作用下压缩稳定时的高度，cm；

　　　h_0——土样的原始高度，cm。

$\delta_{sh} \geqslant 0.02$ 时为湿陷性黄土；否则为非湿陷性黄土。

湿陷性黄土的计算湿陷量为 $\Delta_{sh} = \Sigma \delta_{shi} \cdot h_i$

式中　Δ_{hi}——第 i 层湿陷性黄土的厚度，cm；

　　　δ_{shi}——第 i 层湿陷性黄土的厚度湿陷系数。

根据 Δ_{sh} 的大小可将湿陷性黄土分为三级，见表 15.11。

表 15.11

湿陷等级	计算湿陷量，cm
Ⅰ	$5 < \Delta_{sh} \leqslant 15$
Ⅱ	$15 < \Delta_{sh} \leqslant 35$
Ⅲ	$35 < \Delta_{sh}$

2．湿陷性黄土地基的处理

湿陷性黄土地基的处理措施，包括以下几项：

（1）防止水浸湿地基：1）整平土地，保持天然排水条件；2）在建筑物周围修筑散水坡；3）将地基表层黄土扒松后再夯实（称换填层），以增加防渗性能。

（2）加固地基：1）重锤夯实；2）采用换填层或换填灰土的垫层，但不得用透水的砂砾垫层；3）打石灰桩，使地基土密实，但不得用砂桩。

（3）结构措施：尽量用不均匀沉降对建筑物影响小的结构类型。

（4）将基础放在非湿陷性的土层上。

15.5　桩　基　础

桩基础是常用的桥梁基础类型，是由埋于土中的若干根桩及将所有桩连成一个整体的承台（或盖梁）所组成的一种基础形式，如图 15.16 所示。

15.5.1　桩基础的分类

1．按桩的受力性能分

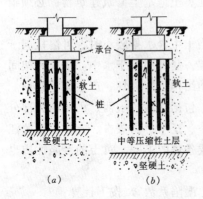

图 15.16　摩擦桩和柱桩
(a) 柱桩（端承桩）；(b) 摩擦桩

（1）柱桩（端承桩）

桩通过软弱土层，桩尖支承在坚硬的岩层上，荷载主要通过桩身直接传到桩尖下的岩层中去，这时桩侧摩阻力相对桩尖反力很小，可忽略不计，这种桩称为柱桩或端承桩，如图 15.16（a）。

（2）摩擦桩

桩完全埋于较软弱的松散土中，荷载主要是通过桩侧与软土之间的摩擦作用力承受，同时也要考虑桩尖的阻力作用，这种桩称为摩擦桩。见图 15.16（b）。

2．按桩身材料分

（1）木桩。

(2) 钢桩　钢桩可分为钢板桩、钢管桩。
(3) 混凝土桩或钢筋混凝土桩。
(4) 合成桩　由两种材料组合而成的桩基础。如钢管-混凝土桩。

3．按施工方法分

(1) 预制桩

在工厂或工地预制后运到现场，再用各种方法（打入、振入、压入、旋入、水冲送入）将桩沉入土中。

(2) 灌注桩

灌注桩因现场成孔，现场浇灌混凝土而得名。如图15.21。灌注桩按成孔方式可分为机械钻孔灌注桩、冲孔灌注桩、沉管灌注桩、钻孔扩底灌注桩以及人工挖孔灌注桩等。

(3) 爆扩桩

爆扩桩是用钻机成孔，桩下端爆扩成扩大头的现场灌注混凝土短桩。桩体包括桩柱和扩大头两部分，用桩基承台把爆扩桩连成整体基础。桩柱直径250～350mm，扩大头直径为桩柱直径的2.5～3.5倍。混凝土强度等级不低于C15。当地表为软弱土层，且在2.5～7m深度以内有较好的地基持力层时，可采用爆扩桩（图15.17）。

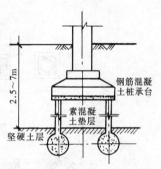

图15.17　爆扩桩示意图

15.5.2　桩基础的构造要求

1．预制桩的构造要求

预制桩一般为小直径桩，断面形式有方桩、圆桩和空心管桩。

钢筋混凝土预制桩最小断面尺寸为200mm×200mm，桩长一般不超过12m（若需要长桩，可分段预制）。《建筑地基基础设计规范》（GBJ7—89）规定桩基础的混凝土强度等级不低于C30，桩内主筋应按计算确定，配筋率不宜小于0.8%。配筋时注意：预制桩的桩身配筋应按运输、沉入和使用各阶段内力要求通长配筋。桩的两端或接桩段箍筋或螺旋筋的间距须加密，可采用50mm。纵筋最小直径$\phi 12$，箍筋直径6～8mm，间距不大于200mm，并在桩顶与桩尖将箍筋加密，桩顶处设置三片钢筋网，以增强局部抗冲击的能力，在桩尖处将所有纵向钢筋都焊在一根芯捧上，以增大桩尖强度（图15.18）。

钢筋混凝土实心方桩如图15.19所示，方桩断面尺寸一般为20cm×（20～50cm）×50cm，桩内设主筋和箍筋。主筋按设计需要配置，既要考虑基础结构的强度要求，也要考虑运输和沉桩时的受力要求，最小含筋率为0.4%，一般为1%～4%。主筋直径不小于12mm，主筋间的净距不小于5cm，混凝土保护层不小于2.5cm。箍筋直径不小于6mm，箍筋间距不大于40cm，但在桩的两端间距需减小，一般用5cm。为便于桩的吊运，应在桩内预埋吊耳，可用直径20～25mm的圆钢制成。混凝土强度等级不低于C25。

钢筋混凝土管桩如图15.20所示。目前国内定型生产，常用直径为40、55cm。管节长度自2～12m不等。在工地上可用螺栓将管节两端的法兰联结起来，以达到工程上所需要的各种桩长。管桩具有自重轻、混凝土用料少及强度高等优点，但用钢量较大，离预制厂远的地区，运输工作繁重，公路桥梁工程中还用得不多。

2．灌注桩构造要求及施工

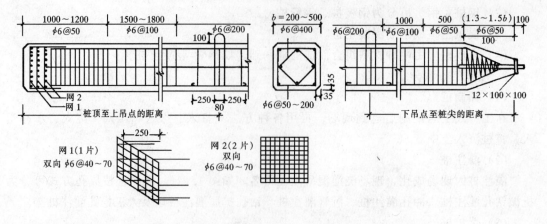

图 15.18 钢筋混凝土预制桩

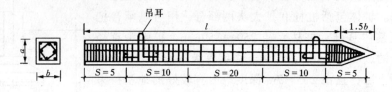

图 15.19 钢筋混凝土方桩（长度单位 m）

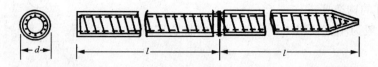

图 15.20 钢筋混凝土管桩

现在国内桥梁工程中最常用的是钢筋混凝土桩，大直径桩（桩径 0.6～1.5m）大多数是就地钻（挖）孔灌注的实心钢筋混凝土桩。

(1) 钢筋混凝土灌注桩构造要求

钢筋混凝土就地灌注桩应按桩身内力要求分段配筋。当按内力计算不需配筋时，应在桩顶 3～5m 内设构造钢筋。桩内钢筋骨架（又称钢筋笼）的主筋直径不宜小于 14mm，每根桩的主筋数量不宜少于 8 根，主筋净距不得小于 8cm，保护层净距不宜小于 5cm。主筋不够长需焊接时，焊接长规定：双面缝大于 $5d$（钢筋直径），单面缝大于 $10d$。箍筋直径一般不小于 8mm，箍筋间距一般为 20～40cm。对直径较大的桩，一般可在钢筋骨架上每隔 2～2.5m 设置直径 14～18mm 的加劲箍一道，以加强钢筋骨架的刚度。必要时还可在骨架外表加焊斜拉钢筋。为确保主筋有足够的保护层厚度，钢筋笼四周可设置凸出的定位钢筋，定位弧形混凝土块，或采取其他定位措施。骨架底部主筋宜稍向内弯曲，以利于放入钻孔中。摩擦桩可按设计要求，在局部冲刷线下一定深度处将主筋全部或部分截断；柱桩主筋必须伸至桩尖。钻孔桩混凝土强度等级不低于 C15，水下混凝土强度等级不应低于 C20。

(2) 钻孔灌注桩的施工

钻孔灌注桩的施工一般可有以下 4 道工序，见图 15.21。

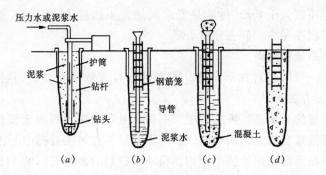

图 15.21 钻孔灌注桩
(a) 钻孔;(b) 下导管及钢筋笼;(c) 灌注混凝土;(d) 成型

1) 钻孔 钻孔是施工中的一道重要工序。钻孔机具主要包括钻锥、钻架、动力、起重、泥浆供应和清碴设备。

2) 清孔 清孔即清除孔内泥土。清孔有三种方法：一是抽浆清孔，用吸泥机或反循环钻机把钻孔内的泥浆泥渣抽出孔外。二是换浆清孔，用比重 1.1～1.2 的配制泥浆输入孔内，换出孔内悬浮的钻浆和泥渣。三是清渣清孔，利用掏渣筒、冲砸锥等设备清掏孔底粗钻渣。

3) 安放钢筋笼 清孔结束，要迅速安放钢筋笼，钢筋笼可整节或分节制作，在清孔前制好，钢筋笼用吊机吊起，对准桩位中心，轻轻放入孔内，防止碰撞孔壁。

4) 灌注水下混凝土

由于钻孔中有水，灌注水下混凝土都是在水下进行。灌注水下混凝土一般用导管法，如图 15.22。导管用钢板卷制，内径 25～35cm，壁厚 3～4mm，每节长 1～2m，但最下面一节导管一般为 3～4m，厚度也大些。导管两端有法兰盘，可用螺栓连接，并垫橡皮圈以保证接头不漏水，如图 15.23 所示。

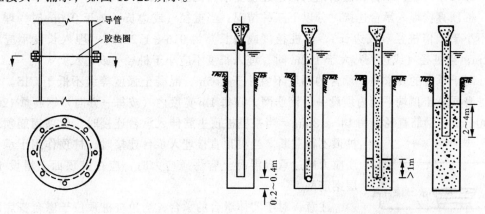

图 15.22 导管接头　　图 15.23 水下导管接头灌注混凝土示意图

将导管居中插入钻孔，使导管下口离孔底 20～40cm。导管上口吊放一漏斗，漏斗口下设一隔水塞，用铅丝吊住，待混凝土装满漏斗，即可割断铅丝，混凝土从导管下口流出，将管内的水和泥浆全部压出，灌满钻孔底部，并将导管下口埋没。连续浇灌使孔内混凝土面不断上升，随着混凝土面的上升，要及时提升和拆除导管，一般应保持导管的埋入深度为2~4m，但不宜大于6m。拆除导管时间通常不超过15min。浇灌混凝土不得中途停歇，直到整根桩浇注完毕，卸去导管。

15.5.3 桩的布置和间距

承台下的桩群，可采用对称形布置、梅花形布置或环形布置。而桩与桩之间的中距（或称轴距）因施工方法而异：

(1) 对于摩擦桩的要求是：锤击沉桩，在桩尖处的中距不得小于桩径（或边长）的3倍，对于软土地基宜适当增大；振动沉入砂土内的桩，在桩尖处的中距不得小于桩径（或边长）的4倍。桩在承台底面处的中距均不得小于桩径（或边长）的1.5倍。

钻孔桩的中距不得小于成孔直径的2.5倍。管柱的中距可采用管柱外径的2.5~3.0倍。

(2) 对于柱桩（端承桩）的要求是：支承在基岩上的沉桩中距，不宜小于桩径（或边长）的2.5倍；支承或嵌固在基岩中的钻孔桩中距，不得小于实际桩径的2.0倍。嵌入基岩中的管柱中距，不得小于管柱外径的2.0倍。但在计算管柱内力不考虑覆盖层的抗力作用时，其中距可酌情减小。

挖孔桩的摩擦桩和柱桩（端承桩）中距，按钻孔桩的规定执行。

(3) 对于边桩外侧与承台边缘的距离的要求是：边桩外侧与承台边缘的距离要求分为以下两种情况：

对于直径（或边长）不大于1m的桩，不得小于0.5倍桩径（或边长）并不小于250mm；

对于直径大于1m的桩，不得小于0.3倍桩径（或边长）并不小于500mm。

对于摩擦桩，其入土深度不得小于4m；如有冲刷时，桩入土深度应自设计冲刷线起算。

15.5.4 桩、承台和横系梁的构造连接要求（见图15.24）

桩顶直接埋入承台连接时分以下三种情况：当桩径（或边长）小于0.6m时，埋入长度不小于2倍桩径（或边长）；当桩径（或边长）为0.6~1.2m时，埋入长度不应小于1.2m；当桩径（或边长）大于1.2m时，埋入长度不应小于桩径（或边长）。

对于承台的要求是：承台的厚度不宜小于1.5m，混凝土强度等级不低于C15。承台在桩身混凝土顶端平面内须设一层钢筋网，在每1m宽度内（按每一方向）钢筋量1200~1500mm^2，钢筋直径采用14~18mm。当基桩桩顶主筋伸入承台连接时，此项钢筋须通过桩顶不得截断。当桩顶直接埋入承台连接时，桩顶作用于承台的压应力超过承台混凝土容许压应力时，应在桩顶面上增设1~2层钢筋网。

注意：对于实体墩台的承台，当边桩桩顶位于墩台身底面以外时，应验算承台襟边的强度。对于空心墩台、柱式墩台的承台，应验算承台强度并设置必要的钢筋。

对于横系梁的要求是：当用横系梁加强桩（柱）之间的整体性时，横系梁的高度可取为0.8~1.0倍桩（柱）的直径，宽度可取为0.6~1.0倍桩（柱）的直径。横系梁的主钢筋应伸入桩内与桩内主筋连接，钢筋数量可按横系梁截面面积的0.10%设

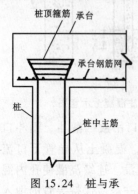

图15.24 桩与承台的连接

置。混凝土的强度等级不低于C15。

当用桩顶主筋伸入承台或盖梁连接时的要求是：桩身嵌入承台内的深度可采用150～200mm；对于盖梁，桩身可不嵌入。伸入承台或盖梁内的桩顶主筋做成喇叭形（大约与竖直线倾斜15°；盖梁若受构造限制，部分主筋可不做成喇叭形）。伸入承台或盖梁内的主筋长度，光圆钢筋不小于$30d$（设弯钩），螺纹钢筋不小于$40d$（不设弯钩），d为主筋直径；伸入承台的光圆钢筋与螺纹钢筋均不宜小于600mm。承台或盖梁内主筋应设箍筋或螺旋筋，其直径与桩身箍筋直径相同，间距为100～200mm。

小　　结

1．基础设计要考虑三方面的问题：保证建筑物的质量；保证方案的经济性；保证方案的可行性。

建筑物对地基与基础的要求是有足够的强度；压缩变形在允许范围以内；防止地基土被水流冲刷；防止地基上发生冻胀；保证基础有足够的强度、耐久性和稳定性。

基础设计所需要的资料包括建筑物的情况、荷载作用情况、水文资料、工程地质资料及施工条件。

2．作用于桥梁或其他结构物上的荷载分为永久荷载（恒载）、可变荷载和偶然荷载三类。在具体计算时，要考虑各种不同荷载组合的作用。规范把荷载组合归纳为六类。

3．建筑物地基一般可分为天然地基和人工地基两大类。基础的类型可按基础的刚度，埋置深度和构造形式等来分类。按基础的刚度，分为刚性基础和柔性基础两种；按基础的埋置深度分有浅基础和深基础两种；按基础施工方法分类明挖基础、沉井基础、沉箱基础、桩基础。

4．刚性浅基础设计一般步骤和内容为：选定基础的埋置深度、基础的材料、拟定基础的形状和尺寸；验算地基强度、合力偏心距、抗滑动和抗倾覆稳定性。

5．人工地基按不同的加固方法，大体可分为三类：换土法、机械密实法、化学加固法。

6．桩基础是常用的桥梁基础类型，是由埋于土中的若干根桩及将所有桩连成一个整体的承台（或盖梁）所组成的一种基础形式。按桩的受力性能分柱桩（端承桩）和摩擦桩；按施工方法分预制桩、灌注桩和爆扩桩。

预制桩一般为小直径桩，断面形式有方桩、圆桩和空心管桩。钢筋混凝土预制桩最小断面尺寸为200mm×200mm，桩长一般不超过12m，预制桩要注意构造要求。

钻孔灌注的施工一般可有以下4道工序，钻孔、清孔、安放钢筋笼及灌注水下混凝土。灌注水下混凝土一般用导管法。

习　　题

15.1　设计地基基础需掌握哪些资料？
15.2　荷载组合可分为哪几类？
15.3　刚性基础和柔性基础有何区别？各有何特点和利弊？
15.4　什么叫摩擦桩？什么叫端承桩？
15.5　天然地基上刚性浅基础设计计算包括哪些步骤和内容？

15.6 基础尺寸的拟定，要考虑哪些要求？
15.7 何谓基础的扩展角和刚性角，为什么要求扩展角不得超过刚性角？
15.8 钢筋混凝土预制桩有哪些构造要求？
15.9 钻孔桩如何浇灌水下混凝土？
15.10 湿陷性黄土如何进行分类，湿陷性黄土地基的处理有哪些措施？
15.11 地基加固机械密实有哪些常用方法？
15.12 桩、承台和横系梁的构造连接有哪些要求？
15.13 化学加固法的原理是什么？有哪些常用浆液材料？适用哪些场所？

材料力学试验

试验一 材料拉伸时力学性能的测定

一、内容和目的
1. 测定低碳钢的屈服极限 σ_s、强度极限 σ_b、延伸率 δ 和截面收缩率 φ；测定铸铁的强度极限 σ_b。
2. 观察上述两种材料的拉伸和破坏现象，比较两种不同材料的机械性能的异同，绘制拉伸图。

二、设备和器材
1. 油压式万能试验机
2. 游标卡尺
3. 低碳钢和铸铁圆形截面试件：如材试图 1.1 所示，试件两端为夹紧部分，l_0 为试件的初始计算长度，A_0 为试件的初始截面面积。

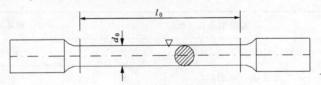

材试图 1.1

三、试验原理
塑性材料在拉伸过程中所显示的力学性能和脆性材料相比有明显的差异，材实图 1.2（a）表示低碳钢静拉伸时试验的 P-Δl 曲线；材实图 1.2（b）表示铸铁试件在变形很小的情况下即呈现脆性断裂。

材料的机械性能 σ_s、σ_b、σ 和 φ 是由拉伸破坏试验来确定的。试验时，利用试验机的自动绘图仪可绘出图 1.2（a）、（b）所示的 P-Δl 曲线。

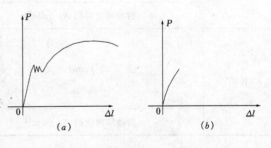

材试图 1.2

四、试验步骤
1. 试件的准备

用游标卡尺测量试件的三个不同截面的直径，填写于相应表格中，并以其最小值计算试件的面积 A_0。测量试件的标距 l_0。

2. 实验机准备

接通试验机电源→选择量程→调节平衡锤→调整测力针对准零点→夹紧试件→安装好

绘图装置→试车检查是否正常。

3. 进门试验

开动试验机并缓慢均速加载，注意观察试件变形时，拉伸图各阶段的变化和测力指针的走动情况。低碳钢记录 P_s，P_b。铸铁只记录 P_b。

4. 试验后工作

关闭试验机，调量断裂试件的标距 l_1，最小直径 d_1，将数据写在实验表格中。试验完毕，整机复原，填写实验报告，交任课老师评阅。

试验一　拉伸试验报告

班级_____　姓名_____　试验日期_____　评分_____

一、试验设备记录

1. 试验机

　　名称：　　　　　　　　　　使用量程：

2. 量具

　　名称：　　　　　　　　　　精度：

二、试验数据记录及整理计算

1. 试验记录（见下表）

试件名称	实验前			实验后	
低碳钢	初始距离 l_0 (mm)			破坏后长度 l_1 (mm)	
	直径 d_0 (mm)	上		最小直径 d_1 (mm)	
		中		最小面积 (mm²)	
		下		屈服荷载 P_S (kN)	
	初始截面面积 A_0 (mm²)			最大荷载 P_b (kN)	
铸铁	直径 d_0 (mm)	上		断裂后直径 d_1 (mm)	
		中			
		下			
	初始截面面积 A_0 (mm²)				

2. 整理计算

低碳钢：$\sigma_S = \dfrac{P_S}{A_0} =$

$\sigma_b = \dfrac{P_b}{A_0} =$

$\delta = \dfrac{l_1 - l_0}{l_0} \times 100\% =$

$\psi = \dfrac{A_0 - A_1}{A_1} \times 100\% =$

低碳钢：　　　断口形状　　　　　铸铁：$\sigma_b = \dfrac{P_b}{A_0} =$　　断口形状

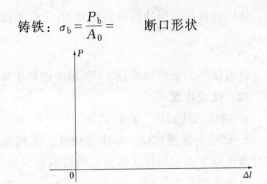

材试图1.3

3．试验心得体会：

指导老师＿＿＿＿＿＿＿＿＿＿批阅日期＿＿＿＿＿＿＿＿＿＿

试验二　压　缩　试　验

一、内容和目的
1．测定压缩时低碳钢的屈服放限 σ_s，铸铁的强度极限 σ_b。
2．观察上述两种材料的压缩变形和破坏形式，分析破坏原因。

二、设备和器材
1．液压式万能试验机
2．千分尺和卡尺

三、试验原理
本试验的试件制成圆柱形，如材试图2.1所示，一般规定 $1 \leqslant \dfrac{h}{d_0} \leqslant 3$。

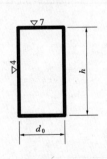

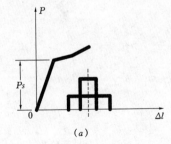

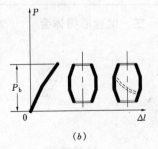

材试图2.1　　　　　　　　　　　　材试图2.2

低碳钢试件压缩时只有较短的屈服阶段（材试图2.2（a）），可在测力度盘指针停顿或稍后退时记下屈服荷载 P_s。其屈服极限为 $\sigma_s = \dfrac{P_s}{A_0}$。由于低碳钢试件可压得很扁而不破坏，所以无法求出压缩强度极限。加截过屈服点后，试件被压缩成鼓形时即应停止试验。

铸铁试件压缩时达到最大荷载 P_b（材实图 2.2（b））就突然破裂，其强度极限为 $\sigma_b = \dfrac{P_b}{A_0}$。

铸铁试件的断裂面将近 45°斜面。破坏主要由剪力引起。

四、试验步骤

1. 测量试件直径，安装试件。

2. 试验时缓慢加载，并注意观察。低碳钢试件测出屈服点荷载后即停止试验；铸铁试件测出最大荷载即停止试验。填写试验报告，交指导老师批阅。

试验二 压缩试验报告

班级_____ 姓名_____ 试验日期_____ 评分_____

一、试验设备记录

1. 验机

    名称：   使用量程：

2. 量具

    名称：   精度：

二、试验数据记录及整理计算（见下表）

试件	低碳钢试件	铸铁试件
高度 h (mm)		
截面直径 d_0 (mm)		
截面面积 A_0 (mm^2)		
屈服荷载 P_s		
最大荷载 P_b		
屈服极限 σ_s		
强度极限 σ_b		
断口形状		

三、试验心得体会

指导老师_____ 批阅日期_____

试验三 直梁纯弯曲正应力测定

一、内容和目的

1. 用电测法测定直梁纯弯曲时的正应力及其分布规律。

2．将试验结果与理论值进行比较，验证正应力公式。
3．学习用电阻应变仪测量应力的基本原理和方法。

二、设备和器材
1．油压式万能试验机
2．静态电阻应变仪及预调平衡箱（参阅第二部分）
3．卡尺

三、试验原理

梁纯弯曲时横截面上的正应力计算公式为：$\sigma = \dfrac{M_y}{l_z}$，正应力在横截面上是按直线规律分布的。试验时用电阻应变仪测得各点的应变值，将这些应变值代入虎克定律表达式：$\sigma = E\varepsilon$，便可计算出各点的实际正压力 σ 值，然后与相应的理论值比轻，以验证弯曲正应力公式。本试验采用等差增量法测量。$\Delta\sigma = \dfrac{\Delta M_y}{l_z}$；$\Delta\sigma_n = E\Delta\varepsilon$。

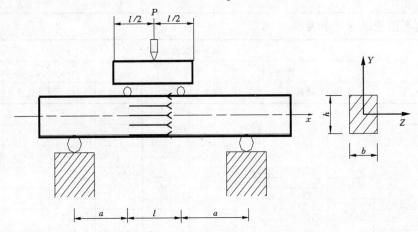

$a = 110\text{mm}$；$l = 503\text{mm}$；$h = 50\text{mm}$；$b = 25\text{mm}$；$E = 220 \times 10^5 \text{MPa}$

材试图 3.1

四、试验步骤
1．准备好万能试验机。（复习试验一有关内容）
2．在试验机上贴好应变片并接好电阻应变仪及预调平衡箱的线路。
3．加载，进行试验读数：首先加载至初荷载，用零读法记下电阻应变仪的读数，然后逐级加载，在每一荷载下都测出各点的应变值，直至最终荷载。
4．试验结束，卸掉荷载，整理读测数据，填写试验报告交任课老师评阅。

试验三 直梁纯弯曲正应力测定试验报告

班级_____姓名_____试验日期_____评分_____

一、试验设备记录
1．试验机
名称：   使用量程：
2．静态电阻应变仪及预调平衡箱

型号：
3. 卡尺
名称：　　　　　　　　　　　　精度：

二、试验数据记录及整理计算

1. 梁的尺寸及应变片位置（见下表）

截面宽度 $b=$ 　　mm，截面高度 $h=$ 　　mm；跨度 $l=$ 　　mm；

距离 $a=$ 　　mm；电阻片电阻 $R=$ 　　Ω；灵敏系数 $k=$ 　　。

测点距 Z 轴的距离（mm）		简　　图
y_1		
y_2		
y_3		
y_4		
y_5		

2. 应变值记录（见下表）

荷载 P (kN)	电阻应变仪读数 ε									
	测点 1		测点 2		测点 3		测点 4		测点 5	
	读数	差	读数	差	读数	差	读数	差	读数	
Δε 平均										

3. 试验应力值与理论应力值的比较（见下表）

测　点	1	2	3	4	5
理论值 $\Delta\sigma = \dfrac{\Delta P_{ny}}{1 l_z}$					
实验值 $\Delta\sigma_0 = E\Delta\varepsilon_平$					
相对误差 $\delta = \left\| \dfrac{\sigma - \sigma_0}{\delta} \right\| \times 100\%$					

4. 根据试验结果描绘应力沿截面高度的分布图

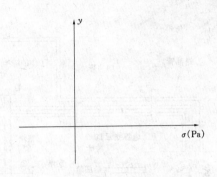

材试图 3.2

三、试验心得体会

指导老师＿＿＿＿＿＿＿＿＿＿＿＿　批阅日期＿＿＿＿＿＿＿＿＿＿＿＿

液压式万能试验机设备简介

液压式万能试验机由加载部分、测力部分和自动绘图装置组成，如图 1 所示。

（一）加载部分

加载时工作台是上升的，若加载前将待测试件夹于上、下夹头内，试件承受拉力，产生拉伸变形；若放在上、下垫块之间则试件承受压力，产生压缩变形。

将回没阀置"关闭"位，按启动按钮（绿色钮），电动油泵工作，此时，若打开送没阀，送油管进入工作油缸，油缸内活塞顶动传力架使工作台上升，从而给试件施加荷载。

（二）测力部分

试件所受荷载大小与工作油缸压成正比，将此油通过回油管引到测力油缸去推动摆杆和摆砣使其绕定轴转动，再将这个转动通过齿杆齿轮传动使度盘主动指针顺时针转动以指荷载值。油压越高，摆杆和摆砣的转角就越大，指针指示的荷载也就越大。为了获得不同的测量范围，在摆杆上常设有三个拆缸的摆铊（分别标有 A、B、C 字样）以调节摆杆端部的悬挂重量。对 100kN 的液压万能试验机而言：

使用 A　　　砣　　测量范围 0～20kN

使用 $A+B$　　砣　　测量范围 0～50kN

使用 $A+B+C$ 砣　　测量范围 0～100kN

因此，在度盘上也刻有与之相应的三圈刻度来分别表示 20kN、50kN、100kN 的量程。试验时根据试件和试验要求选取适当的量程，挂上相应的摆砣。选择量程的原则是使所测荷载全落在量程的 10%～80% 范围内以提高示值精度。

在度盘上还设有从动指针，试验时主动针带着从动针顺时针转动，当主动针退回时，从动针则不动，以指示主动针曾达到的最大荷载。

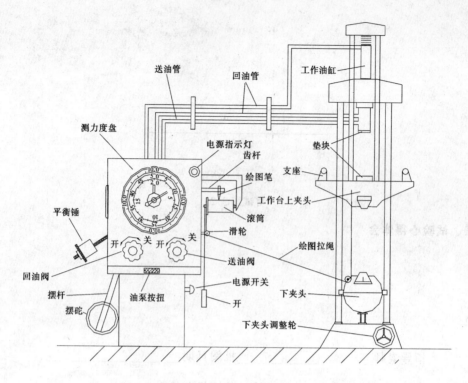

材试图 3.3　液压万能试验机示意图

（三）自动绘图装置

万能试验机通常设有自动绘图装置。其原理是：记录纸卷在滚筒上，加载时，齿杆和绘图笔会随着指针的转动而从左向右作直线运动，画出与荷载大小相等的线段；绘图拉绳的一端固定在工作台上，另一端通过两个定滑轮后绕在滚筒的一个槽内然后被重锤拉紧，当试件被拉伸或压缩而产生变形时，工作台均匀上升，拉绳便使滚筒转动，绘图笔就沿滚筒外圆画出相应变形大小的线段。

滚筒上有三个槽，可使图上线段与实际变形有三个比例选择（即 1:1、2:1、4:1）。实际试验时荷载和变形是同时变化的，所以绘出的是 $P\text{-}\Delta l$ 曲线图。

（四）万能机的操作步骤

1. 打开电源开关，电源指示灯应亮。
2. 选择合适量程。
3. 调节平衡锤。

方法：启动油泵，打开送油阀使工作台略有升起，然后关闭进油阀，调节平衡锤，使摆杆边线均与标定的刻线重合即可。

4. 示值系统调零。

方法：将试件一端夹入上夹头，另一端悬空，开动送油泵，控制送油阀，使工作台自最低位置升起约 5~10mm 左右。转动齿杆直到指针正好对准度盘上的零线即可。调零前应将绘图笔抬起。

5. 转动手轮使下夹头升起到适当高度以便夹紧试件。
6. 若需绘 $P\text{-}\Delta l$ 图，则应放下记录笔。

7．对试件加载。

加载速度可通过送油阀控制。为使试件承受的荷载为（或近似于）静荷载。送油阀操作应该缓慢均匀地进行，以使度盘指针缓慢均匀地转动。加载时，回油阀必须关紧。

8．试验完毕，关闭送油阀，打开回油阀卸载，取下试件，抬起记录笔。若不继续下次试验就停机，并将电源开关置"关"位。

（五）注意事项

1．试验机开动前和停机时，送油阀一定要置于"关闭位"。

2．下夹头调整手轮只能在试验前调整下夹头位置用，加载中不能再动。

3．试验机只能一人操作，运转中操作者不得离开。

4．试验中不要触动摆杆锤和绘图拉绳，以保证试验正常进行。

土 工 试 验

土工试验是学习土力学基本理论不可缺少的教学环节。通过土工试验，可以加深对地基土物理力学性质的了解；学会试验技能及分析试验结果的能力。根据教学大纲要求，安排三个基本实验。

试验一　土的天然密度、天然含水量、土粒相对密度试验

试验二　土的液限、塑限试验

试验三　土的直接剪切试验

试验一　土的天然密度、天然含水量、土粒相对密度试验

土的天然密度是指土的单位体积质量；含水量是指土在 105~110℃ 下烘干至土达恒量后失去的水分质量与达恒量后干土质量之比；土粒相对密度（比重）指土颗粒（粒径小于 5mm）在 105~110℃ 下烘干至恒重时的质量与同体积 4℃ 时的蒸馏水的质量之比。重度、天然含水量、土粒比重是土的基本物理指标。

一、质量密度试验

1．试验目的：测定黏性土的密度。

2．试验方法：环刀法。

3．仪器设备：

(1) 环刀：内径 61.8±0.15mm 和 79.8±0.15mm，高 20±0.16mm，壁厚 1.5~2.0mm。

(2) 天平：感量 0.1g。

(3) 其他：钢丝锯、削土刀、毛玻璃片、凡士林等。

4．操作步骤：

(1) 制备土样：取直径和高度略大于环刀的原状土样，按土层方向整平其两端，放在玻璃板上。

(2) 环刀取土：

(a) 环刀内壁涂一薄层凡士林，将环刀刀口向下放在土样上。

(b) 用削土刀或钢丝锯将土样削成略大于环刀直径的土柱。

(c) 环刀垂直下压，边压边削，直到土样上端伸出环刀为止。

(d) 削去两端余土，并用削土刀一次性修平，严禁在面上来回抹平，然后擦净环刀外壁，两端盖上平滑的圆玻璃片。

(3) 天平称量：将取好土样的环刀放在天平上称量，精确至 0.1g，记下环刀加土的质量 m_1。

5．计算密度 ρ

$$\rho = \frac{m}{V \times 1000} = \frac{m_1 - m_0}{V \times 1000} \quad (\text{t/m}^3)$$

式中　V——环刀内净体积，mm^3；
　　　m——土质量，g；
　　　m_1——环刀加土质量，g；
　　　m_0——环刀重，g。

注：本试验需进行两次平行试验，要求平行差值$\leqslant 0.02\text{t/m}^3$，取其两次试验结果的平均值。

天然密度试验记录表

工程名称＿＿＿＿＿＿＿＿　　试验日期＿＿＿＿＿＿＿＿

试样编号＿＿＿＿＿＿＿＿　　试验者＿＿＿＿＿＿＿＿

环刀号	环刀重 m_0 (g)	环刀体积 V (mm³)	湿土加刀重 m_1 (g)	土质量 $m_1 - m_0$ (g)	质量密度 ρ (t/m³)	平均密度 $\bar{\rho}$ (t/m³)

二、天然含水量试验

1．试验目的：

测定原状土的天然含水量或扰动土的含水量。

2．试验方法：烘干法。

烘干法适用于有机质含量$\leqslant 5\%$干土质量的土。

3．仪器设备：

(1) 烘箱：保持 100～105℃ 的电热恒温烘箱。

(2) 天平：感量 0.01g。

(3) 其他：干燥器、称湿盒等。

4．操作步骤：

(1) 从原状土样中，选取有代表性的土样 15～30g（砂土多取些）、放入称量盒内盖好盒盖，用天平称量 m_1（湿土加盒质量），准确至 0.01g。

(2) 打开盒盖，放入烘箱中，在 100～105℃ 的温度下烘至土达恒温质量（黏性土、粉土约需烘 8 小时）。

(3) 取出盒和土，放入干燥器内冷却至室温。

(4) 盖上盒盖，放在天平上称重，准确至 0.01g，记下质量 m_2（干土加盒质量）。

5．计算含水量 w

$$w = \frac{m_w}{m_s} = \frac{m_1 - m_2}{m_2 - m_0} \times 100\%$$

式中 m_w——水质量，g；
　　　m_s——干土质量，g；
　　　m_1——湿土加盒质量，g；
　　　m_2——干土加盒质量，g；
　　　m_0——称量盒重，由盒号查得，g。

注：本试验需进行两次平行试验测定，要求平行差值<1%～2%。

含水量试验记录

工程名称_____　试验日期_____

试样编号_____　试验者_____

盒号	盒质量 m_0（g）	湿土加盒质量 m_1（g）	干土加盒质量 m_2（g）	含水量 w（%）	平均含水量 $\overline{w}$（%）

三、土粒相对密度试验

1．试验目的：测定土粒相对密度（比重）。

2．试验方法：比重瓶法，适用于颗粒粒径小于 5mm 的土，试验时应用阿基米德原理。

3．仪器设备：

（1）比重瓶：容量 100ml。

（2）天平：称量 200g，感量 0.001g。

（3）温度计：量测范围 0～50℃，精度 0.5℃。

（4）煮沸设备：电炉或酒精灯。

（5）其他：蒸馏水、烘箱、细筛、漏斗、油管、恒温水槽。

4．操作步骤：

（1）称比重瓶质量 m_0，准确至 0.001g。

（2）取烘干后的土约 15g，装入 100ml 比重瓶内，称瓶加干土质量为 m_s，准确至 0.001g。

（3）在装有干土的比重瓶中，注入蒸馏水至瓶的一半处，摇动比重瓶，使干土完全浸在水中，然后将瓶放在电炉（或其他煮沸设备）上煮。煮沸时间不宜太少，砂土、砂质粉土一般不少于 30 分钟，黏性土及粉质黏性土一般不少于 1 小时。煮沸时间自悬液沸腾时开始算。煮沸时常摇动比重瓶，且注意悬液不能溢出瓶外。

（4）将比重瓶放进恒温水槽内冷却着，无恒温水槽，可将比重瓶放在木板上冷却至室温，注入煮沸过（使排除气泡）的蒸馏水至瓶颈中部。

（5）等瓶内上部悬液澄清后，用滴管注入煮沸过的蒸馏水至瓶口，塞紧瓶塞，擦干瓶外水分，称其重，m_2（瓶加干土加水），准确至 0.001g。然后立即量测瓶内水的温度 t，（放在桌子上或用手指捏住瓶颈量测，不宜用于握比重瓶量测）。

（6）倒出悬液，洗净比重瓶，装满煮沸过的蒸馏水，并使瓶内温度与（5）中称重后测得的温度 t 相同，塞紧瓶塞，擦干瓶外水分，称重 m_1，准确至 0.001g。

5. 计算土粒相对密度：

$$d_s = \frac{m_s}{m_1 + m_s - m_2} \cdot d_w$$

式中 m_s——干土质量，g，$m_s = m_3 - m_0$

m_0——比重瓶质量，g；

m_3——瓶加干土质量，g；

m_2——瓶加干土加水质量，g；

m_1——瓶加水质量（g）；

d_w——t（℃）时蒸馏水的相对密度，精确到 0.001，见下表。

水 的 密 度 d_w

温度(℃)	0.0	0.1	0.2	0.3	0.4	0.5	0.6	0.7	0.8	0.9
5	0.999992	990	988	986	984	982	980	977	974	971
6	968	965	962	958	954	951	947	943	938	934
7	930	925	920	915	910	905	899	894	888	882
8	876	870	864	857	851	844	837	831	823	816
9	809	801	794	786	778	770	762	753	745	736
10	728	719	710	701	692	682	672	663	653	645
11	633	623	612	602	591	580	569	559	547	536
12	525	513	502	490	478	466	454	442	429	417
13	404	391	378	366	352	339	326	312	299	285
14	271	257	243	229	215	200	186	171	156	142
15	127	111	096	081	065	050	034	018	002	986*
16	0.998970	954	937	921	904	888	871	854	837	820
17	802	785	767	750	732	714	696	678	660	642
18	623	605	586	567	549	530	511	491	472	453
19	433	414	394	374	354	334	314	294	273	253
20	232	212	191	170	149	128	107	086	064	043
21	021	999*	978*	956*	934*	911*	889*	867*	844*	822*
22	0.997799	777	754	731	708	685	661	638	615	591
23	567	544	520	496	472	448	444	399	375	350
24	326	301	276	251	226	201	176	151	125	100
25	074	048	023	997*	971*	945*	918*	892*	866*	839*
26	0.996813	786	759	733	706	679	652	624	597	570
27	542	515	478	495	431	403	375	347	319	291
28	262	234	205	177	148	119	090	061	032	003
29	0.995974	944	915	885	855	826	796	766	736	706
30	676	645	615	585	554	524	493	462	431	400
31	369	338	307	276	244	213	181	150	118	086
32	054	022	990*	958*	926*	894*	861*	829*	796*	764*
33	0.994731	698	665	632	599	566	533	500	466	433
34	399	366	332	298	264	230	196	162	128	094
35	059	025	991*	956*	921*	887*	852*	817*	782*	747*

注：*本试验需进行两次平行试验测定，取其平均值，要求平行差值不超过 0.02。

土粒相对密度（比重）试验记录

工程名称＿＿＿＿＿＿＿ 试验日期＿＿＿＿＿＿＿

试样编号＿＿＿＿＿＿＿ 试验者＿＿＿＿＿＿＿

比重瓶号	温度 t (℃)	液体比重	比重瓶质量 (g)	瓶、干土总质量 m_3 (g)	干土质量 m_s (g)	瓶、液总质量 m_1 (g)	瓶、液、土总质量 m_2 (g)	与干土同体积的液体质量 (g)	土粒相对密度 d_s	平均值	备注
(1)	(2)	(3)	(4)	(5)	(6)	(7)	(8)	(9)			
					4−3			5+6−7	2×5/8		

试验二　土的液限、塑限试验

液限是指黏性土从可塑状态转变到流动状态的界限含水量；塑限是指黏性土从坚硬状态转变到可塑状态的界限含水量。

液限和塑限是进行黏性土定名的依据之一。

液限试验、塑限试验的目的是测定黏性土的液限 w_L，塑限 w_P，并由此计算土的塑性指数 I_P，进行黏性土的定名，判别黏性土的软硬程度，估算地基的承载力。

一、液限试验

1．试验方法：采用锥式液限仪法。

2．仪器设备：

(1) 锥式液限仪：总重76g，有平衡装置，锥体30°，高25mm，距离锥尖10mm处有一环形刻度。

(2) 天平：感量0.01g～0.001g

(3) 其他：调土刀、调土碗（或毛玻璃板）、蒸馏水、滴管、吹风机、直刀、铝称量盒、烘箱、干燥器等。

3．操作步骤：

(1) 取颗粒小于0.5mm有机质含量不超过5%的黏性土样，放在调土碗中（或毛玻璃上），用调土刀调成浓糊状，静置于保湿缸中一昼夜。若土的天然含水量较高，可不静置一昼夜。

(2) 用调土刀调匀土样，加入液限仪的试样杯中填实，用直刀刮干杯口（注意不要反复刮），然后将试样杯放回底坐上。

(3) 在圆锥仪的锥体上涂一薄层润滑油，用手指捏住锥体上端的柄，放在土样表面中心，待锥尖与土样表面接触时，轻轻地松开手指，锥体在自重作用下沉入土中。

(4) 锥体下沉约15秒钟，下沉深度恰好为10mm，即锥尖上的环状刻度与土样表面重合，此时的含水量即为液限。若下沉深度超过10mm，表明试样含水量过高。挖去粘有润滑油的土,剩余的放回调土碗中,用吹风机吹干。若下沉深度小于10mm,表明试样含水量过低。此时,应挖去粘有润滑油的土,剩下的放回碗中,加入适量的蒸馏水,然后重复(2)、(3),直到满足要求为止。

(5) 从测试合格的土样中,挖去黏有润滑油的土,取锥体附近的试样约10～15g,测定其含水量,即为液限。

4．计算液限 w_L:

$$w_1 = \frac{m_1 - m_2}{m_2 - m_0}(\%)$$

式中　m_0——铝称量盒质量,g;
　　　m_1——湿土加盒总质量,g;
　　　m_2——干土加盒总质量,g。

注:(1) 本次试验需进行两次平行试验,取其平均值,要求平行误差不超过2%。
　　(2) 对于水析作用较大的低塑性土,锥体入土的时间应酌量缩短,控制在土样无水析之前读数为宜,一般在5秒钟左右。

二、塑限试验

1．试验方法:搓条法。
2．仪器设备:
(1) 毛玻璃板。
(2) 天平:感量0.01～0.001g。
(3) 直径为3mm粗的铝丝、卡尺。
(4) 其他:烘箱、铝称量盒、滴管、蒸馏水、吹风机等。
3．操作步骤:
(1) 从液限试验制备好的土样中取出约30g适当吹风,调制成不黏手的土团。
(2) 取出一小块土团,捏成手指大小的椭圆形,放在干燥清洁的毛玻璃板上,用手掌适当加压,轻轻搓滚。注意手掌应均匀施加压力于土条上,不得无压滚动,土条在任何情况下不允许产生空心现象,土条的长度不宜超过手掌宽度。
(3) 若土条搓成3mm时,产生纵向裂缝且开始断裂,这时的含水量即为塑限;若土条直径3mm时未产生断裂,表明此时的含水量小于塑限,应重新搓滚。
(4) 取搓滚合格的土条3～5条,放在铝称量盒中,盖好盒盖,测其含水量即为塑限。

4．计算塑限:

$$w_p = \frac{m_1 - m_2}{m_2 - m_0}$$

式中　m_0——铝称量盒重,g;
　　　m_1——湿土加盒合重,g;
　　　m_2——干土加盒合重,g。

注:(1) 本次试验需进行两次平行试验,取其平均值,要求平行误差≤2%。

三、计算该土样的塑性指数 I_P，并进行土的定名

液限、塑限试验记录

工程名称_____ 试验日期_____

试样编号_____ 试验者_____

项目	盒号	盒重 m_0	湿土加盒重 m_1	干土加盒重 m_2	含水量	平均值
液限						$w_L=$
塑限						$w_P=$

注：$I_P = w_L - w_P$

试验三 直接剪切实验

土的抗剪强度是指土对剪切破坏时的极限抵抗能力。抗剪强度、试验目的是测定土的抗剪强度指标 c、ϕ。采用快剪，即在施加竖向荷载后立即施加水平推力至破坏，在试验过程中，始终不让土样排水。

1. 试验设备

（1）应变控制性直剪仪。

（2）量表。

（3）天平：感量 0.1g。

（4）环刀、削土刀、钢丝锯等。

2. 试验步骤

（1）制备土样，取剪力环刀称量，准确至 0.1g。环刀内壁涂一薄层凡士林，刀刃向下放在土样上，（若为原状土样，取土方向应垂立于土的层面的相反方向）用钢丝锯将土样切成略大于环刀的土柱，然后将环刀垂直下压，边压边削至土样伸出环刀为止。切去两端余土，用直刀修平两端土面，擦净环刀外壁，称量。用少量余土测含水量。重复上述步骤，制备四个或四个以上试样，要求各试样间的密度差不大于 $0.03 g/cm^3$，含水量差不大于 2%。

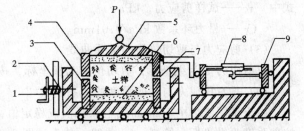

土试图 3.1 应变控制式直剪仪

1—手轮；2—螺杆；3—下盒；4—上盒；5—传压板；
6—透水石；7—开缝；8—测微计；9—弹性量力环

（2）将直接剪切仪的上下盒对准，插入固定销钉，盒内放入一块透水石。

（3）将带有环刀的试样两面各贴上一张蜡纸，环刀刀口向上，平口向下，对准剪切盒，再在试样上放一块透水石，小心地将试样压入盒内，然后移去环刀。

（4）转动手轮，使上盒前端的钢球恰好与量力环接触（量表微动表示上盒钢球与量力环恰好接触），调整量表读数为零，然后加传压活塞、钢球、压力框架。

（5）轻轻地施加垂直压力，立即拔去固定销钉，均匀转动手轮，手轮的转速为

6r/min，每转一圈记下量表读数，直至土样剪损为止，土样剪损的标志为：量力环的量表读数有显著后退或量表读数不再增大。

（6）倒转手轮，尽快移去垂直压力、压力框架、钢球、加压活塞等，测定试样剪切破坏面附近土的含水量。

（7）本试验至少须取四个试样，分别加以不同的垂直压力（通常为100kPa、200kPa、300kPa、与400kPa）进行剪切试验。试验步骤重复（2）～（6）。

注：如做固结快剪试验，应在试样的两面各放一张滤纸，直剪仪上需安装垂直量表，试样施加规定的垂直压力后，使其排水固结，并记录垂直变形，若试样的垂直变形＜0.005mm/h，认为已达到固结稳定，记下稳定读数，拆去量表，按步骤（5）进行试验。

3．试验结果

（1）剪切位移

剪切位移应按下式计算：

$$\Delta l = \Delta l' n - R$$

式中　Δl——剪切位移，0.01mm；

$\Delta l'$——手轮转一圈的位移，0.01mm；

n——手轮转动圈数；

R——测力计读数0.01mm。

（2）剪应力应按下式计算

$$\tau = CR$$

式中　τ——试样剪应力，kPa；

C——量力环系数 kPa/0.01mm。

（3）剪应力与剪切位移的关系曲线

以剪应力 τ 为纵坐标，剪切位移为横坐标，按比例绘制 τ-Δl 曲线，如土试图3.2。

（4）垂直压应力与抗剪强度的关系曲线

由土试图3.2中 τ-Δl 曲线上取峰值或稳定值，作抗剪强度 τ_f，以垂直压力为横坐标，抗剪强度为纵坐标，绘制 τ_f-σ 曲线，如土试图3.3。

由土试图3.3可得库伦定律公式：

砂土　　　　　　　　　　　　　$\tau_f = \sigma \mathrm{tg}\phi$

黏性土　　　　　　　　　　　　$\tau_f = \sigma \mathrm{tg}\phi + c$

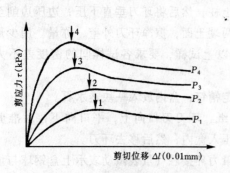

土试图3.2　剪应力与剪切位移关系曲线

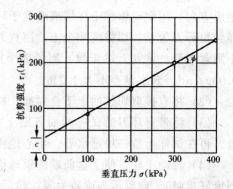

土试图3.3　抗剪强度与垂直压力关系曲线

直接剪切试验报告

工程名称_____试验日期_____试样编号_____试验者_____

环刀号																
环刀重（ ）																
环刀加湿土重（ ）																
重力密度 γ（ ）																
含水量 w（ ）																
垂直压力 p（ ）																
量力环系数 C																
试验数据	n	R	τ	Δl	n	R	τ	Δl	n	R	τ	Δl	n	R	τ	Δl
及整理																

n——手轮转数；R——量力环量表读数；τ——剪应力；Δl 剪切位移。

附 录

等肢角钢规格 附录表1

角钢型号	圆角 R (mm)	重心距 Z_0 (mm)	截面积 (cm²)	重量 (kg/m)	惯性矩 I_x (cm⁴)	截面抵矩 $W_{x,max}$ (cm³)	截面抵矩 $W_{x,min}$ (cm³)	回转半径 i_x (cm)	回转半径 i_{x0} (cm)	回转半径 i_{y0} (cm)	i_y,当 a 为下列数值 6mm (cm)	8mm (cm)	10mm (cm)	12mm (cm)
L20×3	3.5	6.0	1.13	0.89	0.4	0.67	0.29	0.59	0.75	0.39	1.08	1.16	1.25	1.34
L20×4	3.5	6.4	1.46	1.14	0.5	0.78	0.36	0.58	0.73	0.38	1.11	1.19	1.28	1.37
L25×3	3.5	7.3	1.43	1.12	0.81	1.12	0.46	0.76	0.95	0.49	1.28	1.36	1.44	1.53
L25×4	3.5	7.6	1.86	1.46	1.03	1.36	0.59	0.74	0.93	0.48	1.30	1.38	1.46	1.55
L30×3	4.5	8.5	1.75	1.37	1.46	1.72	0.68	0.91	1.15	0.59	1.47	1.55	1.63	1.71
L30×4	4.5	8.9	2.28	1.79	1.84	2.06	0.87	0.90	1.13	0.58	1.49	1.57	1.66	1.74
L36×3	4.5	10.0	2.11	1.65	2.58	2.58	0.99	1.11	1.39	0.71	1.71	1.75	1.86	1.95
L36×4	4.5	10.4	2.76	2.16	3.29	3.16	1.28	1.09	1.38	0.70	1.73	1.81	1.89	1.97
L36×5	4.5	10.7	3.38	2.65	3.95	3.70	1.56	1.08	1.36	0.70	1.74	1.82	1.91	1.99
L40×3	5	10.9	2.36	1.85	3.59	3.3	1.23	1.23	1.55	0.79	1.85	1.93	2.01	2.09
L40×4	5	11.3	3.09	2.42	4.60	4.07	1.60	1.22	1.54	0.79	1.88	1.96	2.04	2.12
L40×5	5	11.7	3.79	2.98	5.53	4.73	1.96	1.21	1.52	0.78	1.90	1.98	2.06	2.14
L45×3	5	12.2	2.66	2.09	5.17	4.24	1.58	1.40	1.76	0.90	2.06	2.14	2.21	2.29
L45×4	5	12.6	3.49	2.74	6.65	5.28	2.05	1.38	1.74	0.89	2.08	2.16	2.24	2.32
L45×5	5	13.0	4.29	3.37	8.04	6.19	2.51	1.37	1.72	0.88	2.11	2.18	2.26	2.34
L45×6	5	13.3	5.08	3.98	9.33	7.0	2.95	1.36	1.70	0.88	2.12	2.20	2.28	2.36
L50×3	5.5	13.4	2.97	2.33	7.18	5.36	1.96	1.55	1.96	1.00	2.26	2.33	2.41	2.49
L50×4	5.5	13.8	3.90	3.06	9.26	6.71	2.56	1.54	1.94	0.99	2.28	2.35	2.43	2.51
L50×5	5.5	14.2	4.80	3.77	11.21	7.89	3.13	1.53	1.92	0.98	2.30	2.38	2.45	2.53
L50×6	5.5	14.6	5.69	4.46	13.05	8.94	3.68	1.52	1.91	0.98	2.32	2.40	2.48	2.56
L56×3	6	14.8	3.34	2.62	10.2	6.89	2.48	1.75	2.20	1.13	2.49	2.57	2.64	2.71
L56×4	6	15.3	4.39	3.45	13.2	8.63	3.24	1.73	2.18	1.11	2.52	2.59	2.67	2.75
L56×5	6	15.7	5.41	4.25	16.0	10.2	3.97	1.72	2.17	1.10	2.54	2.62	2.69	2.77
L56×8	6	16.8	8.37	6.57	23.6	14.0	6.03	1.68	2.11	1.09	2.60	2.67	2.75	2.83

续表

角钢型号	单角钢										双角钢			
	圆角 R	重心距 Z_0	截面积	重量	惯性矩 I_x	截面抵矩		回转半径			i_y,当 a 为下列数值			
			(cm²)	(kg/m)	(cm⁴)	$W_{x,max}$	$W_{x,min}$	i_x	i_{x0}	i_{y0}	6mm	8mm	10mm	12mm
	mm					(cm³)		(cm)			(cm)			
L63×6	7	17.0	4.98	3.91	19.0	11.2	4.13	1.96	2.46	1.26	2.80	2.87	2.94	3.02
		17.4	6.14	4.82	23.2	13.3	5.08	1.94	2.45	1.25	2.82	2.89	2.97	3.04
		17.8	7.29	5.72	27.1	15.2	6.0	1.93	2.43	1.24	2.84	2.91	2.99	3.06
		18.5	9.51	7.47	34.5	18.6	7.75	1.90	2.40	1.23	2.87	2.95	3.02	3.10
		19.3	11.66	9.15	41.1	21.3	9.39	1.88	2.36	1.22	2.91	2.99	3.07	3.15
L70×6	8	18.6	5.57	4.37	26.4	14.2	5.14	2.18	2.74	1.40	3.07	3.14	3.21	3.28
		19.1	6.87	5.40	32.2	16.8	6.32	2.16	2.73	1.39	3.09	3.17	3.24	3.31
		19.5	8.16	6.41	37.8	19.4	7.48	2.15	2.71	1.38	3.11	3.19	3.26	3.34
		19.9	9.42	7.40	43.1	21.6	8.59	2.14	2.69	1.38	3.13	3.21	3.28	3.36
		20.3	10.7	8.37	48.2	23.8	9.68	2.12	2.68	1.37	3.15	3.23	3.30	3.38
L75×7	9	20.4	7.37	5.82	40.0	19.6	7.32	2.33	2.92	1.50	3.30	3.37	3.45	3.52
		20.7	8.80	6.90	47.0	22.7	8.64	2.31	2.90	1.49	3.31	3.38	3.46	3.53
		21.1	10.2	7.98	53.6	25.4	9.93	2.30	2.89	1.48	3.33	3.40	3.48	3.55
		21.5	11.5	9.03	60.0	27.9	11.2	2.28	2.88	1.47	3.35	3.42	3.50	3.57
		22.2	14.1	11.1	72.0	32.4	13.6	2.26	2.84	1.46	3.38	3.46	3.53	3.61
L80×7	9	21.5	7.91	6.21	48.8	22.7	8.34	2.48	3.13	1.60	3.49	3.56	3.63	3.71
		21.9	9.40	7.38	57.3	26.1	9.87	2.47	3.11	1.59	3.51	3.58	3.65	3.72
		22.3	10.9	8.52	65.6	29.4	11.4	2.46	3.10	1.58	3.53	3.60	3.67	3.75
		22.7	12.3	9.66	73.5	32.4	12.8	2.44	3.08	1.57	3.55	3.62	3.69	3.77
		23.5	15.1	11.9	88.4	37.6	15.6	2.42	3.04	1.56	3.59	3.66	3.74	3.81
L90×8	10	24.4	10.6	8.35	82.8	33.9	12.6	2.79	3.51	1.80	3.91	3.98	4.05	4.13
		24.8	12.3	9.66	94.8	38.2	14.5	2.78	3.50	1.78	3.93	4.00	4.07	4.15
		25.2	13.9	10.9	106	42.1	16.4	2.76	3.48	1.78	3.95	4.02	4.09	4.17
		25.9	17.2	13.5	129	49.7	20.1	2.74	3.45	1.76	3.98	4.05	4.13	4.20
		26.7	20.3	15.9	149	56.0	23.6	2.71	3.41	1.75	4.02	4.10	4.17	4.25
L100×10	12	26.7	11.9	9.37	115	43.1	15.7	3.10	3.90	2.00	4.30	4.37	4.44	4.51
		27.1	13.8	10.8	132	48.6	18.1	3.09	3.89	1.99	4.31	4.39	4.46	4.53
		27.6	15.6	12.3	148	53.7	20.5	3.08	3.88	1.98	4.34	4.41	4.48	4.56
		28.4	19.3	15.1	179	63.2	25.1	3.05	3.84	1.96	4.38	4.45	4.52	4.60
		29.1	22.8	17.9	209	71.9	29.5	3.03	3.81	1.95	4.41	4.49	4.56	4.63
		29.9	26.3	20.6	236	79.1	33.7	3.00	3.77	1.94	4.45	4.53	4.60	4.68
		30.6	29.6	23.3	262	89.6	37.8	2.98	3.74	1.94	4.49	4.56	4.64	4.72

续表

角钢型号	圆角 R (mm)	重心距 Z_0 (mm)	截面积 (cm²)	重量 (kg/m)	惯性矩 I_x (cm⁴)	截面抵矩 $W_{x,max}$ (cm³)	截面抵矩 $W_{x,min}$ (cm³)	回转半径 i_x (cm)	回转半径 i_{x0} (cm)	回转半径 i_{y0} (cm)	i_y, 当 a 为下列数值 6mm (cm)	8mm (cm)	10mm (cm)	12mm (cm)
L110×10 7	12	29.6	15.2	11.9	177	59.9	22.0	3.41	4.30	2.20	4.72	4.79	4.86	4.92
L110×10 8		30.1	17.2	13.5	199	64.7	25.0	3.40	4.28	2.19	4.75	4.82	4.89	4.96
L110×10 10		30.9	21.3	16.7	242	78.4	30.6	3.38	4.25	2.17	4.78	4.86	4.93	5.00
L110×10 12		31.6	25.2	19.8	283	89.4	36.0	3.35	4.22	2.15	4.81	4.89	4.96	5.03
L110×10 14		32.4	29.1	22.8	321	99.2	41.3	3.32	4.18	2.14	4.85	4.93	5.00	5.07
L125× 8	14	33.7	19.7	15.5	297	88.1	32.5	3.88	4.88	2.50	5.34	5.41	5.48	5.55
L125× 10		34.5	24.4	19.1	362	105	40.0	3.85	4.85	2.48	5.38	5.45	5.52	5.59
L125× 12		35.3	28.9	22.7	423	120	41.2	3.83	4.82	2.46	5.41	5.48	5.56	5.63
L125× 14		36.1	33.4	26.2	482	133	54.2	3.80	4.78	2.45	5.45	5.52	5.60	5.67
L140× 10	14	38.2	27.4	21.5	515	135	50.6	4.34	5.46	2.78	5.98	6.05	6.12	6.19
L140× 12		39.0	32.5	25.5	604	155	59.8	4.31	5.43	2.76	6.02	6.09	6.16	6.23
L140× 14		39.8	37.6	29.5	689	173	68.7	4.28	5.40	2.75	6.05	6.12	6.20	6.27
L140× 16		40.6	42.5	33.4	770	190	77.5	4.26	5.36	2.74	6.09	6.16	6.24	6.31
L160× 10	16	43.1	31.5	24.7	779	180	66.7	4.98	6.27	3.20	6.78	6.85	6.92	6.99
L160× 12		43.9	37.4	29.4	917	208	79.0	4.95	6.24	3.18	6.82	6.89	6.96	7.02
L160× 14		44.7	43.3	34.0	1048	234	90.9	4.92	6.20	3.16	6.85	6.92	6.99	7.07
L160× 16		45.5	49.1	38.5	1175	258	103	4.89	6.17	3.14	6.89	6.96	7.03	7.10
L180× 12	16	48.9	42.2	33.2	1321	271	101	5.59	7.05	3.58	7.63	7.70	7.77	7.84
L180× 14		49.7	48.9	38.4	1514	305	116	5.56	7.02	3.56	7.66	7.73	7.81	7.87
L180× 16		50.5	55.5	43.5	1701	338	131	5.54	6.98	3.55	7.70	7.77	7.84	7.91
L180× 18		51.3	62.0	48.6	1875	365	146	5.50	6.94	3.51	7.73	7.80	7.87	7.94
L200×18 14	18	54.6	54.6	42.9	2104	387	145	6.20	7.82	3.98	8.47	8.53	8.60	8.67
L200×18 16		55.4	62.0	48.7	2366	428	164	6.18	7.79	3.96	8.50	8.57	8.64	8.71
L200×18 18		56.2	69.3	54.4	2621	467	182	6.15	7.75	3.94	8.54	8.61	8.67	8.75
L200×18 20		56.9	76.5	60.1	2867	503	200	6.12	7.72	3.93	8.56	8.64	8.71	8.78
L200×18 24		58.7	90.7	71.2	3338	570	236	6.07	7.64	3.90	8.65	8.73	8.80	8.87

附录表 2

不 等 肢 角 钢 规 格

单角钢型号	圆角 R	重心距 Z_x (mm)	重心距 Z_y (mm)	截面积 (cm²)	重量 (kg/m)	惯性矩 I_x (cm⁴)	惯性矩 I_y (cm⁴)	回转半径 i_x (cm)	回转半径 i_y (cm)	回转半径 i_{y0} (cm)	双角钢 i_{y1}, 当 a 为下列数 (cm) 6mm	8mm	10mm	12mm	双角钢 i_{y2}, 当 a 为下列数 (cm) 6mm	8mm	10mm	12mm
L100×63× 6	10	14.3	32.4	9.62	7.55	30.9	99.1	1.79	3.21	1.38	2.49	2.56	2.63	2.71	4.78	4.85	4.93	5.00
L100×63× 7	10	14.7	32.8	11.1	8.72	35.3	113	1.78	3.20	1.38	2.51	2.58	2.66	2.73	4.80	4.87	4.95	5.03
L100×63× 8	10	15.0	33.2	12.6	9.88	39.4	127	1.77	3.18	1.37	2.52	2.60	2.67	2.75	4.82	4.89	4.97	5.05
L100×63×10	10	15.8	34.0	15.5	12.1	47.1	154	1.74	3.15	1.35	2.57	2.64	2.72	2.79	4.86	4.94	5.02	5.09
L100×80× 6	10	19.7	29.5	10.6	8.35	61.2	107	2.40	3.17	1.72	3.30	3.37	3.44	3.52	4.54	4.61	4.69	4.76
L100×80× 7	10	20.1	30.0	12.3	9.66	70.1	123	2.39	3.16	1.72	3.32	3.39	3.46	3.54	4.47	4.64	4.71	4.79
L100×80× 8	10	20.5	30.4	13.9	10.9	78.6	138	2.37	3.14	1.71	3.34	3.41	3.48	3.56	4.59	4.66	4.74	4.81
L100×80×10	10	21.3	31.2	17.2	13.5	94.6	167	2.35	3.12	1.69	3.38	3.45	3.53	3.60	4.63	4.70	4.78	4.85
L110×70× 6	10	15.7	35.3	10.6	8.35	42.9	133	2.01	3.54	1.54	2.74	2.81	2.88	2.97	5.22	5.29	5.36	5.44
L110×70× 7	10	16.1	35.7	12.3	9.66	49.0	153	2.00	3.53	1.53	2.76	2.83	2.90	2.98	5.24	5.31	5.39	5.46
L110×70× 8	10	16.5	36.2	13.9	10.9	54.9	172	1.98	3.51	1.53	2.78	2.85	2.93	3.00	5.26	5.34	5.41	5.49
L110×70×10	10	17.2	37.0	17.2	13.5	65.9	208	1.96	3.48	1.51	2.81	2.89	2.96	3.04	5.30	5.38	5.46	5.53
L125×80× 7	11	18.0	40.1	14.1	11.1	74.4	228	2.30	4.02	1.76	3.11	3.18	3.25	3.32	5.89	5.97	6.04	6.12
L125×80× 8	11	18.4	40.6	16.0	12.6	83.5	257	2.28	4.01	1.75	3.13	3.20	3.27	3.34	5.92	6.00	6.07	6.15
L125×80×10	11	19.2	41.4	19.7	15.5	101	312	2.26	3.98	1.74	3.17	3.24	3.31	3.38	5.96	6.04	6.11	6.19
L125×80×12	11	20.0	42.2	23.4	18.3	117	364	2.24	3.95	1.72	3.21	3.28	3.35	3.43	6.00	6.08	6.15	6.23

续表

单角钢型号	圆角 R	重心距 Z_x (mm)	重心距 Z_y (mm)	截面积 (cm²)	重量 (kg/m)	惯性矩 I_x (cm⁴)	惯性矩 I_y (cm⁴)	单角钢 回转半径 i_x (cm)	i_y (cm)	i_{y0} (cm)	双角钢 i_{y1}，当 a 为下列数 (cm) 6mm	8mm	10mm	12mm	i_{y2}，当 a 为下列数 (cm) 6mm	8mm	10mm	12mm
L140×90×8	12	20.4	45.0	18.0	14.2	121	366	2.59	4.50	1.98	3.49	3.56	3.63	3.70	6.58	6.65	6.72	6.79
L140×90×10	12	21.2	45.8	22.3	17.5	146	445	2.56	4.47	1.96	3.52	3.59	3.66	3.74	6.62	6.69	6.77	6.84
L140×90×12	12	21.9	46.6	26.4	20.7	170	522	2.54	4.44	1.95	3.55	3.62	3.70	3.77	6.66	6.74	6.81	6.89
L140×90×14	12	22.7	47.4	30.5	23.9	192	594	2.51	4.42	1.94	3.59	3.67	3.74	3.81	6.70	6.78	6.85	6.93
L160×100×10	13	22.8	52.4	25.3	19.9	205	669	2.85	5.14	2.19	3.84	3.91	3.98	4.05	7.56	7.63	7.70	7.78
L160×100×12	13	23.6	53.2	30.1	23.6	239	785	2.82	5.11	2.17	3.88	3.95	4.02	4.09	7.60	7.67	7.75	7.82
L160×100×14	13	24.3	54.0	34.7	27.2	271	896	2.80	5.08	2.16	3.91	3.98	4.05	4.12	7.64	7.71	7.79	7.86
L160×100×16	13	25.1	54.8	39.3	30.8	302	1003	2.77	5.05	2.16	3.95	4.02	4.09	4.17	7.68	7.75	7.83	7.91
L180×110×10	14	24.4	58.9	28.4	22.3	278	956	3.13	5.80	2.42	4.16	4.23	4.29	4.36	8.47	8.56	8.63	8.71
L180×110×12	14	25.2	59.8	33.7	26.5	325	1125	3.10	5.78	2.40	4.19	4.26	4.33	4.40	8.53	8.61	8.68	8.76
L180×110×14	14	25.9	60.6	39.0	30.6	370	1287	3.08	5.75	2.39	4.22	4.29	4.36	4.43	8.57	8.65	8.72	8.80
L180×110×16	14	26.7	61.4	44.1	34.6	412	1443	3.06	5.72	2.38	4.26	4.33	4.40	4.47	8.61	8.69	8.76	8.84
L200×125×12	14	28.3	65.4	37.9	29.8	483	1571	3.57	6.44	2.74	4.75	4.81	4.88	4.95	9.39	9.47	9.54	9.61
L200×125×14	14	29.1	66.2	43.9	34.4	551	1801	3.54	6.41	2.73	4.78	4.85	4.92	4.99	9.43	9.50	9.58	9.65
L200×125×16	14	29.9	67.0	49.7	39.0	615	2023	3.52	6.38	2.71	4.82	4.89	4.96	5.03	9.47	9.54	9.62	9.69
L200×125×18	14	30.6	67.8	55.5	43.6	677	2238	3.49	6.35	2.70	4.85	4.92	4.99	5.07	9.51	9.58	9.66	9.74

普通槽钢规格 附录表3

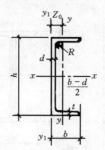

符号：同普通工字型钢

长度：型号5—8，长5—12m
型号10—18，长5—19m
型号20—40，长6—19m

型号	尺寸 h (mm)	b (mm)	d (mm)	t (mm)	R (mm)	截面积 (cm²)	重量 (kg/m)	x-x轴 I_x (cm⁴)	W_x (cm³)	i_x (cm)	y-y轴 I_y (cm⁴)	W_y (cm³)	i_y (cm)	y_1-y_1轴 I_{y1} (cm⁴)	Z_0 (cm)
5	50	37	4.5	7.0	7.0	6.9	5.4	26	10.4	1.94	8.3	3.55	1.10	20.9	1.35
6.3	63	40	4.8	7.5	7.5	8.4	6.6	51	16.1	2.45	11.9	4.50	1.18	28.4	1.36
8	80	43	5.0	8.0	8.0	10.2	8.0	101	25.3	3.15	16.6	5.79	1.27	37.4	1.43
10	100	48	5.3	8.5	8.5	12.7	10.0	198	39.7	3.95	25.6	7.8	1.41	55	1.52
12.6	126	53	5.5	9.0	9.0	15.7	12.4	391	62.1	4.95	38.0	10.2	1.57	77	1.59
14a	140	58	6.0	9.5	9.5	18.5	14.5	564	80.5	5.52	53.2	13.0	1.70	107	1.71
14b		60	8.0			21.3	16.7	609	87.1	5.35	61.1	14.1	1.69	121	1.67
16a	160	63	6.5	10.0	10.0	21.9	17.2	866	108	6.28	73.3	16.3	1.83	144	1.80
16b		65	8.5			25.1	19.7	934	117	6.10	83.4	17.5	1.82	161	1.75
18a	180	68	7.0	10.5	10.5	25.7	20.2	1273	141	7.04	98.6	20.0	1.96	190	1.88
18b		70	9.0			29.3	23.0	1370	152	6.84	111	21.5	1.95	210	1.84
20a	200	73	7.0	11.0	11.0	28.8	22.6	1780	178	7.86	128	24.2	2.11	244	2.01
20b		75	9.0			32.8	25.8	1914	191	7.64	144	25.9	2.09	268	1.95
22a	220	77	7.0	11.5	11.5	31.8	25.0	2394	218	8.67	158	28.2	2.23	298	2.10
22b		79	9.0			36.2	28.4	2571	234	8.42	176	30.0	2.21	326	2.03
25a	250	78	7.0	12.0	12.0	34.9	27.5	3370	270	9.82	175	30.6	2.24	322	2.07
25b		80	9.0			39.9	31.4	3530	282	9.40	196	32.7	2.22	353	1.98
25c		82	11.0			44.9	35.3	3690	295	9.07	218	35.9	2.21	384	1.92
28a	280	82	7.5	12.5	12.5	42.0	31.4	4765	340	10.9	218	35.7	2.33	388	2.10
28b		84	9.5			45.6	35.8	5130	366	10.6	242	37.9	2.30	428	2.02
28c		86	11.5			51.2	40.2	5496	393	10.3	268	40.3	2.29	463	1.95
32a	320	88	8.0	14.0	14.0	48.7	38.2	7598	475	12.5	305	46.5	2.50	552	2.24
32b		90	10.0			55.1	43.2	8144	509	12.1	336	49.2	2.47	593	2.16
32c		92	12.0			61.5	48.3	8690	543	11.9	374	52.6	2.47	643	2.09
36a	360	96	9.0	16.0	16.0	60.9	47.8	11870	660	14.0	455	63.5	2.73	818	2.44
36b		98	11.0			68.1	53.4	12650	703	13.6	497	66.6	2.70	880	2.37
36c		100	13.0			75.3	59.1	13430	746	13.4	536	70.0	2.67	948	2.34
40a	400	100	10.5	18.0	18.0	75.0	58.9	17580	879	15.3	592	78.8	2.81	1068	2.49
40b		102	12.5			83.0	65.2	18640	932	15.0	640	82.5	2.78	1136	2.44
40c		104	14.5			91.0	71.5	19710	986	14.7	688	86.2	2.75	1221	2.42

普通工字钢规格 附录表4

符号 h—高度；b—翼缘宽度；
d—腹板厚；t—翼缘平均厚度；
I—惯性矩；W—截面抵抗矩

i—回转半径；
s—半截面的静力矩。

长度：型号10—18，长5～19m
型号20—63，长6～19m

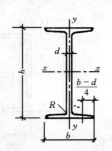

型号	尺寸 (mm)					截面积 (cm^2)	重量 (kg/m)	x-x 轴				y-y 轴		
	h	b	d	t	R			I_x (cm^4)	W_x (cm^3)	i_x (cm)	I_x/S_x (cm)	I_y (cm^4)	W_y (cm^3)	i_y (cm)
10	100	68	4.5	7.6	6.5	14.3	11.2	245	49	4.14	8.59	33	9.7	1.52
12.6	126	74	5.0	8.4	7.0	18.1	14.2	488	77	5.19	10.8	47	12.7	1.61
14	140	80	5.5	9.1	7.5	21.5	16.9	712	102	5.76	12.0	64	16.1	1.73
16	160	88	6.0	9.9	8.0	26.1	20.5	1130	141	6.58	13.8	93	21.2	1.89
18	180	94	6.5	10.7	8.5	30.6	24.1	1660	185	7.36	15.4	122	26.0	2.00
22a	200	100	7.0	11.4	9.0	35.5	27.9	2370	237	8.15	17.2	158	31.5	2.12
22b		102	9.0			39.5	31.1	2500	250	7.96	16.9	169	33.1	2.06
22a	220	110	7.5	12.3	9.5	42.0	33.0	3400	309	8.99	18.9	225	40.9	2.31
22b		112	9.5			46.4	36.4	3570	325	8.78	18.7	239	42.7	2.27
25a	250	116	8.0	13.0	10.0	48.5	38.1	5020	402	10.18	21.6	280	48.3	2.40
25b		118	10.0			53.5	42.0	5280	423	9.94	21.3	309	52.4	2.40
28a	280	122	8.5	13.7	10.5	55.4	43.4	7110	508	11.3	24.6	345	56.6	2.49
28b		124	10.5			61.0	47.9	7480	534	11.1	24.2	379	61.2	2.49
32a	320	130	9.5	15.0	11.5	67.0	52.7	11080	692	12.8	27.5	460	70.8	2.62
32b		132	11.5			73.4	57.7	11620	726	12.6	27.1	502	76.0	5.61
32c		134	13.5			79.9	62.8	12170	760	12.3	26.8	544	81.2	2.61
36a	360	136	10.0	15.8	12.0	76.3	59.9	15760	875	14.4	30.7	552	81.2	2.69
36b		138	12.0			83.5	65.6	16530	919	14.1	30.3	582	84.3	2.64
36c		140	14.0			90.7	71.2	17310	962	13.8	29.8	612	87.4	2.60
40a	400	142	10.5	16.5	12.5	86.1	67.6	21720	1090	15.9	34.1	660	93.2	2.77
40b		144	12.5			94.1	73.8	22780	1140	15.6	33.6	692	96.2	2.71
40c		146	14.5			102	80.1	23850	1190	15.2	33.2	727	99.6	2.65
45a	450	150	11.5	18.0	13.5	102	80.4	32240	1430	17.7	38.6	855	114	2.89
45b		152	13.5			111	87.4	33760	1500	17.4	38.0	894	118	2.84
45c		154	15.5			120	94.5	35280	1570	17.1	37.6	988	122	2.79
50a	500	158	12.0	20	14	119	93.6	46470	1860	19.7	42.8	1120	142	3.07
50b		160	14.0			129	101	48560	1940	19.4	42.4	117	146	3.01
50c		162	16.0			139	109	50640	2080	19.0	41.8	1220	151	2.96
56a	560	166	12.5	21	14.5	135	106	65590	2342	22.0	47.7	1370	165	3.18
56b		168	14.5			146	115	68510	2447	21.6	47.2	1487	174	3.16
56c		170	16.5			158	124	71440	2551	21.3	46.7	1558	183	3.16
63a	630	176	13.0	22	15	155	122	93920	2981	24.6	54.2	1701	193	3.31
63b		178	15.0			167	131	98080	3164	24.2	53.5	1812	204	3.29
63c		180	17.0			180	141	102250	3298	23.8	52.9	1925	214	3.27

混凝土强度标准值和设计值（N/mm²）　　　　　附录表 5

强度种类		C15	C20	C25	C30	C35	C40	C45	C50	C55	C60	C65	C70	C75	C80
		\multicolumn{15}{c}{混凝土强度等级}
强度标准值	f_{ck}	10.0	13.4	16.7	20.1	23.4	26.8	29.6	32.4	35.5	38.5	41.5	44.5	47.4	50.2
	f_{tk}	1.27	1.54	1.78	2.01	2.20	2.39	2.51	2.64	2.74	2.85	2.93	2.99	3.05	3.11
强度设计值	f_c	7.2	9.6	11.9	14.3	16.7	19.1	21.1	23.1	25.3	27.5	29.7	31.8	33.8	35.9
	f_t	0.91	1.10	1.27	1.43	1.57	1.71	1.80	1.89	1.96	2.04	2.09	2.14	2.18	2.22

注：1. 计算现浇钢筋混凝土轴心受压及偏心受压构件时，如截面的长边或直径小于300mm，则表中混凝土的强度设计值应乘以系数0.8；当构件质量（如混凝土成型、截面和轴线尺寸等）确有保证时，可不受此限制；

2. 离心混凝土的强度设计值应按专门规定取用。

普通钢筋强度标准值和设计值（N/mm²）　　　　　附录表 6

种　类		符号	d (mm)	f_{yk}	f_y	f'_y
热轧钢筋	HPB235（Q235）	Φ	8～20	235	210	210
	HRB335（20MnSi）	<u>Φ</u>	6～50	335	300	300
	HRB400（20MnSiV、20MnSiVb、20MnTi）	Φ̲ Φ̲	6～50	400	360	360
	RRB400（K20MnSi）	R	8～40	400	360	360

注：1. 热轧钢筋直径 d 系指公称直径；

2. 当采用直径大于40mm的钢筋时，应有可靠的工程经验；

3. 在钢筋混凝土结构中，轴心受拉和小偏心受拉构件的钢筋抗拉强度设计值大于300N/mm²时，仍应按300N/mm²取用。

混凝土弹性模量 E_c（×10⁴ N/mm²）　　　　　附录表 7

混凝土强度等级	C15	C20	C25	C30	C35	C40	C45	C50	C55	C60	C65	C70	C75	C80
E_c	2.20	2.55	2.80	3.00	3.15	3.25	3.35	3.45	3.55	3.60	3.65	3.70	3.75	3.80

混凝土弹性模量 E_s（×10⁵ N/mm²）　　　　　附录表 8

种　类	E_s
HPB235 级钢筋	2.1
HRB335 级钢筋、HRB400 级钢筋、RRB400 级钢筋、热处理钢筋	2.0
消除应力钢丝（光面钢丝、螺旋肋钢丝、刻痕钢丝）	2.05
钢绞线	1.95

注：必要时钢绞线可采用实测的弹性模量

水池及与水接触的构筑物各部位构件内钢筋的混凝土保护层最小厚度（mm）　　　　　　附录表9

构件类别	工作条件	钢筋类别	保护层厚度（mm）
墙、板	与水、土接触或高湿度	受力钢筋	25
墙、板	与污水接触或受水汽影响	受力钢筋	30
梁、柱	与水、土接触或高湿度	受力钢筋	30
梁、柱	与水、土接触或高湿度	箍筋或构造筋	20
梁、柱	与污水接触或受水汽影响	受力钢筋	35
梁、柱	与污水接触或受水汽影响	箍筋或构造筋	25
基础、底板	有垫层的下层筋	受力钢筋	35
基础、底板	无垫层的下层筋	受力钢筋	70

混凝土构件中纵向受力钢筋的最小配筋百分率（%）　　　　　　附录表10

受力类型		最小配筋率
受压构件	全部纵向钢筋	0.6
受压构件	一侧纵向钢筋	0.2
受弯构件、偏心受拉、轴心受拉构件一侧的受拉钢筋		0.2 和 $45 f_t / f_y$ 中的较大值

注：1. 受压构件全部纵向钢筋最小配筋率，当采用HRB400级、RRB400级钢筋时，应按表中规定减小0.1；当混凝土强度等级为C60以上时，应按表中规定增大0.1；
    2. 偏心受拉构件中的受压钢筋，应按受压构件一侧纵向钢筋考虑；
    3. 受压钢筋的全部纵向钢筋和一侧纵向钢筋的配筋率以及轴心受拉构件和小偏心受拉构件的一侧受拉钢筋的配筋率应按构件的全截面面积计算；受弯构件、大偏心受拉构件一侧受拉钢筋的配筋率应按全截面面积扣除受压翼缘面积 $(b'_f - b) \, h'_f$ 后的截面面积计算；
    4. 当钢筋沿构件截面周边布置时，"一侧纵向钢筋"系指沿受力方向两个对边中的一边布置的纵向钢筋。

混凝土结构的环境类别　　　　　　附录表11

环境类别		条件
一		室内正常环境
二	a	室内潮湿环境；非严寒和非寒冷地区的露天环境、与无侵蚀性的水或土壤直接接触的环境
二	b	严寒和寒冷地区的露天环境、与无侵蚀性的水或土壤直接接触的环境
三		使用除冰盐的环境；严寒和寒冷地区冬季水位变动的环境；滨海室外环境
四		海水环境
五		受人为或自然界的侵蚀性物质影响的环境

注：严寒和寒冷地区的划分应符合国家标准规定。

钢筋混凝土矩形截面受弯构件正截面受弯承载力计算系数表　　附录表 12

ξ	γ_s	α_s	ξ	γ_s	α_s
0.01	0.995	0.010	0.34	0.830	0.282
0.02	0.990	0.020	0.35	0.825	0.289
0.03	0.985	0.030	0.36	0.820	0.295
0.04	0.980	0.039	0.37	0.815	0.301
0.05	0.975	0.049	0.38	0.810	0.309
0.06	0.970	0.058	0.39	0.805	0.314
0.07	0.965	0.067	0.40	0.800	0.320
0.08	0.960	0.077	0.41	0.795	0.326
0.09	0.955	0.085	0.42	0.790	0.332
0.10	0.950	0.095	0.43	0.785	0.337
0.11	0.945	0.104	0.44	0.780	0.343
0.12	0.940	0.113	0.45	0.775	0.349
0.13	0.935	0.121	0.46	0.770	0.354
0.14	0.930	0.130	0.47	0.765	0.359
0.15	0.925	0.139	0.48	0.760	0.365
0.16	0.920	0.147	0.49	0.755	0.370
0.17	0.915	0.155	0.50	0.750	0.375
0.18	0.910	0.164	0.51	0.745	0.380
0.19	0.905	0.172	0.52	0.740	0.385
0.20	0.900	0.180	0.528	0.736	0.389
0.21	0.895	0.188	0.53	0.735	0.390
0.22	0.890	0.196	0.54	0.730	0.394
0.23	0.885	0.203	0.544	0.728	0.396
0.24	0.880	0.211	0.55	0.725	0.400
0.25	0.875	0.219	0.556	0.722	0.401
0.26	0.870	0.226	0.56	0.720	0.403
0.27	0.865	0.234	0.57	0.715	0.408
0.28	0.860	0.241	0.58	0.710	0.412
0.29	0.855	0.248	0.59	0.705	0.416
0.30	0.850	0.255	0.60	0.700	0.420
0.31	0.845	0.262	0.61	0.695	0.424
0.32	0.840	0.269	0.614	0.693	0.426
0.33	0.835	0.275			

注：1. 表中 $M = \alpha_s b h_0^2 f_{cm}$

　　　　$\xi = x/h_0 = (A_s f_y)/(b h_0 f_{cm})$

　　　　$A_s = M/(\alpha_s h_0 f_y A_s) = b h_0 f_{cm}/f_y$

2. 表中 $\xi = 0.528$ 以下的数值不适用于Ⅲ级钢筋；$\xi = 0.544$ 以下的数值不适用于 $d \leqslant 25\text{mm}$ 的 HRB335 级钢筋；$\xi = 0.556$ 以下的数值不适用于 $d = 28 \sim 50\text{mm}$ 的 HRB335 级钢筋。

钢筋的计算截面面积及理论重量

附录表 13

公称直径 (mm)	计算截面面积 (mm²)，当根数 n 为：									单根钢筋理论重量 (kg/m)
	1	2	3	4	5	6	7	8	9	
6	28.3	57	85	113	142	170	198	226	255	0.222
6.5	33.2	66	100	133	166	199	232	265	299	0.260
8	50.3	101	151	201	252	302	352	402	453	0.395
8.2	52.2	106	158	211	264	317	370	423	475	0.432
10	78.5	157	236	314	393	471	550	628	707	0.617
12	113.1	226	339	452	565	678	791	904	1017	0.888
14	153.9	308	461	615	769	923	1077	1231	1385	1.21
16	201.1	402	603	804	1005	1206	1407	1608	1809	1.58
18	254.5	509	763	1017	1272	1527	1781	2036	2290	2.00
20	314.2	628	942	1256	1570	1884	2199	2513	2827	2.47
22	380.1	760	1140	1520	1900	2281	2661	3041	3421	2.98
25	490.9	982	1473	1964	2454	2945	3436	3927	4418	3.85
28	615.8	1232	1847	2463	3079	3695	4310	4926	5542	4.83
32	804.2	1609	2413	3217	4021	4826	5630	6434	7238	6.31
36	1017.9	2036	3054	4072	5089	6107	7125	8143	9161	7.99
40	1256.6	2513	3770	5027	6283	7540	8796	10053	11310	9.87
50	1964	3928	5892	7856	9820	11784	13748	15712	17676	15.42

注：表中直径 d = 8.2mm 的计算截面面积及理论重量仅适用于有纵肋的热处理钢筋。

每米板宽内各种钢筋间距时的钢筋截面面积

附录表 14

钢筋间距 (mm)	当钢筋直径 (mm) 为下列数值时的钢筋截面面积 (mm²)											
	3	4	5	6	6/8	8	8/10	10	10/12	12	12/14	14	14/16	16
70	101	179	281	404	561	719	920	1121	1369	1616	1908	2199	2536	2872
75	94.3	167	262	377	524	671	859	1047	1277	1508	1780	2053	2367	2681
80	88.4	157	245	354	491	629	805	981	1198	1414	1669	1924	2218	2513
85	83.2	148	231	333	462	592	758	924	1127	1331	1571	1811	2088	2365
90	78.5	140	218	314	437	559	716	872	1064	1257	1484	1710	1972	2234
95	74.5	132	207	298	414	529	678	826	1008	1190	1405	1620	1868	2116
100	70.6	126	196	283	393	503	644	785	958	1131	1335	1539	1775	2011
110	64.2	114	178	257	357	457	585	714	871	1028	1214	1399	1614	1828
120	58.9	105	163	236	327	419	537	354	798	924	1112	1283	1480	1676
125	56.5	101	157	226	314	402	515	628	766	905	1068	1232	1420	1608
130	54.4	96.6	151	218	302	387	495	604	737	870	1027	1184	1366	1547
140	50.5	89.7	140	202	281	359	460	561	684	808	954	1100	1268	1436
150	47.1	83.8	131	189	262	335	429	523	639	754	890	1026	1183	1340
160	44.1	78.5	123	177	246	314	403	491	599	707	834	962	1110	1257
170	41.5	73.9	115	166	231	296	379	462	564	665	786	905	1044	1183
180	39.2	69.8	109	157	218	279	358	436	532	628	742	855	985	1117
190	37.2	66.1	103	149	207	265	339	413	504	595	702	810	934	1058
200	35.3	62.8	98.2	141	196	251	322	393	479	565	668	770	888	1005

续表

钢筋间距 (mm)	当钢筋直径（mm）为下列数值时的钢筋截面面积（mm²）													
	3	4	5	6	6/8	8	8/10	10	10/12	12	12/14	14	14/16	16
220	32.1	57.1	89.3	129	178	228	292	357	436	514	607	700	807	914
240	29.4	52.4	81.9	118	164	209	268	327	399	471	556	641	740	838
250	28.3	50.2	78.5	113	157	201	258	314	383	452	534	616	710	804
260	27.2	48.3	75.5	109	151	193	248	302	368	435	514	592	682	773
280	25.2	44.9	70.1	101	140	180	230	281	342	404	577	550	634	718
300	23.6	41.9	65.5	94	131	168	215	262	320	377	445	513	592	670
320	22.1	39.2	61.4	88	123	157	201	245	299	353	417	481	554	628

注：表中钢筋直径中的 6/8、8/10、10/12、12/14、14/16 系指两种直径的钢筋间隔布置。

参 考 文 献

1. 哈尔滨工业大学理论力学教研室编．理论力学．北京：高等教育出版社，1981
2. 李龙堂主编．工程力学．北京：高等教育出版社，1989
3. 范钦珊、施燮琴、孙汝劼编．工程力学．北京：高等教育出版社，1989
4. 吴承霞，吴大蒙主编．建筑力学与结构基础知识．北京：中国建筑工业出版社，1997
5. 彭图让主编．理论力学．武汉：武汉工业大学出版社，1988
6. 慎铁刚主编．建筑力学与结构．北京：中国建筑工业出版社，1992
7. 贾得华，赵永安，于淑英编．建筑力学与结构．北京：中国建筑工业出版社，1993
8. 沈伦序主编．建筑力学（上、下）．北京：高等教育出版社，1990
9. 魏璋主编．结构力学．武汉：武汉工业大学出版社，1988
10. 龙驭球，包世华主编．结构力学（1、2分册）．北京：高等教育出版社，1979
11. 干光瑜　秦惠民编．材料力学．北京：高等教育出版社，1998
12. 卢光斌主编．材料力学．成都：西南交通大学出版社，1992
13. 范继昭编．建筑力学．北京：高等教育出版社，1989
14. 张述勇　郭秋生主编．土力学及地基基础．北京：中国建筑工业出版社出版1993年第一版
15. 黄平明　毛瑞祥主编．结构设计原理．北京：人民交通出版社2001年第一版
16. 沈克仁　江巧云主编．地基与基础．北京：中国建筑工业出版社出版1987年第一版
17. 胡师康主编．桥梁工程．北京：人民交通出版社出版1998年第一版
18. 张述勇主编．力学与地基基础．北京：中国建筑工出版社出版1998年第一版
19. 王经羲主编．地基与基础．北京：人民交通出版社出版1998年第一版
20. 刘成宇主编．土力学．北京：中国铁道出版社出版1990年第一版